T0211463

Leistungsanreize in der Transportlogistik

Marcus Müller

Leistungsanreize in der Transportlogistik

Entwicklung und Simulation aus Perspektive der Prinzipal-Agent-Theorie

Mit einem Geleitwort von Univ.-Prof. Dr. Stefan Kirn

Marcus Müller
Stuttgart, Deutschland

Zugl.: Dissertation Universität Hohenheim, 2015

D100

ISBN 978-3-658-12720-6   ISBN 978-3-658-12721-3 (eBook)
DOI 10.1007/978-3-658-12721-3

Die Deutsche Nationalbibliothek verzeichnet diese Publikation in der Deutschen Nationalbi-
bliografie; detaillierte bibliografische Daten sind im Internet über http://dnb.d-nb.de abrufbar.

Gedruckt auf säurefreiem und chlorfrei gebleichtem Papier

Springer Vieweg ist Teil von Springer Nature
Die eingetragene Gesellschaft ist Springer Fachmedien Wiesbaden GmbH

Geleitwort

Dieses von Herrn Dr. Marcus Müller vorgelegte, äußerst lesenswerte Buch befasst sich aus einer klassisch wirtschaftsinformatischen Perspektive mit dem Management großer Tiefbauprojekte. Ausgehend von detaillierten empirischen Untersuchungen in der Literatur gut beschriebener großer Bauprojekte werden die grundlegenden Hypothesen der Arbeit entwickelt, die die Informationsasymmetrie zwischen den verschiedenen Akteuren auf Großbaustellen in den Mittelpunkt der Untersuchung rücken. Unter Rückgriff auf Agency-Modelle der Neuen Institutionenökonomik und mittels aufwändiger Simulationsverfahren gelingt es Dr. Müller in überzeugender Weise, daraus interessante Vorschläge zur Steigerung der Effizienz und Effektivität im Baustellenmanagement abzuleiten.

Der Tiefbau ist mit rund 6.200 Unternehmen, einem Jahresumsatz von 23,5 Mrd. Euro sowie mehr als 112.000 abhängig Beschäftigten ein bedeutsamer Einzelwirtschaftszweig in Deutschland. Alleine für den Neubau und laufenden Unterhalt der Bundesautobahn hat die Bundesregierung in den vergangenen zehn Jahren 30 Mrd. Euro investiert, der laufende Unterhalt beträgt regelmäßig mehr als 1 Mrd. Euro pro Jahr. Trotz dieser beeindruckenden Zahlen ist das empirische wie theoretische Wissen über Baulogistikprozesse bis heute gering. Weder die betriebswirtschaftliche noch die baufachliche Literatur behandeln branchenspezifische Produktions- und Kostenfunktionen. Projektkalkulationen basieren auf Tabellen mit pauschalierten Kostenansätzen für den Produktionsfaktoreinsatz. Betriebswirtschaftliche Analysen der Branche, der dort tätigen Unternehmen und der von diesen durchgeführten Bauprojekten sind in der Literatur kaum zu finden. Dies hemmt nicht nur die betriebswirtschaftliche Erkenntnisgewinnung, sondern erzeugt auch Innovationshemmnisse. So ist es kaum möglich, die Effizienz- und Effektivitätsvorteile neuer Technologien, Prozesse, inner- und zwischenbetrieblichen Organisationsstrukturen tatsächlich in ihren Auswirkungen wissenschaftlich fundiert abzuschätzen.

Besonders deutlich zeigt sich dies in den zahlreichen Studien zu Mängeln und unzureichend gelösten Herausforderungen in der Bauplanung, der Bauausführung und im Baustellenmanagement. So weisen Studien bei bis zu 90% der Tiefbauprojekte Budgetüberschreitungen nach (durchschnittlich rund 30%), rund 40% der Tiefbauprojekte dauern länger als geplant. Sucht man nach Ansatzpunkten für Verbesserungen, dann enthalten jedoch selbst umfangreichere Studien nur wenige konkrete Hinweise auf die betriebswirtschaftlichen Gründe für die beschriebenen Probleme. Stattdessen wird (zu) häufig auf die Spezifika des Tiefbaus verwiesen: Einmaligkeit der geforderten Leistung, projektspezifische Baukonsortien und Leistungserstellungsprozesse, räumliche Ausdehnung von Baustellen und Verteilung der Produktionsfaktoren, Wetterabhängigkeit, wechselnde Bodenklassen und unvorhersehbare Altlasten im Boden, die große Zahl beteiligter Akteure mit jeweils eigenen Zielfunktionen, eigenen Entscheidungen und Leistungsprozessen, ausgeprägte inter- und intraprozessuale Dependenzen, Informationsdefizite sowie zahlreiche Medien- und Schnittstellenprobleme.

An diesen Besonderheiten setzt Herr Müller an. Ausgehend von einer überaus umfassenden und gründlichen Analyse der Literatur schlägt Herr Müller vor, die Kostenproblematik im Tiefbau unter einer Koordinationsperspektive anzugehen. Auf dieser Basis könnten signifikante Verbesserungen der Koordination und damit entsprechende Kostensenkungen erreicht werden, seien erhebliche Zeitersparnisse zu erzielen und die Qualität der Bauausführung signifikant zu verbessern. Herr Müller konzentriert sich dabei auf die Transportlogistik, die als Bindeglied zwischen den auf Baustellen räumlich verteilten Produktionsprozessen eine zentrale Rolle einnimmt. Für die informationellen Herausforderungen entwickelt Herr Müller ein ausdifferenziertes Agency-theoretisches Fundament.

Die anschließende Simulationsstudie erlaubt vielfältige Untersuchungen zur Gestaltung von Anreizsystemen im genannten Anwendungskontext. Die gewählte agentenbasierte Simulation ist dabei geeignet, die Komplexität der zugrunde gelegten Problemsituation angemessen zu berücksichtigen. Die in der Bauwirtschaft vorherrschende Vielzahl von unterschiedlichen Akteuren und die Vielzahl von Umweltkonstellationen können so in einer hohen Detailschärfe analysiert werden. Die Erkenntnismethode trägt daher der in der Realität vorherrschenden Verteiltheit der Entscheidungsprozesse entsprechend Rechnung.

Mit seiner Arbeit adressiert Herr Müller ein volkswirtschaftlich hoch relevantes Problem in einer für die Leistungsfähigkeit der Infrastruktur des Staates bedeutsamen Branche. Dabei gelingt es dem Autor, eine breite theoretische Basis mit dem Einsatz einer in den Wirtschaftswissenschaften innovativen Methode anwendungsnah zu kombinieren und relevante Ergebnisse abzuleiten.

Der nicht nur konzeptionell und inhaltlich, sondern auch sprachlich erfreulich gelungenen Arbeit ist daher eine breite Leserschaft zu wünschen, sowohl in der Wirtschaftsinformatik als auch auf dem Gebiet des Baustellenmanagements und der Baubetriebslehre.

Stuttgart-Hohenheim   Univ.-Prof. Dr. Stefan Kirn

Vorwort

Trotz der bereits langen Forschungstradition bietet die Agency-Theorie auch heute noch einen fruchtbaren Boden zur Beschreibung, Analyse und Gestaltung zahlreicher ökonomischer Phänomene. Die Wurzeln der Theorie reichen bis weit in die 1970er Jahre zurück. Neben den frühen theoretisch-mathematisch geprägten Arbeiten gelang es Forscherinnen und Forschern in zahlreichen Studien der vergangenen Jahre, auch die empirische Evidenz dieses Theoriekomplexes nachzuweisen. Dies macht die Agency-Theorie besonders für die betriebswirtschaftliche Praxis zu einem hochrelevanten Werkzeug. Derzeit finden sich jedoch zum einen theoretische Arbeiten auf der Grundlage einer rein mathematischen Modellierung von Agency-Beziehungen oder es finden sich zum anderen empirische Arbeiten, die existierende betriebliche Phänomene agency-theoretisch untersuchen. Ein umfassender Ansatz von der theoretischen Fundierung und Modellierung über die Gestaltung bis zur anwendungsnahen Evaluation agency-theoretischer Problemstellungen und Lösungsvorschläge liegt derzeit nicht vor. Diese Lücke versucht die vorliegende Arbeit zu schließen.

Meine Dissertation entstand im Forschungsprojekt AutoBauLog („Autonome Baustellenlogistik", Bundesministerium für Wirtschaft und Energie, „Autonome und simulationsbasierte Systeme für den Mittelstand", Förderkennzeichen 01MA09011, Laufzeit 2009-13) in dem ich eine ebenso schöne, wie spannende und lehrreiche Zeit verbringen durfte, die sich im Anschlussprojekt SmartSite („Smarte Technologien für den intelligenten Straßenbau", Bundesministerium für Wirtschaft und Energie, „Autonomik für Industrie 4.0", Förderkennzeichen 01MA13002, Laufzeit 2013-16) nahtlos fortsetzte. Mein Dank gilt daher neben den im Folgenden genannten Personen auch allen Partnern der beiden Projekte AutoBauLog und SmartSite.

Zentraler Innovationsansatz beider Projekte ist die Verlagerung der heute noch stark vorherrschenden zentralen Steuerung und Überwachung auf verteilte, lokal entscheidende Entitäten auf der Ausführungsebene unter konsequenter Nutzung moderner Techniken für die Erfassung, Übertragung, Speicherung und Auswertung automatisiert sensorisch erfasster Daten über Leistungen und Prozessfortschritte. Ziel ist die Schaffung selbststeuernder Produktions- und Logistiksysteme im Straßenbau im Sinne der Industrie 4.0.

Zu den dann notwendig werdenden Verfahren für die Koordination dezentraler Entscheidungsträger leistet diese Dissertation mit dem entwickelten und evaluierten Anreizmechanismus einen entsprechenden Beitrag.

An dieser Stelle möchte ich mich bei all jenen bedanken, die durch ihre Unterstützung die Entstehung meiner Dissertation gefördert haben. Mein Dank geht zuallererst an meinen Doktorvater Prof. Dr. Stefan Kirn. Mit seiner fachlichen Begleitung und konstruktiven Kritik konnte diese Arbeit erst den hier vorliegenden Gehalt bekommen. Bedanken möchte ich mich auch für das entgegengebrachte große Vertrauen sowie für das freie und gleichermaßen angenehme Arbeitsumfeld in dem die Arbeit entstehen konnte. Ebenso bedanken möchte ich mich bei Herrn Prof. Dr. Andreas Pyka für die Übernahme des Zweitgutachtens sowie bei dem Vorsitzenden des Prüfungsausschusses, Herrn Prof. Dr. Christian Ernst.

Darüber hinaus möchte ich allen Kolleginnen und Kollegen des Lehrstuhls Wirtschaftsinformatik 2 der Universität Hohenheim ein großen Dankeschön aussprechen. Sie hatten stets ein offenes Ohr und aufmunternde Worte für mich parat. Hervorheben möchte ich hierbei insbesondere Herrn Dr. Ansger Jacob und Herrn Dr. Jörg Leukel. Herr Dr. Jacob hat mich nicht nur bereits im Studium dem spannenden Themenfeld des Lehrstuhls näher gebracht, sondern mir auch als Kollege und Arbeitsbereichsleiter stets durch seine fachkundige, offene und warmherzige Art eine sehr schöne Dissertationszeit beschert. Herrn Dr. Leukel danke ich sehr für die offenen und konstruktiven fachlichen Eingaben weit über die hier vorliegende Arbeit hinaus. Hervorheben möchte ich ferner auch die Mitglieder meines Arbeitsbereiches Johannes Merkert, Marvin Hubl und Robin Künzel, die diese Arbeit durch kritische Anregungen vorangebracht haben und mir in vielerlei Hinsicht mit tatkräftiger Unterstützung nicht nur in den o.g. Projekten die Zeit zum Schreiben der Dissertation frei machten. Auch allen weiteren, teils ehemaligen, Kolleginnen und Kollegen des Lehrstuhl möchte ich an dieser Stelle meinen herzlichen Dank für die wunderbare, inspirierende und sehr angenehme Zusammenarbeit aussprechen. Natürlich schließt dieser Dank auch alle studentischen Mitarbeiterinnen und Mitarbeiter ein, die mich während meiner Doktorandenzeit am Lehrstuhl begleitet haben. Die Bandbreite der Unterstützungen und die über die Jahre angewachsene Zahl der studentischen Kolleginnen und Kollegen sprengen allerdings den Rahmen eines Vorworts. Daher muss ich an dieser Stelle leider auf einen über die Maßen verkürzenden und sehr pauschalen Dank ausweichen. Dennoch möchte ich es nicht verpassen, Frau Rebekka Ruge, Frau Sarah Maier und Frau Lisa Schüßler für ihre Unterstützungen in der arbeitsintensiven Schlussphase der Arbeit besonders hervorzuheben.

Für den bereits jahrzehntelang währenden Rückhalt und die unzähligen gemeinsamen, freundschaftlichen Stunden danke ich meinen Kumpels Andreas, Daniel und Gernot. Der mit Abstand und weithin größte Dank gilt aber selbstverständlich meiner Mutter, die mir stets in allen Lebenslagen absolut verlässlich zur Seite stand. Natürlich geht aber auch ein ganz besonders herzlicher Dank an meine Lebensgefährtin Julitta Fichtner. Sie hat leider allzu oft hinter das Großprojekt Dissertation zurücktreten müssen. Trotzdem hat sie mir in den schwierigen Phasen immer den Rücken frei gehalten, mich bedingungslos unterstützt und mir in ihrer liebvollen Weise die nötige Kraft für das Schreiben gegeben.

Stuttgart-Hohenheim   Marcus Müller

Inhaltsverzeichnis

Abbildungsverzeichnis

Tabellenverzeichnis

Abkürzungsverzeichnis

Ann.	Annahme
AutoBauLog	Autonome Steuerung in der Baustellenlogistik
BAB	Bundesautobahn
BMWi	Bundesministerium für Wirtschaft und Energie, bis 17. Dezember 2013: Bundesministerium für Wirtschaft und Technologie
BWL	Betriebswirtschaftslehre
CPU	Central Processing Unit
EC2	Elastic Cloud 2, Cloud-Service des Unternehmens Amazon
GB	Gigabyte
GHz	Gigahertz
GPS	Global Positioning System
Km/h	Kilometer pro Stunde
LKW	Lastkraftwagen
PA	Prinzipal-Agent, z.B. PA-Modell
PAT	Prinzipal-Agent-Theorie
PPP	Public Private Partnership
rd.	Rund
UML	Unified Modeling Language
vCPU	Virtuelle CPU
VDI	Verein Deutscher Ingenieure
WiSo	Wirtschafts- und Sozialwissenschaften
Wk.	Wahrscheinlichkeit

Symbolverzeichnis

Hinweis zum Symbolverzeichnis: Baufachliche Symbole werden in Sütterlinschrift (z.B. $\mathfrak{L}_j^*(\cdot)$) notiert. Lateinische Großbuchstaben bezeichnen Mengen oder Tupel; zugehörige lateinische Kleinbuchstaben bezeichnen Elemente der Menge. Die Menge der natürlichen Zahlen $\mathbb{N}$ enthält die Zahl 0, die Menge der natürlichen Zahlen *ohne* die Zahl 0 wird notiert als $\mathbb{N}^+$. Die Menge aller positiven, reellen Zahlen wird beschrieben durch $\mathbb{R}^+$; die Menge aller positiven, reellen Zahlen mit der Zahl 0 wird mit $\mathbb{R}^{\geq 0}$ bezeichnet.

AK	Menge der Aktionen eines Agenten
$\mathfrak{a}_{i,t}$	Auflockerungsfaktor des Bodens, den das Transportgerät i aufgeladen hat mit $\mathfrak{a}_{i,t} \in [0,1] \subset \mathbb{R}$
$ak_{i,t}$	Aktion eines Agenten i zum Zeitpunkt t mit $ak_{i,t} \in AK$
α	Anfangsknoten einer gerichteten Kante $v \in V$ mit $\alpha : E \to V$
anz	Anzahl der notwendigen Ziehungen für eine statistisch repräsentative Stichprobe
a	Parameter der Betaverteilung
BGL_t^*	Exponentiell geglättete Bemessungsgrundlage für die Berechnung der erfolgsabhängigen Bezahlung der Agenten zum Zeitpunkt t
BGL_t	Bemessungsgrundlage für die Berechnung der erfolgsabhängigen Bezahlung der Agenten zum Zeitpunkt t
$B(a,b)$	Eulersche Betafunktion mit den Parametern a und b
bz^{kalk}	Gesamte, für das Bauvorhaben kalkulierte Zeit
b	Parameter der Betaverteilung
$\mathcal{D}$	Verteilungsfunktion der Zufallsvariablen w
E	Menge aller Kanten im Transportwegenetz-Graph G
$ERG_{i,t}$	Verteilungsfunktion des vom Agenten i erzeugten Ergebnisses
$\mathcal{E}$	Verteilungsfunktion der Zufallsvariablen $\mathfrak{z}^{e^*}_{i,r,t}$
$\mathit{eff}_{i,t}$	Anstrengung des Agenten i zum Zeitpunkt t
em^{kalk}	Gesamte auszubauende und zu transportierende Erdmenge, es gilt $em^{kalk} \in \mathbb{R}^+$

$ent(\cdot)_{i,t}$ Hilfsfunktion für die von der Bemessungsgrundlage abhängige Entlohnung *eines Agenten* in t

erg_t^{prin} Erwartbares Ergebnis des Prinzipals zum Zeitpunkt t

$erg_{i,t}$ Dichtefunktion des vom Agenten i erzeugten Ergebnisses

$\mathfrak{z}^{\mathfrak{e}\,*}_{i,r,t}$ Zufallsvariable für die Entladezeit mit $\mathfrak{z}^{\mathfrak{e}\,*}_{i,r,t} \in [0,1] \subset \mathbb{R}^{\geq 0}$

$\mathcal{F}(\cdot)$ Verteilungsfunktion einer Zufallsvariablen

$\mathfrak{f}_{i,t}$ Füllfaktor abhängig von der Bodenklasse, die das Ladegerät i geladen hat mit $\mathfrak{f}_{i,t} \in [0,1] \subset \mathbb{R}$

$f(\cdot)$ Wahrscheinlichkeitsdichtefunktion einer Zufallsvariablen

$\mathcal{G}$ Verteilungsfunktion der Zufallsvariablen $\mathfrak{z}^{\mathfrak{r}\,*}_{i,t}$

G Transportwegenetz einer Erdbaustelle als ein gerichteter Graph $G = (V, E)$ ohne Mehrfachkanten

gpk Die in der Planung kalkulierten Gesamtpersonalkosten für die Fahrer der Transportgeräte mit $gpk \in \mathbb{R}^{\geq 0}$

g Gewichtsfunktion für die mittlere Geschwindigkeit die von den Transportgeräten auf den Kanten des Transportwegenetz-Graphen G erreicht werden kann, es gilt: $g : E \to \mathbb{R}^+$

$\mathcal{H}$ Verteilungsfunktion der beiden Zufallsvariablen $\mathfrak{z}^{\mathfrak{v}\,*}_{i,t}$ und $\mathfrak{z}^{\mathfrak{l}\,*}_{i,t}$

h Anzahl der Transportgeräte (im bautechnischen Modell), die ein bestimmtes Be- oder Entladegerät anfahren, es gilt $h \in \mathbb{N}$ und $h \leq n$

IM^{prin} Informationsmenge des Prinzipals

i Transportgerät (im bautechnischen Modell) bzw. Fahrer des Transportgeräts (im Modell des Sozialsystems), es gilt $i \in \mathbb{N}^+$

J Menge aller Ladegeräte (im bautechnischen Modell) bzw. Menge aller Geräteführer der Ladegeräte (im Modell des Sozialsystems)

ι Surjektive Funktion $\iota_t : N \to J$ welche die Transportgeräte den Beladegeräten zuordnet

j Ladegerät (im bautechnischen Modell) bzw. Geräteführer des Ladegeräts (im Modell des Sozialsystems), es gilt $j \in \mathbb{N}^+$

$\mathfrak{k}_i$ Nennvolumen der Ladefläche des Transportgeräts i in m^3 mit $\mathfrak{k}_i \in \mathbb{R}^{\geq 0}$; das Nennvolumen verändert sich über die Zeit nicht

k Index für Kanten im Transportwegenetz-Graphen G, es gilt $k \in \mathbb{N}$

$\mathcal{L}$ Verteilungsfunktion der Zufallsvariablen $\mathfrak{l}^*_{j,t}$

$\lambda_{j|r,t}$ Ankunftsrate am Gerät j bzw. r mit $\lambda_{j|r,t} \in [0,1] \subset \mathbb{R}^{\geq 0}$

$\mathfrak{l}_{j,t}^{nom}$	Nominale Ladeleistung des Ladegeräts j bezogen auf den Zeitpunkt t angegeben in m^3/s zur Ausführungszeit mit $\mathfrak{l}_{j,t}^{nom} \in \mathbb{R}^+$
$\mathfrak{l}_{j,t}^*$	Zufallsvariable, die für jedes Beladegerät j zu jedem Zeitpunkt t eine andere Ausprägung annimmt, mit $\mathfrak{l}_{j,t}^* \in [0,1] \subset \mathbb{R}^{\geq 0}$
$\mathfrak{l}_{j,t}$	Ladeleistung des Ladegeräts j zum Zeitpunkt t angegeben in m^3/s zur Ausführungszeit mit $\mathfrak{l}_{j,t} \in \mathbb{R}^{\geq 0}$
l	Gewichtsfunktion für die Länge der Kanten im Transportwegenetz-Graphen G, es gilt: $l : E \to \mathbb{R}^+$
$\mu_{j|r,t}$	Bedienrate am Gerät j bzw. r mit $\mu_{j|r,t} \in \mathbb{R}^+$ und $\mu_{j|r,t} \geq 1$
m	Anzahl der Ladegeräte (im bautechnischen Modell) bzw. Geräteführer der Ladegeräte (im Modell des Sozialsystems) mit $m \in \mathbb{N}^+$
N	Menge der Transportgeräte (im bautechnischen Modell) bzw. Menge der Fahrer der Transportgeräte (im Modell des Sozialsystems)
n	Anzahl der Transportgeräte (im bautechnischen Modell) bzw. Fahrer der Transportgeräte (im Modell des Sozialsystems) mit $n \in \mathbb{N}^+$ und $n \geq i$
ω	Endknoten einer gerichteten Kante $v \in V$ mit $\omega : E \to V$
o	Fahrer des Transportgeräts (im Modell des Sozialsystems) mit $o \neq i$
$PARAM$	Menge der Parameter der Entlohnungsfunktion der Agenten
P	Tupel von Knoten und Kanten das einen Pfad / Weg durch den Transportwegenetz-Graphen G beschribt
$param$	Parameter der Entlohnungsfunktion der Agenten mit $param \in PARAM$
pk_{gesamt}^{kalk}	Die in der Planung kalkulierten Personalkosten, es gilt $pk_{gesamt}^{kalk} \in \mathbb{R}^+$
pkm	Entlohnungsbetrag pro Kubikmeter transportierter Erde, es gilt $pkm \in \mathbb{R}^+$
pk_{var}^{kalk}	Die für die variablen Anteile am Gesamtlohn verfügbare Geldmenge, es gilt $pk_{var}^{kalk} \in \mathbb{R}^+$
p_t	Nutzenfunktion des Prinzipals in t
φ	Entscheidungsregel
$quant$	Quantil der Standardnormalverteilung
R	Menge aller Verteilgeräte im bautechnischen Modell
$relz$	Relativer Zufallsfehler

ρ	Surjektive Funktion $\rho_t : N \to R$ welche die Transportgeräte den Entladegeräten zuordnet
r	Verteilgerät im bautechnischen Modell, es gilt $r \in \mathbb{N}^+$
$\varrho_{j\vert r,t}$	Auslastung des Geräts j bzw. r; es gilt $\varrho_{j\vert r,t} = \lambda_{j\vert r,t}/\mu_{j\vert r,t}$
T	Gesamtzeit, es gilt $t \in T \subset \mathbb{N}$
τ	Surjektive Funktion $\tau : J \to Beladepunkte$ welche den Ladegeräten einen Beladepunkt zuordnet
θ	Surjektive Funktion $\theta : R \to Entladepunkte$ welche den Verteilgeräten einen Entladepunkt zuordnet
$t^*_{i,j,t}(\cdot)$	Transportleistung des Transportgerätes i in m^3 mit $i = 1, 2, \ldots, n$ das dem Ladegerät j zugeordnet ist zum Zeitpunkt t mit $t^*_{i,j,t}(\cdot) \in \mathbb{R}^{\geq 0}$
t	Zeit mit $t \in T \subset \mathbb{N}$
$u_{i,t}$	Nutzenfunktion eines Agenten i in t
$\mathfrak{u}_{i,t}$	Umlaufzeit des Transportgeräts i zum Zeitpunkt t mit $\mathfrak{u}_{i,t} \in \mathbb{R}^+$
V	Menge aller Knoten im Transportwegenetz-Graph G
$VarK(I_{j\vert r})$	Variationskoeffizient der Zwischenankunftsrate am Gerät j bzw. r
$VarK(S_{j\vert r})$	Variationskoeffizient der Bedienrate am Gerät j bzw. r
$\mathcal{V}$	Verteilungsfunktion der Zufallsvariablen $\mathfrak{v}_{r,t}$
$\mathfrak{v}^{nom}_{r,t}$	Nominale Verteilleistung des Verteilgeräts r in m$^3/s$ mit $\mathfrak{v}^{nom}_{r,t} \in \mathbb{R}^{\geq 0}$ zum Zeitpunkt t
$\mathfrak{v}^*_{r,t}$	Zufallsvariable, die für jedes Verteilgerät r in jedem Zeitpunkt t eine andere Ausprägung annimmt, mit $\mathfrak{v}^*_{r,t} \in [0,1] \subset \mathbb{R}^{\geq 0}$
$\mathfrak{v}_{r,t}$	Verteilleistung des Verteilgeräts r in m$^3/s$ mit $\mathfrak{v}_{r,t} \in \mathbb{R}^{\geq 0}$ zum Zeitpunkt t
v	Kante im Transportwegenetz-Graph G, es gilt $v \in V$
w	Zufallsvariable für die mittlere Geschwindigkeit, die auf einem Streckenabschnitt des Transportwegenetzes erreicht werden kann
x	Eine beliebige Zufallsvariable mit $x \in [0,1] \subset \mathbb{R}^{\geq 0}$
$\mathfrak{z}^{\mathfrak{w}}_{i,j\vert r,t}$	Mittlere Wartezeit des Transportgeräts i am Gerät j bzw. r in t
za^{prin}_t	Summe der Lohnzahlungen an alle Agenten zum Zeitpunkt t
$za_{i,t}$	Entlohnungsfunktion für einen Agenten i in t mit $za_{i,t} \in \mathbb{R}^{\geq 0}$

$\mathfrak{z}^{b}{}_{i,j,t}$	Beladezeit des Transportgeräts i zum Zeitpunkt t bei Beladegerät j mit $\mathfrak{z}^{b}{}_{i,j,t} \in \mathbb{R}^{+}$
$\mathfrak{z}^{e\,max}_{i,r,t}$	Maximale Entladezeit mit $\mathfrak{z}^{e\,max}_{i,r,t} \subset \mathbb{R}^{\geq 0}$ und $\mathfrak{z}^{e\,max}_{i,r,t} > \mathfrak{z}^{e\,min}_{i,r,t}$
$\mathfrak{z}^{e\,min}_{i,r,t}$	Minimale Entladezeit mit $\mathfrak{z}^{e\,min}_{i,r,t} \subset \mathbb{R}^{\geq 0}$
$\mathfrak{z}^{e}{}_{i,r,t}$	Entladezeit des Transportgeräts i bei Einbaugerät r zum Zeitpunkt t mit $\mathfrak{z}^{e}{}_{i,r,t} \in \mathbb{R}^{+}$
z	Zufallsvariable für die Fahrzeit in unbeladenem Zustand mit $\mathfrak{z}^{l\,*}_{i,t} \in [0,1] \subset \mathbb{R}^{\geq 0}$
$\mathfrak{z}^{l}{}_{i,t}$	Fahrzeit (entladen) des Transportgeräts i zum Zeitpunkt t mit $\mathfrak{z}^{l}{}_{i,t} \in \mathbb{R}^{+}$
$\mathfrak{z}^{r}{}_{i,j|r,t}$	Rangierzeit des Transportgeräts i beim Beladegerät j bzw. Entladegerät r zum Zeitpunkt t mit $\mathfrak{z}^{r}{}_{i,j|r,t} \in \mathbb{R}^{+}$
z	Zufallsvariable für die Fahrzeit in beladenem Zustand mit $\mathfrak{z}^{v\,*}_{i,t} \in [0,1] \subset \mathbb{R}^{\geq 0}$
$\mathfrak{z}^{v}{}_{i,t}$	Fahrzeit (beladen) des Transportgeräts i zum Zeitpunkt t mit $\mathfrak{z}^{v}{}_{i,t} \in \mathbb{R}^{+}$
$\mathfrak{z}^{w}{}_{i,j|r,t}$	Wartezeit des Transportgeräts i beim Beladegerät j bzw. Entladegerät r zum Zeitpunkt t mit $\mathfrak{z}^{e}{}_{i,j|r,t} \in \mathbb{R}^{+}$

1 Einleitung

1.1 Motivation und Ausgangssituation

In Industrie und Dienstleistung bestehen vielfältige Koordinationsprobleme, die zu Ineffizienzen und somit zu hohen betriebs- und volkswirtschaftlichen Schäden führen. Besonders die Bauindustrie ist eine noch weitgehend unerforschte Branche mit erheblichem Optimierungspotenzial. In Europa beträgt der Anteil des Bausektors am Bruttoinlandsprodukt (EU-27-BIP) 9,7%. Insgesamt werden im europäischen Bausektor 41,7 Millionen Arbeitnehmer beschäftigt. Dies entspricht 6,6% aller Beschäftigten. Der Bausektor besitzt europaweit ein jährliches Marktvolumen in Höhe von 1.186 Milliarden Euro (European Construction Industry Federation, 2011). Innerhalb des Bausektors werden in der vorliegenden Arbeit im besonderen Maße der Tiefbausektor und die dort vorhandenen Koordinationsprobleme untersucht. Mit 6.202 Unternehmen (Statistisches Bundesamt, 2012, S. 504), einem gesamten Jahresumsatz von 23,58 Milliarden Euro (Statistisches Bundesamt, 2012, S. 506) und 112.300 abhängig Beschäftigten (Statistisches Bundesamt, 2012, S. 361) ist der Tiefbau in Deutschland ein wichtiger Einzelwirtschaftszweig der Volkswirtschaft. Dies zeigen auch Zahlen aus dem Bundeshaushalt. In den Jahren 2001 bis 2010 wurden in Deutschland rund 1.100 km Autobahnen neu gebaut. Die Kosten dafür betrugen über 11,7 Mrd. Euro (Deutscher Bundestag, 2012, S. 15). Dies entspricht rund 10,636 Millionen Euro pro neu gebautem Kilometer. In 2009 beliefen sich die Nettoausgaben im öffentlichen Gesamthaushalt für die 12.800 km Bundesautobahnen auf 4,176 Milliarden Euro (Statistisches Bundesamt, 2012, S. 261). Im Jahr 2010 gab die Bundesregierung 1,159 Milliarden Euro zur Erhaltung der Bundesautobahnen (ohne Um- und Ausbaumaßnahmen) aus (Deutscher Bundestag, 2012, S. 190). Im Jahr 2011 betrugen diese Ausgaben sogar 2,2 Milliarden Euro (Ramsauer, 2011).

Neben diesen volkswirtschaftlichen Kennzahlen der Branche besitzt der Tiefbau eine weitere, sehr wichtige Funktion für die europäische und deutsche Wirtschaft. Mit der Planung, Abwicklung, Instandhaltung und teilweise auch dem Betrieb (im Rahmen von Public Private Partnership-Projekten) großer Infrastrukturbauten wie Straßen, Schienen, Wasserwegen, Pipelines sowie Flug- und Seehäfen sichert er die Mobilität. Der Effizienz im Tiefbau kommt daher eine noch weit höhere Bedeutung zu, als sie die volkswirtschaftlichen Kennzahlen der Branche bereits alleine vermitteln.

Tiefbauvorhaben besitzen aufgrund der Einmaligkeit der gefertigten Leistung, des spezifischen Leistungserstellungsprozesses und den umgebenden Bedingungen einen äußerst hohen Grad an Individualität. Vorfertigungen, wie sie teilweise im Hochbau eingesetzt werden (z.b. industriell seriengefertigte Bauteile), sind im Tiefbau nicht oder nur sehr eingeschränkt möglich. Die Vielzahl der beteiligten Akteure mit unterschiedlichen Zielfunktionen, starke inter- und intraprozessuale Abhängigkeiten, zahlreiche Medienbrüche und Schnittstellenprobleme sowie manuelle Informations- und Abstimmungsprozesse zwischen den Akteuren sind charakteristisch für Transportlogistiksysteme im Tiefbau (Hasenclever et al., 2011, S. 218). Störungen, wie z.B. Wettereinflüsse, wechselnde Bodenklassen, unvorhersehbare Altlasten, wie etwa Sprengmittel aus dem Zweiten Weltkrieg, oder archäologische Funde haben einen starken Einfluss auf die Leistungserstellung im Bauwesen (Odeh und Battaineh, 2002, S. 70) (Assaf und Al-Hejji, 2006, S. 352f). Ferner verhindert die große räumliche Ausdehnung – einzelne Bauabschnitte erstrecken sich oft über mehrere Kilometer – eine komplette Überwachung der Baustelle durch die Bauleitung.

In der Folge wird die Bauleitung nicht, nur unvollständig, ungenau oder verspätet mit Informationen über die Bauprozesse, den Baufortschritt sowie den Einsatz und die Verfügbarkeit der Ressourcen vor Ort versorgt. Die einzelnen Akteure besitzen mehr Informationen über das Geschehen und optimieren lokal gemäß den eigenen ökonomischen Zielvorstellungen. Das Transportlogistiksystem muss sich demnach nicht nur an unvorhersehbare umweltbedingte Störungen anpassen, sondern auch adaptiv sein bezüglich der ungleichen Verteilung von Informationen und individuellen Optimierungsbestrebungen.

Den Methoden zur Koordination kommt im Tiefbau eine erfolgsentscheidende Funktion zu. Studien bescheinigen der Verbesserung der Koordination auf der Baustelle ein überdurchschnittlich hohes Optimierungspotenzial. Die Kosten- und Zeiteinsparungen durch eine verbesserte Koordination sind hier besonders hoch. In der Studie von Günthner und Borrmann (2011) erwarten die befragten Bauunternehmen ($N = 50$) eine Kosteneinsparung von 10,3% durch eine verbesserte Koordination. In der Untersuchung größerer Bauprojekte von Assaf und Al-Hejji (2006) wurden Generalunternehmer ($N = 23$), Bauherren ($N = 15$) und Bauherrenvertreter ($N = 19$) zu den Gründen von Bauverzögerungen befragt. Auf Seiten der Bauherren wurde als neunt-

häufigste (Rangkorrelationskoeffizient nach Spearman) Ursache für Bauverzögerungen ein schlechtes Baustellen-Management genannt. Die acht zuvor
genannten Gründe waren entweder in den Phasen vor der Bauausführung
begründet (z.B. ineffektive Planung oder ungeeignete Bietverfahren) oder
liegen, begründet in der makroökonomischen Umwelt, nicht im Einflussbe-
reich der Bauleitung (bspw. Knappheit qualifizierter Arbeitnehmer).

Trotz der großen wirtschaflichen Bedeutung der Baubranche auf nationaler und internationaler Ebene wurde das durch die Besonderheiten von
Tiefbauvorhaben verstärkte Koordinationsproblem noch nicht zufriedenstel-
lend gelöst. Zeit- und Kostenüberschreitungen sind eher die Regel denn die
Ausnahme – und dies gilt für Deutschland ebenso wie im internationalen
Vergleich. Zeitverzüge und Budgetüberschreitungen verursachen hohe wirtschaftliche Schäden sowohl auf der Ebene einzelner Unternehmen als auch
auf der Ebene gesamter Volkswirtschaften (s. Love et al. (2004), Assaf und
Al-Hejji (2006)).[1] In ihrer Studie haben Flyvbjerg et al. (2003) 258 Infra-
strukturprojekten hinsichtlich Budgetüberschreitungen untersucht. Bei fast
90% der Projekte konnten Budgetüberschreitungen festgestellt werden. Im
Mittel lagen diese Überschreitungen bei 28%. Für Deutschland untersuchte
Dreier (2001) insgesamt 17 Tiefbauprojekte. Ein Viertel der Projekte verursachten bis zu 45% Mehrkosten gegenüber den Planungen. Der Maximalwert
lag bei ca. 70% Mehrkosten. Nahezu 40% der Projekte waren bis zu drei Monate im Verzug. Weitere 42% waren zwischen drei und neun Monate und
4,7% sogar mehr als 18 Monate verzögert.

Die vorliegende Arbeit widmet sich dem Problem der Kostenüberschreitungen verursacht durch inadäquate – später konkretisiert als inflexible –
Koordinationsinstrumente. Mit der Arbeit soll Erkenntnis über die Möglichkeit einer verbesserten Koordination der Transportlogistik im Tiefbau

---

[1] Für Pendlerfahrten in Europa beziffern Studien den Reisezeitwert für den motori-
sierten Verkehr auf 5,60 Euro/Stunde (für Litauen) bis 20,40 Euro/Stunde (für die
Schweiz) – Deutschland nimmt mit 13,00 Euro/Stunde einen mittleren Platz ein
(Obermeyer et al., 2013, S. 123 & 129). Ein Bundesbürger steht, je nach Studie,
zwischen 36 Stunden (Studie des US-Unternehmens Inrix, Inc. aus dem Jahr 2012)
und 60 Stunden (Porsche Consulting GmbH, 2010) pro Jahr im Stau. Die jährlichen
Staukosten belaufen sich somit auf bis zu (60h*13,00Euro/h*80Mio. Bürger=) 62,4
Milliarden Euro pro Jahr. Daher stellen Reisezeitgewinne „(auch international betrachtet) häufig 70 bis 90 Prozent des Gesamtnutzens eines Verkehrsprojektes dar"
(Obermeyer et al., 2013, S. 118). Die Kosten durch zusätzlichen Kraftstoffverbrauch
durch Staus betragen elf Milliarden Euro. Hinzu kommen negative Auswirkungen
auf die Umwelt. Die durch Staus zusätzlich verursachten CO_2-Emissionen betragen
jährlich rund 26 Millionen Tonnen (Porsche Consulting GmbH, 2010). Die Studie
der Porsche Consulting GmbH geht für Deutschland von Staugesamtkosten i.H.v.
122 Milliarden Euro pro Jahr aus.

gewonnen werden. Die übergeordnete These lautet, dass auf Tiefbaustellen signifikante Kosteneinsparungen durch verbesserte Koordination (im Sinne einer verbesserten Koordination verteilter Entscheidungen in hierarchischen Aufbauorganisationen) möglich sind. Die Untersuchung erfolgt aus der Perspektive der Prinzipal-Agent-Theorie. Die Erkenntnismethode ist die agentenbasierte Simulation. Der hier nur kurz umrissene wissenschaftliche Ansatz wird in Abschnitt 1.2 eingehender beschrieben.

1.2 Wissenschaftlicher Ansatz

1.2.1 Erkenntnisgegenstand

Gegenstand der Arbeit sind Transportlogistiksysteme eingerichteter[2] Erdbaustellen im Rahmen von Tiefbauvorhaben, im Besonderen Straßenbaumaßnahmen[3]. Bei Straßenbaustellen handelt es sich um Linienbaustellen, d.h. um Baustellen mit großer Längsausdehnung – häufig mehrere Kilometer – und kleiner Querausdehnung. Neben der geographischen Ausdehnung sind Umwelteinflüsse (z.B. Wetterveränderungen), Störungen im Prozessablauf (z.B. unvorhergesehener Wechsel von Bodenschichten, etwa Übergang von lockerem Boden zu Gestein) und eine große Anzahl an meist rechtlich und wirtschaftlich selbständigen Beteiligten (bspw. Subunternehmerschaften bis hin zu Ein-Personen-Unternehmen) charakteristisch. Dies führt zu einer Vielzahl unterschiedlicher wirtschaftlicher Ziele, der Unmöglichkeit, alle Prozesse der Leistungserstellung überwachen zu können und der Existenz unvorhersehbarer exogener, d.h. nicht durch die Beteiligten verursachten Störungen bei der Leistungserstellung.

Aufgrund der geographischen Ausdehnung ist die Transportlogistik ein wichtiges Element einer Linienbaustelle. Besonders im Erdbau wird diesem

---

[2]   Eingerichtet bedeutet, dass die Baustelle sich in der Ausführungsphase befindet. Alle notwendigen Vorarbeiten für den Erdbau sind bereits durchgeführt. Das Baufeld ist demnach erschlossen (Zufahrten, Baustrassen etc. sind angelegt), Hindernisse im Baufeld sind erkundet, die vorliegenden Bodenklassen wurden mittels Probebohrungen erhoben, mögliche bekannte Altlasten wurden ermittelt, der öffentliche Verkehr ist umgeleitet bzw. gesichert und alle Arbeiten sind geplant, d.h. eine Zeitplanung mit Ressourceneinteilung, Bauwerksmodelle, Geländemodelle, Mengendiagramme etc. sind vorhanden und mit allen Beteiligten abgestimmt (Bauer, 2006, S. 63).

[3]   Ein Fachgebiet des Tiefbaus ist der Straßen- und Wegebau, der den Entwurf, die Herstellung und die Erhaltung von Straßen und Wegen umfasst. Da bei Straßenbaumaßnahmen in aller Regel der Boden in seiner Lage verändert werden muss, ist der Erdbau häufig eine frühe Phase im Straßenbau.

Bereich ein überdurchschnittlich hohes Optimierungspotenzial zugeschrieben (s. u.a. Navon (2005)). Aus diesem Grund steht die Transportlogistik im Erdbau als eine frühe Phase einer Tiefbaustelle im Zentrum dieser Arbeit. In diesem Bereich verspricht die Verbesserung der Koordination – im Sinne des Abgleichs der unterschiedlichen wirtschaftlichen Ziele, der Verbesserung der Überwachbarkeit der Vorgänge der Leistungserstellung und die Bereitstellung von Informationen über auftretende exogene Störungen sowie die Erhöhung der Flexibilität um auf diese Störungen reagieren zu können – hohe Potenziale.

Der Erdbau ist definiert als die „Veränderung von Erdkörpern nach Form, Lage und/oder Lagerungsdichte, insbesondere Bodenabtrag [...] und Bodenauftrag [...]" (Bauer, 2006, S. 61). Der abzutragende Boden muss abtransportiert und der aufzutragende Boden antransportiert werden. Der Erdbau umfasst daher ein Transportlogistiksystem als ein verrichtungsspezifisches Subsystem des übergeordneten Systems Baustellenlogistik. Dabei wird unter Transport die „Ortsveränderung von [...] Gütern mit manuellen oder technischen Mitteln" (Deutsches Institut für Normung, 1989, S. 3) verstanden. Wobei die „Güter" im Falle der Erdbaustelle die ab- bzw. anzutransportierenden Erdmassen sind. Der Transportprozess steht in baufachlichen Interdependenzen zu anderen Prozessen (sequenzielle und reziproke Prozessinterdependenz nach (Gaitanides, 2007, S. 195 – 197)) und besitzt teilprozessinterne Interdependenzen (gepoolte Prozess-Interdependenz nach (Gaitanides, 2007, S. 195 – 197)).

Transportlogistiksysteme umfassen sachliche Erfüllungsmittel (Maschinen, technische Anlagen inklusive Informations- und Kommunikationstechnik, Stoffe usw.) und menschlichen Aufgabenträger. Die Aufgabenträger sind in einer Aufbauorganisation eingegliedert (Bauer, 2006, S. 27). Diese ist nach vorliegenden empirischen Befunden hierarchisch strukturiert (s. Shirazi et al. (1996); Cheng et al. (2003), (Proporowitz, 2008, S. 45f), (Zilch et al., 2012, S. 853) sowie das Fallbeispiel in Abschnitt 2.1). Die Bauleitung[4] besitzt Weisungsbefugnisse gegenüber den ausführenden Baugeräteführern und überwacht diese. Mit der Aufbauorganisation wird demnach das soziale System der Beziehungen zwischen den Aufgabenträgern (Bauleiter und Baugeräteführer) beschrieben. Die sachlichen Erfüllungsmittel bilden

---

[4] Der Bauleiter ist verantwortlich für das „Überwachen der Ausführung des Objekts auf Übereinstimmung mit den zur Ausführung genehmigten Unterlagen, dem Bauvertrag sowie den allgemein anerkannten Regeln der Technik und den einschlägigen Vorschriften" (§57 Abs. 1 Nr. 1 HOAI vom 17. September 1976 (BGBl. I S. 2805) in der Fassung vom 10. November 2001 (BGBl. I S. 2992)). Ein Bauleiter kann eine Baustelle oder Teilbaustelle leiten.

das technische System der Transportlogistik. Somit handelt es sich bei den Transportlogistiksystemen einer Erdbaustelle um *sozio-technische Systeme* mit vielfältigen *Prozessinterdependenzen* und *hierarchischen Weisungsgeber-Weisungsempfänger-Beziehungen.*

In der vorliegenden Arbeit wird das soziale System der Beziehungen zwischen dem Bauleiter und Fahrern beweglicher Transportgeräte fokussiert. Baufachliche (Prozess-)Abhängigkeiten, technische Rahmenbedingungen und auftretende Umwelteinflüsse werden nur insofern und insoweit betrachtet, als dass sie Einflüsse auf die untersuchte Beziehung haben. Im Folgenden verdeutlicht ein Beispiel die hier dargelegten Ausführungen und bereitet auf die im Folgeabschnitt 1.2.2 dargelegte Problemstellung vor. Eine detaillierte Beschreibung und Analyse des Gegenstands Transportlogistiksystem im Erdbau und der Problemstellung findet sich in Abschnitt 2.

Beispiel 1.1 *Auf einer Erdbaustelle transportieren in der Transportkette A sechs LKW Erde von einem Ausbauort zu einem Einbauort. Die Arbeiten finden in ca. 20 km Entfernung vom Bürocontainer der Bauleitung statt. Eine einfache Fahrt vom Baucontainer zur Arbeitsstätte der LKW dauert ca. eine Stunde. Alle LKW sind inklusive der Fahrer zu festen Tagespreisen angemietet. Um 10:00 Uhr kommt es am Ausbauort zu einer unvorhergesehenen Änderung der Bodenverhältnisse. Die Ausbauleistung des Baggers bricht daraufhin um 75% ein. Die ankommenden LKW reihen sich nach und nach in eine entstehende Warteschlange vor dem Bagger ein. In der Transportkette B kann die sich zufällig dort vor Ort befindliche Bauleitung eine überplanmäßige Ausbauleistung und einen Engpass an Transportkapazitäten feststellen. Dies wird über den Baustellenfunk kommuniziert. Die Fahrer der LKW in der Transportkette A nutzen jedoch die Wartezeit als Pause anstatt ihre Kapazitäten der Transportkette B bereitzustellen. Die Bauleitung hat keine Informationen über die Situation in der Transportkette A. Die Situation wiederholt sich an mehreren Tagen, alle Beteiligten in der Transportkette A „decken" sich gegenseitig und rechtfertigen ihre Minderleistung gegenüber dem Soll mit häufigen, jedoch kleineren und von den Maschinisten nicht zu vertretenden Störungen. Die Bauleitung passt aufgrund der neu vorliegenden Leistungsdaten die Leistungsberechnungen an und muss eine Verzögerung sowie Mehrkosten für diesen Bauabschnitt verzeichnen.*

1.2.2 Problemstellung

Bisher eingesetzte Koordinationsinstrumente (z.B. Terminlisten, Balkenpläne, etc. s. (Bauer, 2006, S. 606 – 631)) nutzen globale Pläne die im Vorfeld der Bauausführung durch zentrale Planer erstellt werden. Dabei kommen Erfahrungswerte und statistische Größen (Mittelwerte, Varianzen, ...) zum Einsatz. Die Pläne sind jedoch nur grobgranular (Planung im Wochen- und Monatstakt) und werden aufgrund von Störungen schnell obsolet. Für eine zeitlich feingranulare on site-Koordination – also für die Koordination während der Bauausführung vor Ort auf der Baustelle – können sie nur bedingt eingesetzt werden und bedürfen ständiger, aufwändiger Überarbeitung und Anpassung (s. Winch und Kelsey (2005)). Ist-Leistungswerte werden oft nur im Wochentakt mit den Sollwerten verglichen. Eine Reaktion auf Abweichungen wird so erst in wöchentlich stattfindenden Besprechungen erarbeitet (s. Beispiel 2.1). Die für eine Reaktion auf die Störungen *notwendige Flexibilität* lassen die bisherigen Ansätze somit vermissen.

Die wichtigsten Gründe für Budgetüberschreitungen sind langsame Entscheidungsprozesse, Kommunikationsprobleme, inadäquate Planung, hohe Komplexität und schlechte Prognoseverfahren. Die Studie (USA: N=24, Israel: N=32 Projekte) von Shohet und Laufer (1991) zeigt, dass Bauleiter die größten Anteile ihrer Arbeitszeit für Überwachung (USA: 18%, Israel: 33,7%) und Instruktion (USA: 17,1%, Israel: 21,2%) aufwenden. Nach einer Studie von Shohet und Frydman (2003) (N=30 Projekte) beinhalten fast 30% der Kommunikationsakte auf einer Baustelle die Allokation von Ressourcen. Im Rahmen einer Befragung von 50 Unternehmen der Tiefbaubranche konnten Günthner und Zimmermann (2008) feststellen, dass eine verbesserte Organisation der Baustelle die größten Kosteneinsparungen (11%) erwarten lässt. Die Koordination der Gewerke lässt mit 10,3% ähnlich hohe Kosteneinsparungen erwarten. Die Adressierung klassischer logistischer Fragestellungen wie Belieferung der Baustelle, Lagerhaltung und Transportoptimierung lässt weitere Einsparungen erwarten (siehe Abbildung 1.1).

Unter den häufig auftretenden, kritischen und in ihrer Auswirkung starken Koordinationsproblemen werden die Nichtverfügbarkeit von Baumaschinen und Baumaterial sowie zeitliche Engpässe von Arbeitsschritten, Planungsfehler und Änderungsmanagement genannt (siehe Abbildung 1.2 auf Seite 9). Insbesondere hier kann eine *verbesserte Koordination* der auf einer Baustelle verfügbaren *Transportressourcen* Abhilfe schaffen. Dadurch werden sowohl die Organisations-, Transport- wie auch Lagerhaltungsproblematik adressiert als auch die Verzögerungen, die aus der Nichtverfügbarkeit von Maschinen und Material resultieren, angegangen. Ferner können zeitliche Engpässe

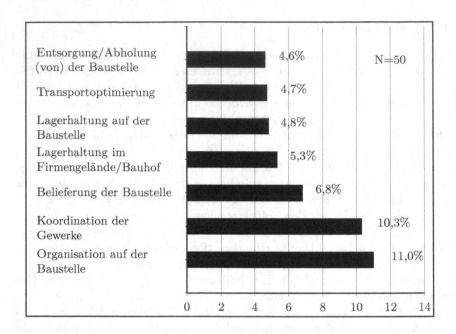

Abbildung 1.1: Erwartete Kosteneinsparungen durch Optimierung der Baulogistik nach Günthner und Zimmermann (2008)

durch Fehler in der Planung durch eine verbesserte on site-Koordination abgemildert werden.

Das Koordinationsproblem manifestiert sich daher in der laufenden (Neu-) Einteilung von Transportgeräten in Transportketten durch die Bauleitung (Disposition) während der Bauausführung. Neue oder veränderte Koordinationsinstrumente im Erdbau müssen die nötige Flexibilität aufweisen, um sich den in der beschriebenen Individualität begründeten, sich ständig ändernden Bedingungen und plötzlich auftretenden Ereignissen flexibel anzupassen. Derzeit besteht jedoch eine geringe Flexibilität aufgrund einer stark ausgeprägten Hierarchie mit fixen Entlohnungsformen, der informationellen Unterversorgung der Bauleitung und der exogenen Störungen (s. Al-Momani (2000), Odeh und Battaineh (2002) und Assaf und Al-Hejji (2006)).

Aus den empirischen Befunden, exemplarisch konkretisiert in Beispiel 1, zeigt sich, dass das Problem auf (a.) Zielkonflikte, (b.) Informationsasymmetrien und (c.) fehlende Informationen über exogene Störungen zurückzuführen ist. Diese drei Ursachen führen dazu, dass Fahrer von Transportgeräten

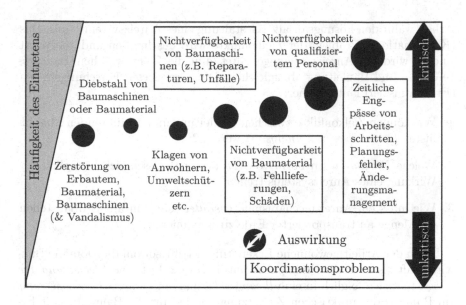

Abbildung 1.2: Häufigkeit und Auswirkungen von Koordinationsproblemen nach Günthner und Zimmermann (2008)

sich für Aktionen entscheiden und diese ausführen können, die den eigenen Zielen der Fahrer (im Beispiel: Arbeitspause) dienen und vor dem Bauleiter, im Beispiel aufgrund der geographischen Entfernung, „versteckt" werden können. Diese versteckten Aktionen werden später als „Hidden Actions" bezeichnet. Aufgrund der Existenz von exogenen Störungen kann nicht auf ein Fehlverhalten der Geräteführer geschlossen werden. Die Übertragung von Aufgaben an die Baugeräteführer birgt daher für den Bauleiter stets das Risiko, dass die übertragenen Aufgaben nicht in seinem Sinne, also gemäß seinen ökonomischen Zielen, ausgeführt werden, sondern im Sinne der Baugeräteführer (nach ihren jeweiligen ökonomischen Zielen). Dieses Gefährdungspotenzial (später bezeichnet als „Moral Hazard") aufgrund der versteckten Aktionen muss im Rahmen der Koordination vermindert werden.

Zur Lösung dieses Koordinationsproblems kennt die Prinzipal-Agent-Theorie (PAT) die Ansätze Gestaltung eines Anreizsystems für den Abgleich der Ziele, Errichtung eines Kontrollsystems zur Überwachung der Aktionen vor Ort und die Implementierung eines Informationssystems für die Erlangung von Informationen über die exogene Störung. Die vorliegende

Arbeit wählt den Lösungsansatz „Gestaltung eines Anreizsystems" aus. Das (Koordinations-)Problem der Zielkonflikte wird beschrieben und analysiert und es wird ein Anreizsystem gestaltet, um die Ziele zwischen Baugeräteführern und Bauleitung abzugleichen. Die adressierten Forschungsfragen (Erkenntnisziel) lauten daher:

1. Wie können Zielkonflikte zwischen Bauleitung und ausführenden Maschinisten *beschrieben* und *analysiert* werden?

2. Welche *Prognosen* (in Form von Hypothesen) lassen sich bezüglich der Wirkung eines Anreizsystems treffen?

3. Wie muss ein Anreizmechanismus *gestaltet* sein, um auf Erdbaustellen die Menge an transportierter Erde zu maximieren?

Die in der Arbeit gewonnene Erkenntnis betrifft sowohl die Domäne Bauwirtschaft als auch die Prinzipal-Agent-Theorie selbst. Die *Zielsetzung der Arbeit* teilt sich folglich in eine *theoretische* und eine *praktische Zielsetzung*. Im Rahmen der praktischen Zielsetzung werden für die Bauwirtschaft Erkenntnisse zur Gestaltung effizienter Anreizsysteme gewonnen. Im Rahmen der theoretischen Zielsetzung sind die gewonnenen Erkenntnisse für die Ökonomik in zweierlei Hinsicht nutzbar. Zum einen findet die PAT eine konkrete Anwendung und wird dabei aus einer eher abstrakten, volkswirtschaftlichen Modellwelt in ein konkretes Praxisbeispiel überführt. Dabei müssen sämtliche Konstrukte der PAT konkret für den Anwendungsfall interpretiert und empirisch fundiert werden – u.a. sind dies Aktionen, die daraus resultierenden Leistungen, Störungen inkl. Wahrscheinlichkeiten etc.

In der vorliegenden Arbeit wird ein Ein-Prinzipal-Mehr-Agenten-Fall mit wiederholter Interaktion betrachtet (s. Abschnitt 2.4). Die Agenten stehen bei ihrer Leistungserstellung in prozessualer Interdependenz zueinander. Eine Strukturierung und Bewertung bestehender Prinzipal-Agent-Modelle sowie eine Einordnung der Arbeit in die Prinzipal-Agent-Theorie findet sich in Abschnitt 3.3.1. Eine ausführliche Begründung für die Auswahl des Lösungsansatzes Anreiz findet sich in Abschnitt 3.2.6; eine detaillierte Analyse des Koordinationsproblems findet sich in Abschnitt 2. Das folgende Beispiel soll als Fortführung des Beispiels 1 zunächst das Problem und die Lösung verdeutlichen.

Beispiel 1.2 *Die Fahrer der LKW in Transportkette A verfolgen mit der Einlegung der Pause eine andere Zielstellung (Maximierung der Differenz zwischen (fixem) Lohn und Arbeitseinsatz) als der Bauleiter (Maximierung der transportierten Menge Erde auf der Gesamtbaustelle). Beide Zielstellungen stehen konfliktär zueinander. Aufgrund der räumlichen Ausdehnung kann die Bauleitung die Situation vor Ort nicht beobachten. Gleichzeitig fehlen ihr Informationen über die vorgetragenen kleineren Störungen und die Behauptung, diese seien durch die Maschinisten nicht zu vertreten. Die Bauleitung kann aus dem beobachteten Ergebnis somit nicht auf den Arbeitseinsatz der Fahrer rückschließen.*

Die Bauleitung entscheidet künftig, die Fahrer in Abhängigkeit der transportierten Menge Erde zu entlohnen. Je mehr Erdmenge sie transportieren, desto größer ist ihre Entlohnung. Die Zielstellung der Fahrer und die Zielstellung der Bauleitung sollen so in Einklang gebracht werden. Die zunächst einfache und „intuitiv" erscheinende Lösung birgt jedoch einige Schwierigkeiten. So stellen sich der Bauleitung bspw. Fragen nach der Höhe der Vergütung pro m^3 transportierter Erde, Fragen nach der Entlohnung bei der vorliegenden Teamproduktion, Fragen nach Fehlanreizen (z.B. kann eine solche Entlohnung dazu führen, dass bei der Meldung über benötigte Transportkapazitäten in Transportkette B alle LKW aus den Ketten A, C, D, ... gleichzeitig versuchen die Transportkette zu wechseln) oder Fragen nach der Leistungsmessung[a] deren Vergleichbarkeit[b] und deren Zurechnung zu einzelnen Baugeräteführern.

---

[a] Ein eindeutiger Wert für die Größe „transportiertes Erdvolumen in m^3" kann nur durch eine Geländevermessung ermittelt werden. Diese Vermessung wird heute durch einen menschlichen Vermesser meist wöchentlich durchgeführt. Aktuelle, am Markt etablierte automatisierte Leistungserfassungen direkt während der Leistungserstellung, wie z.B. die Systeme der Unternehmen Topcon (`www.topcon.com`, letzter Zugriff: 22.03.2014) und Trimble (`www.trimble.com`, letzter Zugriff: 22.03.2014), bieten nur Näherungsverfahren. Die derzeit gängige Bestimmung geladener Erdvolumen mittels Waagen bedingt, dass auch bekannt ist, welches Material geladen wurde und welche Dichte dieses Material aufweist. Zudem sind Waagen meist nur an den Ein- und Ausfahrten der Baustellen aufgestellt, nicht jedoch auf den Transportwegen zwischen Erdein- und Erdausbau. Das Anbringen von Mess-Sensorik am Transportgerät (z.B. Überwachung der Ladefläche durch Ultraschall oder Gewichtssensoren) verursacht eine Reihe von Messproblemen, so dass dieser Weg ebenfalls nicht gangbar ist.

> b So schreibt etwa Hofstadler (2007): „[U]nmittelbare Vergleichbarkeit von Leis-
> tungen ist in der Bauproduktion wegen der Vielfalt der baubetrieblichen und
> technischen Einflüsse nur selten gegeben" (Hofstadler, 2007, S. 210).

1.2.3 Perspektive

Der Erkenntnisgegenstand „transportlogistisches System einer Erdbaustelle" wird aus der Perspektive der Prinzipal-Agent-Theorie nach Ross (1973);
Jensen und Meckling (1976); Holmström (1979); Grossman und Hart (1983)
untersucht. Das Problem des Moral Hazard aufgrund von Hidden Actions
hat gemäß der Prinzipal-Agent-Theorie drei Ursachen: (1) Zielkonflikte zwischen Weisungsgeber und Weisungsempfänger, (2) Unbeobachtbarkeit der
Aktionen des Weisungsempfängers durch die Weisungsgeber und (3) Existenz einer exogenen Störung die es dem Weisungsgeber unmöglich macht,
aus dem gelieferten Ergebnis eindeutig auf die Aktionen des Weisungsempfängers rückzuschließen.

Zur Lösung des Moral Hazard-Problems bietet die PAT drei Alternativen an – je eine Alternative für eine der Ursachen. Für den Zielabgleich
und damit Auflösung der Zielkonflikte werden Anreizsysteme vorgeschlagen.
Zur Kontrolle der Leistungen vor Ort und damit zur Auflösung des Problems der Unbeobachtbarkeit von Aktionen werden Monitoring-Lösungen
eingesetzt. Die Rückmeldung über exogene Störungen und damit Auflösung
des Rückschlussproblems findet über Informationssysteme statt. Der Bauleiter bekommt über solche Systeme Informationen über das Auftreten von
exogenen Störungen.

Die vorliegende Arbeit befasst sich mit dem Problem der Zielkonflikte
und entwickelt ein Anreizsystem, um die Ziele zwischen Baugeräteführern
und Bauleitung abzugleichen. Dabei werden Einflussgrößen auf die Wirkung
eines Anreizsystems sowohl aus der PAT als auch aus der Domäne Erdbau
abgeleitet. Das so entstehende Prinzipal-Agenten-Modell[5] des Transportlo-
gistiksystems einer Erdbaustelle (Ursache-Wirkungs-Modell) wird in Simulationsstudien untersucht, weshalb sich die Arbeit dem Forschungsgebiet der
Computational Economics – insbesondere der agent-based Computational
Economics[6] (Tesfatsion und Judd, 2006) – anschließt. Mit der Durchführung

---

[5]   Im Terminus „Prinzipal-Agent-Theorie" wird der Begriff „Agent" grundsätzlich im
      Singular verwendet. Bei Modellen mit mehreren Agenten wird der Begriff „Agent"
      ins Plural gesetzt.
[6]   Der Begriff „agent" im Terminus „agent-based Computational Economics" bezeich-
      net das Softwareparadigma der Agentenorientierung (zuerst genannt bei Rosenschein
      (1985), Einführung u.a. Wooldridge (2009)) und ist *nicht* gleichzusetzen mit dem
      Begriff des Agenten in der Prinzipal-Agent-Theorie. Der Abschnitt 1.3.3 geht nä-

der Simulation (*Erkenntnismethode*) wird Erkenntnis über die unterschiedliche Wirkung von Anreizsystemen in Abhängigkeit unterschiedlicher Parameter (*Einflussgrößen der Simulation, Explanantia*), deren Werte (*Stufen*) und Wertekombinationen (*Stufenkombination*) gewonnen. Die zu untersuchende Zielgröße (*Explanandum*) ist dabei die durch die Transportgeräte insgesamt transportierte Menge Erde am Ende jedes Simulationslaufs. Das Erkenntnisinteresse der Arbeit ist demnach ein verbessertes Verständnis der Anreizstrukturen zwischen Bauleitung und Fahrern von Transportgeräten auf Erdbaustellen. Die zur Erlangung dieser Erkenntnisse eingesetzte Methode Simulation wird in Abschnitt 1.3.2 näher betrachtet.

1.3 Wissenschaftstheoretische Einordnung

Aufgabe einer jeden Wissenschaft ist das methodische, systematische und intersubjektiv nachprüfbare und nachvollziehbare Gewinnen neuer Erkenntnisse über einen Erkenntnisgegenstand[7]. Die zentralen Begriffe sind demnach *Erkenntnis* und *Methode* als das systematische und nachvollziehbare Vorgehen zur Gewinnung der Erkenntnis. Als Erkenntnismethode wird in der vorliegenden Arbeit die Simulation gewählt.

1.3.1 Einordnung der Forschungsfragen in die Wirtschaftswissenschaft

Eine mögliche Differenzierung des wirtschaftswissenschaftlichen Erkenntnisinteresses und des damit verbundenen Zielsystems dieser Wissenschaft lässt sich entlang der qualifizierenden Adjektive rein, angewandt und normativ

---

her auf diese Unterscheidung und auf die Probleme der Überführung des Agenten (=Mensch) aus der Prinzipal-Agent-Theorie in einen Softwareagenten (=Software) für die agentenbasierte Simulation ein.

[7]   In der Arbeit wird der ontologisch und epistemologisch neutrale Begriff „Gegenstand" gewählt. Aus epistemologischer Sicht ist der Begriff unabhängig davon, ob es sich um ein Phänomen, ein „Ding an sich" (Kant, 1783, S. 62–63), um etwas gedachtes (Idealismus) oder etwas real existierendes (Realismus) handelt (Seiffert, 1997, S. 68). Der Begriff ist auch ontologisch neutral, da die „Gegenüberstellung des 'an sich' Seienden und des Erkannten als Problem" (Seiffert, 1997, S. 136) ausgeklammert bleibt. Ebenfalls bleibt mit dem neutralen Begriff „Gegenstand" die Problematik der Erkenntnisrelation, also die Spaltung zwischen dem erkennenden Subjekt (Erkenntnissubjekt) und dem zu erkennenden Objekt (Jaspers, 1953) außen vor – anders als beim, teilweise trotz allem synonym (Seiffert, 1997, S. 135) zum Begriff (Erkenntnis-)Gegenstand gebrauchten Begriff „Erkenntnisobjekt".

führen.[8] Entlang dieser Unterscheidung hat sich für die Wirtschaftswissenschaft ein Zielsystem mit deskriptiven, theoretischen, pragmatischen und normativen Wissenschaftszielen etabliert (Schweitzer, 1978, S. 2ff) (Chmielewicz, 1994, S. 9ff) (Schanz, 1997, S. 90). Damit einher geht das Aufgabenspektrum der Wissenschaft bestehend aus der *Beschreibung* und *Erklärung* des Erkenntnisgegenstands, der *Prognose* von Veränderungen[9] des Erkenntnisgegenstands und der zielorientierten *Gestaltung* von Lösungen für wirtschaftliche Probleme – dies im Sinne eines Verständnisses von Wissenschaft der die Aufgabe zukommt, „die Mühseligkeit der menschlichen Existenz zu erleichtern" (Chmielewicz, 1994, S. 18).

Chmielewicz (1994) unterteilt das Zielsystem der Wirtschaftswissenschaft in vier Stufen: (i.) die Begriffslehre mit dem Ziel der Präzisierung von Begriffen (*Beschreibung*), (ii.) die Wirtschaftstheorie mit dem Ziel der Identifikation von Ursache-Wirkungs-Zusammenhängen (*Analyse/Erklärung*), (iii.) die Wirtschaftstechnologie mit dem Ziel der *Gestaltung* von Zweck-Mittel-Systemen und (iv.) die Wirtschaftsphilosophie mit dem Ziel der Vorgabe von Unternehmenszielen (Chmielewicz, 1994, S. 8ff). Gemeinsames Ziel aller Stufen ist das „Sammeln von neuem Wissen" (Kornmeier, 2007, S. 25). Die beiden Stufen Begriffslehre und Wirtschaftstheorie lassen sich als positiven Forschungsansatz zusammenfassen und verstehen die Wirtschaftswissenschaft als reine Wissenschaft. Die Wirtschaftstechnologie und Wirtschaftsphilosophie werden der angewandten Wissenschaft zugerechnet.

---

[8]   Der Diskurs darüber, ob bspw. die Betriebswirtschaftslehre (BWL) als eine reine Wissenschaft oder als angewandte „Kunstlehre" zu verstehen ist, wurde bereits in der ersten Hälfte des 20. Jhds. geführt. Schmalenbach (1911) ging davon aus, dass BWL praktisch verwertbare Ergebnisse erzielen muss – hingegen sah Rieger (1928) in der BWL eine reine Wissenschaft, die sich auf die Entwicklung von Theorien (zur Beschreibung, Erklärung und Prognose) und deren Überprüfung zu beschränken hat. Der Diskurs lebte in den 1950er Jahren wieder auf. Mellerowicz (1952) übernahm die Position von Schmalenbach und bestimmte für die BWL als deren „Ursprung und Zweck [...] die einzelbetriebliche Praxis" (Mellerowicz, 1952, S. 146). Gutenberg (1951) hingegen entwickelte eine Theorie der BWL. Er ging dabei im Gegensatz zu Rieger davon aus, dass die Anwendung der Theorie auf betriebliche Probleme in der Praxis durchaus den Charakter von Empfehlungen haben kann. In der heutigen BWL wird die Auffassung nach Schmalenbach vertreten. Die BWL soll demnach „praktische Aussagen für die Gestaltung in Unternehmen bereitstellen" (Kornmeier, 2007, S. 23). Es soll das Knappheitsproblem gelöst (Fulbier, 2004, S. 267), die Leistungsfähigkeit von Unternehmen verbessert (Frank, 2003, S. 283) und den Menschen bei der Bewältigung von Daseinsproblemen geholfen (Heinen, 1992, S. 15) werden. Weitergehende, ausführliche Diskussionen hierzu finden sich u.a. bei Behrens (1993) (Bea und Schweitzer, 2009, S. 94f); zur „Abgrenzung von Wirtschaftstheorie und -technologie" s. (Chmielewicz, 1994, S. 184f).

[9]   Veränderungen im oder am Erkenntnisgegenstand in der Zeit oder Veränderungen bspw. der Umwelt oder Veränderung durch (technischen) Eingriff.

Die Arbeit ordnet sich mit den formulierten Forschungsfragen der angewandten Wissenschaft zu. Ziel ist die *Gestaltung* eines Zweck-Mittel-Systems auf Basis der in der Prinzipal-Agent-Theorie formulierten Ursache-Wirkungs-Beziehungen für die Hidden Action-Problematik. Als wesentliche Aufgaben gelten demnach die Beschreibung und Analyse des Gegenstands in Form der aus der Theorie bekannten Ursache-Wirkungs-Beziehungen (Forschungsfrage 1) gefolgt von der Prognose der Auswirkungen von Anreizsystemen (Forschungsfrage 2) und, abschließend, die Formulierung eines Anreizsystems (Mittel) zur Erreichung des Zwecks „Erhöhung der Transportleistung auf Erdbaustellen". Der Beitrag der Arbeit sind Erkenntnisse über die Gestaltung des Anreizsystems. Die zur Gewinnung dieser Erkenntnis gewählte Methode „Simulation" wird im folgenden Abschnitt diskutiert.

1.3.2 Erkenntnismethode Simulation

Der Prozess des Gewinnens wissenschaftlicher Erkenntnis muss gewissen Kriterien genügen.[10] Ein Kriterium ist die Anwendung eines systematischen Vorgehens, also die Anwendung einer Methode (altgriechisch $\mu\epsilon\theta o\delta o\varsigma$ „Nachgehen", „Verfolgen", in der wiss. Bedeutung (nach Aristoteles, Rhetorik): das „auf das Erkennen der Ursachen beruhende, geregelte Verfahren" (Robling, 2007, S. 56)). In der vorliegenden Arbeit wird die Erkenntnismethode der Simulation gewählt. „Simulation ist das Nachbilden eines Systems mit seinen dynamischen Prozessen in einem experimentierbaren Modell, um zu Erkenntnissen zu gelangen, die auf die Wirklichkeit übertragbar sind. Insbesondere werden die Prozesse über die Zeit entwickelt" (VDI, 2000, S. 2). Die Definition des VDI muss jedoch differenziert betrachtet werden. Wie Frank

---

[10] Dies sind (1.) die Anwendung eines systematischen Vorgehens. Dabei ist eine eindeutige und nachvollziehbare Dokumentation der angewandten Verfahren zur Datengewinnung grundlegend, so dass die Ergebnisse nachvollzogen und durch Wiederholung objektiv nachgeprüft werden können (Atteslander, 2003, S. 7 & 73), (Kromrey, 2009, S. 204) (Schnell et al., 2011, S. 45). Beispiele für Methoden sind: Empirische Primärerhebungen (u.a. Schnell et al. (2011)), Labor-experimentelle Forschung (u.a. Croson (2003, 2005); Fiore (2009)), Feldexperimente/Beobachtungen (u.a. Bortz und Döring (2006)) oder Simulationsstudien (u.a. Meissner (1970); Bossel (1994); Tesfatsion und Judd (2006)). (2.) Die Offenlegung der Annahmen und Gültigkeitsbereiche der Erkenntnis (Chmielewicz, 1994, S. 121) (Senat der Max-Planck-Gesellschaft, 2009, S. 2), (Frankfurt School of Finance & Management, 2008, S. 1). (3.) Die Nachprüfbarkeit und Reproduzierbarkeit der Erkenntnisse (Popper, 1984, S. 7f) (Frankfurt School of Finance & Management, 2008, S. 19) (Frankfurt School of Finance & Management, 2008, S. 12).

(1999) zeigt, gibt es unterschiedliche Definitionen des Begriffs Simulation.[11] So umfasst Simulation entweder „das Experimentieren mit Modellen", „die Entwicklung von Modellen und deren experimentelle Nutzung zur Analyse und Bewertung des Verhaltens" oder „die Nachahmung des Verhaltens eines realen Systems mittels eines dynamischen Modells" (Frank, 1999, S. 50f). Die erste Sichtweise schließt alle Modelle, auch die analytisch lösbaren mit ein – gerade hierfür ist jedoch keine Simulation notwendig; die exakte analytische Lösung ist vorzuziehen. Die zweite Sichtweise schließt die Modellierung mit in den Begriff Simulation ein. Dies ist nach Frank (1999) zu weit gegriffen (Frank, 1999, S. 50). Die dritte Sichtweise schließt nur dynamische Modelle ein. Allerdings beschränkt sie sich auf reale Systeme. In VDI (2000) wird jedoch gerade die „Möglichkeit zur Untersuchung real (noch) nicht existierender Systeme" als „signifikanter Vorteil" der Simulation genannt (VDI, 2000, S. 2). Gleichzeitig geht VDI (2000) von einem technisch geprägten Systembegriff aus. Unter technischen Systemen werden dabei „Logistik-, Materialfluß- und Produktionssysteme" verstanden (VDI, 2000, S. 2). Die Simulation von Sozialsystemen, ökonomischen Systemen oder allgemein dem menschlichen Verhalten wird hierbei ausgeklammert. In anderen Anwendungsfällen geht es um gerade solche Systeme, so bspw. in der Social Simulation (u.a. Gilbert und Troitzsch (1999)) oder in der Computational Economics (u.a. Tesfatsion und Judd (2006)). In Anlehnung an die verschiedenen Definitionen und hauptsächlich unter Verwendung der Definition von VDI (2000) wird in der Arbeit *Simulation als das Experimentieren mit (oder an) mathematisch-analytisch nicht lösbaren, dynamischen Modellen realer oder gedachter Systeme mit dem Ziel der Erlangung von, auf die Wirklichkeit übertragbarer Erkenntnisse durch Beobachtung und (statistischer) Analyse der im Zeitablauf gewonnenen Daten über das Modell* verstanden. Der Begriff des „Systems" ist dabei nicht eingeschränkt und kann somit technische oder soziale Systeme umfassen. Bei den „Daten über das Modell" handelt es sich um Zeitreihen mit den Werten aller Variablen des Modells die während der Durchführung der Simulation beobachtet wurden. Die Modellbildung stellt eine inhaltlich abgrenzbare Phase im Vorfeld zur Simulation dar (s. auch (Frank, 1999, S. 51)).

Diese, vorwiegend aus der industriellen oder industrienahen Anwendung von Simulationen entnommene Definition[12] und die dort genannten Gründe

---

[11] Eine ausführliche Begriffsgeschichte des Wortes Simulation inkl. der Etymologie des Wortes aus Perspektive der Technik- und Wissenschaftshistorie findet sich in Spath (2009).

[12] So gilt bspw. in VDI (2000) die Simulation als „Hilfsmittel bei Planung, Realisierung und Betrieb von technischen Systemen" (VDI, 2000, S. 2). Die Anwender sind „Pla-

für die Anwendung müssen um Kriterien für die Auswahl und Anwendbarkeit der Simulation als *wissenschaftliche* Erkenntnismethode angereichert werden. Die o.g. Definition, insbesondere die dort definierte Forderung, dass die durch Simulation gewonnenen Erkenntnisse auf die Wirklichkeit übertragbar sein sollen,[13] berührt wissenschaftstheoretische Fragen. So konstatiert Weber (2004), „dass die Verwendung von Simulation im Forschungsprozess häufig unkritisch geschieht und wichtige wissenschaftstheoretische Einwendungen nicht beachtet werden" (Weber, 2004, S. 191). Es sind dies etwa Fragen nach der epistemologischen Gleichstellung der Simulation mit anderen Erkenntnismethoden[14] insbesondere bei der Theorienprüfung inklusive der Fragen nach den Bezügen zwischen Realitätsausschnitt, dem Modell und der Simulation. Ferner sind es methodische Fragen etwa nach dem Realitätsbezug der zugrunde gelegten Annahmen und der empirischen Basis für die gewählten Wertebereiche, Parametrierungen und Kalibrierungen des Simulationsmodells. Sollen mit der Simulation Aussagen über das simulierte System und nicht bloß Aussagen über das Simulationsmodell getroffen werden, so ist zu fragen welche wissenschaftstheoretischen Anforderungen an Simulationen zu stellen sind, um mit ihnen wissenschaftlich Phänomene erklären oder prognostizieren zu können.

In der Arbeit wird ein Modell der sozialen Beziehung zwischen Bauleiter und Baugeräteführern untersucht. Es handelt sich somit um ein Modell aus

---

ner, Ausrüster, Betreiber, Dienstleister" (VDI, 2000, S. 2) – und hier mithin eben nicht Wissenschaftler.

[13]   Nicht nur im industriellen Bereich findet sich diese Forderung. Auch die wissenschaftliche Anwendung von Simulation zielt darauf ab, die mit der Simulation gewonnenen Erkenntnisse auf den untersuchten physikalischen, sozialen, ökonomischen, etc. Realitätsausschnitt (Erkenntnisgegenstand) zu übertragen. Dies erfolgt in den Wissenschaften über den Weg der Theorieentwicklung, der Theorieprüfung oder der Prüfung theoretischer Implikationen mittels Simulation, so etwa bei (Hanneman, 1988, S. 9) (Schnell, 1990, S. 123f) (Engel und Möhring, 1995, S. 47) (Weber, 2004, S. 192).

[14]   In der Literatur finden sich Begründungen, die Simulation als Methode dann zu verwenden, wenn in der Realität Messungen und Experimente zu kostenintensiv sind (z.B. Experimente mit unterschiedlichen Verfahren der Produktionsplanung und -steuerung in realen Produktionsbetrieben), zu schnell (vorwiegend physikalische Prozesse, z.B. Explosionsverhalten), zu langsam (z.B. Diffusionsprozesse von Innovationen) oder zu gefährlich (vorwiegend prüftechnische Prozesse, z.B. Crashtests) sind, wenn keine vergleichbaren Anwendungsfälle vorhanden sind bzw. ein Gebiet neu erforscht wird, wenn aufgrund der Komplexität die Grenzen analytischer und mathematischer Methoden erreicht sind oder wenn ein reales System noch gar nicht existiert (s. Mattern und Mehl (1989); Kuhn et al. (1993); Küll und Stähly (1999); Bungartz et al. (2009); Eley (2012)). *Dies setzt allerdings die Gleichwertigkeit der mit Simulation gewonnenen Erkenntnisse mit den Erkenntnissen, die bspw. im Experiment gewonnen werden voraus.*

dem „Phänomenbereich des menschlichen Handelns [der] nicht durch exakte und empirisch wohl bestätigte Naturgesetze erfasst" ist (Arnold, 2010, S. 4f). Um diesen Phänomenbereich der Simulation zugänglich zu machen, wird ein mathematisches Modell zum Zwecke der Simulation aufgestellt; die Untersuchung geschieht demnach nicht am Gegenstand selbst, wie dies bei einer Beobachtung oder Befragung der Fall ist sondern an einem Modell des Gegenstands. Die mittels der Simulation des Modells gewonnenen Daten lassen somit lediglich Aussagen über eben dieses (Simulations-)Modell zu. Deren empirischen Gehalt muss in weiteren Studien direkt am Gegenstand überprüft werden. Ziel der Arbeit sind somit simulativ evaluierte Vorschläge für die Gestaltung der Beziehung zwischen Bauleiter und Baugeräteführern. Die Nähe zum real vorliegenden Phänomen wird dabei über eine Parametrierung der Simulation auf Basis empirisch gehaltvoller Daten gesichert.

Zu unterscheiden ist ferner zwischen Simulationen mit oder an physikalischen Modellen (z.B. Modelle von Gebäuden, Maschinen etc.) und mathematischen Modellen (z.B. mathematisch repräsentierte Modelle von Märkten, Unternehmen, Individuen). Diese Modelle können entweder mithilfe eines Computers oder „von Hand" (z.B. mit händisch ausgefüllten Tabellen und manueller Veränderung am Modell) verändert und analysiert werden. Verwendet die Simulation Modelle ohne Zeitbezug so handelt es sich um statische Simulationen. Verändern sich die Werte der Variablen im Modell während der Ausführung der Simulation, so handelt es sich um eine dynamische Simulation. Die Zeit kann dabei in der Simulation kontinuierlich oder diskret repräsentiert sein. In kontinuierlichen Simulationen ändern sich die Systemzustände kontinuierlich (z.B. Differenzialgleichungssysteme). In diskreten Simulationen ändern sich die Systemzustände dagegen an diskreten Zeitpunkten oder bei bestimmten Ereignissen – erstere Simulationen werden als zeitdiskrete Simulationen, zweitere als ereignisdiskrete Simulationen bezeichnet. Die Systemzustände sind dabei die Gesamtheit der Werte aller Variablen im Modell. Diese Variablen können entweder vorbestimmte Werte (deterministische Simulation) oder zufällige Werte (stochastische Simulation) annehmen. Entspricht eine Zeiteinheit in der Simulation einer Zeiteinheit in der Realwelt, so handelt es sich um Simulationen in Echtzeit. Sind die Veränderungen der Systemzustände in der Simulation beschleunigt oder verzögert gegenüber der Realwelt, so handelt es sich um Simulationen in Nicht-Echtzeit.[15] In den Wirtschafts- und Sozialwissenschaften wird ferner unterschieden in eine Makrosimulation (System-Dynamics-Modelle) und

---

[15] Ausführlichere Diskussionen der Unterscheidungsmerkmale finden sich bei (Ohnari, 1998, S. 21f) (Küll und Stähly, 1999, S. 4f) (Rose und März, 2011, S. 13f).

Merkmal	Ausprägungen		
Art des Modells	Physikalisches Modell	Mathematisches Modell	
Technische Unterstützung	Mit Computer (Computersimulation)	Ohne Computer	
Art der Repräsentation von Zeit	Statisch	Dynamisch	
		Art der Zustandsübergänge	
		Kontinuierlich	Diskret
			Art der Diskretisierung
			Zeitdiskret / Ereignisdiskret
Art der Bestimmung von Variablenwerten bzw. deren Veränderungen	Deterministisch	Stochastisch	
Art der Beziehung zur Echtzeit	Echtzeit	Nicht-Echtzeit (beschleunigt oder verzögert)	
Perspektive der Simulation	Makrosimulation (System Dynamics)	Mikrosimulation	

Abbildung 1.3: Unterscheidungsmerkmale für Simulationen nach Mattern und Mehl (1989), Ohnari (1998), Küll und Stähly (1999) sowie Law und Kelton (2000)

eine Mikrosimulation (Schnell, 1990, S. 111)(Gilbert und Troitzsch, 1999, S. 26f). Makrosimulationen versuchen reale Systeme als „Weltmodelle" in Form von Differenzialgleichungen „global" abzubilden und unter Verwendung von Hilfsmitteln – z.B. Verzögerungs- oder Beschleunigungsfunktionen etc. – zu simulieren (Bossel (1994)). Das Verhalten des einzelnen Individuums spielt dabei eine untergeordnete Rolle. Vielmehr werden Aggregate (z.B. Geldmenge, Arbeitslosenquote u.ä.) betrachtet. Für Makrosimulationen ist zu konstatieren, dass sie bislang wenig Einfluss auf die Theoriebildung in den Sozialwissenschaften genommen hat (Schnell, 1990, S. 113). Bei der Mikrosimulation entsteht das Verhalten auf Gesamtsystemebene emergent durch die Modellierung des Verhaltens auf der Ebene individueller Systembestandteile (in der Soziologie: Menschen, in der Ökonomie: Unternehmen oder wirtschaftende Menschen). Gerade durch den in den Wirtschaftswissenschaften (insb. in der Mikroökonomik, der Haushalts- und Konsumentenforschung oder der Innovationsforschung) vorherrschenden methodologischen Individualismus sind Mikrosimulationsmodelle für dortige Fragestellungen prädestiniert (Weber, 2007, S. 119). Als Methode für die Modellierung ist das agent-based modeling (u.a. Axelrod (1997); Bonabeau (2002); Tesfatsion (2006)) vorherrschend; die Modelle werden in Multiagentensimulationen (s. Gilbert und Troitzsch (1999)) ausgeführt.

Eine weitere, in Abbildung 1.3 nicht aufgeführte Unterscheidung, trifft Bossel (1994), indem er nach der Art der Anwendung der Simulation unterscheidet. Zum einen ist dies die Gewinnung wissenschaftlicher Erkenntnis, die Anwendung im Rahmen der Systementwicklung im technischen Bereich, die Anwendung im System-Management und die Anwendung bei der Entwicklungsplanung (Bossel, 1994, S. 13f). In der Systementwicklung im technischen Bereich hat die Simulation „traditionell ihren Schwerpunkt", da hier „Systeme [. . .] gut durch mathematische Modelle beschreibbar sind [Simulationen helfen,] günstige und sichere Lösungen zu finden [. . .], bevor der Entwurf realisiert wird" (Bossel, 1994, S. 14). Im System-Management werden Simulationen eingesetzt, um bereits existierende Systeme zu untersuchen. Ziel ist die (ökonomische) Optimierung (z.B. im Rahmen der betriebswirtschaftlichen Planung) von Systemen. Simulationen von Entwicklungsprozessen zum Zwecke der Entwicklungsplanung finden bspw. bei der Stadtentwicklungsplanung, regionaler oder nationaler Planungen oder Planspielsimulationen ihre Anwendung (Bossel, 1994, S. 14). In der Wissenschaft hilft Simulation dabei, neue Erkenntnisse zu gewinnen, „die aus der ursprünglichen Systemkenntnis nicht direkt folgen" (Bossel, 1994, S. 13). Ziel ist die Theorieentwicklung, die Theorieprüfung oder die Prüfung theoretischer Implikationen mittels Simulation (Hanneman, 1988, S. 9) (Schnell, 1990, S. 123f) (Engel und Möhring, 1995, S. 47) (Weber, 2004, S. 192).

In der Arbeit wird eine dynamische, zeitdiskrete, stochastische Mikrosimulation (speziell: Multiagentensimulation) mit Hilfe des Computers an einem mathematisierten Modell durchgeführt. Ziel ist die wissenschaftliche Anwendung der Methode Simulation. Mit der Simulation werden Erkenntnisse über die Gestaltung eines Lösungsinstruments aus der wirtschaftswissenschaftlichen Prinzipal-Agent-Theorie gewonnen. Die Arbeit umfasst daher nicht die Entwicklung eines Multiagentensystems als eigenständigen Lösungsansatz für betriebswirtschaftliche Problemstellungen, sondern die Nutzung einer auf dem Multiagenten-Paradigma basierenden Simulation. Im folgenden Abschnitt 1.3.3 wird daher und zur Vermeidung von Verwechslungen zunächst die Beziehung zwischen der Nutzung wirtschafts- und sozialwissenschaftlicher Theorien zur Gestaltung von (technischen) Multiagentensystemen (als Artefakte zur Lösung betriebswirtschaftlicher Problemstellungen) und die Nutzung von (technischen) Multiagentensystemen zur Simulation von wirtschafts- und sozialwissenschaftlicher Theorien erörtert.

1.3.3 Menschliche und technische Agency

Das Zusammenspiel zwischen technischen Multiagentensystemen und den Theorien der Wirtschafts- und Sozialwissenschaften (WiSo) wirkt in zwei unterschiedliche Richtungen (s. Abbildung 1.4 auf der nächsten Seite). Auf der einen Seite wird versucht, Konzepte, Modelle und Methoden der WiSo als Metaphern zu migrieren und bei der Konstruktion von technischen Multiagentensystemen zu nutzen ("Wissens- und Konzepttransfer"). Beispielhaft sei hier die Nutzung von Entscheidungs- und Spieltheorie für die Konstruktion von Multiagentensystemen genannt, so u.a. bei Parsons et al. (2002). Ziel dieser Forschung ist die technische Lösung von primär betriebswirtschaftlichen Problemstellungen mittels Multiagentensystemen. So etwa Problemstellungen aus den Bereichen Steuerung von Produktionsanlagen, Steuerung von Logistik- und Transportsystemen oder Steuerung von Ressourcenzuteilungen im Krankenhaus (z.B. Bettenmanagement) oder auf Flughäfen u.a. bei Jennings und Wooldridge (2002); Kirn et al. (2006); Kirn (2008). Das Multiagentensystem ist hier das Mittel zum Zweck der Lösung betriebswirtschaftlicher Problemstellungen.

Auf der anderen Seite liegen die Bestrebungen der Ökonomen und Soziologen darin, Theorien der WiSo in agentenbasierte Simulationssysteme abzubilden, um so Erkenntnisse über die Ursache-Wirkungs-Beziehungen der Original-Systeme (z.B. Arbeits- oder Kapitalmärkte) zu gewinnen ("Erkenntnismigration"). Das Agenten-Paradigma verspricht für solche Vorhaben besonders geeignet zu sein, da es dem in vielen Theorien immanenten methodologischen Individualismus entgegenkommt. Ziel dieser als agent-based Computational Economics (s. u.a. Tesfatsion und Judd (2006)) bzw. agent-based Social Simulation (s. u.a. Gilbert und Troitzsch (1999)) bekannten Forschung ist es, die Theorien der WiSo in der Simulation zu überprüfen und gegebenenfalls zu erweitern sowie mit Hilfe der Simulation Prognosen auf Basis der Theorien zu erstellen. Die Simulation lässt es dabei zu, dass Modelle mit einer Vielzahl an beteiligten Akteuren einer Untersuchung zugeführt werden können.[16] Das Multiagentensystem ist in diesen Forschungs-

---

16 So wird es möglich, ganze Volkswirtschaften abzubilden. Im Projekt Eurace (`http://www.eurace.org`, letzter Zugriff: 22.03.2014) wird bspw. die Makroökonomie der

Wirtschafts- und Sozialwissenschaften		Multiagentenforschung
Nutzen, Wohlfahrt, Präferenzen, Mikro-Makro-Link, soziale Fähigkeiten, Märkte, Organisation, Sprechakt, Verhandlung, Pareto-Effizienz, ...	*„Wissens- und Konzeptmigration"* ➡	„Software as a Society", Nutzung von Wissen und Konzepten (als Metaphern) aus bzw. Mimese der WiSo für das Engineering technischer Multiagentensysteme
Nutzung von Multiagentensystemen (als Instrument) zur Gewinnung von Erkenntnissen über reale WiSo-Systeme durch Multiagentensimulation	*„Erkenntnismigration"* ⬅	Agentenbasierte Modellierung, Wissensmodelle, maschinelle Lern- und Reasoningverfahren, ...

Abbildung 1.4: Beziehungen zwischen Wirtschafts- und Sozialwissenschaften und Multiagentenforschung

arbeiten nicht das Mittel (Artefakt) zum Zwecke der Lösung betriebswirtschaftlicher Problemstellungen sondern dient als Erkenntnisinstrument und tritt so neben klassische ökonomische und sozialwissenschaftliche Erkenntnisinstrumente bspw. aus der empirischen Sozialforschung.

Auf Seiten der Konstruktion von technischen Multiagentensystemen ist es umstritten, ob die „idea of a system as a society" (Wooldridge et al., 2000, S. 4), also die Ausrichtung der Konstruktion an Begriffen, Theorien, Konzepten, Modellen und Methoden der Wirtschafts- und Sozialwissenschaften trägt. Es stellt sich also die Frage, inwieweit die Orientierung an menschlichen und/oder sozial- bzw. wirtschaftswissenschaftlichen Vorbildern bei der Konstruktion des technischen Systems anwendbar ist. Malsch (1998) geht

---

Europäischen Union abgebildet. Das Erkenntnisziel ist hierbei die Erstellung von Prognosen über die Auswirkungen politischer Entscheidungen.

hier von einer Unmöglichkeit einer (1:1-)Übertragung soziologischer Kategorien auf technische Agentensysteme aus und arbeitet – wie auch Florian (1998) – Differenzen zwischen künstlichen Multiagentensystemen und Sozialsystemen heraus. Zu konstatieren sind „strukturelle Homologien zwischen menschlichen und künstlichen Gesellschaftsformen" (Florian, 1998, S. 303) auf einer modellhaft verkürzten Ebene. Diese Ähnlichkeiten lassen sich für das praktische Konstruktionsinteresse der Multiagentenforschung, also für die Gestaltung verteilter Systeme zur (softwaretechnischen) Erschließung neuer Potenziale und zur Lösung genuiner Probleme der Disziplin (u.a. Verteiltheit, Dezentralität, Emergenz, Kooperation, ...) nutzen. Hierzu werden informatisch verwertbare Begriffe und Funktionsprinzipien der Wirtschafts- und Sozialwissenschaften quasi mimetisch übertragen. Auf der Seite der Multiagentenforschung handelt es sich folglich lediglich um Metaphern, nicht mehr jedoch um die mit ihrer spezifischen Bedeutung aufgeladenen Originalbegriffe. Der Wissens- und Konzepttransfer wird aber oft „naiv", d.h. ohne Rückgriff auf die Theorie, ihre Probleme und Grenzen und ohne Reflexion über den Begriffsbildungsprozess durchgeführt. Die Frage nach der etymologisch und epistemologisch richtigen Verwendung und Verwendbarkeit der migrierten Metaphern bleibt somit erhalten (Weber, 1999, S. 119).

Auf Seiten der Simulation von Theorien der WiSo mittels Multiagentensystemen stellt sich die Frage, ob mit einem technischen System soziale- bzw. wirtschaftswissenschaftliche Phänomene simuliert und die so gewonnene Erkenntnis auf das in der Simulation abgebildete (Original-)System übertragen werden kann. Bei der Simulation von menschlichem Sozial- oder Wirtschaftsverhalten auf individueller oder kollektiver Ebene besteht immer die Gefahr, mit über das Maß verkürzten Modellen hinsichtlich der Eigenschaften und des Handelns menschlicher Akteure zu operieren. So bleiben nach Scheuermann (2000) Eigenschaften wie „Kreativität, Emotionalität, Reflexivität, (Selbst-) Bewußtsein, Verantwortungs- bzw. Vertrauensfähigkeit, etc." (Scheuermann, 2000, S. 45) möglicherweise unberücksichtigt, da sie technisch nicht oder nur schwer abgebildet werden können. Dies zeigt sich insbesondere in den erst jüngeren Forschungsarbeiten zur Abbildung von Emotionen in Softwareagenten. Diese sind gestaltet auf Basis formaler – und eben nicht emotionaler – Theorien (z.B. Entscheidungstheorie, s. Gmytrasiewicz und Lisetti (2000)), in einem nur sehr beschränkten Rahmen einsetzbar, z.B. bei Allbeck und Badler (2002) oder als theoriefreie Erweiterungen bestehender Agenten-Softwarearchitekturen angelegt, wie etwa bei Parunak et al. (2006).

Die Diskussion ähnelt strukturell dem in den Wirtschaftswissenschaften bereits früh begonnenen und anhaltend geführten Diskurs um die Eignung des Modells Homo oeconomicus zur Beschreibung und Erklärung realen menschlichen Verhaltens. Die Stärke des Homo oeconomicus ist vor allem die Leistungsfähigkeit im Hinblick auf die Erklärung und Vorhersage menschlichen Verhaltens, „erkauft" durch die konsequente Vereinfachung der menschlichen Aktionsmuster auf eine Grundkonstante: Die egoistische Nutzenmaximierung. Auch beim Homo oeconomicus bleiben Eigenschaften wie „Kreativität, Emotionalität, Reflexivität, (Selbst-) Bewußtsein, Verantwortungs- bzw. Vertrauensfähigkeit, etc." (Scheuermann, 2000, S. 45) unberücksichtigt. Dies ist nach Mill (1862) eine wissenschaftliche Methodik und weniger eine empirisch feststellbare anthropologische Tatsache. Im Umfeld der Behavioral Economics Forschung wird aber eben diese Vereinfachung stark kritisiert und es werden Modelle entwickelt, die sich einem tatsächlichen Verhalten annähern. Trotzdem bleiben Theorien und Modelle auf Basis des Homo oeconomicus bestehen und haben weiterhin ihre Berechtigung, so z.B. die Prinzipal-Agent-Theorie, die Theorie der Verfügungsrechte oder spieltheoretische Modelle. Die Aussagen der Theorien und Modelle müssen jedoch stets im Lichte der Homo oeconomicus-Annahme, also vor dem Hintergrund der Verkürzung anthropologisch-empirischer Tatsachen betrachtet werden.

Den ontologischen oder epistemologischen Ansprüchen der Sozial- und Wirtschaftswissenschaften, Erkenntnisse über die Grundstrukturen der Realität „des Sozialen" bzw. „der Ökonomie" zu erhalten (Theoriebildung), kann die Multiagentenforschung nicht gerecht werden. Dies bleibt der Ökonomik und Soziologie mit ihren empirischen Methoden vorenthalten. Innerhalb des geschlossenen Theorien- und Modellapparates können jedoch mittels Multiagentensimulationen Erkenntnisse überprüft, Modelle mit einer Vielzahl an ökonomischen Akteuren simuliert und Prognosen erstellt werden – dies allerdings stets vor dem Hintergrund der Einschränkung, dass damit Phänomene am Simulationsmodell, nicht aber am sozialen Gegenstand erkannt werden können. Andererseits kann die Multiagentenforschung berechenbare, komplexitätsreduzierte Modelle verwenden und diese – quasi als Mimesis – für eigene Gestaltungszwecke nutzen. Dies jedoch stets im Bewusstsein, dass es sich bei den entlehnten Konstrukten nur noch um, dem ursprünglichen Inhalt weitgehend entleerte Metaphern handelt.

In der vorliegenden Arbeit wird der Weg der „Erkenntnismigration" gegangen. Die wirtschaftswissenschaftliche Prinzipal-Agent-Theorie wird unter deren Anwendung auf den Gegenstand Transportlogistik in eine Multiagentensimulation überführt. Ziel ist die Beantwortung der formulierten Forschungfragen mittels der Erkenntnismethode Simulation.

1.4 Aufbau der Arbeit

Die Arbeit folgt dem in Abbildung 1.5 dargestellten Aufbau. In Kapitel 2 findet sich die Beschreibung und Analyse der Phänomene der Diskurswelt. Dabei werden die Objekte und Wirkungsbeziehungen des Erkenntnisgegenstands Transportlogistik im Erdbau sowie die gesetzte Problemstellung detailliert beschrieben und analysiert. Gleichzeitig werden bisherige Lösungsansätze des Koordinationsproblems untersucht und Schwachstellen aufgezeigt. In Kapitel 3 wird die Prinzipal-Agent-Theorie zunächst als Bezugsrahmen ausgewählt und eingeführt sowie anschließend für eine Analyse und formale Modellierung des Erkenntnisgegenstands verwendet. Ausgehend von diesem Modell werden Lösungsansätze der Prinzipal-Agent-Theorie betrachtet und auf ihre Eignung in Bezug auf die vorliegende Koordinationsproblematik im Erdbau untersucht. Dabei wird das Anreizsystem als mögliche Lösungsalternative ausgewählt. Bevor in Kapitel 4 das Anreizsystem für die Transportlogistik im Erdbau gestaltet wird, werden zunächst Gestaltungselemente für Anreizsysteme im Rahmen eines Stands der Forschung betrachtet.

In Kapitel 5 wird das entstandene Modell des Erkenntnisgegenstands, angereichert um das gestaltete Artefakt, in ein Simulationsexperiment überführt und das Modellverhalten für verschiedene Parameterwerte und -konstella tionen analysiert. Ziel ist es dabei, die formulierten Aussagen über die Wirkung der Gestaltungsparameter zu prüfen und so Erkenntnis über die Wirkungsweise von Anreizsystemen zu erlangen. Die Arbeit schließt mit einer zusammenfassenden Beurteilung in Kapitel 6.

Für die in Kapitel 5 durchgeführte Simulation wird das in der Abbildung 1.6 dargelegte Forschungsdesign (Vorgehensmodell) angewendet. Das Forschungsdesign wurde in Anlehnung an Meissner (1970), Bossel (1994), VDI (1997) und Deckert und Klein (2010) erarbeitet, umfasst aber ausdrücklich nicht die Phase der Erstellung des Simulationsmodells.[17] Die Modellierung erfolgt in Kapitel 3 und 4.

---

[17]   Siehe dazu die Definition von Simulation auf Seite 16.

Kapitel	Tätigkeit	Ergebnis

1 Einleitung

Kapitel	Tätigkeit	Ergebnis
2 Transportlogistik im Erdbau	Beschreibung des Gegenstands & Analyse der Problemstellung in der Diskurswelt	Diskursweltbeschreibung und Begriffsdefinitionen
3 Die Prinzipal-Agent-Theorie als Bezugsrahmen	Analyse und Prognose aus Perspektive der Theorie	PA-Modell der Diskurswelt und Hypothesen
4 Gestaltung des Anreizsystems	Gestaltung des Anreizsystems	Modell eines Anreizsystems
5 Simulation des Anreizsystems	Planung, Durchführung & Auswertung der Simulation (s. Abbildung 1.6)	Erkenntnis über die Wirkweise des Anreizsystems

6 Zusammenfassung und Implikationen

Abbildung 1.5: Aufbau der Arbeit

Schritt	Tätigkeit	Ergebnis
Simulations-planung und Parametrierung (Kapitel 5.1 und 5.2)	Festlegung der unabhängigen Variablen (explananda), der abhängigen Variablen (explanantia), der Startwerte für die Variablen (Parameter, bestimmt durch empirische Daten oder statistische Schätzung), der Wertebereiche der Parameter, die Parameterstufen, der Anzahl der Kombinationen der Parameterstufen, die Anzahl der Simulationsläufe, die Dauer eines Simulationslaufs und die Messzeitpunkte oder Messintervalle.	Simulationsplan
Erstellung des Computer-programms (Kapitel 5.3)	Implementierung des Simulationsmodells mit der Programmiersprache des Simulationswerkzeugs und Test der Implementierung.	Ausführbares Modell als Computerpro-gramm
Simulations-durchführung (Kapitel 5.4)	Durchführung der Simulation gemäß Plan.	Daten
Daten-auswertung (Kapitel 5.5)	Aufbereitung der Daten (Selektion, Sortierung, Umrechnung, Verdichtung, grafische Aufbereitung etc.); Interpretation der Daten (in Beziehung setzen von explanantia und explananda) und Bewertung der Ergebnisse (im Hinblick auf das verfolgte Ziel).	Erkenntnis

Abbildung 1.6: Forschungsdesign für die Simulation nach Meissner (1970); Bossel (1994); VDI (1997), Deckert und Klein (2010) und Barth et al. (2012)

2 Transportlogistik im Erdbau

2.1 Fallbeispiel Bundesautobahn A8 Ulm-Augsburg

Die Bundesautobahn (BAB) A8 ist eine Hauptverkehrsachse mit vier Fahrstreifen.[1] Zu den Spitzenzeiten muss der über 60 Jahre alte Abschnitt zwischen den Städten Ulm und Augsburg bis zu 90.000 Fahrzeuge am Tag aufnehmen. Die Streckenführung (s. Abbildung 2.1 auf der nächsten Seite[2]) weist große Steigungen und Kuppen auf und ist insgesamt für die Bauleitung wenig einsichtig (s. Abbildung 2.2 auf Seite 31[3]). Der Abschnitt ist insgesamt 58 Kilometer lang. Davon werden bis 30.09.2015 insgesamt 41 Kilometer unter Aufrechterhaltung des Verkehrs sechsstreifig ausgebaut.

Die Projektgesellschaft PANSUEVIA GmbH & Co. KG ist für den Bau, Erhalt, Betrieb und die Finanzierung des Projekts zuständig. Der Ausbau wird dabei von der HEILIT+WOERNER Bau GmbH und der HOCHTIEF Solutions AG übernommen. Nachrangig zu den beiden beauftragten Unternehmen steht eine Vielzahl von Subunternehmern.

Die auszubauende Strecke ist in zwei gleich lange Bauabschnitte von je ca. 20 Kilometer unterteilt. Jedem Bauabschnitt steht ein Oberbauleiter vor. Ihm unterstellt sind die Bauleiter einzelner, kleinerer Streckenabschnitte. Ferner gehören zu jedem der kleineren Streckenabschnitte Oberpoliere & Poliere. Alle Beteiligten treffen einmal pro Woche für ca. einen halben

---

[1] Das im Folgenden dargelegte Beispiel stammt aus dem Forschungprojekt AutoBauLog (gefördert durch das Bundesministerium für Wirtschaft und Technologie (BMWi), Förderkennzeichen: 01MA09011, Projekt-Homepage: http://www.autobaulog. de, Kirn und Müller (2013)). Die Beschreibung des vorliegenden Beispiels ist gespeist aus öffentlich zugänglichen Quellen (Autobahndirektion Südbayern, VIFG Verkehrsinfrastrukturfinanzierungsgesellschaft mbH und aus der Public Private Partnership (PPP) Datenbank des Bundesministeriums für Verkehr, Bau und Stadtentwicklung) und protokollierten Gesprächen, die der Autor im Oktober 2011 mit den beiden Oberbauleitern des Infrastrukturprojektes geführt hat.

[2] Quelle: www.vifg.de/_bilder/projekte/logo/a8_II_projekt.jpg, Zugriff: 16.03.2014.

[3] Quelle: http://img4.auto-motor-und-sport.de/image-fotoshowImage-381ea25f-110153.jpg, Zugriff: 16.03.2014.

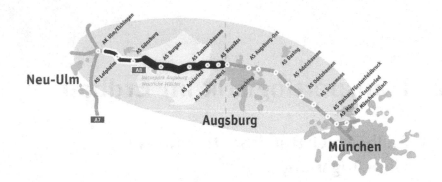

Abbildung 2.1: BAB A8 Streckenführung

Tag zu einer Wocheneinsatzplanung zusammen und planen den Ressourcen-
einsatz für die jeweils nächste Woche.

Des Weiteren wird die Tagesplanung durch den Oberpolier und die für den
jeweiligen Streckenabschnitt verantwortlichen Poliere durchgeführt (Dauer:
ca. 2h). In dieser Besprechung wird festgelegt, welche Ressourcen welche
Aufgaben übernehmen. Die Ausführung der Aufgaben und somit auch die
Koordination der einzelnen Baumaschinen (z.B. wie stehen die Baumaschinen zueinander oder in welche Richtung wird eingebaut oder verdichtet)
wird den Baumgeräteführern überlassen, somit auch die Frage, an welcher
Stelle die Arbeiten begonnen und beendet werden. Eine Kontrolle findet
durch den Polier statt.

Falls es zu Störungen wie Maschinenschäden, Wetteränderungen oder Veränderungen der Bodenverhältnisse kommt, ist die Informationskette wie
folgt: Der Baugeräteführer berichtet an den für ihn zuständigen Polier und
dieser löst das Problem, wenn es nicht „zu gravierend" ist. Gravierendere
Probleme werden an den Oberpolier und – falls nötig – in der Folge auch
an die Bauleitung oder Oberbauleitung eskaliert. Dies ist abhängig von der
Stärke der Auswirkung des Problems. Der Oberbauleiter erfährt in der Regel
innerhalb eines Tages von Störungen und Veränderungen von Leistungsdaten.

Der Geräte- und Personaleinsatz wird wöchentlich organisiert. Dabei wird
auch ein eventueller zusätzlicher Bedarf an Mensch und Maschine festgestellt. Ein täglicher Abruf von Subunternehmerleistung ist möglich, wird
aber vermieden, um auch für die Subunternehmen eine möglichst konstante
Auslastung zu ermöglichen. Der An- und Abtransport von Baumaschinen
findet nicht täglich statt.

Abbildung 2.2: BAB A8 Erdbauarbeiten

Bei der zusätzlich zur Wochenbesprechung stattfindenden Tageseinsatzplanung (mit den Polieren und Oberpolieren) wird die Vortagesleistung einer Transportkette betrachtet. Entspricht diese dem aus der Planung vorgegebenen Tages-Soll, so werden keine Anpassungen vorgenommen. Kam es zu Abweichungen von der geplanten Leistung, so wird versucht durch einen veränderten Einsatz der Baugeräte auf diese Veränderung zu reagieren. Während eines Tages kann es zu weiteren Anpassungen kommen. So werden zwischen den einzelnen Baugeräteteams, die über die gesamte Baustelle verteilt im Einsatz sind, Maschinen ausgetauscht. Kommt es zu Über- oder Unterauslastungen in einem Team, so können (ausgehend von einer Meldung der Baugeräteführer an den Polier) auch innerhalb eines Tages die Gerätezuteilung verändert werden. Dies ist jedoch eher selten der Fall. Zu beachten ist hierbei stets, dass vor allem bei Baggern und Walzen der Wechsel des Einsatzortes nicht ohne Zusatzaufwand möglich ist. So müssen evtl. Tieflader eingesetzt werden oder der Standortwechsel ist aufgrund der geringen Fahrgeschwindigkeit zeitintensiv.

Zur Ermittlung der Planleistung wird ein „Massenplan" aufgestellt und festgestellt, wo Massenbedarfe und Massenangebote existieren. Es wird versucht, diese Massen so zuzuweisen, dass minimale Transportentfernungen

entstehen.[4] Dabei wird versucht, die an einem Ausbauort ausgebaute Erde
an einem anderen Ort wieder zu verbauen. Es ist darauf zu achten, dass
im Einbau bestimmte Bodenklassen erforderlich sind, die nur an bestimmten Ausbauorten vorhanden sind. Teils sind die Bodenklassen nicht sorten-
rein auszubauen, so dass evtl. eine Aufbereitung notwendig wird. Für die
zeitliche Ablaufplanung der Baustelle wird ein Terminplan für die gesamte
Projektlaufzeit aufgestellt und in Form eines Balkenplans abgebildet. Hierzu werden die Strecke (Linienbaustelle) und die zugehörigen Prozesszeiten
abgebildet. Der Gesamtplan (Weg-Zeit-Diagramm) wird monatlich aktuali-
siert. Für die Wochenplanung und Tagesplanung etc. existieren allerdings
„Zwischenstände" (für die aktuell bearbeiteten Teilabschnitte). Terminkon-
trollen finden in der Regel einmal wöchentlich statt. Der Terminplan wird
auf Grund von Durchschnittswerten geplant. Einzelne Puffer werden nicht
separat eingeplant. Die Durchschnittswerte berücksichtigen dies. Sie sind
so gewählt, dass ein ausreichender Puffer für schlechtes Wetter oder krank-
heitsbedingte Ausfälle etc. zur Verfügung steht.

Leistungskontrollen der Baugeräteführer werden nur grob durchgeführt.
Die Kontrollen finden manuell und in Form einer Selbstüberwachung statt.
So ist z.B. der Baggerfahrer mit einem manuellen Zähler ausgestattet und
zählt die Schaufelladungen. Das Ergebnis der Zählung wird mit den Kipp-
zählern der Dumper/LKW verglichen.

Die Erdbauarbeiten an der Bundesautobahn A8 folgen damit einem heute
gängigen Projektaufbau und -ablauf. Die Baustelle ist streng hierarchisch
organisiert. Die Baugeräteführer sind fix entlohnt und stehen der Baustelle
für eine bestimmte Zeit zur Verfügung. Kurzfristiges Abrufen und Freisetzen
von Kapazitäten ist nicht oder nur schwer möglich. Leistungskontrollen erfolgen durch Selbstüberwachung; die ermittelte Tagesleistung des Vortages
ist Grundlage für eine Plananpassung für die Folgetage. Die Koordination
erfolgt durch Vorausplanung und Plananpassungen, die in täglichen und
wöchentlichen Sitzungen erfolgen. Die geographische Ausdehnung der Baustelle – hier ausgehend vom Baucontainer der Bauleitung je 20 Kilometer
in beide Richtungen – macht eine unmittelbare Leistungskontrolle vor Ort
unmöglich. Für externe Störungen werden Puffer eingeplant. Unmittelbare
Reaktionen auf Störungen, die zu Lastspitzen oder Unterauslastungen führen, erfolgen innerhalb eines Tages bestenfalls ad hoc und auf „Zuruf". Die
beispielhaft beschriebene Baustelle unterliegt hier eben den in Abschnitt
1.2.2 dargelegten Problemen.

---

[4]   Begründungen dafür finden sich u.a. bei (Bauer, 2006, S. 162).

Anhand des hier beschriebenen Beispiels und der transportlogistischen Grundlagen in Abschnitt 2.2.1 sollen in den Abschnitten 2.4 und 2.5 der Gegenstand Transportlogistik und die darin enthaltenen Probleme näher beschrieben und analysiert werden. Die dann in Abschnitt 2.6 beschriebenen und bewerteten bisherigen Lösungsansätze finden auch im Beispielprojekt BAB A8 Ulm-Augsburg Anwendung (im Beispiel Massenpläne, Balkendiagramme und Weg-Zeit-Diagramme) und werden daher vor diesem Hintergrund beleuchtet. Für die weitere Arbeit stellt sich daher die Frage, ob sich mit einer verbesserten Koordination die im Beispiel gezeigten Probleme reduzieren lassen.

2.2 Grundlagen der Transportlogistik

2.2.1 Grundlegende Begriffe und Elemente

Die Transportlogistik ist ein verrichtungsspezifisches Subsystem der Logistik. Unter Logistik wird dabei die raumzeitliche Transformation von Gütern verstanden (Pfohl, 2010, S. 4). Systeme, in denen diese Transformation stattfindet, heißen Logistiksysteme. Die in diesen Systemen ablaufenden Prozesse werden als Logistikprozesse bezeichnet (Pfohl, 2010, S. 4). „Logistische Prozesse sind alle Transport- und Lagerungsprozesse sowie das zugehörige Be- und Entladen, Ein- und Auslagern (Umschlag) und das Kommissionieren" (Arnold et al., 2008, S. 3).

„Die Abgrenzung eines logistischen Systems ist wie bei jedem offenen System eine Frage der Sichtweise: Jedes logistische System enthält engere Subsysteme und ist Teil umfassender Supersysteme" (Arnold et al., 2008, S. 3). Im Rahmen dieser Arbeit wird das Subsystem Transportlogistik betrachtet. Dabei wird unter Transport die „Ortsveränderung von [. . .] Gütern mit manuellen oder technischen Mitteln" (Deutsches Institut für Normung, 1989, S. 3) verstanden. Transportlogistische Systeme umfassen die Transportgüter, die Transportmittel sowie die Transportprozesse (Pfohl, 2010, S. 150). In transportlogistischen Systemen muss das günstigste Transportmittel und der günstigste Transportprozess gefunden werden. Dies ist abhängig von dem Transportgut, von der Struktur und der Beschaffenheit des Liefergebiets sowie von den Standorten der Quellen und Ziele des Transports (Pfohl, 2010, S. 150). „Die Lösung des Transportproblems besteht [. . .] im Aufbau einer Transportkette" (Pfohl, 2010, S. 151).

Bei einer Transportkette handelt es sich um „die Folge von technisch und organisatorisch miteinander verknüpften Vorgängen bei denen [. . .] Güter von einer Quelle zu einem Ziel bewegt werden" (Deutsches Institut für Normung, 1989, S. 3). Als „Quelle [...] wird der Anfang" als „Ziel [...] das Ende einer Transportkette bezeichnet" (Deutsches Institut für Normung, 1989, S. 2f.). Logistik bedeutet für Transportketten „die Planung, Steuerung und Überwachung aller Vorgänge im System Transportkette" (Deutsches Institut für Normung, 1989, S. 2f.). Transportketten können eingliedrig oder mehrgliedrig sein. Bei eingliedrigen Transportketten wird das Transportgut direkt von der Quelle zum Ziel transportiert. Im Falle einer Mehrgliedrigkeit wird entweder das Transportmittel gewechselt (gebrochener Transport) oder der Ladungsträger (kombinierter Transport) (Gleissner und Femerling, 2007, S. 68), (Pfohl, 2010, S. 151f.).

Der Transport („Ortsveränderung von [...] Gütern mit manuellen oder mit technischen Mitteln" (Deutsches Institut für Normung, 1989, S. 3.)) eines Guts („Sache, die transportiert werden kann" (Deutsches Institut für Normung, 1989, S. 2)) erfolgt durch ein Transportmittel („Mittel zur Ortsveränderung von [...] Gütern" (Deutsches Institut für Normung, 1989, S. 3)). Im Rahmen der Baulogistik werden Transportmittel als Transportgeräte bezeichnet. Als Transportgeräte kommen im Erdbau normale und geländegängige Lastkraftwagen (LKW), Muldenkipper (Dumper), Vorderkipper (Autoschütter), Fahrbagger (z.B. Radlader), schienengeführte Fahrzeuge und Bandförderanlagen zum Einsatz (Bauer, 2006, S. 101 – 122) (Girmscheid, 2005, S. 53).[5] Die Auswahl der geeigneten Transportgeräte erfolgt anhand der Einsatzbedingungen (z.B. Transportentfernung, Beschaffenheit der Transportstrecke (etwa Fahrweg, Steigung, Neigung)), Fahrzeugdaten (z.B. Motorleistung, Nutzlast) und wirtschaftlichen Kriterien (z.B. Wartungsaufwand, Transportkosten) (Bauer, 2006, S. 107). Im Rahmen der vorliegenden Arbeit werden unter Transportgeräte ausschließlich gleislose Bodenförderzeuge wie LKW und Dumper verstanden. Transporte mit Bandförderanlagen etc. bleiben in der Betrachtung außen vor. Dies entspricht dem Regelfall in einem mitteleuropäischen Baubetrieb (Bauer, 2006, S. 101).

Das zu transportierende Gut ist die ausgebaute Erde und mithin ein Schüttgut, da es in loser, schüttbarer Form vorkommt (Deutsches Institut für Normung, 1989, S. 2). Die „Menge von Gütern [...] je Transportmitteleinheit" wird Ladung genannt (Deutsches Institut für Normung, 1989, S. 2). D.h. die Menge Erde, die ein Ausbaugerät auf ein Transportgerät lädt bis

---

[5]   In Ausnahmefällen (z.B. besonders schlechte Bodenverhältnisse) oder aus besonderen wirtschaftlichen Gründen kommen auch Traktoren mit Anhänger zum Einsatz. Kürzere Transportstrecken werden auch direkt mit den Ausbaugeräten überbrückt. Der Einsatz von Ausbaugeräten zum Transport eignet sich jedoch nur für Transportstrecken von wenigen Metern.

dieses abfährt ist die Ladung des Transportgeräts und wird in Festkubikmetern angegeben. Soll ein Gut von einer Quelle zu einem Ziel transportiert werden und steht an der Quelle kein Transportmittel zur Verfügung, so muss das Transportmittel erst zur Quelle anfahren. Dieser Prozess wird als Leertransport – also als einen „Transportprozess ohne Transportgut" bezeichnet (Pfohl, 2010, S. 150).

Der Transport des Gutes mit einem Transportmittel erfolgt auf einem Transportweg. „Ein Transportweg ist ein natürlicher oder mit technischen Mitteln ausgestatteter Weg für Fahrzeuge [...]" (Deutsches Institut für Normung, 1989, S. 2). Im Erdbau sind dies die angelegten Baustraßen, Teile der bereits fertiggestellten Trasse oder öffentliche Straßen.[6] Neben der Beförderungsfunktion und der Umschlagsfunktion als die primären Funktionen der Transportlogistik wird die Wegsicherung, d. h. das Herstellen und Vorhalten von Wegen, als sekundäre Funktion der Transportlogistik bezeichnet (Pfohl, 2010, S. 150). Die „Instandhaltung (Pflege) von Transportwegen auf Erdbaustellen" wird von Baugeräten wie z.B. Gradern übernommen (Bauer, 2006, S. 134). Die Lage und die Befahrbarkeit der Transportwege sind als Randbedingungen wichtige Einflussfaktoren der Transportlogistik im Erdbau (Bauer, 2006, S. 164).

In Anlehnung an die Definition eines Transportnetzes (Gudehus, 2010, S. 777f) wird die Menge aller Quellen und Ziele sowie die diese Punkte verbindenden Transportwege im Folgenden als Transportwegenetz bezeichnet. Zur Modellierung von Transportnetzen können Konzepte und Methoden der Graphentheorie (siehe dazu das Modell in Abschnitt 2.4.2.3 dieser Arbeit) verwendet werden. Die mittels solcher Graphen beschreibbaren Transportnetzstrukturen können Kombinationen aus den drei elementaren Strukturen Linienstruktur, Ringstruktur oder Sternstruktur sein (Gudehus, 2010, S. 777f). Eine Anwendung dieser Strukturen auf die Erdbaulogistik findet sich in Abschnitt 2.4.2.3. Das Transportwegenetz einer Erdbaustelle wird dort im Abschnitt „Bestimmung der Fahrzeiten" näher betrachtet.

---

[6]   Bei der Nutzung öffentlicher Straßen, z.B. einer parallel zur Neubautrasse verlaufenden Autobahn inkl. deren Zubringer wie dies im zuvor beschriebenen Beispiel der Fall ist, ist zu beachten, dass die Baugeräte eine Zulassung für das Befahren der öffentlichen Straßen haben. Dumper haben diese Zulassung in der Regel nicht. Zu- und Abtransporte über öffentliche Straßen können durch Staus auf diesen Straßen behindert werden. Vor der Nutzung des öffentlichen Straßennetzes sind evtl. starke Verschmutzungen am Baugerät zu entfernen.

2.2.2 Zielsystem und Effizienz transportlogistischer Systeme

„Das allgemeine ökonomische Ziel der Effizienz bedeutet für die Logistik, dass die Kosten der logistischen Prozesse für die jeweilige Leistung minimal und ihre Leistung bei den jeweiligen Kosten maximal sein sollen" (Arnold et al., 2008, S. 7). Hinsichtlich der Kosten- und Leistungsziele führt Gudehus (2010) weitere Einzelziele aus. Als Leistungsziele der Logistik setzt er die „Ausführung der Aufträge, Erfüllung der Terminanforderungen, Erbringung des Leistungsdurchsatzes, Bewältigung des Warendurchsatzes, Lagern der Warenbestände [und] Erfüllung zusätzlicher Serviceleistungen" (Gudehus, 2010, S. 75). Als Einzelziele und Maßnahmen in Bezug auf die Kosten, werden „Vermeidung, Reduzierung oder Verkürzung von Handling und Transport; Vermeidung oder Reduzierung von Beständen; optimale Nutzung der Infrastruktur, wie Flächen, Gebäude, Transportwege und Lagerkapazitäten; maximale Auslastung von Ladungsträgern, Transportmitteln und Transportnetzen; Leistungssteigerung von Transportmitteln, Betriebsmitteln und Anlagen; verbesserter Informations- und Datenfluss; effizienter Personaleinsatz; optimale Nutzung der Zeit; Einsatz von Logistikdienstleistern" (Gudehus, 2010, S. 77) genannt. Ferner werden humanitäre und ökologische Ziele sowie Qualitätsziele der Logistik genannt (Gudehus, 2010, S. 73). Diese Zielsetzungen bleiben in der vorliegenden Arbeit außer Betracht. Die Transportlogistik im Erdbau besitzt die selben Leistungsziele wie sie bei Gudehus (2010) allgemein formuliert wurden. Die Erfüllung der Aufträge ist hier jedoch nicht in einem einzelnen Transportauftrag von einer Quelle zu einem Ziel zu sehen sondern vielmehr als mehrere Transportvorgänge von der selben Quelle zum selben Ziel (meist im Pendelverkehr). Die Erfüllung der Terminanforderungen ist auch im Erdbau von Bedeutung. Hier sind die in der Terminplanung vorgegebenen Terminanforderungen einzuhalten. Auf der Erdbaustelle dominieren weitestgehend die Fixkosten. Dem Leistungsdurchsatz kommt somit eine besondere Bedeutung zu. Ausbau- und Transportgeräte werden oft wochen- oder monatsweise für die Baustelle gebucht und zeitabhängig vergütet. Je höher die Leistung der Baugeräte in dieser Zeit ist, desto geringer sind die Kosten pro Leistungseinheit. Die Bewältigung des Warendurchsatzes spielt hingegen eine nur untergeordnete Rolle. Das Lagern der ausgebauten Erde ist auch für Erdbaustellen ein wichtiges Ziel der Transportlogistik. Oftmals können ausgebaute Erdmengen nicht direkt wieder verbaut werden, so dass sie zwischengelagert werden müssen. Zusätzliche Serviceleistungen werden von der Transportlogistik im Erdbau in der Regel nicht erbracht. Die für transportlogistische Systeme beschriebenen Einzelziele und Maßnahmen in Bezug auf die Kosten können direkt für die Transportlogistik im Erdbau übernommen werden. Die Maximierung der Auslastung von Ladungsträgern besitzt im Erdbau insofern Relevanz, als dass der Begriff des Ladungsträgers nach DIN 30781 auch Sattelauflieger umfasst (Deutsches Institut für Normung, 1989, S. 2) – Paletten, Container etc. besitzen jedoch als Ladungsträger keine Relevanz für den Transport des Schüttguts Erde.

In der Logistik wird die *Flexibilität* des logistischen Systems als besonderes Problem herausgestellt (Pfohl, 2010, S. 40). Pfohl (2010) unterscheidet dabei zwischen einer „kurzfristigen Effizienz als Produktivität unter konstanten Bedingungen" und der „Anpassungsfähigkeit als Produktivität unter wechselnden Bedingungen" (Pfohl, 2010, S. 40). Diese erste Definition wird im folgenden Abschnitt präzisiert. Ferner wird eine Definition von Flexibilität in transportlogistischen Systemen entwickelt.

2.2.3 Flexibilität transportlogistischer Systeme

2.2.3.1 Zum Begriff der Flexibilität in der Betriebswirtschaft

Jacob (1967) führte den Begriff der Flexibilität[7] in die Betriebswirtschaftslehre ein.[8] In seiner aus der Perspektive der Investitionsentscheidung heraus

---

[7] Abgeleitet von lat. „flexibilis" für biegsam, schmiegsam, geschmeidig oder elastisch bezieht sich der Begriff ursprünglich auf materielle Dinge (physische Objekte) und wird daher nur im übertragenen Sinne auf Unternehmen angewendet. Burmann (2002) weist auf die Gefahr einer unreflektierten Übertragung des Begriffs auf das Sozialsystem Unternehmung hin. Den Unterschied zum physischen Objekt sieht er darin, dass dieses nach einer „Verbiegung" in den Ursprungszustand zurückversetzt werden kann – dies ist bei einem Sozialsystem nicht möglich (Burmann, 2002, S. 46f). Kaluza und Blecker (2004) weisen zusätzlich darauf hin, dass Flexibilität einen passiven Charakter aufweise und so bislang auch in der Betriebswirtschaft verstanden wurde. Die Autoren schlagen die Ergänzung um eine „aktive Form der Flexibilität" vor (Kaluza und Blecker, 2004, S. 8f). Zum englischsprachigen Begriff der „Flexibility" – der in der Management Science bereits seit den 1930er Jahren Verwendung findet, etwa bei Reich (1932); Stigler (1939) – finden sich keine Unterschiede bzw. Abgrenzungen zum Verständnis von Flexibilität in der Betriebswirtschaft (Pibernik, 2001, S. 9f).

[8] Jedoch war die zielgerichtete Anpassung des Systems Unternehmen an Veränderungen bereits vor dieser Zeit unter dem Begriff „Elastizität" in betriebswirtschaftlichen Fragestellungen enthalten (Pibernik, 2001, S. 7f) (Kaluza und Blecker, 2004, S. 6f). „Elastizität der Betriebswirtschaft ist der Grad der Anpassungsfähigkeit an die jeweilige Marktlage, die Spannkraft zur Überwindung der Hemmungen, die ihrem Zielstreben hindernd sich entgegenstellen, das Streben zur Ausnutzung aller das Wirtschaftsziel fördernder Faktoren"(Kalveram, 1931, S. 705). So wurden bspw. „[d]ie Anpassung der Betriebe an die Wirtschaftslage" (Schmidt, 1926, S. 85–108)

geprägten Sichtweise stellt er dabei „die Frage, ob das Investitionsprogramm nicht von vornherein so gestaltet werden kann, daß der daraus resultierende Produktionsapparat mit einer gewissen Flexibilität ausgestattet ist, die es dem Unternehmen erlaubt, sich unter günstigen Bedingungen an unterschiedliche Absatzsituationen anzupassen" (Jacob, 1967, S. 3).

Trotz der Forderung nach einer allgemeinen Flexibilitätstheorie wie sie von Meffert (1969) aufgestellt wurde, entwickelten sich im Zeitverlauf jedoch unterschiedliche Definitionen und Ausgestaltungen des Flexibilitätsbegriffs im Kontext verschiedener betriebswirtschaftlicher Forschungsrichtungen wie bspw. in der Investitions-, Produktions-, Entscheidungs- oder Organisationstheorie (Pibernik, 2001, S. 10ff) (Burmann, 2002, S. 42f).[9] Auch wenn die *Anpassung an umweltbedingte Veränderungen* ein gemeinsamer Nenner der Flexibilitätsdefinitionen zu sein scheint, so zeichnet sich die betriebswirtschaftliche Diskussion des Begriffs Flexibilität durch eine uneinheitliche Begriffswelt aus (Reichwald und Behrbohm, 1983, S. 831) (Kaluza, 1984, S. 291) (Bernard, 2000, S. 68f). Allein für den Bereich der Fertigung finden Sethi und Sethi (1990) „[a]t least 50 different terms for various types of flexibilities [...] in the manufacturing literature" (Sethi und Sethi, 1990, S. 289). Im Folgenden soll daher auf die entscheidungstheoretisch fundierten Arbeiten vorwiegend der deutschen betriebswirtschaftlichen Flexibilitätsforschung – wie diese bereits bei Jacob (1967) anklingt – aufgebaut werden.[10]

In seinen späteren Arbeiten (Jacob (1974a,c,b)) konkretisiert Jacob den Begriff Flexibilität als die „Anpassungsfähigkeit des Unternehmens an Da-

---

oder die Anpassung der „Produktion an die Konsumption" (Schmalenbach, 1928, S. 245) untersucht.

[9] Weitergehende, ausführliche Darstellungen der Entwicklung der betriebswirtschaftlichen Flexibilitätsforschung finden sich bei Meffert (1968) (Bernard, 2000, S. 68f) (Pibernik, 2001, S. 10ff) (Burmann, 2002, S. 42f) (Voigt, 2007, S. 603f). Die darüber hinaus existierenden volkswirtschaftlichen Definitionen und Entwicklungen des Begriffs bleiben in dieser Arbeit außen vor, da sich die Arbeit der betriebswirtschaftlichen Forschung zuschreibt. Ebenso werden Definitionen der Ingenieurlehre oder Definitionen aus dem Bereich der Informatik nicht berücksichtigt, da sie auf einen anderen Gegenstandsbereich bezogen sind.

[10] Eine weitere Fundierung in der Theorie erfährt die Flexibilitätsforschung in der Verwendung der Systemtheorie, so bspw. bei Pibernik (2001) der die Flexibilität als die „Fähigkeit eines offenen, dynamischen, sozio-technischen Systems, mittels eines vorhandenen (Flexibilitäts-) Potentials auf relevante system- oder umweltinduzierte Veränderungen zielgerichtet zu reagieren" (Pibernik, 2001, S. 45) definiert. Er übersieht dabei jedoch die Selbstbezüglichkeit seiner Definition indem er Flexibilität mit „Flexibilitäts-Potential" definiert. Auch Reichwald und Behrbohm (1983) entwickeln ein systemtheoretisches Verständnis der Flexibilität als eine Eigenschaft produktionswirtschaftlicher Systeme. Ein formalisierter systemtheoretischer Ansatz findet sich bei Schneeweiss und Kühn (1990).

tenentwicklungen, die zwar für möglich gehalten werden, deren Eintreten aber nur mit einer unter 1 liegenden subjektiven Wahrscheinlichkeit vorausgesagt werden kann" (Jacob, 1974c, S. 322) und bleibt damit bei seiner entscheidungstheoretischen Sichtweise konzentriert auf das Planungsproblem einer Unternehmung. Die Flexibilität unterscheidet er dabei in die „Anpassungsfähigkeit im Rahmen eines vorgegebenen Produktionsapparates[...], [der] durch frühere Aktionen bewirkt [...] und in der laufenden Periode nicht verändert werden [kann]" (= zeitlich-horizontale oder Bestandsflexibilität) (Jacob, 1974c, S. 322) und in die „Fähigkeit, sich in den folgenden Perioden *[Anm. d. Autors: in die auf Periode 1 folgenden Perioden]* an die dann eingetretene Datenentwicklung durch eine entsprechende Aus- und Umgestaltung der betrieblichen Gegebenheiten [...] anzupassen" (= zeitlich-vertikale oder Entwicklungsflexibilität) (Jacob, 1974c, S. 323). Grundlage ist dabei die Überlegung, dass bei zeitlich aufeinanderfolgenden Entscheidungen, die Entscheidungen der Vorperioden das Entscheidungsfeld der aktuellen bzw. der zukünftigen Perioden beeinflussen (Laux et al., 2012, S. 261f). Ausgehend von dieser Unterscheidung entwickelt Jacob je ein Maß für die beiden von ihm dargelegten Flexibilitätsformen (Jacob, 1974c, S. 324).

$$F_B = \frac{\sum_s \pi_s (G_s^* - U_s)}{\sum_s \pi_s (G_s^* - G_s)} - 1 \qquad (2.1)$$

$$F_E = \frac{\sum_s \pi_s (G_s^* - \overline{U}_s)}{\sum_s \pi_s (G_s^* - G_s)} - 1 \qquad (2.2)$$

Wobei

F_B Grad der Bestandsflexibilität als Erwartungswert. Falls $F_B = 0$ so ist keine Anpassung an eine neue Datensituation möglich, falls $F_B \to \infty$ so kann sich das Unternehmen vollständig anpassen

F_E Grad der Entwicklungsflexibilität als Erwartungswert. Falls $F_E = 0$, so kann sich das Unternehmen in Zukunft nicht an veränderte Situationen anpassen („entwickeln"), falls $F_E \to \infty$ so kann sich das Unternehmen vollständig auf eine zukünftige Änderung der Datensituation anpassen

s Datensituation

π_s Eintrittswahrscheinlichkeit für die Datensituation s

G_s^* Ergebnis bei optimaler Anpassung an die Datensituation s

U_s Ergebnis, wenn die Anpassung an die Datensituation s aufgrund von Vorentscheidungen unmöglich ist

G_s Ergebnis bei Anpassung an die Datensituation s bei den vor-
        herrschenden Gegebenheiten

$\overline{U}_s$ Prospektiv definiert als das Ergebnis, das sich in der Folge-
        periode einstellt, wenn Entscheidungen zu Beginn der Folge-
        periode nicht verändert werden können – demnach die Er-
        gebnisse beim Fehlen jeglicher Entwicklungsflexibilität

Diese Definition der Flexibilitätsmaße kommt der in dieser Arbeit gewählten Perspektive der Prinzipal-Agent-Theorie entgegen. Das Evaluationskri-
terium für die Güte eines im Rahmen der Theorie gestalteten Lösungsansatzes (z.B. Anreizsystem) ist der Vergleich zwischen der First Best-Situation,
S_{FB} – der Situation ohne Informationsasymmetrien – und der Second Best-
Situation, S_{SB} – der Situation mit Informationsasymmetrien und der gestalteten Lösung (Spremann, 1987b, S. 8). Ist eine Anpassung der in der
Vorperiode gestalteten Lösung (z.B. das in der Vorperiode festgelegte Anreizschema) unmöglich, so wird diese Situation mit S_{SB}^{U} notiert; ist eine Anpassung der gestalteten Lösung in der Folgeperiode unmöglich (z.B. durch
eine vertraglich langfristige Festlegung eines Anreizschemas), so wird diese
Situation mit $S_{SB}^{\overline{U}}$ notiert. Die von Jacob (1974c) definierten Flexibilitätsmaße können so reformuliert werden als

$$F_B^{\text{neu}} = \frac{S_{FB} - S_{SB}^{U}}{S_{FB} - S_{SB}} - 1 \qquad (2.3)$$

$$F_E^{\text{neu}} = \frac{S_{FB} - S_{SB}^{\overline{U}}}{S_{FB} - S_{SB}} - 1 . \qquad (2.4)$$

Die Bildung der Erwartungswerte mittels der Summierung von über Wahrscheinlichkeiten gewichteten Ergebnissen entfällt in den Formeln 2.3 und
2.4, da es sich bei den First Best- und Second Best-Situationen bereits um
Erwartungswerte handelt.

In einem weiteren Ansatz sieht Meffert (1969) das Unternehmen als ein
„offenes, zielgerichtetes, soziotechnisches Entscheidungssystem" (Meffert,
1969, S. 781) das sich „laufend an Umweltänderungen anpasst" (Meffert,
1969, S. 779) und setzt explizit die Flexibilität mit der *Entscheidungstheorie* in Beziehung. Das Flexibilitätsproblem verdeutlicht Meffert (1969) – wie
bereits Jacob (1967) – anhand sequentieller Entscheidungsmodelle, in denen in der Gegenwart getroffene Entscheidungen „unwiderrufliche künftige
Auswirkungen" (Meffert, 1969, S. 784) haben. Jede Entscheidung führt in
der Zukunft zu neuen Entscheidungsmöglichkeiten, schließt jedoch gleichzeitig andere, ehemals bestehende Entscheidungsmöglichkeiten aus. Flexibilität

liegt also für Meffert dann vor, „wenn ein Unternehmer die Möglichkeit besitzt, [...] die Entscheidung zu 'revidieren'" (Meffert, 1969, S. 784), um sich so an die veränderte Umwelt anzupassen. Im Sinne der Entscheidungstheorie und in Anlehung an Heinen (1962) unterscheidet Meffert Zielsetzungs- und Zielerreichungsflexibilität (= Flexibilität des Entscheidungsfeldes). Die Zielsetzungsflexibilität ist gewährleistet, „wenn bei Eintritt von Umweltänderungen die ursprünglich gesetzten Imperative [...] veränderlich sind" (Meffert, 1969, S. 789). Die Zielerreichungsflexibilität unterscheidet Meffert in die Erfolgsflexibilität und die Aktionsflexibilität. Die Erfolgsflexibilität „charakterisiert den Grad der Veränderung des Wertes eines Entscheidungsfeldes durch den Eintritt eines bestimmten Ereignisses (Störung). Erfolgsflexibilität ist somit die Eigenschaft von Entscheidungsfeldern, gegenüber Störungen 'empfindlich' zu sein" (Meffert, 1969, S. 790). Die Erfolgsflexibilität ist dabei umso höher, je geringer die Veränderung des Erfolgs bei Eintritt einer Störung ist. Die Aktionsflexibilität definiert Meffert „als die Menge von Freiheitsgraden, die bei einer Entscheidung vorhanden sind" (Meffert, 1969, S. 790). Die Aktionsflexibilität ist umso höher, „je leichter es den Entscheidungsträgern gelingt, das aktuelle Fertigungsprogramm bei Eintritt neuer Datenkonstellationen zu ändern" (Meffert, 1969, S. 790).

Die hier aufgeführten Arbeiten der entscheidungstheoretisch fundierten betriebswirtschaftlichen Flexibilitätsforschung entstanden sämtlich im Umfeld der Fertigungsplanung. Zur Betrachtung des Begriffs Flexibilität im Umfeld der Transportlogistik wird, ausgehend vom bislang dargelegten Begriffsverständnis in der Betriebswirtschaft eine Definition von Flexibilität in der Transportlogistik entwickelt und für den Erdbau konkretisiert.

2.2.3.2 Flexibilität in der Transportlogistik

Im Gegensatz zur Fertigungsplanung gibt es im Bereich der Logistik nur wenig Arbeiten zum Begriff der Flexibilität (Duclos et al., 2003, S. 448) (Naim et al., 2006, S. 298) (Stevenson und Spring, 2007, S. 686). Die Flexibilität wird hier vor allem im Umfeld der Flexibilität von Supply Chains[11]

---

[11] Logistik wird in dieser Arbeit als ein Bestandteil des Supply Chain Managements angesehen. Ob es sich bei Logistik um eine echte oder unechte Teilmenge von Supply Chain Management handelt oder ob die Begriffe gar wechselseitig gleichbedeutend sind, wie dies etwa zumindest Kotzab (2000) für die deutschsprachige Logistik sieht, soll im Rahmen der Arbeit nicht untersucht werden. Zur Diskussion der Unterschiede und Gemeinsamkeiten von Logistik und Supply Chain Management wird auf Larson und Halldorsson (2004), Mentzer et al. (2008) und (Pfohl, 2004, S. 7f) verwiesen.

betrachtet und umfasst verschiedene Strömungen[12]. Ausgehend von der Flexibilitätsdefinition der Fertigungsplanung entwickeln Vickery et al. (1999) ein Verständnis von Supply Chain Flexibilität als Kombination aus fünf Fähigkeiten: (i.) die Fähigkeit, mit spezifischen, nicht standardisierten Aufträgen umzugehen („product flexibility"), (ii.) die Fähigkeit Kapazitäten schnell an Veränderungen anpassen zu können („volume flexibility"), (iii.) die Fähigkeit, schnell neue oder verbesserte Produkte oder Produktversionen einzuführen („launch flexibility"), (iv.) die Fähigkeit, die Produkte großflächig zugänglich zu machen („access flexibility") und (v.) die Fähigkeit, die Bedürfnisse auf dem Zielmarkt zu befriedigen („responsiveness to target market(s)") (Vickery et al., 1999, S. 18f). Diese noch sehr nahe an der Fertigungsplanung und an den Bedürfnissen des Absatzmarkts gehaltene Definition umfasst jedoch noch keine ausreichende Definition der Flexibilität der Logistik als Komponente des Supply Chain Managements. Daher entwickeln Duclos et al. (2003) ausgehend von der von Vickery et al. (1999) genannten fünf Fähigkeiten sowie auf Basis weiterer Definitionen von Flexibilität in Supply Chains sechs eigene Komponenten der Flexibilität.[13] Mit der formulierten „logistics flexibility" stimmen Duclos et al. (2003) den Flexibilitätsbegriff im Supply Chain Management erstmals dezidiert auf die logistischen Funktionen ab. Die Logistik in der Supply Chain wird dabei als „multiple logistics" (Duclos et al., 2003, S. 452), also als die Zusammenschaltung der Logistikfunktionen aller Teilnehmer der Supply Chain, bezeichnet. Flexibilität ist dabei die Fähigkeit, die „Einzel-Logistiken" in der Supply Chain neu zu konfigurieren und so an veränderte Bedingungen anzupassen. Eine detailliertere Klärung des Begriffs und der Art, wie diese Rekonfigurationen des logistischen Systems geschehen sollen, bleiben die Autoren jedoch schuldig.

Eine Konkretisierung der Flexibilität logistischer Systeme, insbesondere in transportlogistischen Systemen unternehmen Naim et al. (2006, 2010).

---

[12]   Diesbezüglich nennen bspw. Stevenson und Spring (2007) „supply chain agility", „leagility" (Anm. d. Autors: Bei „leagility" handelt es sich um ein Kunstwort aus „Lean" und „Agility", s. u.a. Mason-Jones et al. (2000)), „efficient consumer response" und „supply chain responsiveness" (Stevenson und Spring, 2007, S. 687). Es wird an dieser Stelle auf die dort zitierte Literatur verwiesen.

[13]   Dies ist die operations system flexibility (Fähigkeit zur Reaktion auf neu entstehende Kundenbedürfnisse mittels veränderter Produkte und Dienstleistungen), market flexibility (Fähigkeit zur Mass Costumization), logistics flexibility (Fähigkeit, die Supply Chain neu zu konfigurieren), organizational flexibility (Fähigkeit, die Arbeitskraft im Unternehmen auf die Kundenanforderungen abzustimmen) und information systems flexibility (Fähigkeit, die Architektur des Informationssystems und die Systeme selbst auf die Kundenanforderungen abzustimmen) (Duclos et al., 2003, S. 450f).

Auf der Basis einer Literaturanalyse entwickeln sie ihre Definition von Flexibilität in der Transportlogistik. Die Tabelle 2.1 gibt diese Definition wieder – die Literaturangaben wurden allerdings nicht mit übernommen, an dieser Stelle wird auf die in Naim et al. (2006) zitierte Literatur verwiesen. Die internen Typen der Flexibilität beziehen sich auf unternehmensinterne Aktivitäten, bspw. die Konfiguration von Transportgeräten die unterschiedliche Güter transportieren können oder die Planung und Implementierung des Transportwegenetzes („Link").

Die Flexibilitätsdefinition in Tabelle 2.1 wird für die folgenden Ausführungen aus einer entscheidungstheoretischen Perspektive im Sinne der zuvor aufgeführten betriebswirtschaftlichen Flexibilitätsdefinitionen heraus betrachtet. Sämtliche aufgeführten Typen der Flexibilität sind dann als ein Entscheidungsproblem zu reformulieren. Für die o.g. Bestandsflexibilität ergeben sich somit bspw. Fragen danach, welche alternativen Transportmodalitäten zur Entscheidung stehen, gegeben dem Transportwegenetz, das auf Basis zuvor getroffener Entscheidungen vorliegt. Für die Entwicklungsflexibilität ergibt sich etwa die Frage danach, welche Fahrzeugkonfigurationen in der Folgeperiode möglich sind („sich entwickeln können") wenn zuvor Entscheidungen über Investitionen in diese Fahrzeuge und Fahrzeugausstattungen getroffen wurden.

Tabelle 2.1: Definition der Flexibilität in Transportlogistiksystemen nach (Naim et al., 2006, S. 307)

Internal flexibility types	Definition	External flexibility types	Definition
Mode	Ability to provide different modes of transport	Product	The range and ability to accommodate the provision of new transport services
Fleet	Ability to provide different vehicle types to carry different goods	Mix	The range and ability to change transport services currently being provided

Internal flexibility types	Definition	External flexibility types	Definition
Vehicle	Ability to configure vehicles to carry products of different types or to cater for different loading facilities	Volume	The range of and ability to accommodate changes in transport demand
Link	Ability to establish new links between nodes	Delivery	The range of and ability to change delivery dates
Temporal	Ability to sequence infrastructure investment and the degree to which the use of such infrastructure requires coordination between users	Access	The ability to provide extensive distribution coverage
Capacity	Ability of a transport system to accommodate variations or changes in traffic demand	–	–
Routing	Ability to accommodate different routes	–	–
Communication	Ability to manage a range of different information types	–	–

Der Flexibilitätsbegriff von Naim et al. (2006) ist im Bereich der Transportlogistik für Industriegüter entstanden. Zu klären ist, welche Flexibilitätstypen speziell für die Transportlogistik im Erdbau gelten. So besitzt bspw. die Fähigkeit, das produzierte Gut möglichst weit verbreiten zu können (Flexibilitätstyp „access") für die Transportlogistik im Erdbau wenn überhaupt nur eine sehr untergeordnete Rolle (Seemann, 2007, S. 39). Auch die Möglichkeit neue Transportdienstleistungen anzubieten (Flexibilitätstyp „product") und die Möglichkeit unterschiedliche Transportdienstleistungen (routine, standard und costumized logistics services (Naim et al., 2006, S. 308)) zu kombinieren (Flexibilitätstyp „mix") spielen keine Rolle. Gleichzeitig soll im Folgeabschnitt eine Abgrenzung stattfinden, welche spezielle Ausprägung der Flexibilität im Rahmen dieser Arbeit untersucht wird. Auf Grundlage dieser Abgrenzung werden die in der Arbeit untersuchten Flexibilitätstypen aus Perspektive der Entscheidungstheorie reformuliert. Aufbauend darauf und auf den zuvor ausführlich erläuterten Definitionen der Flexibilität wird eine für die Arbeit verwendete, entscheidungstheoretisch geprägte Flexibilitätsdefinition für die Transportlogistik im Erdbau erstellt.

2.2.3.3 Flexibilität in der Transportlogistik im Erdbau

Ein Schwerpunkt der Baulogistik[14] ist die Transportlogistik als verrichtungsspezifisches Subsystem (Deml, 2008, S. 51). Zu unterscheiden sind die Transportlogistik *auf* dem Baustellengelände und die Transportlogistik *außerhalb* des Baustellengeländes (Deml, 2008, S. 51). In der vorliegenden Arbeit wird lediglich die Transportlogistik auf dem Baustellengelände betrachtet. Die in Tabelle 2.1 auf Seite 43 dargestellten Flexibilitätstypen werden in der Tabelle 2.2 auf Seite 48 auf die Transportlogistik im Erdbau übertragen.

Der Transportlogistik im Erdbau kommt als eine vorgelagerte, jedoch wesentliche Aufgabe die Planung eines geeigneten Transportwegenetzes zu. Dies betrifft die Flexibilitätstypen „link", „temporal", „capacity" sowie „routing". Geeignet ist ein Transportwegenetz dann, wenn es hilft, z.B. durch die Reduktion von Wege- und Transportzeiten, Termin- und Kostenvorgaben einzuhalten (Hasenclever et al., 2011, S. 227). Diese Aufgabe wird im Vorfeld im Rahmen der Baustelleneinrichtungsplanung vorgenommen (Deml, 2008, S. 51). Die Baustraßen im Erdbau werden befestigt (z.B. durch Verdichtung und/oder Schotterung), um sie gegen Witterungseinflüsse und Abnutzung resistenter zu machen. Daraus folgt, dass ein eingerichtetes Transportwegenetz nur mit zeitlichem und finanziellem Aufwand verändert werden kann. Die bei der Baustelleneinrichtung getroffene Entscheidung über das Transportwegenetz verringert die (Entwicklungs-)Flexibilität der Erdbaustelle.

Eine weitere Kernaufgabe der Transportlogistik auf der Erdbaustelle ist die Bereitstellung des Fuhrparks (Sanladerer, 2008, S. 15). Dies betrifft die Flexibilitätstypen „fleet" und „vehicle" sowie „communication".

Tiefbauprojekte operieren sowohl mit einem unternehmenseigenen Fuhrpark des Generalunternehmers als auch mit zugemieteten Transportgeräten

---

[14] Zum Begriff der Baulogistik s. (Deml, 2008, ab S. 40).

aus den Beständen unterschiedlicher, rechtlich und wirtschaftlich selbständiger Mietparks. Die Aufgabe umfasst die bedarfsgerechte Bereitstellung und Instandhaltung des Fuhrparks – sowohl in technischer (z.B. GPS, Funk) als auch personeller Hinsicht. Der zunehmende Einsatz von Flottenmanagement-Systemen auf Basis von Informations- und Kommunikationstechnik (z.B. Topcon Tierra^{TM}, Trimble Fleet Management solutions, Ammann as1) macht eventuell eine zusätzliche Ausstattung der Transportgeräte mit Bordrechnern sowie eine Eingliederung dieser Rechner in das Baustelleninformationssystem notwendig. Die Bereitstellung des Fuhrparks muss daher die Anforderungen, die an die Fahrzeuge gestellt werden, berücksichtigen – dies zum einen in Bezug auf die dargelegte Informations- und Kommunikationstechnik als auch in Bezug auf baufachliche/baulogistische Anforderungen die sich aus dem zu transportierenden Gut ergeben.[15] Die im Rahmen der Bereitstellungsaufgabe zu treffenden Entscheidungen beziehen sich somit auf die Art der Transportgeräte, deren Ausstattung, die Anzahl der Transportgeräte im Fuhrpark und die zeitliche Bereitstellung der Transportgeräte. Ferner ist zu entscheiden, ob die Transportaufgaben mit eigenen oder zugemieteten Transportgeräten bewältigt werden sollen. Die getroffenen Entscheidungen über den Fuhrpark sind nicht ohne Zeitverzug zu revidieren, da die zur Verfügung gestellten Transportgeräte (aufgrund vertraglicher Bindung) nicht ohne Weiteres wieder abgezogen oder weitere Transportgeräte nicht hinzugezogen (Verfügbarkeit, Anfahrtswege etc.) werden können. Dadurch verringern die getroffenen Entscheidungen die (Entwicklungs- & Bestands-)Flexibilität der Erdbaustelle.

Die zentrale Aufgabe der Transportlogistik im Erdbau ist die Disposition der Transportgeräte. Dies betrifft die Flexibilitätstypen „volume" und „delivery". Gerade in Bezug auf die Disposition werden Anforderungen an die Flexibilität gestellt. So fordert Sanladerer (2008), dass „Disponenten sehr flexibel auf wechselnde Anforderungen seitens der Baustelle reagieren und aktuelle Informationen schnell in die Planung mit einbeziehen [müssen]" (Sanladerer, 2008, S. 18). Dabei sieht er als „spezielles Problem [...], dass Änderungen oft sehr kurzfristig erfolgen und die Informationen dazu erst spät zur Verfügung stehen" (Sanladerer, 2008, S. 18). Dies wurde in der vorliegenden Arbeit bereits im Abschnitt 1.2.2 erörtert und stimmt mit den zuvor dargelegten Definitionen von Flexibilität überein, indem sich die Flexibilitätsforderung auf die Anpassung (durch Neu-Disposition der Transportgeräte) an Veränderung (der Ausbau- und Einbauleistungen) bezieht. Für

---

[15]   Unterschiedliche bauliche Transportgüter, wie bspw. Erde, Materialien, Fertigteile
       bedürfen unterschiedlicher Transportgeräte. Eine Übersicht dazu bietet die Tabelle
       2-1 in Sanladerer (2008) auf Seite 22.

die Disposition muss bei der Planung die erforderliche Transportleistung ermittelt werden. Dies bildet die Entscheidungsgrundlage für die Disposition (Sanladerer, 2008, S. 23).

Die Entscheidungen über die Disposition der vorhandenen Transportgeräte können auf der Baustelle kurzfristig getroffen und ohne größeren Zeitverlust und Kosten revidiert werden. Dies setzt allerdings voraus, dass der Disponent (auf Erdbaustellen der Bauleiter) zeitnah mit den relevanten Informationen versorgt wird. Gerade in der Disposition von Transportgeräten wird daher das Potenzial für die Erhöhung der (Entwicklungs- & Bestands-)Flexibilität des transportlogistischen Systems der Erdbaustelle vermutet. Die vorliegende Arbeit zielt daher auf die Erhöhung der Flexibilität bezüglich „volume" und „delivery" und demnach auf die Erhöhung der Flexibilität bezüglich der Entscheidungen über (Neu-)Dispositionen von Transportgeräten in Abhängigkeit zu den Ein- und Ausbauleistungen ab. Die Flexibilität wird für die Zwecke dieser Arbeit und auf Grundlage der vorhergehenden Ausführungen definiert als *die Fähigkeit des Transportlogististiksystems der Erdbaustelle durch Entscheidungen über (Neu-) Dispositionen von Transportgeräten auf Veränderungen von Ein- und Ausbauleistungen reagieren zu können.*

Wie beschrieben ist jedoch die zeitnahe und ausreichende Versorgung mit Informationen bezüglich der Ein- und Ausbauleistungen sowie der Transportleistungen unabdingbar zur Schaffung der Entscheidungsgrundlage des Disponenten. Aufgrund der bereits dargelegten Probleme auf Erdbaustellen ist eben diese Versorgung mit entscheidungsrelevanten Informationen nur bedingt gegeben. Der Vorschlag der Arbeit ist daher, die bisher zentral durch den Bauleiter getroffene Dispositionsentscheidung zu dezentralisieren und auf die Fahrer der Transportgeräte zu delegieren. Damit die Zielstellung des Bauleiters (Maximierung der ausgebauten und transportierten Erdmenge) jedoch gewahrt bleibt und nicht durch etwaige anderweitige lokale Zielstellungen der Fahrer der Transportgeräte unterwandert wird, ist die Gestaltung eines Koordinationsinstruments notwendig, welches die interdependenten Entscheidungen auf Basis individueller Zielfunktionen im Hinblick auf das übergeordnete Ziel der Transportlogistik im Erdbau abgleicht. Bevor ein solches Koordinationsinstrument in Abschnitt 4 gestaltet wird, wird zunächst im Folgeabschnitt 2.3 auf die Besonderheiten des transportlogistischen Systems im Erdbau eingegangen. In den Abschnitten 2.4 und 2.5 wird näher auf den Gegenstand Transportlogistiksystem im Erdbau und das darin enthaltene Koordinationsproblem eingegangen.

Tabelle 2.2: Definition der Flexibilität in Transportlogistiksystemen im Erdbau auf Basis von (Naim et al., 2006, S. 307) in Anlehnung an Seemann (2007), Deml (2008), Sanladerer (2008) und Hasenclever et al. (2011)

Internal flexibility types …	Flexibilität der Transportlogistik im Erdbau bezüglich Entscheidungen über	External flexibility types …	Flexibilität der Transportlogistik im Erdbau bezüglich Entscheidungen über
Mode	… die Modalität: öff. Straße (LKW), Baustraße (Dumper, Autoschütter), Gelände (Radlader), Schiene und Band.[16]	Product	(entfällt)
Fleet	… die Anzahl & zeitliche Bereitstellung der Transportgeräte.	Mix	(entfällt)
Vehicle	… die Art der Transportgeräte und deren Ausstattung.	Volume	… die Neu-Disposition von Transportgeräten in Abhängigkeit der Ausbauleistungen.
Link	… das Hinzufügen/Entfernen von Baustraßen.	Delivery	… Anlieferungszeitpunkte abhängig von der Einbauleistung.
Temporal	… die gleichzeitige Nutzbarkeit des Transportwegenetzes durch mehrere Akteure.[17]	Access	(entfällt)

---

[16] Zu den unterschiedlichen, in der Transportlogistik im Erdbau eingesetzen Transportmodalitäten siehe (Bauer, 2006, S. 101 – 122).

[17] Naim et al. (2006) referenzieren bei der „temporal flexibility" auf Feitelson und Salomon (2000). Dieser Typ der Flexibilität wird dort konkretisiert als die Fähigkeit, „[to] use [...] the infrastructure [...] that [...] the use by one user does not prevent use by others" (Feitelson und Salomon, 2000, S. 464). Die temporale Flexibilität wird für Zwecke der Transportlogistik im Erdbau interpretiert als die Möglichkeit zur gleichzeitigen Nutzung von Elementen des Transportwegenetzes. Für Baustraßen

Internal flexibility types	Flexibilität der Transportlogistik im Erdbau bezüglich Entscheidungen über ...	External flexibility types	Flexibilität der Transportlogistik im Erdbau bezüglich Entscheidungen über ...
Capacity	... die Veränderung der Transportwege-netzkapazität.[18]	–	–
Routing	... die Transportroute vom Ein- zum Ausbau.	–	–
Communication	... die Wahl des Kommunikationskanals (u.a. (fern) mündlich, SMS, Email).	–	–

2.3 Besonderheiten transportlogistischer Systeme im Erdbau

Die im vorstehenden Abschnitt beschriebenen Grundlagen der Transportlogistik beziehen sich auf die stationäre Fertigungsindustrie. Transportlogistische Systeme im Erdbau bedürfen einer zusätzlichen Betrachtung hinsichtlich der Besonderheiten, die sich speziell für den Tiefbau ergeben. Die spezifischen Rahmenbedingungen führen zu einem hohen Grad an Individualität bezüglich dem Bauobjekt (Produkt) und der Bauproduktion sowie der an der Produktion beteiligten Akteure (begründet in Branche und Markt). Die Individualität erfordert hinsichtlich der Planung und Steuerung transportlogistischer Systeme ein besonders hohes Maß an Flexibilität (Hasenclever et al., 2011, S. 210). Jedoch läuft die derzeitige Organisation von Baustellen sowie die empirisch feststellbare Informationsunterversorgung dieser Flexibilität entgegen.

---

bedeutet dies bspw. eine ausreichende Breite, so dass Gegenverkehr und Überholmanöver möglich sind. Für Be- und Entladestellen bedeutet dies das Einrichten von Wartebereichen, so dass Transportgeräte bei der Abfahrt nicht durch anfahrende Transportgeräte behindert werden.

[18] Z.B. durch Verbreiterung der Baustraßen oder der Verbesserung der Befestigung, so dass die Transportgeräte die Straßen mit einer höheren Geschwindigkeit befahren können.

Die Abbildung 2.3 gibt einen Überblick über die Besonderheiten der Baulogistik. Die entsprechenden, auf die Baulogistik zutreffenden Merkmalsausprägungen sind in grau hinterlegt. Die bei Hasenclever et al. (2011) genannten Merkmale wurden den beiden Gruppen Produkt und Produktion zugeordnet. Das Schaubild wurde um die Gruppe Branche & Markt mit den Merkmalen Art des Marktes, Intensität der Nachfrage und Wettbewerbssituation erweitert. Die einzelnen Merkmale werden im Folgenden geordnet nach den entsprechenden Gruppen näher erläutert.

Gruppe	Merkmal		Ausprägung				
Produkt	Grad der Standardisierung	Kundenindividuelle Produktion	Standardproduktion mit kundenindividuellen Varianten	Standardproduktion mit anbieterindividuellen Varianten	Standardproduktion		
	Art der Auftragsauslösung	Engineer-to-order	Make-to-order	Assemble-to-order	Make-to-stock		
Produktion	Art der Fertigung	Einzelfertigung		Serienfertigung		Geringteilige Produktion	
	Struktur der Erzeugnisse	Mehrteilige komplexe Produkte		Mehrteilig einfache Produkte		Geringteilige Produkte	
	Grad der Automatisierung	Handprozess	Mechanisierter Prozess	Maschinisierter Prozess	Teilautomatisierter Prozess	Vollautomatisierter Prozess	
	Ortsgebundenheit der Produktion	Ortsgebundene Produktionsfaktoren (Baustellenfertigung)			Ortsgebundene Produktionsfaktoren (anlagengebundene Produktion)		
Branche & Markt	Art des Marktes — Anbieter	Viele		Wenige		Ein	
	Art des Marktes — Nachfrager	Viele		Wenige		Ein	
	Intensität der Nachfrage — Nachfrage	Stark			Schwach		
	Intensität der Nachfrage — Konkurrenz	Stark			Schwach		
	Wettbewerbssituation	Hoch			Niedrig		

Abbildung 2.3: Morphologische Analyse der Baulogistik der Baulogistik nach (Hasenclever et al., 2011, S. 209) erweitert um die Markmalsgruppe Branche & Markt

2.3.1 Individualität bezüglich des gefertigten Produkts

Der Baumarkt ist als Investitionsgütermarkt ein fast ausschließlicher Nachfragemarkt (Berner et al., 2007, S. 19). Insbesondere im Tiefbau wird nur auf Bestellung gebaut (Bauer, 2006, S. 47). Aufgrund der Einmaligkeit von

Topografie, geologischen Gegebenheiten, Streckenführungen, zu erwartenden Witterungsbedingungen etc. muss jedes Tiefbauvorhaben von neuem geplant und an indiuduellen Kundenbedürfnissen sowie Projekterfordernissen
ausgerichtet werden („Engineer-to-order", siehe auch (Berner et al., 2007, S.
48f)). „Diese Einmaligkeit besteht allerdings nur für das Bauwerk als Gan-
zes. Materialien, Komponenten, Prozessabläufe und Fähigkeiten ähneln sich
üblicherweise und können objektübergreifend angewendet werden" (Hasenclever et al., 2011, S. 208).

Das transportlogistische System hat demnach nur während der Ausführungszeit der Erdarbeiten Bestand und wird nur für Zwecke der Erdarbeiten
eines Projekts geplant und aufgebaut. Die Akteure im System sind wech-
selnd und werden je Projekt neu zusammengestellt. Standardisierte, lang
andauernde Transportlogistiksysteme wie sie in der stationären Fertigungsindustrie aufgebaut werden können, kann es aufgrund des Einmalcharakters
von Tiefbaustellen im Bereich des Erdbaus nicht geben. Dies verschärft das
zu anfangs dargelegte Problem der Zielkonflikte, da die disziplinierende Wirkung von Reputationen abgeschwächt ist.[19]

Ferner verstärken die projektindividuellen Topografien und geologischen
Gegebenheiten das Problem der exogenen Störung. So können z.b. Störungen, die in einem Projekt häufig auftreten in einem anderen Projekt eine
nur nachrangige Rolle spielen. Die Individualität bezüglich des gefertigten
Produkts verstärkt somit das auf Erdbaustellen vorherrschende Koordinationsproblem (Bauer, 2006, S. 47f).

2.3.2 Individualität bezüglich der Produktion

Die Erstellung der Leistung erfolgt im Erdbau vor Ort auf der Baustelle und
findet somit unter freiem Himmel statt. Dies führt nicht nur zu saisonalen
Auslastungsschwankungen, sondern auch kurzfristig zu unvorhersehbaren,
stochastisch auftretenden Einflüssen und somit zu Störungen im Bauprozess
(Hasenclever et al., 2011, S. 209).

Die Erdbaustelle ist zwar standortgebunden jedoch herrschen auf der Baustelle „wandernde Produktionsstätten" (Berner et al., 2007, S. 48) vor. D.h.
mit dem Baufortschritt verändern sich auch die geographischen Positionen
der Quellen und Ziele der Transportvorgänge. Dies bedeutet, dass sich die
Belade- und Entladeorte hinsichtlich ihren Bedingungen verändern und stets

---

[19] Für die Wirkungsweise von Reputationsmechanismen in Prinzipal-Agent-Beziehung-
en siehe bspw. Ely und Välimäki (2003); Grosskopf und Sarin (2010); Schneider
(2012).

unvorhersehbare Störungen auftreten können. „Ein permanentes Produkti-
onslayout, wie es bei der stationären Industrie gängig ist, ist in der Bauwirtschaft nicht realisierbar" (Hasenclever et al., 2011, S. 208).

Als weitere Besonderheit der Bauproduktion stellen Berner et al. (2007)
den Parallelablauf bei Bauprojekten heraus. Im Gegensatz zur stationären
Fertigung laufen die Phasen Planung, Konstruktion und Fertigung nicht
sequenziell, sondern meist parallel ab. Wird bspw. im Erdbau schon „ge-
fertigt", können sich andere Teile des Bauwerks Straße noch in der Kon-
struktionsphase befinden. Als aus diesem Parallelablauf heraus entstehende
Probleme nennen Berner et al. (2007) u.a. die „hohe Störanfälligkeit im
Planungs- und Bauablauf" und den „große[n] Informationsfluss auf Baustellen" (Berner et al., 2007, S. 48). Ferner führen die Autoren aus, dass das
„arbeitsteilige Prinzip bei Planung, Konstruktion und Fertigung [. . .] außerdem fast zwangsläufig zu Interessengegensätzen bei den Projektbeteiligten"
führt (Berner et al., 2007, S. 48).

Die große räumliche Ausdehnung einer Erdbaustelle ist als weitere Individualität bezüglich der Produktion zu nennen. Die Baustelle erstreckt
sich oft über mehrere Kilometer und erschwert so die Kontrolle der durch
die Baugeräteführer ausgeführten Aktionen durch die Bauleitung. Die Leistungserstellung erfolgt weit überwiegend als Handprozess, als mechanisierter
oder maschinisierter Prozess. Eine die Ergebniskontrolle unterstützende Teil-
oder gar Vollautomatisierung ist derzeit auf Baustellen nur in allerersten Ansätzen vorzufinden (Bauer, 2006, S. 58).[20] Hasenclever et al. (2011) nennen
als wichtige Voraussetzung für diese Ergebniskontrolle die „durchgängige
Transparenz über vorhandene Material- und Informationsflüsse" (Hasenclever et al., 2011, S. 207). Eine solche durchgängige Transparenz ist auf Erdbaustellen jedoch nicht gegeben.

Die in der Produktion begründete Individualität transportlogistischer Systeme im Erdbau verstärkt somit das vorherrschende Koordinationsproblem.

2.3.3 Individualität bezüglich Branche & Markt

Erdbaustellen sind gekennzeichnet durch eine Vielzahl an beteiligten Akteuren mit unterschiedlichen Zielfunktionen. Wie kaum eine zweite Branche

---

[20]   Jedoch finden sich Ansätze in diese Richtung, so z.B. auch im Projekt AutoBauLog
(http://www.autobaulog.de, letzter Zugriff: 22.03.2014), Komatsus Autonomous
Haulage System (http://www.komatsu.com/ce/currenttopics/v09212/index.html,
letzter Zugriff: 22.03.2014) oder Hitachis Autonomous Haulage System (http://
www.hitachi-c-m.com/global/news/press/PR20120919135707850.html, letzter Zugriff: 22.03.2014).

ist das Baugewerbe in Deutschland durch klein- und mittelständische Betriebe geprägt. Sanladerer (2008) geht daher von einer „Atomisierung der Bauwirtschaft" (Sanladerer, 2008, S. 11) aus und beschreibt so die Situation, dass ein Viertel bis zwei Drittel aller Betriebe im Tiefbau lediglich zwischen 1 und 19 Mitarbeiter beschäftigen (Statistisches Bundesamt, 2012, S. 564). Die Folge dieser „Atomisierung" ist neben der Erhöhung der Anzahl an Projektbeteiligten auch die Verstärkung des Wettbewerbs.

Tiefbauprojekte werden meist von der öffentlichen Hand nachgefragt (Berner et al., 2007, S. 20f). Somit ist die Anzahl der Nachfrager im Gegensatz zur Anzahl der Anbieter gering. Gerade in großen Tiefbauprojekten ist es üblich, eine Vielzahl von rechtlich und wirtschaftlich selbständigen (Sub-)Unternehmen mit jeweils geringen Projektanteilen an der Leistungserstellung zu beteiligen. Das für Bauprojekte der öffentlichen Hand europaweit vorgeschriebene und vorherrschende Verfahren zur Vergabe der Leistungen an diese (Sub-)Unternehmen führt dazu, dass diese Unternehmen einem hohen Preisdruck unterliegen und ihre Leistungen möglichst preisgünstig anbieten müssen.[21] Diese starke Wettbewerbssituation führt zur intensiven Verfolgung unternehmenseigener ökonomischer Ziele – dies eventuell auch zu Lasten des Gesamtprojektziels.

Die Individualität transportlogistischer Systeme im Erdbau bezüglich Branche & Markt führt somit zu konfliktären ökonomischen Zielen der Beteiligten und verstärkt das vorherrschende Koordinationsproblem.

2.3.4 Mangelnde Flexibilität durch Hierarchie und fixe Löhne

Die vorherrschende, stark ausgeprägte Hierarchie auf Tiefbaustellen mit der zentralen Koordinationsinstanz Bauleiter wirkt kontraproduktiv im Hinblick auf die formulierte Flexibilitätsforderung. Neben den baufachlichen Prozessinterdependenzen sind insbesondere auch die organisatorischen, sozialen und ökonomischen Beziehung zwischen dem Bauleiter und den unterstellten Fahrern der Transportgeräte zu berücksichtigen. Bisher auf Baustellen eingesetzte Koordinationsinstrumente vernachlässigen diese Beziehungen und betrachten die Baustelle als ein mathematisch optimierbares System im Sinne eines (kybernetischen) Regelkreises, so bspw. bei (Bauer, 2006, S. 96). Sie

---

[21] Von ausschreibenden Tiefbauunternehmen wurde dem Autor berichtet, dass teilweise bis zu 10% unter den Herstellkosten angeboten wird, um einen Auftrag zu bekommen. Um das Bauprojekt dennoch mit Ertrag abschließen zu können, ist neben hoher Effizienz als Grundvoraussetzung auch ein wirksames Nachtragsmanagement erforderlich.

lassen daher wichtige Aspekte des realen organisatorischen, sozialen und ökonomischen Geschehens außen vor und können somit als inadäquat bezeichnet werden (s. Abschnitt 2.6).

Ferner ist die bisher auf Baustellen eingesetzte Entlohnungsform starr. Fahrer von Transportgeräten werden heutzutage überwiegend fix entlohnt (z.B. tagesweise Mietsätze für LKW inkl. Fahrer). Die Fahrer haben also den Anreiz, den Arbeitsaufwand möglichst zu minimieren, um die Differenz aus (fixem) Lohn und (variabler) Arbeitsanstrengung zu maximieren. Der Bauleiter hat demgegenüber das Ziel, die ausgebaute, transportierte und wieder eingebaute Erdmenge zu maximieren. Dies erreicht er, indem er die Transportgeräte den Transportketten so zuteilt (Disposition), dass ihre Arbeitsleistung maximal ausgeschöpft werden kann. Die Entscheidungen auf der dispositiven Ebene des Bauleiters führen auf der operativen Ebene der Fahrer jedoch zu Mehrarbeit. Die Entscheidungen des Bauleiters werden unter Umständen boykottiert oder nur verzögert implementiert. D.h. anstatt maximal zu arbeiten, können die Fahrer Pausen machen, indem sie sich bspw. in Warteschlangen vor Ladegeräten einreihen, obwohl sie an anderer Stelle ohne Warteschlange beladen werden könnten. Die Folgen sind demnach *Zielkonflikte* zwischen Bauleiter und den Fahrern der Transportgeräte.

Die dargelegte mangelnde Flexibilität aufgrund stark ausgeprägter Hierarchie und fixen Entlohnungsformen in transportlogistischen Systemen im Erdbau verstärkt somit das vorherrschende Koordinationsproblem.

2.3.5 Mangelnde Flexibilität durch informationelle Unterversorgung

In Abschnitt 2.2.3 wurde Flexibilität grundlegend als Anpassung an eine veränderte Umwelt beschrieben. Unabdingbare Voraussetzung dafür ist jedoch die Versorgung des Entscheidungsträgers mit Informationen über die Veränderungen. Tatsächlich sind auf Baustellen jedoch zahlreiche Informationsasymmetrien durch Medienbrüche, Schnittstellenprobleme, sowie manuelle Informations- und Abstimmungsprozesse vorzufinden. Während die Bauplanung bereits vergleichsweise umfangreich untersucht und mit entsprechenden Lösungen unterstützt wird, bestehen in der Phase der Bauausführung noch erhebliche Verbesserungspotenziale in Bezug auf die Koordination und die Beschaffung / Bereitstellung der dafür relevanten Informationen. Die Kontrolle von planmäßig vorgegebenen Leistungen der Geräteführer ist während der Bauausführungsphase kosten- und zeitaufwändig. Das Erreichen von in Plänen festgelegten Solls kann erst mit einer ex-post Geländevermessung zuverlässig festgestellt werden. Eine solche Geländeaufmessung wird meist erst am Ende der Arbeitswoche vorgenommen. Eine feingranulare Koordination auf Tagesbasis oder gar während eines Tages lässt sich mit diesen Instrumenten nicht verwirklichen. Die Akquisition von Informationen wird zusätzlich erschwert durch die räumlichen Ausdehnungen der Erdbaustelle und die kognitive Limitation des Bauleiters bei der Verarbeitung der Menge an eingehenden Informationen. Die Folge davon sind asymmetrisch verteilte Informationen zwischen Bauleitung und den Baugeräteführern. Der Bauleiter kann die Baugeräteführer bei ihrer Leistungserstellung vor Ort nicht überwachen; die Baugeräteführer können *unbeobachtet* arbeiten.

Zu konstatieren ist somit eine Verstärkung des vorherrschenden Koordinationsproblems durch die mangelnde Flexibilität aufgrund informationeller Unterversorgung der Bauleitung in transportlogistischen Systemen im Erdbau.

2.3.6 Mangelnde Flexibilität durch umweltbedingte Störungen

Die wesentliche Herausforderung transportlogistischer Systeme liegt im „Management der Unsicherheiten durch Sicherstellung einer hohen Flexibilität" (Hasenclever et al., 2011, S. 210). Solche Störungen sind bedingt durch die hohe Dynamik der Umwelt und die Produktion unter freiem Himmel mit sich ständig ändernden Wettereinflüssen. Ferner treten wechselnde Bedingungen unterhalb der Bodenoberfläche – wie sich verändernde Bodenklassen, unerwartet hoher Grundwasserspiegel oder Altlasten[22] – hinzu (Assaf und Al-Hejji, 2006, S. 353). Aufgrund der prozessualen Interdependenzen pflanzen sich die Störungen fort. So führt ein Leistungsabfall beim Ladegerät aufgrund einer wechselnden Bodenklasse direkt zum Abfall der Transportleistung beim Transportgerät usw. Dies kann bis zum Erliegen der Arbeiten auf der gesamten Baustelle führen.

Aus Sicht des Fahrers eines Transportgeräts existieren Einflüsse, welche in prozessualen Interdependenzen begründet sind (z.B. Leistungsabfall beim Beladegerät) und Einflüsse auf den Transportprozess selbst (z.B. einsetzender Regen, der zur Verschlechterung der Baustraßen führt). Da die Bauleitung nicht über alle Störungen im Transportprozess informiert ist, können

---

[22] Zwar werden im Vorfeld Probebohrungen durchgeführt, jedoch handelt es sich dabei lediglich um Stichproben. Die tatsächlichen Verhältnisse stellen sich erst dann heraus, wenn vor Ort gearbeitet wird. Zur Abschätzung von eventuell vorhandenen Altlasten (z.B. archäologische Funde oder Kampfmittel) wird im Vorfeld historisches Kartenmaterial gesichtet und möglicherweise existierende Funde in der näheren Umgebung analysiert. Aber auch hier handelt es sich nur um eine Abschätzung der tatsächlichen Gegebenheiten.

die Fahrer der Transportgeräte einen Abfall der eigenen Transportleistung
mit dem Auftreten von Störungen begründen. Das heißt, der Bauleiter kann
nur schwer oder überhaupt nicht rückschließen, ob Planabweichungen bei
der Transportmenge auf ein Fehlverhalten der Fahrer der Transportgeräte
oder auf externe Störungen zurückzuführen sind – der Bauleiter hat somit
ein *Rückschlussproblem*.

Das transportlogistische System im Erdbau bedarf demnach einer hohen
Flexibilität in Bezug auf umweltbedingte Störungen. Ein derzeit an dieser
Stelle feststellbarer Mangel verstärkt das vorherrschende Koordinationspro-
blem.

2.3.7 Folgen der Individualität und mangelnden Flexibilität

Bevor im Folgeabschnitt 2.4 die Elemente von Transportlogistiksystemen im
Erdbau beschrieben und analysiert werden, wird zunächst eine Zusammenfassung der feststellbaren Besonderheiten und eine Auswertung im Hinblick
auf die vorliegende Problemstellung unternommen. Dabei werden die Besonderheiten der Transportlogistik im Erdbau als Ursachen identifiziert und
ihre spezifischen Wirkungen auf das Koordinationsproblem dargelegt. Dies
geschieht anhand der Tabelle 2.3. Dabei wird auf die unter 1.2.2 dargelegten Problemstellungen Zielkonflikte, Informationsasymmetrien und fehlende
Informationen über exogene Störungen zurückgegriffen. Es ist festzustellen,
dass die Besonderheiten der Transportlogistik im Erdbau zu einer Erhöhung
der Zielkonflikte und der Informationsasymmetrien sowie zu fehlenden Informationen über exogene Störungen führen.

2.4 Beschreibung transportlogistischer Systeme im Erdbau

Ziel des Abschnittes ist es, ein Beschreibungsmodell des Gegenstands „Transportlogistiksystem im Erdbau" zu erstellen. Anhand des Modells kann zum
einen im Folgeabschnitt 2.5 das Koordinationsproblem analysiert werden.
Zum anderen dient das in Abschnitt 2.4.2 erstellte mathematische Beschreibungsmodell bautechnischer Zusammenhänge als Grundlage für das in Abschnitt 5 durchgeführte Simulationsexperiment. Das Modell wird jedoch zuvor in Abschnitt 3.4 um die Wirkungszusammenhänge im Sozialsystem ergänzt.

Der Erdbau ist definiert als die „Veränderung von Erdkörpern nach Form,
Lage und/oder Lagerungsdichte, insbesondere Bodenabtrag (Herstellen von

Tabelle 2.3: Folgen der Individualität und mangelnden Flexibilität für die Koordination

Ursache	Wirkung
Individualität bezüglich Produkt	Erhöht Zielkonflikte und führt zu fehlenden Informationen über umweltbedingten Störungen
Individualität bezüglich Produktion	Erhöht Zielkonflikte, Informationsasymmetrien und führt zu fehlenden Informationen über umweltbedingte Störungen
Individualität bezüglich Branche & Markt	Erhöht Zielkonflikte
Mangelnde Flexibilität durch Hierarchie und Entlohnungsform	Erhöht Zielkonflikte
Mangelnde Flexibilität durch informationeller Unterversorgung	Erhöht Informationsasymmetrien und führt zu fehlenden Informationen über umweltbedingte Störungen
Mangelnde Flexibilität in Bezug auf umweltbedingte Störungen	Führt zu fehlenden Informationen über umweltbedingte Störungen

Einschnitten, Baugruben, Gräben) und Bodenauftrag (Dammschüttung)" (Bauer, 2006, S. 61). Dazu sind in aktuellen Bauverfahren der Einsatz von Arbeitskräften, Betriebsmitteln und Energie ebenso erforderlich, wie eine „dem jeweiligen Bauablauf und seinen Randbedingungen (Bauzeit) angepasste Organisation" (Bauer, 2006, S. 57). Die Organisation umfasst dabei sowohl die Aufbau- als auch Ablauforganisation mit allen Aufgabenträgern und Betriebsmitteln. Bei der baubetrieblichen Rationalisierung einer Erdbaustelle wird derzeit jedoch vorwiegend die „Planung oder Verbesserung von Arbeitsstätten und -plätzen, des Material- und Arbeitsflusses sowie Planung und Entwicklung von Arbeits- und Fertigungsverfahren mit Hilfe der dafür verfügbaren Maschinen und Geräte" (Bauer, 2006, S. 58) betrachtet.

Organisatorische Gestaltungsmaßnahmen, wie die Veränderung von Organisationsstrukturen, die Verflachung der Hierarchien oder die Schaffung von
Anreizsystemen ist bislang wenig beleuchtet. Im Folgenden wird zunächst
die Aufbauorganisation des transportlogistischen Systems der Erdbaustelle
untersucht. Dabei wird auf die Eigenschaften der die jeweiligen Rollen aus-
füllenden Akteure eingegangen. Anschließend wird die Ablauforganisation
im Erdbau betrachtet. Hierbei wird auf die Interdependenzen während der
Prozessdurchführung fokussiert. Gemeinsam mit der in Abschnitt 2.4.3 beschriebenen Umwelt, wird ein bautechnisches Gesamtmodell der Transportlogistik im Erdbau dargelegt. Anhand des Modells wird das grundlegende
Koordinationsproblem analysiert.

2.4.1 Aufbauorganisation

2.4.1.1 Aufbau der Baustellenorganisation

Baustellen zeichnen sich aufgrund zahlreicher Subunternehmerschaften und
Nebenunternehmerschaften „mit ihren eigenen und spezifischen Interessens-
lagen" nicht durch eine „in sich geschlossene, konsequente [...] Aufbauorganisation" (Zilch et al., 2012, S. 853) aus. Die Systeme sind hierarchisch
in Form von Liniensystemen oder Stabliniensystemen organisiert. Die Weisungsbefugnisse sind dabei von oben nach unten ausgerichtet (Zilch et al.,
2012, S. 853). Auf Baustellen gibt es die Rolle des Bauleiters, des Poliers
und ggf. des Oberpoliers sowie die der Baugeräteführer (Zilch et al., 2012,
S. 853).[23] Für Zwecke dieser Arbeit wird die hierarchische Ebene der Poliere in die Ebene der Bauleitung integriert, so dass dieser integralen Ebene
die Betriebsleitung der Baustelle inkl. der Einteilung des Personals und der
Zuweisung der Arbeiten zukommt. In Bezug auf den Erdbau bedeutet dies,
die Einteilung der Fahrer der Transportgeräte in Transportketten. Im Folgenden werden die beiden Ebenen Bauleiter (dispositive Ebene) und Fahrer
der Transportgeräte (ausführende Ebene) näher untersucht.

2.4.1.2 Der Bauleiter als dispositive Ebene

Sowohl initial als auch im weiteren Verlauf der Erdbauarbeiten im Zuge der
Neudisposition der Transportgeräte, werden vom Bauleiter *Transportaufträge* an die Fahrer der Transportgeräte erteilt für deren Durchführung sie *entlohnt* werden. Ein Transportauftrag ist die Aufgabe, eine gewisse Menge des

---

[23] Betrachtet werden nur die Akteure die vor Ort auf der Baustelle arbeiten. Oberbauleitung (haben meist mehrere Baustellen und agieren meist fernab dieser Baustellen),
Bauprojektsteuerung, Bauherr etc. bleiben in den Betrachtungen außen vor.

logistischen Guts Erde von einer Quelle zu einem Ziel (auf meist vorgegebener Route) innerhalb einer vorgegebenen Zeit aufzuladen, zu transportieren und abzuladen. In der Logistik umfasst ein Transportauftrag in der Regel den einmaligen Transport einer Fracht von der Quelle zum Ziel innerhalb eines Transportnetzwerkes. Auf der Erdbaustelle umfasst der Transportauftrag den Transport einer gewissen Menge Erde in einer vorgegebenen Zeit, d.h. es sind (meist) mehrere Fahrten nötig. Der Bauleiter überwacht die Ausführung der Transportaufträge indem er, wie heutzutage üblich, mittels Geländevermessung das Volumen der ausgebauten Erde ermittelt. Die Geländevermessung findet meist wöchentlich, seltener mehrmals die Woche statt. Neudispositionen der Transportgeräte nimmt der Bauleiter nur bei erkannten Störungen in den Transportketten vor.

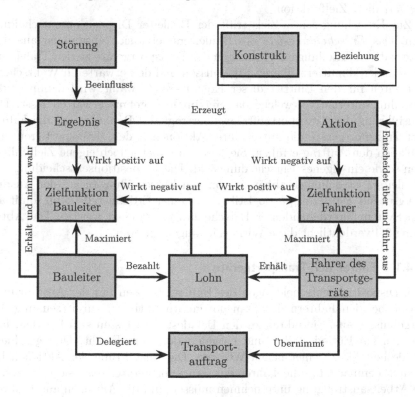

Abbildung 2.4: Beziehungen in der Aufbauorganisation von Transportlogistiksystemen

Das Ziel des Bauleiters ist es, mit den vorhandenen Geräten die ausgebaute und transportierte Menge Erde zu maximieren. Da die auf der Baustelle vorhandenen Geräte nicht kurzfristig abgezogen oder hinzugezogen werden können – sie werden oft wochen- oder gar monatsweise gemietet oder bereitgestellt – fallen die Gerätekosten als Fixkosten an. Die variablen Kosten (z.B. Kraftstoffe) sind auf Baustellen vernachlässigbar, so dass die Erdbaustelle als fixkostendominiert gilt. Die Maximierung der ausgebauten und transportierten Erdmenge minimiert somit die Kosten pro m^3. Die für den Abtransport anfallenden Lohnzahlungen erhöhen die Kosten pro m^3. In die *Zielfunktion* des Bauleiters gehen somit das von den Fahrern der Transportgeräte erzeugte Ergebnis (ausgebaute und transportierte Menge Erde in m^3) positiv und die Lohnzahlung negativ als Parameter ein.[24] Der Bauleiter *maximiert* diese Zielfunktion.

Zur Erreichung seines Ziels trifft der Bauleiter Dispositionsentscheidungen. Das *Entscheidungsfeld* des Bauleiters setzt sich zusammen aus den alternativen Zuteilungsmöglichkeiten der Transportgeräte zu den Transportketten, den damit erzielbaren Ergebnissen und den erwarteten Wahrscheinlichkeiten für den Eintritt dieser Ergebnisse. Gewählt wird demnach die Zuteilungsalternative, welche das maximale Ergebnis erwarten lässt. Die Ausführung der Transportaufträge überträgt der Bauleiter auf die Fahrer der Transportgeräte die mittels ihrer Aktionen Laden, Transportieren und Abladen den Auftrag erfüllen. Sie besitzen dabei jedoch eigene Zielfunktionen sowie ein eigenes Entscheidungsfeld. Die Dispositionsentscheidung des Bauleiters ist demnach abhängig von den Entscheidungen auf der Ausführungsebene. Das Transportlogistiksystem einer Erdbaustelle kann somit als ein System interdependenter Entscheidungen gesehen werden. Die Abbildung 2.4 verdeutlicht diese Wirkbeziehungen grafisch.

2.4.1.3 Fahrer der Transportgeräte

Die Dispositionsentscheidungen des Bauleiters lösen auf der Ausführungsebene bei den Fahrern der Transportgeräte Aktionen zur Erzeugung des Ergebnisses aus. Sie fahren zu den Beladestellen, lassen sich beladen, fahren zu den Entladestellen und entladen dort ihre Fracht. Dies geschieht wiederholt bis zu einer neuen Weisung. Die Ausführung der Aktionen bedeutet demnach für die Fahrer der Transportgeräte, dass sie eine gewisse Arbeitsanstrengung unternehmen müssen, um die Aktionen auszuführen

---

[24]   An dieser Stelle soll noch nicht auf die Vergleichbarkeit der beiden Parameter Erdmenge in m^3 und Lohn in Geldeinheiten eingegangen werden.

("Arbeitsleid", Ross (1973); Harris und Raviv (1978)). Als Kompensation dieser Arbeitsanstrengungen erhalten die Fahrer eine Entlohnung. In die *Zielfunktion* der Fahrer der Transportgeräte geht die Arbeitsanstrengung negativ, die dafür erhaltene Entlohnung positiv ein. Es ist demnach die Differenz aus der Entlohnung und der für die Ausführung der empfangenen Weisungen aufzuwendenen Arbeitsanstrengung bestimmend. Diese Differenz gilt es zu maximieren. Der genaue Verlauf der Zielfunktion der Fahrer der Transportgeräte wird in Abschnitt 5.2.4 bei der Parametrierung des Simulationsmodells erläutert.

Das *Entscheidungsfeld* der Fahrer der Transportgeräte umfasst die alternativ ausführbaren Aktionen inkl. der dafür aufzuwendenen Anstrengungen. Da deren Zielgröße unabhängig von den erbrachten Ergebnissen und von den Wahrscheinlichkeiten des Eintritts einer Störung ist, besitzen diese beiden Größen auch keine Relevanz im Rahmen des Entscheidungsfeldes. Der Fahrer eines Transportgeräts wird sich für die Aktion entscheiden, welche die Differenz aus Entlohnung und der für die Aktionsausführung aufzuwendenden Arbeit maximiert. Die Entscheidungen auf Ebene der Ausführung beeinflussen daher die Ergebnisse der Entscheidungen auf der dispositiven Ebene des Bauleiters. Das transportlogistische System einer Erdbaustelle kann somit auch aus dem Blickwinkel der ausführenden Ebene als ein System interdependenter Entscheidungen gesehen werden. Die Abbildung 2.4 verdeutlicht auch diese Wirkbeziehungen grafisch.

2.4.2 Ablauforganisation

Der Erdbau ist in die Teilprozesse Lösen, Laden, Transport, Einbauen des Bodens und Bodenverdichtung unterteilt (Bauer, 2006, S. 69). Abbildung 2.5 stellt diese Teilprozesse mit beispielhaften Baugeräten schematisch dar. Im Rahmen dieser Arbeit wird der Teilprozess Transport in Form des transportlogistischen Systems der Erdbaustelle betrachtet. Die Interdependenzen des Transportprozesses mit den Teilprozessen Lösen, Laden, Einbau und Verdichtung werden nur insoweit berücksichtigt, als dass sie interprozessuale Interdependenzen zum Transportprozess aufweisen.

Die in Abbildung 2.5 dargestellten Teilprozesse werden aus logistischer Sicht als eine Transportkette verstanden. Die "Folge von technischen und organisatorisch miteinander verknüpften Vorgängen bei denen [...] Güter von einer Quelle zu einem Ziel bewegt werden" (Deutsches Institut für Normung, 1989, S. 3) wird als Transportkette bezeichnet. Auf Erdbaustellen kommen eingliedrige und mehrgliedrige Transportketten zum Einsatz (Pfohl, 2010, S. 5f.) und (Gleissner und Femerling, 2007, S. 68). Im Falle eingliedriger

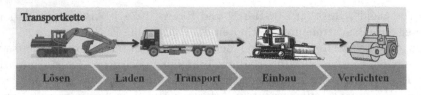

Abbildung 2.5: Teilprozesse des Erdbaus mit beispielhaften Baugeräten nach
(Bauer, 2006, S. 69)

Transportketten erfolgt der Transport direkt von der Quelle zum Ziel (Direktverkehr). Bei mehrgliedrigen Transportketten erfolgt ein Wechsel des Transportmittels z.B. nach dem Zwischenlagern der ausgebauten Erde. Die Abbildung 2.6 stellt eine eingliedrige und eine mehrgliedrige Transportkette auf einer Erdbaustelle dar. In der vorliegenden Arbeit werden Lagerstrategien nicht betrachtet. Aus diesem Grund werden eingliedrige Transportketten fokussiert; Zwischenlager etc. bleiben außen vor.

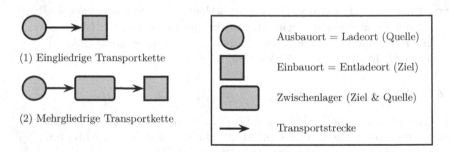

Abbildung 2.6: Eingliedrige und eine mehrgliedrige Transportketten auf einer
Erdbaustelle in Anlehnung an (Pfohl, 2010, S. 151f.)

Transportketten werden im Erdbau im Kreisverkehr angeordnet (Girmscheid, 2005, S. 97) und (Bauer, 2006, S. 119). Die Transportgeräte „pendeln" so vom Ausbauort zum Einbauort und wieder zurück. Die Abbildung 2.7 zeigt eine solche Transportkette im Kreisverkehr mit der zusätzlichen Abbildung einer evtl. entstehenden Warteschlange. Am Ausbauort findet die Beladung statt. In Abhängigkeit der Leistung des Beladegeräts kommt es zu unterschiedlichen Beladezeiten. Gegebenenfalls bilden sich vor dem Ladegerät Warteschlangen, was zu Wartezeiten für die Transportgeräte führt. Je nach der gegebenen räumlichen Situation fallen auch Rangierzeiten an.

Die Fahrzeit im beladenen und später im unbeladenen Zustand hängt von den Eigenschaften der Transportstrecke ab. Auch am Einbauort kann es zu Wartezeiten und Rangierzeiten kommen. Ferner fallen Entladezeiten an. Die Transportgeräte stehen somit bei ihrer Leistungserstellung (gemessen in der Transportleistung oder Ladeleistung in m^3 Erde (Hofstadler, 2007, S. 362)) in baufachlichen Interdependenzen – zu anderen Maschinen (sequenzielle und reziproke Prozessinterdependenz nach (Gaitanides, 2007, S. 195 – 197)) sowie zueinander (gepoolte Prozessinterdependenz nach (Gaitanides, 2007, S. 195 – 197)).

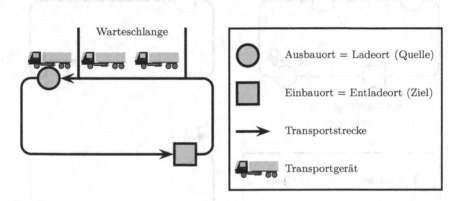

Abbildung 2.7: Transportkette im Kreisverkehr mit Warteschlange nach (Girmscheid, 2005, S. 97)

Während des Beladevorgangs sind die Transportgeräte von der Ladeleistung des Beladegeräts (Teilprozesse Lösen & Laden), beim Entladen sind sie von der Einbauleistung der Erdeinbaugeräte (Teilprozess Einbauen des Bodens) abhängig. Hierbei handelt es sich um reziproke Prozessinterdependenzen. Beladegeräte und Transportgeräte sind wechselseitig voneinander abhängig – das Transportgerät kann ohne Beladegerät nicht beladen werden, das Beladegerät kann ohne vor Ort verfügbare Transportgeräte nicht laden. Die Einbaugeräte können ohne antransportierter Erde keine Einbauleistung erbringen. Das Transportgerät kann die transportierte Erde möglicherweise nicht abkippen, wenn das Einbaugerät zuvor angelieferte Erde nicht vom Abladeplatz entfernt hat.

Ferner existieren im Erdeinbau sequenzielle Prozessinterdependenzen zwischen den Teilprozessen Einbauen des Bodens und Bodenverdichtung. So kann die Bodenverdichtung durch ein Verdichtungsgerät (z.B. Walzen) erst

dann stattfinden, wenn die antransportierte Erde zuerst durch ein Planier-
gerät (z.B. Rad- und Raupenplaniergeräte) verteilt wurde.

Die Transportgeräte hängen untereinander in Bezug auf die gemeinsame
Nutzung von Ressourcen, z.B. Baustraßen (Blockaden, Staus und Abnutzung) und Be- und Entladeplätze (Blockaden und Bildung von Warteschlangen) ab (Bauer, 2006, S. 110 – 118). Dies führt zu gepoolten Prozessinterdependenzen.

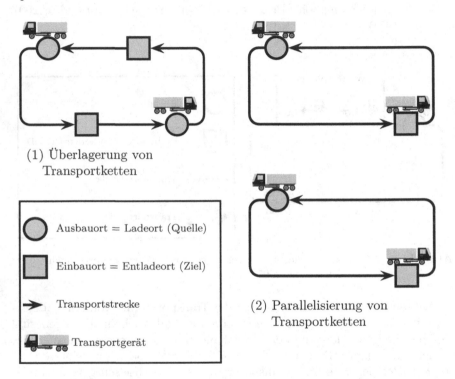

(1) Überlagerung von
     Transportketten

○ Ausbauort = Ladeort (Quelle)

▢ Einbauort = Entladeort (Ziel)

➤ Transportstrecke

🚚 Transportgerät

(2) Parallelisierung von
     Transportketten

Abbildung 2.8: Transportketten im Erdbau nach (Günthner et al., 2009, S. 7)

Auf einer Erdbaustelle finden sich in der Regel mehrere Transportketten
mit den ihnen zugeteilten Beladegeräten, Transportgeräten und Erdeinbau-
geräten. Die Transportketten können sich dabei überlagern oder paralleli-
siert sein (s. Abbildung 2.8). Bei der Überlagerung erstrecken sich die gepoolten Prozessinterdependenzen auf alle Transportgeräte. Bei einer parallelen
Anordnung stehen jeweils nur die Transportgeräte einer Transportkette in
gepoolten Prozessinterdependenzen.

In der vorliegenden Arbeit wird die parallele Anordung der Transportketten betrachtet. Zum Zwecke der Erhöhung der Gesamtleistung der Erdbaustelle werden Baugeräte in parallel angeordneten Transportketten dispo-
niert. Da Beladegeräte und Erdeinbaugeräte meist nur mit größerem Aufwand die Transportkette wechseln können (z.B. sind bei Walzen zusätzliche
Transportgeräte, wie Tieflader notwendig) und daher oft (quasi-)stationär
eingesetzt werden, beschränkt sich die vorliegende Arbeit auf die Allokation
von Transportgeräten zu den Transportketten. Nach einem Wechsel ergibt
sich in beiden Transportketten eine neue Situation bezüglich der gepoolten
Prozessinterdependenzen. In der abgebenden Transportkette verringern sich
die Interdependenzen, in der aufnehmenden Transportkette verstärken sie
sich.

Im Folgenden wird bei der Beschreibung der Ablauforganisation sukzes-
sive das bautechnische Modell der Transportlogistik im Erdbau aufgebaut.
Dabei wird auf die Leistungsdaten fokussiert. Da die Leistungen im Transportprozess von den Leistungen in den Teilprozessen, Lösen & Laden sowie
Einbau & Verdichten abhängen, werden zuerst diese beiden Teilprozesse erläutert und erst anschließend der Teilprozess Transport. Abschluss des Abschnittes 2.4 bildet die Modellierung der Umwelt des transportlogistischen
Systems. In Abschnitt 3.4 wird das so entstandene bautechnische Modell um
soziale Wirkbeziehungen zu einem Gesamtmodell erweitert, das im Rahmen
der Simulationsstudie in Abschnitt 5 analysiert wird.

2.4.2.1 Interprozessuale Interdependenzen zwischen den Teilprozessen Lösen & Laden und dem Transportprozess

Bei der Beladung hängt das Transportgerät von der Ladeleistung des Ladegeräts ab. Die Leistung des Ladegeräts im Teilprozess Lösen & Laden hängt
wiederum von verschiedenen Einflussgrößen ab, so u.a. vom Nenn-Volumen
des Grabegefäßes, vom Füll- und Auflockerungsfaktor des Bodens oder von
der Spielzeit, also von der Zeit, die das Ladegerät benötigt, um den Boden
zu lösen, ihn aufzunehmen, ihn auf das Transportgerät zu laden und wieder zum Ausgangspunkt zurückzukehren (Girmscheid, 2005, S. 54). Diese
Spielzeit ist ihrerseits wieder abhängig von den relativen Standpunkten des
Ladegeräts und des Transportgeräts.[25] Die Füll- und Auflockerungsfaktoren

---

[25]   In der Literatur werden Erfahrungswerte für die Spielzeiten genannt, z.B. (Bauer,
        2006, S. 95).

sind ihrerseits abhängig von der Bodenklasse.[26] Im Tiefbauwesen existieren Berechnungsformeln für die Leistung eines Beladegeräts unterschiedlicher Detaillierungsgrade. So umfasst die Berechnungsformel von Girmscheid (2005) neben den hier genannten Größen weitere Determinanten auf sehr feingranularer Ebene, wie z.b. den Entleerungsgenauigkeitsfaktor oder den Schneiden-/Zahnzustandsfaktor (Girmscheid, 2005, S. 54). Ziel dieser Arbeit ist nicht, möglichst feingranulare Berechnungsvorschriften der ingenieursmäßigen Leistungsberechnung für Baugeräte darzustellen bzw. wiederzugeben, sondern, die sich im Rahmen der Ablauforganisation ergebenden Prozessinterdependenzen zu beschreiben. Hierzu genügt eine auf den Arbeiten des Tiefbauingenieurswesen aufbauende Betrachtung der Ladeleistung als Zufallsvariable. Für Zwecke dieser Arbeit wird die Ladeleistung eines Ladegeräts daher als eine Zufallsvariable angesehen.[27]

$$\mathfrak{l}_{j,t} = \mathfrak{l}_{j,t}^{nom} \cdot \mathfrak{l}_{j,t}^*, \text{ mit } \mathfrak{l}_{j,t}^* \sim \mathcal{L} \qquad (2.5)$$

Wobei

$\mathfrak{l}_{j,t}$ Ladeleistung des Ladegeräts j zum Zeitpunkt t angegeben in m^3/s zur Ausführungszeit mit $\mathfrak{l}_{j,t} \in \mathbb{R}^{\geq 0}$

$\mathfrak{l}_{j,t}^{nom}$ Nominale Ladeleistung des Ladegeräts j bezogen auf den Zeitpunkt t angegeben in m^3/s zur Ausführungszeit mit $\mathfrak{l}_{j,t}^{nom} \in \mathbb{R}^+$

$\mathfrak{l}_{j,t}^*$ Zufallsvariable, die für jedes Beladegerät j zu jedem Zeitpunkt t eine andere Ausprägung annimmt, mit $\mathfrak{l}_{j,t}^* \in [0,1] \subset \mathbb{R}^{\geq 0}$

$\mathcal{L}$ Verteilungsfunktion der Zufallsvariablen $\mathfrak{l}_{j,t}^*$

Die Verteilungsfunktion $\mathcal{L}$ und die zugehörige Wahrscheinlichkeitsdichtefunktion werden in Abschnitt 2.4.3, die Parameter der Funktionen in Abschnitt 5.2 bestimmt.

---

[26]   Eine Klassifizierung der Bodenarten findet sich in DIN 18196. In der Literatur werden Erfahrungswerte für die Füllfaktoren genannt, so z.B. bei (Bauer, 2006, S. 92).

[27]   Üblicherweise wird in den bautechnischen Formeln kein Bezug zum Einzelgerät mittels eines Index im Subskript hergestellt. Ebenfalls wird üblicherweise die Leistung pro Stunde angegeben – nicht wie hier pro Simulations-Tick t. Die Abweichungen an dieser Stelle begründen sich durch die Nutzung der Formeln in der späteren Simulation.

2.4.2.2 Interprozessuale Interdependenzen zwischen den Teilprozessen Einbau & Verdichten und dem Transportprozess

Die beiden Teilprozesse Einbau & Verdichten werden in Form *nur einer* Prozessschnittstelle zum Transportprozess modelliert. Interdependenzen zwischen den Teilprozessen Einbau und Verdichten werden somit nicht betrachtet. Die Einbau- und Verdichtungsleistung wird durch die Berechungsvorschriften für die Leistung des Verteilgeräts beschrieben. Angenommen sei, dass die Verdichtungsleistung der Verteilleistung entspricht und es seitens der Verdichtungsgeräte zu keinen weiteren Störungen kommt.

Die Leistung des Einzelgeräts beim Verteilen hängt ab von der Schildkapazität, dem Nutzladungsbeiwert und der Spielzeit (Gehbauer, 2004, S. 67). Die Spielzeit hängt wiederum von fahrdynamischen Eigenschaften wie bspw. des Schiebewiderstandes und der Schiebegeschwindigkeit ab (Gehbauer, 2004, S. 68). Im Rahmen des hier entwickelten Modells soll nicht näher auf die einzelnen Komponenten der Verteilleistung eingegangen werden. Für die Aufnahme der – stochastisch beeinflussten – Verteilleistung zur Ausführungszeit soll die in Formel 2.6 angegebene Berechnungsvorschrift zur Anwendung kommen. Die Verteilleistung $\mathfrak{v}_{r,t}$ des Geräts $r \in \mathbb{N}^+$ zum Zeitpunkt t wird als eine Zufallsvariable gesehen und durch Formel 2.6 bestimmt.

$$\mathfrak{v}_{r,t} = \mathfrak{v}_{r,t}^{nom} \cdot \mathfrak{v}_{r,t}^* \text{ mit } \mathfrak{v}_{r,t}^* \sim \mathcal{V} \qquad (2.6)$$

Wobei

$\mathfrak{v}_{r,t}$ Verteilleistung des Verteilgeräts r in m^3/s mit $\mathfrak{v}_{r,t} \in \mathbb{R}^{\geq 0}$ zum Zeitpunkt t

$\mathfrak{v}_{r,t}^{nom}$ Nominale Verteilleistung des Verteilgeräts r in m^3/s mit $\mathfrak{v}_{r,t}^{nom} \in \mathbb{R}^{\geq 0}$ zum Zeitpunkt t

$\mathfrak{v}_{r,t}^*$ Zufallsvariable, die für jedes Verteilgerät r in jedem Zeitpunkt t eine andere Ausprägung annimmt, mit $\mathfrak{v}_{r,t}^* \in [0,1] \subset \mathbb{R}^{\geq 0}$

$\mathcal{V}$ Verteilungsfunktion der Zufallsvariablen $\mathfrak{v}_{r,t}$

Die Verteilungsfunktion $\mathcal{V}$ und die zugehörige Wahrscheinlichkeitsdichtefunktion werden in Abschnitt 2.4.3, die Parameter der Funktionen in Abschnitt 5.2 bestimmt.

2.4.2.3 Intra- und interprozessuale Interdependenzen im Teilprozess Transport

Der Teilprozess Transport dient dazu, gelösten und geladenen Boden von einer Quelle des Transportvorgangs (Ausbauort: Erdabtragsstelle, Zwischenlager oder baustellenexternes Lager) über einen Transportweg (Baustraße, bereits fertig gestellte Trasse oder öffcntliche Straße) zu einem Ziel des Transportvorgangs (Einbauort: Erdauftragsstelle, Zwischenlager oder eine baustellenexterne Deponie) zu transportieren. Ebenso wie bei der Lade- oder Verteilleistung hängt auch die Transportleistung eines einzelnen Transportgeräts von unterschiedlichen Einflussgrößen ab (Girmscheid, 2005, S. 90).[28] Die Ladeleistung eines Transportgeräts ergibt sich nach Formel 2.7 (Gehbauer, 2004, S. 38).[29]

Die Berechnungsvorschriften für die Transportleistung werden in der Literatur zur *Planungszeit* dazu verwendet, die notwendige Menge an Transportgeräten zu bestimmen, so dass das Ladegerät möglichst voll ausgelastet wird. Für eine Modellierung der Transportleistung zur *Ausführungszeit* fehlen jedoch zwei wesentliche Aspekte. Zum einen unterliegt auch der Transportprozess stochastischen Störgrößen, z.B. verminderte Geschwindigkeit aufgrund veränderter Straßenverhältnisse aufgrund von Regen. Zum anderen muss das Modell durch die Aufnahme der Größe Zeit dynamisiert werden. Die Transportleistung $t^*_{i,j,t}(\cdot)$ des Transportgeräts i das dem Ladegerät j zugeordnet ist ergibt sich zum Zeitpunkt t nach Formel 2.7.

$$
t^*_{i,j,t}(\ell_i, f_{i,t}, a_{i,t}, u_{i,t}) =
$$

$$
\frac{\ell_i \cdot f_{i,t} \cdot a_{i,t}}{\mathfrak{z}^{\mathfrak{b}}{}_{i,j,t} + \mathfrak{z}^{\mathfrak{v}}{}_{i,t} + \mathfrak{z}^{\mathfrak{l}}{}_{i,t} + \mathfrak{z}^{\mathfrak{e}}{}_{i,r,t} + \mathfrak{z}^{\mathfrak{w}}{}_{i,j,t} + \mathfrak{z}^{\mathfrak{w}}{}_{i,r,t} + \mathfrak{z}^{\mathfrak{r}}{}_{i,j,t} + \mathfrak{z}^{\mathfrak{r}}{}_{i,r,t}} \tag{2.7}
$$

---

[28] Zu sehen ist bspw. dort, dass soziale Einflussfaktoren in einer nicht näher untersuchten und auf Erfahrungswerten basierenden Variablen „Bedienfaktor" gekapselt werden. Auch in den Berechnungsvorschriften zeigt sich, dass im Rahmen der Bauablaufplanung und -steuerung Probleme, die ihren Ursprung im Sozialsystem bzw. in der Organisation der Baustelle haben vernachlässigt werden.

[29] Wie in Formel 2.7 zu sehen, wird die Transportleistung in m^3 angegeben. Im Erdbau ist dieser Mengenbegriff jedoch nicht präzise; so kann sich die Maßeinheit m^3 auf Erde in „ungestörter natürlicher Lage [, ...] in aufgelockertem Zustand auf der LKW-Mulde [oder ...] in wieder eingebautem, verdichteten Zustand beziehen" (Girmscheid, 2005, S. 2). Für die Berechnung der Transportleistung bezieht sich der Mengenbegriff immer auf den „aufgelockerte[n] Zustand auf der LKW-Mulde" (Girmscheid, 2005, S. 2). Daher findet sich in der Berechnungsvorschrift für die Transportleistung der Auflockerungsfaktor.

Wobei

$t^*_{i,j,t}(\cdot)$ Transportleistung des Transportgerätes i in m^3 mit $i = 1, 2, \ldots, n$ das dem Ladegerät j zugeordnet ist zum Zeitpunkt t mit $t^*_{i,j,t}(\cdot) \in \mathbb{R}^{\geq 0}$

$\mathfrak{k}_i$ Nennvolumen der Ladefläche des Transportgeräts i in m^3 mit $\mathfrak{k}_i \in \mathbb{R}^{\geq 0}$; das Nennvolumen verändert sich über die Zeit nicht

$\mathfrak{f}_{i,t}$ Füllfaktor abhängig von der Bodenklasse, die das Ladegerät i geladen hat mit $\mathfrak{f}_{i,t} \in [0,1] \subset \mathbb{R}$

$\mathfrak{a}_{i,t}$ Auflockerungsfaktor des Bodens, den das Transportgerät i aufgeladen hat mit $\mathfrak{a}_{i,t} \in [0,1] \subset \mathbb{R}$

$\mathfrak{z}^b{}_{i,j,t}$ Beladezeit des Transportgeräts i zum Zeitpunkt t bei Beladegerät j mit $\mathfrak{z}^b{}_{i,j,t} \in \mathbb{R}^+$

$\mathfrak{z}^v{}_{i,t}$ Fahrzeit (beladen) des Transportgeräts i zum Zeitpunkt t mit $\mathfrak{z}^v{}_{i,t} \in \mathbb{R}^+$

$\mathfrak{z}^l{}_{i,t}$ Fahrzeit (entladen) des Transportgeräts i zum Zeitpunkt t mit $\mathfrak{z}^l{}_{i,t} \in \mathbb{R}^+$

$\mathfrak{z}^e{}_{i,r,t}$ Entladezeit des Transportgeräts i bei Einbaugerät r zum Zeitpunkt t mit $\mathfrak{z}^e{}_{i,r,t} \in \mathbb{R}^+$

$\mathfrak{z}^w{}_{i,j|r,t}$ Wartezeit des Transportgeräts i beim Beladegerät j bzw. Entladegerät r zum Zeitpunkt t mit $\mathfrak{z}^e{}_{i,j|r,t} \in \mathbb{R}^+$

$\mathfrak{z}^r{}_{i,j|r,t}$ Rangierzeit des Transportgeräts i beim Beladegerät j bzw. Entladegerät r zum Zeitpunkt t mit $\mathfrak{z}^r{}_{i,j|r,t} \in \mathbb{R}^+$

Im Folgenden wird die Umlaufzeit $u_{i,t}$ näher konkretisiert. Die Umlaufzeit ergibt sich als Summe von Beladezeit $\mathfrak{z}^b{}_{i,j,t}$, Fahrzeit (beladen) $\mathfrak{z}^v{}_{i,t}$, Fahrzeit (entladen) $\mathfrak{z}^l{}_{i,t}$, Entladezeit $\mathfrak{z}^w{}_{i,j|r,t}$ und Rangierzeiten $\mathfrak{z}^r{}_{i,j|r,t}$ (Gehbauer, 2004, S. 37). Ebenfalls gehen die Wartezeiten $\mathfrak{z}^w{}_{i,j|r,t}$ bei den Be- oder Entladestellen in die Umlaufzeit ein (Girmscheid, 2005, S. 98). Die Beladezeit modelliert die interprozessualen Abhängigkeiten zum Teilprozess Lösen & Laden, die Entladezeit die interprozessualen Abhängigkeiten zum Teilprozess Einbauen & Verdichten, die Wartezeit schließlich modelliert die intraprozessualen Abhängigkeiten im Transportprozess durch die wechselseitige Behinderung der Transportgeräte.

Bestimmung der Beladezeiten

Die *Beladezeit* hängt von der Ladeleistung der Ladegeräte ab. Für die Beladezeit ergibt sich der Wert:

$$\mathfrak{z}^b{}_{i,j,t} = \frac{\mathfrak{k}_i \cdot \mathfrak{f}_{i,t} \cdot \mathfrak{a}_{i,t}}{\mathfrak{l}_{j,t}} \,.$$

Demnach wird das Ladevolumen des Transportgeräts unter Berücksichtigung des Auflockerungsfaktors und des Füllfaktors durch die Ladeleistung des Ladegeräts, zu dem das Transportgerät zugeteilt ist, geteilt. Da $\mathfrak{l}^*_{j,t}$ eine stochastische Größe mit der Verteilungsfunktion $\mathcal{L}$ darstellt, ist auch die Beladezeit eine Zufallsvariable.

Bestimmung der Fahrzeiten

Zur Bestimmung der beiden *Fahrzeiten* $\mathfrak{z}^{v}{}_{i,t}$ und $\mathfrak{z}^{\mathfrak{l}}{}_{i,t}$ müssen die Länge der Fahrtstrecken und die auf diesen Strecken fahrbaren Geschwindigkeiten bekannt sein. Die Entfernung, über welche die Erde transportiert wird, ergibt sich aus der Entfernung zwischen den Be- und Entladepunkten. Dabei „wird die Transportstrecke in Abschnitte gleicher Art" zerlegt (Gehbauer, 2004, S. 34). Innerhalb einer jeden Teilstrecke herrschen die gleichen Fahrbedingungen z.B. hinsichtlich ihrer Steigungen oder Fahrbahneigenschaften, wie u.a. Rollwiderstände (Girmscheid, 2005, S. 93). Für jeden Teilabschnitt wird angenommen, dass das Transportgerät auf diesem Teilabschnitt mit einer konstanten mittleren Geschwindigkeit fährt. Zur Modellierung dieser Teilabschnitte wird das Transportwegenetz des transportlogistischen Systems im Erdbau modelliert. Es enthält alle Baustraßenabschnitte, Be- und Entladepunkte (Quellen und Ziele des Transportvorgangs) sowie Kreuzungspunkte und Wegpunkte und kann als Graph modelliert werden (Arnold et al., 2008, S. 8) und (Gudehus, 2010, S. 777f). Das Transportwegenetz einer Erdbaustelle sei ein endlicher gerichteter Graph G, definiert durch das Quadrupel (V, E, α, ω), wobei V eine Menge von Knoten und E eine Menge von Kanten (jede Kante ist ein Baustraßenabschnitt der gleichen Art) bezeichnet. Es seien $\alpha : E \to V$ und $\omega : E \to V$ Abbildungen, wobei $\alpha(e)$ den Anfangsknoten und $\omega(e)$ den Endknoten der Kante e bezeichnet (Krumke et al., 2005, S. 7f). G enthalte keine Mehrfachkanten.

Jeder Knoten bezeichne einen Beladepunkt, Entladepunkt, Kreuzungspunkt oder Wegpunkt. Die Knotenmenge ist daher in diese Teilmengen (Farbklassen des Graphen G) zerlegt. Folglich gilt:

$$V = Beladepunkte \bigcup Entladepunkte \bigcup Kreuzungspunkte \bigcup Wegpunkte$$

Es gilt:

1. Für einen Knoten

$$v \in Beladepunkte \bigcup Entladepunkte \bigcup Kreuzungspunkte :$$
$$|\{e \in E : \alpha(e) = v\}| \geq 1$$

(Mächtigkeit der Menge der von v ausgehenden Kanten ist größergleich 1) und $|\{e \in E : \omega(e) = v\}| \geq 1$ (Mächtigkeit der Menge der bei v eingehenden Kanten ist größergleich 1). D.h. für diese Knoten können beliebig viele (jedoch je mindestens eine) Kante ein und ausgehen.

2. Für einen Knoten $v \in Wegpunkte$ gilt

   $|\{e \in E : \alpha(e) = v\}| = 1$ (Mächtigkeit der Menge der von v ausgehenden Kanten ist 1) und

   $|\{e \in E : \omega(e) = v\}| = 1$ (Mächtigkeit der Menge der bei v eingehenden Kanten ist 1). D.h. für diese Knoten kann nur eine Kante eingehen und eine Kante ausgehen.

3. $\forall v \in V$ gilt $|\omega(e) : e \in \{e \in E : \alpha(e) = v\}| \geq 1$ (jeder Knoten in G besitzt mindestens einen Nachfolger)

4. $\forall v \in V$ gilt $|\alpha(e) : e \in \{e \in E : \omega(e) = v\}| \geq 1$ (jeder Knoten in G besitzt mindestens einen Vorgänger)

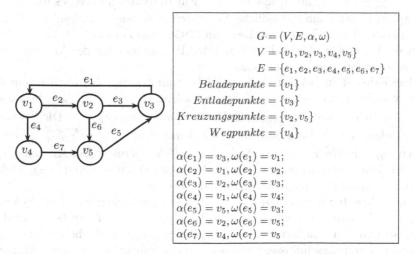

$$G = (V, E, \alpha, \omega)$$
$$V = \{v_1, v_2, v_3, v_4, v_5\}$$
$$E = \{e_1, e_2, e_3, e_4, e_5, e_6, e_7\}$$
$$Beladepunkte = \{v_1\}$$
$$Entladepunkte = \{v_3\}$$
$$Kreuzungspunkte = \{v_2, v_5\}$$
$$Wegpunkte = \{v_4\}$$

$$\alpha(e_1) = v_3, \omega(e_1) = v_1;$$
$$\alpha(e_2) = v_1, \omega(e_2) = v_2;$$
$$\alpha(e_3) = v_2, \omega(e_3) = v_3;$$
$$\alpha(e_4) = v_1, \omega(e_4) = v_4;$$
$$\alpha(e_5) = v_5, \omega(e_5) = v_3;$$
$$\alpha(e_6) = v_2, \omega(e_6) = v_5;$$
$$\alpha(e_7) = v_4, \omega(e_7) = v_5$$

Abbildung 2.9: Beispiel eines Transportwegenetzes in Graphnotation

Die Be- und Entladegeräte sind im Transportwegenetz positioniert. Dazu existiere die surjektive Abbildung $\tau : J \to Beladepunkte$ welche den Ladegeräten einen Beladepunkt zuordnet und die surjektive Abbildung $\theta : R \to Entladepunkte$ welche den Verteilgeräten einen Entladepunkt zuordnet.

Jede Kante des Graphen G besitze die folgenden Eigenschaften: Länge des Streckenabschnitts in Meter und mittlere Fahrgeschwindigkeit in Meter pro Sekunde (Gehbauer, 2004, S. 37). Es existiere mit $l : E \to \mathbb{R}^+$ eine Gewichtsfunktion für die Länge der Kanten und mit $g : E \to \mathbb{R}^+$ eine Gewichtsfunktion für die mittlere Geschwindigkeit, die auf den Kanten erreicht werden kann. Es sei w eine Zufallsvariable für die mittlere Geschwindigkeit, die auf einer Kante erreicht werden kann. Es gilt $g(e) = w$, dabei besitze w die Verteilungsfunktion $\mathcal{D}$: $w \sim \mathcal{D}$. Die Anzahl und Länge der Kanten, sowie die Anzahl und Art der Knoten wird in Abschnitt 5.2 bei der Parametrierung des Modells bestimmt – dazu wird ein entsprechender Transportwegenetzgraph modelliert.

Es sei ferner $P = (v_0, e_1, v_1, \ldots, e_{dest}, v_{dest})$ mit $dest \in \mathbb{N}^+ > 1$ ein Tupel aus Knoten und Kanten des Graphen und bezeichne einen Weg durch den Graphen (Fahrtroute des Transportgeräts) – wobei v_0 den Startknoten und v_{dest} den Zielknoten beschreibt. Dabei ist der Weg P als einfacher Weg vom Be- zum Entladepunkt oder umgekehrt zu verstehen. Für die Fahrtzeit in beladenem oder unbeladenem Zustand[30] ergibt sich die Fahrtdauer $\sum_{k=0}^{dest} \frac{l(e_k)}{g(e_k)}$ [in Sekunden] mit $k \in \mathbb{N}^+$. Für die Wahl des Weges durch den Graphen können unterschiedliche Verfahren angewandt werden, so z.B. Dijkstra oder das Verfahren von Bellman (1958) und Ford (1956). Das Verfahren wird später in Abschnitt 5.2 bei der Parametrierung des Modells zum Zwecke der Simulation bestimmt.

Die Fahrzeit in *beladenem* Zustand bestimmt sich – bei nach ihrem Index k aufsteigend sortierten e_k – demnach mit $\mathfrak{z}^{\mathfrak{b}}{}_{i,t} = \sum_{k=0}^{dest} \frac{l(e_k)}{g(e_k)}$ wobei $\alpha(e_0) \in Beladepunkte$, $\omega(e_{dest}) \in Entladepunkte$ und $e_k \in P$. Die Fahrzeit in *unbeladenem* Zustand bestimmt sich demnach mit $\mathfrak{z}^{\mathfrak{l}}{}_{i,t} = \sum_{k=0}^{dest} \frac{l(e_k)}{g(e_k)}$ wobei $\alpha(e_0) \in Entladepunkte$ und $\omega(e_{dest}) \in Beladepunkte$. Der Knoten $\alpha(e_0)$ ist der dem Transportgerät zugeteilte Be- bzw. Entladeort und $\omega(e_{dest})$ der dem Transportgerät zugeteilte Ent- bzw. Beladeort.

Die Fahrzeiten unterliegen ferner einem stochastischen Einfluss. So kann bspw. nicht immer die für einen Streckenabschnitt definierte Geschwindigkeit $g(e)$ voll erreicht werden. Hierfür gibt es unterschiedliche Gründe, z.B. können Witterungseinflüsse, Personen auf der Fahrbahn oder (ungeplanter) Gegenverkehr den Fahrer zwingen, die Geschwindigkeit zu reduzieren.

---

[30]   Die hierbei getroffene Annahme ist, dass die Geschwindigkeit unabhängig vom Beladezustand des Transportgeräts ist. Dies wird auch bei Gehbauer (2004) angenommen.

Es seien daher $\mathfrak{z}^{\mathfrak{v}*}_{i,t} \in [0,1] \subset \mathbb{R}^{\geq 0}$ und $\mathfrak{z}^{\mathfrak{l}*}_{i,t} \in [0,1] \subset \mathbb{R}^{\geq 0}$ Zufallsvariablen mit der Verteilung $\mathcal{H}$. Die Fahrzeiten bestimmen sich daher gemäß

$$\mathfrak{z}^{\mathfrak{v}}_{i,t} = \sum_{k=0}^{dest} \frac{l(e_k)}{g(e_k)} \cdot \mathfrak{z}^{\mathfrak{v}*}_{i,t} \tag{2.8}$$

$$\mathfrak{z}^{\mathfrak{l}}_{i,t} = \sum_{k=0}^{dest} \frac{l(e_k)}{g(e_k)} \cdot \mathfrak{z}^{\mathfrak{l}*}_{i,t} \tag{2.9}$$

Die Verteilungsfunktion $\mathcal{H}$ und die zugehörige Wahrscheinlichkeitsdichtefunktion werden in Abschnitt 5.2 bestimmt.

Bestimmung der Entladezeiten
Für die Entladezeit des Transportgeräts werden Anhaltswerte je nach Typ des Transportgeräts angenommen, so liegen die Entladezeiten bei Bodenschüttern bei 20 bis 90 Sekunden, bei Hinterkippern zwischen 60 und 120 Sekunden (Gehbauer, 2004, S. 37) (Girmscheid, 2005, S. 95). Die Entladezeit sei daher eine Zufallsvariable.

$$\mathfrak{z}^{\mathfrak{e}}_{i,r,t} = \mathfrak{z}^{\mathfrak{e}\,min}_{i,r,t} + (\mathfrak{z}^{\mathfrak{e}\,max}_{i,r,t} - \mathfrak{z}^{\mathfrak{e}\,min}_{i,r,t}) \cdot \mathfrak{z}^{\mathfrak{e}*}_{i,r,t} \sim \mathcal{E} \tag{2.10}$$

Wobei

$\mathfrak{z}^{\mathfrak{e}*}_{i,r,t}$ — Zufallsvariable für die Entladezeit mit $\mathfrak{z}^{\mathfrak{e}*}_{i,r,t} \in [0,1] \subset \mathbb{R}^{\geq 0}$

$\mathfrak{z}^{\mathfrak{e}\,min}_{i,r,t}$ — Minimale Entladezeit mit $\mathfrak{z}^{\mathfrak{e}\,min}_{i,r,t} \subset \mathbb{R}^{\geq 0}$

$\mathfrak{z}^{\mathfrak{e}\,max}_{i,r,t}$ — Maximale Entladezeit mit $\mathfrak{z}^{\mathfrak{e}\,max}_{i,r,t} \subset \mathbb{R}^{\geq 0}$ und $\mathfrak{z}^{\mathfrak{e}\,max}_{i,r,t} > \mathfrak{z}^{\mathfrak{e}\,min}_{i,r,t}$

$\mathcal{E}$ — Verteilungsfunktion der Zufallsvariablen $\mathfrak{z}^{\mathfrak{e}*}_{i,r,t}$

Die Funktion $\mathcal{E}$ wird in Abschnitt 2.4.3, ihre Parameter in Abschnitt 5.2 bestimmt.

Bestimmung der Wartezeiten
„Die Wartezeit geht in die Umlaufzeit der einzelnen Fahrzeuge ein" (Girmscheid, 2005, S. 98), bleibt aber in den bautechnischen Berechnungsvorschriften unbestimmt. Das Ziel ist, dass „die Wartezeit [...] möglichst gegen null

gehen" sollte, sie „ist aber praktisch nicht vermeidbar" (Girmscheid, 2005, S. 98). Weitere Angaben zu einer konkreten Modellierung der Wartezeiten finden sich ebenso wenig wie Erfahrungswerte. Im vorliegenden Modell wird die Wartezeit durch Konzepte der Warteschlangentheorie modelliert. Warteschlangen werden durch den *Ankunftsprozess*, den *Bedienprozess*, die *Kapazität* des Warteraums und der *Anzahl* der parallelen Bediener beschrieben (Schassberger, 1973; Heller et al., 1978). Die Anzahl der parallelen Bediener ist im Transportlogistiksystem des Erdbaus in der vorliegenden Modellierung stets 1, da die Warteschlange vor *einem* Be- oder Entladegerät betrachtet wird. Die Kapazität des Warteraums vor einem Be- oder Entladegerät sei per Annahme so groß, dass alle Transportgeräte im System vor einem Beladegerät warten können. Mithin ist die Kapazität des Warteraums vor jedem Be- oder Entladegerät $n-1$, da ein Transportgerät direkt am Be- oder Entladegerät stehen kann und nicht im Warteraum warten muss. Als Bedienungsregel gilt „First In, First Out".

Die mittlere Wartezeit eines Transportgeräts vor einem Be- oder Entladegerät ergibt sich aus der Differenz zwischen der mittleren Verweilzeit beim Be- oder Entladeort und der mittleren Bedienzeit. Die mittlere Bedienzeit entspricht dem Erwartungswert für die Bedienzeit und damit dem Erwartungswert der Zufallsvariablen $I_{j,t}$ am Beladeort bzw. $\mathfrak{z}^{\mathfrak{e}}_{i,r,t}$ am Entladeort. Die mittlere Verweilzeit ergibt sich aus dem Quotienten der mittleren Anzahl an Transportgeräten, die sich beim Be- bzw. Entladeort befinden und der Ankunftsrate λ. Die mittlere Anzahl wird berechnet aus der Auslastung des Be- oder Entladegeräts ϱ zuzüglich der mittleren Warteschlangenlänge. Die mittlere Wartezeit $\mathfrak{z}^{\mathfrak{w}}_{i,j|r,t}$ des Transportgeräts i am Beladegerät j bzw. am Entladegerät r ergibt sich aus

$$\mathfrak{z}^{\mathfrak{w}}_{i,j|r,t} = \frac{\varrho^2_{j|r,t}(VarK(I_{j|r})^2 + VarK(S_{j|r})^2)}{2\lambda_{j|r,t}(1 - \varrho_{j|r,t})} \tag{2.11}$$

Wobei

$\mathfrak{z}^{\mathfrak{w}}_{i,j|r,t}$	Mittlere Wartezeit des Transportgeräts i am Gerät j bzw. r in t
$\varrho_{j|r,t}$	Auslastung des Geräts j bzw. r; es gilt $\varrho_{j|r,t} = \lambda_{j|r,t}/\mu_{j|r,t}$
$\lambda_{j|r,t}$	Ankunftsrate am Gerät j bzw. r mit $\lambda_{j|r,t} \in [0,1] \subset \mathbb{R}^{\geq 0}$
$\mu_{j|r,t}$	Bedienrate am Gerät j bzw. r mit $\mu_{j|r,t} \in \mathbb{R}^+$ und $\mu_{j|r,t} \geq 1$

$VarK(I_{j|r})$ Variationskoeffizient der Zwischenankunftsrate am Gerät j bzw. r

$VarK(S_{j|r})$ Variationskoeffizient der Bedienrate am Gerät j bzw. r

Die Bedienrate gibt an, wie viele Transportgeräte pro Zeiteinheit von dem Be- bzw. Entladegerät im Mittel abgefertigt werden können. D.h. die Bedienrate eines Beladegeräts entspricht dem Kehrwert des Quotienten aus dem durchschnittlichen Ladevolumen (Nennvolumen $\cdot$ Auflockerungsfaktor $\cdot$ Füllfaktor) aller Transportgeräte die das Beladegerät anfahren und der Ladeleistung des Beladegeräts. Für die Bedienrate des Beladegeräts j ergibt sich somit

$$
\begin{aligned}
\mu_{j,t} &= \cfrac{1}{\underbrace{\frac{1}{h_t^j}\sum_{i=1}^{n} \mathfrak{k}_i \mathfrak{a}_{i,t} \mathfrak{f}_{i,t} \chi^j(i,j,t)}_{\mathfrak{l}_{j,t}}} \\
&= \cfrac{1}{\frac{1}{\mathfrak{l}_{j,t} h_t^j}\sum_{i=1}^{n} \mathfrak{k}_i \mathfrak{a}_{i,t} \mathfrak{f}_{i,t} \chi^j(i,j,t)} \\
&= \cfrac{\mathfrak{l}_{j,t} h_t^j}{\sum_{i=1}^{n} \mathfrak{k}_i \mathfrak{a}_{i,t} \mathfrak{f}_{i,t} \chi^j(i,j,t)}
\end{aligned}
\tag{2.12}
$$

Die Bedienrate für das Entladegerät r ergibt sich durch

$$
\mu_{r,t} = \frac{1}{\frac{1}{h_t^r}\sum_{i=1}^{n} \mathfrak{z}^e{}_{i,r,t} \chi^r(i,r,t)} = \frac{h_t^r}{\sum_{i=1}^{n} \mathfrak{z}^e{}_{i,r,t} \chi^r(i,r,t)}
\tag{2.13}
$$

Für die Modellierung der Wartezeiten muss bekannt sein, welches Transportgerät zu welchem Zeitpunkt welchem Be- oder Entladegerät zugeordnet ist. Dazu existiere die surjektive Funktion $\iota_t : N \to J$ welche die Transportgeräte den Beladegeräten zuordnet und die surjektive Funktion $\rho_t : N \to R$ welche die Transportgeräte den Entladegeräten zuordnet. χ sei jeweils eine Hilfsfunktion, definiert als

$$
\chi^j(i,j,t) = \begin{cases} 1 & falls \quad \iota_t(i) = j \\ 0 & sonst \end{cases} \quad , \quad \chi^r(i,r,t) = \begin{cases} 1 & falls \quad \rho_t(i) = r \\ 0 & sonst \end{cases}
$$

Die Variable $h_t^{j|r}$ gibt an, wie viele Transportgeräte das Gerät j bzw. r zum Zeitpunkt t anfahren. Es gilt $h_t^j = \sum_{i=1}^{n} \chi^j(i,j,t)$ bzw. $h_t^r = \sum_{i=1}^{n} \chi^r(i,r,t)$.

Die Ankunftsrate gibt an, wie viele Transportgeräte pro Zeiteinheit im Mittel beim Be- bzw. Entladegerät ankommen. Die Ankunftsrate ist daher definiert als der Kehrbruch der durchschnittlichen Umlaufzeiten der Transportgeräte die das Be- bzw. Entladegerät anfahren geteilt durch die Anzahl der Transportgeräte, die das Be- bzw. Entladegerät anfahren. Die Ankunftsrate für ein Beladegerät j ergibt sich daher durch

$$\lambda_{j,t} = \frac{h_t^j}{\frac{1}{h_t^j}\sum_{i=1}^{n} u_{i,t-1}\chi^j(i,j,t-1)} = \frac{(h_t^j)^2}{\sum_{i=1}^{n} u_{i,t-1}\chi^j(i,j,t-1)} \tag{2.14}$$

Die Ankunftsrate für das Entladegerät r ergibt sich durch

$$\lambda_{r,t} = \frac{h_t^j}{\frac{1}{h_t^r}\sum_{i=1}^{n} u_{i,t-1}\chi^r(i,r,t)} = \frac{(h_t^j)^2}{\sum_{i=1}^{n} u_{i,t-1}\chi^r(i,r,t)} \tag{2.15}$$

Bei der Modellierung der Ankunftsrate wird auf die Umlaufzeit der Vorperiode rekurriert, da in die Umlaufzeit der aktuellen Periode die hier zu berechnende Wartezeit einfließt und die Umlaufzeit in t so sonst einen Zirkelbezug aufweisen würde. Die mittlere Ankunftszeit wird jedoch wieder auf die Menge der Transportgeräte bezogen, die das Beladegerät in der aktuellen Periode t anfährt, somit also bezogen auf h_t^r.[31] Wird ein Beladegerät bspw. durch ein Transportgerät angefahren und besitzt dieses Transportgerät eine Umlaufzeit in der Vorperiode von 90 Sekunden, so ist die Ankunftsrate 1/90. D.h. pro Zeiteinheit kommen 1/90 Transportgeräte beim Beladegerät an. Fahren drei Transportgeräte ein Beladegerät mit einer Umlaufzeit in der Vorperiode von je 90 Sekunden an, so beträgt die Ankunftsrate bei diesem Transportgerät 1/30. D.h. es kommen im Mittel pro Zeiteinheit 1/30 Transportgeräte an. Der Variationskoeffizient ist definiert durch die Standardabweichung dividiert durch den Erwartungswert einer Zufallsvariablen (Fahrmeir et al., 2009, S. 74). Die Erwartungswerte der Zwischenankunftszeiten am Beladegerät j bzw. am Entladegerät r ergeben sich aus

$$E(zaz^j) = \frac{1}{h_t^j}\sum_{i=1}^{n} u_{i,t-1}\chi^j(i,j,t) \tag{2.16}$$

$$E(zaz^r) = \frac{1}{h_t^r}\sum_{i=1}^{n} u_{i,t-1}\chi^r(i,r,t) \tag{2.17}$$

---

[31] Mit dem Bezug auf die Vorperiode ist die Ankunftsrate nur näherungsweise bestimmt. Hier sind weitere Verfahren, z.B. der Bezug auf alle Vorperioden, möglicherweise unter einer stärkeren Gewichtung der jüngeren Vergangenheit denkbar. Zur Glättung möglicher Ausreißer der mittleren Ankunftsraten können Filter, wie bspw. der gleitende Mittelwert eingesetzt werden.

Die Varianzen der Zwischenankunftszeiten ergeben sich durch

$$Var(zaz^j) = \sum_{i=1}^{n} (u_{i,t-1} - E(zaz^j))^2 \chi^j(i,j,t) \qquad (2.18)$$

$$Var(zaz^r) = \sum_{i=1}^{n} (u_{i,t-1} - E(zaz^r))^2 \chi^r(i,r,t) \qquad (2.19)$$

Die Variationskoeffizienten für die Zwischenankunftszeiten ergeben sich somit aus

$$VarK(zaz^j) = \sqrt{Var(zaz^j)}/E(zaz^j) \qquad (2.20)$$

$$VarK(zaz^r) = \sqrt{Var(zaz^r)}/E(zaz^r) \qquad (2.21)$$

$$(2.22)$$

Die Erwartungswerte der Bedienungszeiten ergeben sich aus

$$E(bdz^j) = \frac{\frac{1}{h_t^j} \sum_{i=1}^{n} \mathfrak{k}_i \chi^j(i,j,t)}{Mean(\mathfrak{l}_{j,t})} = \frac{\sum_{i=1}^{n} \mathfrak{k}_i \chi^j(i,j,t)}{h_t^j Mean(\mathfrak{l}_{j,t})} \qquad (2.23)$$

$$E(bdz^r) = Mean(\frac{1}{h_t^r} \sum_{i=1}^{n} \mathfrak{z}^{\mathfrak{e}}_{i,r,t} \chi^r(i,r,t)) \qquad (2.24)$$

Dabei bezeichnet $Mean(\mathfrak{l}_{j,t})$ das arithmetische Mittel der Beladeleistungen des Beladegeräts j und ist definiert als $Mean(\mathfrak{l}_{j,t}) = \frac{1}{T} \sum_{t=0}^{T} \mathfrak{l}_{j,t}$. Der Ausdruck

$$Mean(\frac{1}{h_t^r} \sum_{i=1}^{n} \mathfrak{z}^{\mathfrak{e}}_{i,r,t} \chi^r(i,r,t))$$

bezeichnet das arithmetische Mittel der durchschnittlichen Entladezeiten definiert als

$$Mean(\frac{1}{h_t^r} \sum_{i=1}^{n} \mathfrak{z}^{\mathfrak{e}}_{i,r,t} \chi^r(i,r,t)) = \frac{1}{T} \sum_{t=0}^{T} \frac{1}{h_t^r} \sum_{i=1}^{n} \mathfrak{z}^{\mathfrak{e}}_{i,r,t} \chi^r(i,r,t)$$

Die Varianzen der Bedienungszeiten ergeben sich durch

$$Var(bdz^j) = \sum_{i=1}^{n} (\frac{\mathfrak{k}_i}{\mathfrak{l}_{j,t}} - E(bdz^j))^2 \chi^j(i,j,t) \qquad (2.25)$$

$$Var(bdz^r) = \sum_{i=1}^{n} (\mathfrak{z}^{\mathfrak{e}}_{i,r,t} - E(bdz^r))^2 \chi^r(i,r,t) \qquad (2.26)$$

Die Variationskoeffizienten für die Bedienungszeiten ergeben sich somit aus

$$VarK(bdz^j) = \sqrt{Var(bdz^j)}/E(bdz^j) \qquad (2.27)$$

$$VarK(bdz^r) = \sqrt{Var(bdz^r)}/E(bdz^r) \qquad (2.28)$$

Die Tabelle 2.4 gibt einen beispielhaften Überblick über unterschiedliche Wartezeiten in Abhängigkeit der Anzahl der Transportgeräte, die ein Beladegerät anfahren. Für das Beladegerät wurde eine Beladeleistung von 110 m^3/h, also 0,03056 m^3/s angenommen. Die Transportgeräte besitzen sämtlich ein Nennvolumen von 3 m^3. Für das Beispiel seien die Bedienzeiten konstant und betragen $\frac{3}{0,03056}$ = 98,1675 Sekunden. Die Bedienrate beträgt somit 1/98,168 = 0,1018$\overline{6}$. Die Variationskoeffizienten für die Zwischenankunftszeiten und die Bedienungszeiten betragen 1. Die folgende Tabelle wurde durch ein Simulationsexperiment (s. Kapitel 5) beispielhaft erzeugt.

Tabelle 2.4: Beispiel: Wartezeiten am Beladegerät

Anz. Transportgeräte	1	2	3	4	5
Ankunftsrate (λ)	0,0008	0,0015	0,0023	0,0030	0,0038
Bedienrate (μ)	0,1018$\overline{6}$	0,1018$\overline{6}$	0,1018$\overline{6}$	0,1018$\overline{6}$	0,1018$\overline{6}$
Auslastung (ϱ)	0,0750	0,1490	0,2229	0,2967	0,3701
Mittlere Wartezeit [s]	7,9557	17,1918	28,1659	41,4091	57,6916
Mittlere Wartezeit [min]	0,1326	0,2865	0,4694	0,6902	0,9615

Anz. Transportgeräte	6	7	8	9	10
Ankunftsrate (λ)	0,0045	0,0053	0,0060	0,0067	0,0074
Bedienrate (μ)	0,1018$\overline{6}$	0,1018$\overline{6}$	0,1018$\overline{6}$	0,1018$\overline{6}$	0,1018$\overline{6}$
Auslastung (ϱ)	0,4433	0,5160	0,5880	0,6590	0,7286
Mittlere Wartezeit [s]	78,1679	104,6444	140,0960	189,7417	263,4802
Mittlere Wartezeit [min]	1,3028	1,7441	2,3350	3,1624	4,3913

Aus der Tabelle 2.4 ist zu entnehmen, dass die mittlere Wartezeit mit der Anzahl der Transportgeräte steigt. Beträgt die Wartezeit bei einem Transportgerät noch 7,96 Sekunden, so wartet bei sechs Transportgeräten jedes Transportgerät bereits über eine Minute auf die Beladung. Bei zehn Transportgeräten wächst die Wartezeit für jedes Transportgerät auf 4,3913 Minuten an.

Bestimmung der Rangierzeiten

Die Rangierzeiten eines Transportgeräts sind abhängig von der „Position im Grundriss zwischen Lade- und Transportgerät" (Girmscheid, 2005, S. 263). Je nach Grundriss an den Be- und Entladestellen treten Rangierzeiten an beiden Positionen auf. Im vorliegenden Modell werden die Grundrisse nicht näher betrachtet. Die Rangierzeit sei im Modell eine Zufallsvariable und tritt in gleicher Form an der Be- als auch an der Entladestelle auf. Die Größe $\mathfrak{z}^{\mathfrak{r}}{}_{i,j,t} + \mathfrak{z}^{\mathfrak{r}}{}_{i,r,t}$ wird durch eine gemeinsame Zufallsvariable $\mathfrak{z}^{\mathfrak{r}*}{}_{i,t}$ abgebildet. Sie fließt doppelt in die Berechnung der Umlaufzeit ein.

$$\mathfrak{z}^{\mathfrak{r}}{}_{i,j,t} + \mathfrak{z}^{\mathfrak{r}}{}_{i,r,t} = 2 \cdot \mathfrak{z}^{\mathfrak{r}*}{}_{i,t} \sim \mathcal{G} \qquad (2.29)$$

Wobei
$\mathcal{G}$ Verteilungsfunktion der Zufallsvariablen $\mathfrak{z}^{\mathfrak{r}*}{}_{i,t}$

Die Verteilungsfunktion $\mathcal{G}$ und die zugehörige Wahrscheinlichkeitsdichtefunktion werden in Abschnitt 5.2 bestimmt.

2.4.3 Einfluss stochastischer Störungen aus der Umwelt

Aufgrund der dargelegten baufachlichen bzw. bautechnischen Abhängigkeiten (Ursache-Wirkungs-Beziehungen) hängt die Leistung des Transportbetriebs von zahlreichen Einflussfaktoren ab. Die Beziehungen zu den Teilprozessen Lösen & Laden sowie zu Einbau & Verdichtung hängen von den dort erbrachten Leistungen ab. Diese sind wiederum als stochastische Größen bestimmten Verteilungsfunktionen unterlegt (Bauer, 2006, S. 119). Als Verteilung für diese Zufallsvariable werden in der Baufachliteratur Erlangverteilungen, Normalverteilungen, Exponentialverteilungen oder Beta-Verteilungen verwendet (Gehbauer, 1974) (Maio et al., 2000, S. 287). Abou-Rizk und Halpin (1992) legen in ihrer Arbeit dar, dass die für eine Bestimmung von Erlangverteilungen, Normalverteilungen oder Exponentialverteilungen zugrundegelegten Häufigkeitsdiagramme nur für eine grobe Bestimmung der Verteilungsfunktion herangezogen werden können. Grund hierfür ist, dass aus den erhobenen Daten durch eine Variation von Klassenbreite und Intervallen unterschiedliche Häufigkeitsdiagramme und somit unterschiedliche Verteilungsfunktionen bestimmt werden können. AbouRizk und Halpin (1992) verwenden daher die Schiefe (3. Moment) und die Wölbung (4. Moment), um die Form der Verteilung bestimmen zu können. Die Autoren schlagen die Verwendung einer Beta-Verteilung vor. Die Eignung der Beta-Verteilung für die Modellierung stochastischer Prozesse im Erd- und Straßenbau wurde in weiteren Studien belegt, so u.a. bei Farid und Aziz (1993); Farid und Koning (1994); Fente et al. (2000) und findet auch in jüngeren Arbeiten, bspw. bei Schexnayder et al. (2005); Chahrour (2007) Anwendung.

Auf der Basis der Baufachliteratur besitzen die Zufallsvariablen $\mathfrak{l}^*_{j,t}$ (für die Ladeleistung), $\mathfrak{v}^*_{r,t}$ (für die Verteilleistung) und $\mathfrak{z}^{\mathfrak{v}^*}_{i,t}$ bzw. $\mathfrak{z}^{\mathfrak{l}^*}_{i,t}$ (für die Fahrzeiten) sowie $\mathfrak{z}^{\mathfrak{e}^*}_{i,r,t}$ (für die Entladezeiten) eine Beta-Verteilung definiert durch die Wahrscheinlichkeitsdichte

$$f(x) = \frac{1}{B(a,b)}(x)^{a-1}(1-x)^{b-1}$$

wobei $B(a,b)$ die Betafunktion der Zufallsvariablen $x \in [0,1] \subset \mathbb{R}^{\geq 0}$ darstellt und $\mathcal{F}(x)$ die zugehörige Verteilungsfunktion. Es gilt demnach $\mathcal{L}(\mathfrak{l}^*_{j,t}) = \mathcal{F}(\mathfrak{l}^*_{j,t})$ und $\mathcal{V}(\mathfrak{v}^*_{r,t}) = \mathcal{F}(\mathfrak{v}^*_{r,t})$. Die Bestimmung der Werte der beiden Parameter a und b erfolgt in Abschnitt 5.2.3 auf Basis der Baufachliteratur.

Für die Verteilung der mittleren Fahrgeschwindigkeit, die auf einem Streckenabschnitt des Transportwegenetzes erreicht werden kann, finden sich in der Literatur keine Angaben zu den Verteilungen, so dass hier eine Normalverteilung angenommen wird. Es gelte folglich $w \sim \mathcal{D}(mean(w), var(w))$. Die Bestimmung der beiden Parameter Mittelwert und Varianz erfolgt in Abschnitt 5.2.2.

Ebenfalls sind der Baufachliteratur keine Verteilungen für die Rangierzeiten zu entnehmen (Chahrour, 2007, S. 146). Daher wird für die Rangierzeiten eine Normalverteilung angenommen. Diese wird in Abschnitt 5.2.2 bestimmt.

2.5 Analyse des Koordinationsproblems

Aus der Analyse der zuvor beschriebenen Aufbau- und Ablauforganisation ergeben sich die Koordinationsprobleme in der Transportlogistik im Erdbau. Dazu wird die Grafik aus Abbildung 2.4 aufgegriffen. Die Abbildung wird ergänzt um eine grafische Analyse der Problemstellung. Diese erfolgt in Abbildung 2.10 durch die eingefügten, gestrichelten Linien. Die Analyse zeigt, dass Zielkonflikte, die Unbeobachtbarkeit der von den Fahrern ausgeführten Aktionen sowie fehlende Informationen über exogene Störungen die Ursachen für die Koordinationsprobleme in der Transportlogistik im Erdbau darstellen.

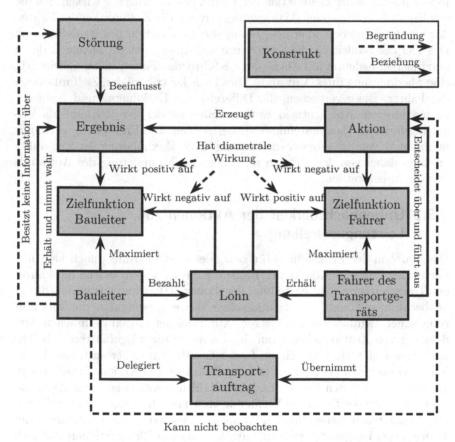

Abbildung 2.10: Koordinationsprobleme im Transportlogistiksystem der Erdbaustelle

2.5.1 Zielkonflikte zwischen Bauleitung und Fahrern der Transportgeräte

Aus der Grafik 2.10 ist ersichtlich, dass sowohl die Bauleitung, als auch die Fahrer der Transportgeräte jeweils eigene Zielfunktionen maximieren. Dabei geht die Entlohnung der Fahrer negativ in die Zielfunktion des Bauleiters, jedoch positiv in die Zielfunktion der Fahrer ein. Gleichzeitig wirken sich die das Ergebnis erzeugenden Aktionen negativ auf die Zielfunktion der Fahrer, das erzeugte Ergebnis aber positiv auf die Zielfunktion des Bauleiters aus. Das Ziel des Bauleiters, die ausgebaute und transportierte Menge Erde zu maximieren, bedeutet auf Ebene der ausführenden Fahrer daher gleichzeitig eine Maximierung ihres Aufwands. Dies läuft konträr zu den Zielfunktionen der Fahrer. Diese versuchen, die Differenz aus Entlohnung und Aufwand zu maximieren. Auf heutigen Erdbaustellen ist der fixe Zeitlohn als Vergütungsform für Baugeräteführer vorherrschend. Die Entlohnung ist damit unabhängig von der erbrachten Leistung. Eine Maximierung der Zielfunktion kann daher von den Fahrern nur über eine Minimierung des Aufwands vorgenommen werden.

2.5.2 Unbeobachtbarkeit der Aktionen zur Leistungserstellung

Das Problem der Zielkonflikte für sich alleine ist allerdings noch kein hinreichendes Problem. Könnte der Bauleiter die Aktionen, welche die Fahrer der Transportgeräte zur Erstellung der Transportleistung ausführen, direkt beobachten, so könnte er aufgrund seiner Weisungsbefugnisse die Maximierung seiner Zielfunktion durchsetzen. Aufgrund der großen räumlichen Ausdehnung von Erdbaustellen kann der Bauleiter die ausgeführten Arbeiten vor Ort jedoch nicht beobachten. In der Grafik fehlt daher auch eine Beziehung zwischen den beiden Konstrukten Bauleiter und Aktion. Zwischen den ausführenden Kräften vor Ort und dem Bauleiter entstehen somit Asymmetrien bezüglich der ihnen zur Verfügung stehenden Information über die zur Ergebniserzeugung ausgeführten Aktionen. Dies kann von den Fahrern der Transportgeräte genutzt werden, um ihre eigenen Zielfunktionen dadurch zu maximieren, dass sie eine Aufwandsminimierung betreiben können. Das gemeinsame Auftreten der Unbeobachtbarkeit der Aktionen und das Ausnutzen dieser Situation zur Verfolgung eigener Ziele führt zum Problem, dass der Bauleiter einem zusätzlichen Projektrisiko ausgesetzt ist. Die fehlende Möglichkeit der Beobachtung der Aktionen der Fahrer führt zum zweiten Koordinationsproblem: Der „Unbeobachtbarkeit".

2.5.3 Fehlende Informationen über umweltbedingte Störungen

Als drittes Problem existieren in der Transportlogistik im Erdbau die exogenen, da umweltbedingten Störungen. Der Bauleiter kann das erbrachte Ergebnis zwar wahrnehmen, kann aber aus diesem Ergebnis nicht auf die Aktionen rückschließen. Da das Ergebnis nicht nur durch die Aktionen der Fahrer beeinflusst wird, sondern auch durch exogene Störungen, kann der Bauleiter keine eindeutige Beziehung zwischen Aktionen bzw. den dafür aufgewendeten Anstrengungen und dem Ergebnis herstellen. Es ist zwar zu vermuten, dass eine erhöhte Anstrengung mit einer höheren Wahrscheinlichkeit auch zu einem höheren Ergebnis führt, jedoch kann selbst bei höchster Anstrengung ein geringes Ergebnis vorliegen. So kann bspw. das Ladegerät aufgrund veränderter Bodenverhältnisse nur eine geringe Ladeleistung erbracht haben. Dies wirkt unmittelbar auf die Transportleistung der Fahrer, ohne dass diese jedoch die Minderleistung zu verantworten haben.

Der Bauleiter unterliegt einem Rückschlussproblem aufgrund mangelnder Informationen bezüglich exogener Störungen. Dies stellt das dritte Koordinationsproblem dar.

2.5.4 Auswahl des zu adressierenden Koordinationsproblems

Aktuelle Bestrebungen in Bauforschung und Baupraxis zur Adressierung der zuvor analysierten Probleme der Transportlogistik im Erdbau umfassen vorwiegend die Verbesserung der Bauplanung im Vorfeld.[32] Dies führt zu der mehrfach aus der Baupraxis berichteten empirischen Beobachtung, dass die Bauablaufplanung bereits in dem Moment veraltet ist, in dem mit dem Bau begonnen wird. Ständige Arbeitsfortschrittskontrollen, Planänderungen und -anpassungen und deren Kommunikation sind die Folge. So berichten Shohet und Laufer (1991), dass Bauleiter große Teile ihrer Arbeitszeit darauf verwenden müssen, die Arbeit und deren Fortschritte zu kontrollieren

---

[32] Heutzutage werden Baustellen mit klassischen Instrumenten des Projektmanagements gesteuert. Dazu gehören u.a. Verfahrensbeschreibungen, Balkendiagramme, Netzpläne mit Kritische-Pfad-Analysen oder Weg-Zeit-Diagramme welche die Baustelle vor der Bauausführung im Rahmen der Bauablaufplanung (auch: Fertigungsplanung) in ihrer Gesamtheit erfassen, kalkulieren und darstellen (Bauer, 2006, S. 24f)(Berner et al., 2007, S. 24f)(Zilch et al., 2012, S. 860). Jedoch handelt es sich hier um Instrumente der Vorausplanung. Dabei besitzt der Planer jedoch unvollständige Informationen über das spätere Baugeschehen und stellt den Bauablauf in Aggregaten und zeitlich grobgranular (meist auf Wochenbasis) dar.

und Arbeitsinstruktionen auszugeben. Mit 30% nimmt die (Neu-)Allokation von Ressourcen bei Störungen einen großen Anteil aller Kommunikationsvorgänge auf der Baustelle ein (Shohet und Frydman, 2003). Die Baustellensteuerung während der Ausführungsphase folgt einem „einfachen Regelkreismodell" (Zilch et al., 2012, S. 861) und ist demnach geprägt von einem ständigen, aufwändigen Soll-Ist-Vergleich und Planänderungen. Dies, sowie die vorstehenden Ausführungen zeigen, dass die Probleme in der Bauablaufsteuerung (oder auch Fertigungssteuerung (Zilch et al., 2012, S. 861)) liegen.

In Wissenschaft und Technik existieren daher auch solche Ansätze, die auf die Koordination der Baustelle während der Ausführung abzielen. Dabei sind die Arbeiten zur Leistungsüberwachung („Monitoring") deutlich in der Überzahl. Die Mehrzahl der Ansätze basiert dabei jedoch auf der Überwachung des gesamten Bauprojekts mit stark aggregierten Kennzahlen und finanziellen Größen wie bspw. Return on Investment und Profit per Unit. Diese Ansätze haben jedoch Schwächen. So fehlen zum einen geeignete bauspezifische Metriken, zum anderen bleibt die Ausführungsqualität unberücksichtigt. Ferner finden die Beziehungen auf der Baustelle und die Umwelteinflüsse keine Berücksichtigung in diesen Ansätzen (Cheung et al., 2004, S. 362). Umfassendere Ansätze wie bspw. Crane et al. (1999); Department of the Environment (2000) berücksichtigen zwar mehr Indikatoren, bleiben jedoch auf einem sehr abstrakten Niveau und beschreiben lediglich den Aufbau eines Kennzahlensystems mit den drei Schritten Entscheidung über die Messgrößen, Daten sammeln und Indikatoren berechnen. Die Ansätze lassen es offen, wie die Daten genau gesammelt werden sollen. Die Ansätze setzen ferner auf eine „manual collection, retrieval, and interpretation of the data provided by project participants" (Cheung et al., 2004, S. 362). Neben den Zeitverzögerungen durch die manuelle Datensammlung ist vor allem die Datenbereitstellung durch die Projektteilnehmer selbst vor dem Hintergrund der Zielkonflikte als kritisch zu betrachten.

Zu den Forschungsarbeiten zur manuellen Leistungsüberwachung kommen Arbeiten aus dem Umfeld der automatischen Leistungsüberwachung. Die Leistungsüberwachung erfolgt dabei automatisiert über Maschinensensorik. Ein prototypischer Einsatz eines solchen automatisierten Überwachungssystems in Israel führte hier zu einer Produktivitätssteigerung von 7,65% (Navon et al. (2004); Navon und Shpatnitsky (2005)). Eine solche automatisierte Leistungsüberwachung basierend auf sensorisch erhobenen Werten wird seit dem Jahr 2013 auch von Soft- und Hardware-Anbietern im Tiefbau angeboten.

So können mit Topcon SiteLINK® bzw. SiteView3D[33] Maschinenleistungsdaten erfasst und in Reports zusammengefasst werden. Einen ähnlichen Ansatz verfolgt auch Trimble Connected Site[34] und verspricht, den Projektfortschritt kontinuierlich überwachen zu können. Die Kosten- und Zeitintensität der manuellen Erfassung von Leistungsdaten kann mit solchen automatisierten Ansätzen vermindert werden. Der Bauleiter steht jedoch bei der Leistungsüberwachung weiterhin zwei Problemen gegenüber. Zum einen muss er die so entstandene Datenmenge auch auswerten können, zum anderen sagt eine so erfasste verminderte Leistung noch nicht eindeutig etwas über die von den Baugeräteführern ausgeführten Aktionen aus. Eine verminderte Ausbauleistung eines Baggers kann auf veränderte Bodenverhältnisse oder auf eine durch den Geräteführer verlangsamte Ausbaugeschwindigkeit zurückzuführen sein. Eine eindeutige Aussage lassen diese sensorisch erhobenen Daten demnach nicht zu. Will ein Bauleiter ferner alle Leistungsdaten aller Maschinen überwachen, so wird dies bei Großbauprojekten auch mit einer automatischen Erfassung nicht möglich sein. Die Ansätze der automatisierten Leistungserfassung werden daher heute vor allem im Umfeld der Prognose eingesetzt. Die sensorisch erhobenen Daten der Ist-Leistungen werden dazu verwendet, Prognosen über den Baufortschritt zu erstellen. So soll eine Ankopplung von Baufortschrittssimulation und Ist-Daten erreicht werden. Die erfassten Ist-Daten werden demnach als Gegebenheiten gesehen unter denen der Bauleiter operieren muss. Eine wirkliche Steuerung findet nicht statt.

Aus der Perspektive der Ökonomik ist ein Monitoring zudem kritisch zu sehen. Eine Überwachung verdrängt die intrinsische Motivation der Mitarbeiter. Die Kontrolle wird als Misstrauen verstanden und die Arbeiter reduzieren daher ihren Arbeitseinsatz. Je mehr Kontrolle ausgeübt wird, desto eher „strafen" die Mitarbeiter dieses Verhalten der Kontrollinstanz ab. Dies zeigen Erkenntnisse aus der experimentellen Ökonomik, u.a. bei Frey (1993), Barkema (1995), Frey und Oberholzer-Gee (1997), Guerra (2002), Schulze und Frank (2003), Falk und Kosfeld (2006) sowie Dickinson und Villeval (2008). Aufgrund der domänenbedingten Probleme sowie der aus der experimentellen Ökonomik bekannten Erkenntnissen wird die Lösung des Koordinationsproblems „Unbeobachtbarkeit der Aktionen" als nicht zielführend erachtet.

Im Hinblick auf das dritte Koordinationsproblem der fehlenden Informationen über exogene Störungen ist zu konstatieren, dass sämtliche Ansätze

---

[33] http://www.topconpositioning.com/products/software/network-applications/
      sitelink3d, Zugriff: 16.03.2014
[34] https://www.myconnectedsite.com/, Zugriff: 16.03.2014

– ob baubezogen oder nicht – dem Problem unterliegen, dass alle möglichen exogenen Störungen nicht vollständig erfasst werden können. So ist zum einen die Frage zu stellen, welche Störungen (als Teilmenge aller Störungen) erfasst werden sollen und wie diese tatsächlich erfasst werden. Aus genannten Gründen ist eine manuelle Erfassung der Störungen auf Tiefbaustellen nur mit hohem Kosten- und Zeitaufwand möglich. Auch den automatisierten Erfassungssystemen sind Grenzen gesetzt. So gibt es derzeit noch keine adäquaten Möglichkeiten, Bodenschichtveränderungen laufend während des Ausbaus zu erfassen. Verklemmungen im Transportwegenetz und Wartezeiten können nur durch aufwändige Recherchen im Datenmaterial im Nachgang oder durch permanente Überwachung aller Straßen sowie Be- und Entladeplätze erkannt werden. Eine abschnitts- und zeitweise Verschlechterung der Baustraße kann nur durch ein persönliches in Augenschein nehmen durch den Bauleiter erkannt werden. Dererlei Beispiele lassen sich fortführen. Daher wird die Lösung des Koordinationsproblems „fehlende Informationen über exogene Störungen" ebenfalls als nicht zielführend erachtet.

Bisherige Forschungsergebnisse weisen darauf hin, dass die Verminderung von Zielkonflikten ein zielführender Ansatz sein kann. Dies zeigen nicht nur die Vielzahl an Ergebnissen aus der ökonomischen Literatur im Umfeld der Prinzipal-Agent-Theorie (eine Übersicht dazu u.a. bei (Riedel, 2005, S. 15f) oder (Langer, 2007, S. 139)) oder der Anreiz-Beitrags-Theorie sondern auch bereits erste Arbeiten im Bereich der Bauindustrie (bspw. Hughes et al. (2007), Kazaz et al. (2008) oder Meng und Gallagher (2012)).

2.6 Bisherige Lösungsansätze zur Verminderung von Zielkonflikten

Lösungsansätze für die Verminderung des Problems der Zielkonflikte zielen darauf ab, die Zielfunktionen von Bauleitern und Baugeräteführern in Konkruenz zu bringen. Dazu werden variable, leistungsabhängige Entlohnungen vorgeschlagen. Vereinzelt gibt es hierzu bereits Ansätze für Erdbaustellen. So sehen bspw. Zilch et al. (2012) Akkord- und Prämienlohnmodelle vor. Für Akkordlohnmodelle gehen die Autoren von einer direkten Proportionalität zwischen der erbrachten Leistung und dem Lohn aus, sehen allerdings gleichzeitig die Gefahr, dass dadurch die Ergebnisqualität, die Schonung der Bauproduktionsmittel und die Betrachtung des Baustellengeschehens in einem übergeordneten Gesamt leidet. Ferner ist die Akkordentlohnung in der Lohnabrechnung aufwändig und die Ermittlung von Vorgabewerten schwierig (Zilch et al., 2012, S. 856). Die Prämienentlohnung (Prämien für

Mengen, Qualität, Betriebsmittelnutzung und Termineinhaltung) sehen die Autoren als einfacher – ohne dies näher zu begründen. Bei Prämienlohnmodellen ist eine fixe oder variable Prämie an einen Zielerreichungsgrad gekoppelt. Das Ziel muss jedoch, ebenso wie die Vorgabewerte beim Akkordlohn, erst ermittelt und gesetzt werden. Zilch et al. (2012) gehen von der Anwendbarkeit beider Lohnmodelle für „Einzelpersonen, Gruppen und ganzen Baustellenbelegschaften" (Zilch et al., 2012, S. 856) aus. Ferner seien „alle Vorgaben und Randbedingungen vor Ausführung der Arbeiten exakt zu definieren" beidseitig anzuerkennen und schriftlich zu fixieren (Zilch et al., 2012, S. 856). Wie die Leistungslohnmodelle genau gestaltet werden sollen bleibt ebenso offen, wie die Frage, wie ein solch geforderter, vollständiger Vertrag überhaupt erstellt werden soll.

Obwohl finanzielle Anreize von Arbeitern auf Baustellen als wichtig eingestuft werden (Kazaz et al., 2008), sind sie in der Bauwirtschaft derzeit noch wenig untersucht (Rose, 2008, S. V). Ansätze für eine leistungsabhängige Entlohnung finden sich in der Baufachliteratur bzw. Baumanagementliteratur[35] bei Ibbs (1991), Jaraiedi et al. (1995), Jaafari (1996), Arditi und Khisty (1997), Bresnen und Marshall (2000), Bower et al. (2002), Shr und Chen (2004), Hughes et al. (2007), Lu und Yan (2007) sowie Meng und Gallagher (2012). Die Ansätze sind aber allesamt auf der Ebene des Bauprojektmanagements angesiedelt. So werden entweder die Beziehungen zwischen Auftraggeber und Generalunternehmer oder zwischen Generalunternehmer und Subunternehmer betrachtet. Die in dieser Arbeit adressierte Beziehung zwischen Bauleitung und Baugeräteführern während der Bauausführung ist dort nicht Gegenstand der Betrachtungen.

Ausgehend von der in der ökonomischen Literatur belegten Leistungsfähigkeit anreizkompatibler Entlohnung zur Verminderung des Problems der Zielkonflikte bei gleichzeitiger Unterrepräsentation dieser Lösungsstrategie in der Baufachliteratur und -praxis sieht die vorliegende Arbeit genau an dieser Stelle einen Forschungsbedarf. In der effizienten Gestaltung eines anreizkompatiblen Entlohnungsschemas auf Ebene der Beziehung zwischen Bauleitung und Baugeräteführern wird ein Mittel zur Lösung des Koordinationsproblems in der Transportlogistik im Erdbau gesehen.

---

[35] Die Literaturrecherche umfasste die Zeitschriften Journal of Civil Engineering and Management, Journal of Management in Engineering, Journal of Construction Engineering and Management und International Journal of Project Management. Dabei wurde in den Suchfeldern Titel, Abstract, Keywords nach den Phrasen „incentive*" und „motivation*" gesucht. Das International Journal of Project Management wurde nur nach Artikeln aus dem Bauprojektmanagement durchsucht.

Die Vermutung stützt sich auf empirische Befunde aus der ökonomischen Literatur zu anreizkompatiblen Verträgen u.a. bei Coughlan und Schmidt (1985), Brickley et al. (1985), Murphy (1985), Abowd und Card (1989), Abowd (1990), Kahn und Sherer (1990), Gaynor und Gertler (1995), Gibbons (1997), Lazear (2000) sowie Franceschelli et al. (2010).

3 Die Prinzipal-Agent-Theorie als Bezugsrahmen

3.1 Wahl des Bezugsrahmens

Der vorangegangene Abschnitt umfasst die Modellierung der Bauablauforganisation wie sie in der Baufachliteratur dargelegt ist. Eine darüber hinausgehende ökonomische Reflexion der Transportlogistik einer Erdbaustelle kann aus der Perspektive unterschiedlicher Theorien innerhalb der Wirtschaftswissenschaften geschehen. Die leitende Frage hierbei ist, welche Theorie sich für die Beschreibung und Analyse des Erkenntnisgegenstands „Transportlogistiksystem im Erdbau" eignet. Ferner ist vergleichend zu prüfen, welche ökonomische Theorie eine Prognose über das Verhalten der Akteure in der Transportlogistik zulässt. Eine Theorie gilt überdies nur dann als adäquater Bezugsrahmen, wenn sie Gestaltungsvorschläge zur Lösung der Koordinationsproblematik umfasst.

Wie in Abschnitt 2 dargelegt, lässt sich die Transportlogistik als System interdependenter Entscheidungen betrachten. Die zu wählende ökonomische Theorie muss demnach geeignet sein, solche Entscheidungssituationen zu erfassen. Sowohl die Entscheidungstheorie und die Spieltheorie als auch die Neue Institutionenökonomik betrachten den Gegenstandsbereich (wirtschaftlicher) Entscheidungssituationen. Die jeweiligen spezifischen Ausschnitte dieses Gegenstandsbereichs und die speziellen Problemstellungen welchen sich die Theorien widmen, sind in der Abbildung 3.1 in einer Übersicht dargestellt.[1] Die Analyse der Theorien und die Auswahl einer Theorie als Bezugsrahmen finden in den Unterabschnitten 3.1.1 bis 3.1.5 statt.

---

[1] Anzumerken ist, dass die im Folgenden beschriebenen Theorien wechselseitige Berührungspunkte aufweisen. So ist im Rahmen der Prinzipal-Agent-Theorie als Teilgebiet der Neuen Institutionenökonomik das Problem der (nutzenmaximalen) Wahl der Aktion des Agenten (im Spezialfall der „Hidden Action") bzw. die Wahl der Agenten durch den Prinzipal (im Spezialfall der „Adverse Selection") jeweils als Entscheidungsproblem formuliert (Kleine, 1995). Werden in den Prinzipal-Agent-Modellen nicht nur bilaterale Beziehungen zwischen einem Prinzipal und einem Agent betrachtet oder wird die Interaktion zwischen Prinzipal und Agent auf mehrere Perioden aus-

Entscheidungstheorie

Gegenstand: Entscheidungsverhalten von Individuen und Gruppen

Problem: Deskriptiv: Wie werden Entscheidungen getroffen (Beschreibung) und warum sind bestimmte Entscheidungen zustande gekommen (Erklärung)?; Präskriptiv (normativ): Wie können Entscheidungen rational getroffen werden (Prognose) und wie soll ein Entscheider in unterschiedlichen Entscheidungssituationen handeln (Gestaltung).

Spieltheorie		**Neue Institutionen-ökonomik**

Spieltheorie

Gegenstand: Strategische Entscheidungssituationen

Problem: Wie können strategische Entscheidungssituationen beschrieben und analysiert werden? Welche Prognosen lassen sich über das Verhalten der Spieler treffen? Wie müssen Spielsituationen gestaltet werden um ein erwünschtes Ergebnis sicherzustellen?

Transportlogistiksysteme im Erdbau

Neue Institutionenökonomik

Gegenstand: Institutionen

Problem: Wie können Institutionen in der Ökonomie beschrieben und in ihrer Wirkung auf die Entscheidungen der wirtschaftenden Subjekte analysiert werden? Welche Auswirkungen haben Institutionen auf Entscheidungen (Prognose)? Wie müssen Institutionen gestaltet werden, um ein gewünschtes Entscheidungsergebnis zu erzielen?

Abbildung 3.1: Ökonomische Theorien als Perspektiven auf Transportlogistiksysteme

Trotz der Ähnlichkeit der Theorien in Bezug auf ihre Erkenntnisgegenstände und trotz der damit einhergehenden Überschneidungsbereiche fokussieren die Theorien in ihrer Beschreibung und Analyse unterschiedliche Ausschnitte der Realität und der damit verbundenen Problemstellungen. Die Theorien erfüllen damit eine „Scheinwerferfunktion" (Kieser und Kubicek, 1992, S. 33) und beleuchten jeweils unterschiedliche Aspekte des Erkennt-

---

gedehnt, so lassen sich die dadurch entstehenden Modelle spieltheoretisch beschreiben und analysieren (s. Abschnitt 3.3.1). Die Gestaltungsvorschläge in diesen Arbeiten lassen sich dann auch der spieltheoretischen Disziplin des Mechanism Designs (Hurwicz, 1973) zuordnen. Auch die Entscheidungstheorie betrachtet im Rahmen von Entscheidungsprozessen in Gruppen einen Teilbereich ihres Erkenntnisgegenstands, der Überschneidungen mit der Spieltheorie aufweist – so z.B. bei der Betrachtung strategischen Verhaltens von Gruppenmitgliedern während des Entscheidungsprozesses. Auch entsprechen die Entscheidungen eines Spielers in der Spieltheorie einem Entscheidungsmodell der Entscheidungstheorie.

nisgegenstands. Zu prüfen ist, welcher „Scheinwerfer" das „richtige Licht" auf das transportlogistische System einer Erdbaustelle wirft und somit in der weiteren Arbeit als Bezugsrahmen dienen kann. Aus der Analyse des Erkenntnisgegenstands und der Problemstellung in Abschnitt 2 ergibt sich bezüglich der Beschreibung, Analyse und Prognose der Ursache-Wirkungs-Relationen bzw. für die Gestaltung der Mittel-Zweck-Relationen der in Tabelle 3.1 dargestellte Anforderungskatalog für die Auswahl des Bezugsrahmens. Die Theorien werden – nach Darlegung ihres Gegenstands und der betrachteten Problemstellung – in Bezug auf ihre Grundannahmen und Konstrukte hin analysiert. Dabei wird geprüft, ob die gestellten Anforderungen erfüllt werden.

Tabelle 3.1: Anforderungskatalog für die Auswahl des Bezugsrahmens

Nr.	Anforderung	Beschreibung
A1	Deskription & Präskription	Die Theorie muss die Beschreibung und Analyse der Ursache-Wirkungs-Relationen, die Prognose des Modellverhaltens und die Gestaltung der Mittel-Zweck-Relationen im Rahmen der Transportlogistik im Erdbau zulassen.
A2	Interdependente Entscheidungen	Die Theorie muss über Konstrukte verfügen, welche die Beschreibung und Analyse der interdependenten Entscheidungen auf der Erdbaustelle ermöglichen (s. Abschnitt 2.5).
A3	Aufbauorganisation	Die Theorie muss über Konstrukte verfügen, welche die Beschreibung und Analyse der Aufbauorganisation der Erdbaustelle (hierarchische Weisungsgeber-Weisungsempfänger-Beziehung zwischen Bauleiter und mehreren Maschinisten) zulassen (s. Abschnitt 2.4.1.1).
A4	Zielgrößen	Die Theorie muss über Konstrukte verfügen, welche die Beschreibung und Analyse der Zielgrößen von Bauleiter (s. Abschnitt 2.4.1.2) und Maschinisten (s. Abschnitt 2.4.1.3) zulassen.

Nr.	Anforderung	Beschreibung
A5	Leistungs-erstellung	Die Theorie muss über Konstrukte verfügen, welche die Beschreibung und Analyse der Leistungserstellung der Maschinisten zulassen (s. Abschnitt 2.4.1.3). Dazu muss in der Theorie ein Konstrukt (z.B. in Form einer Funktionsvorschrift) zur Überführung von Handlungen bzw. Aktionen in Ergebnisse verfügbar sein.
A6	Prozessuale Interdependenz	Die Theorie muss über Konstrukte verfügen, welche die Beschreibung und Analyse der prozessualen Interdependenz (Auswirkungen der Aktionen eines Maschinisten auf die Leistungserstellung min. eines anderen Maschinisten) der Maschinisten bei der Leistungserstellung (s. Ablauforganisation in Abschnitt 2.4.2) zulassen.
A7	Dynamisierung	Die Theorie muss eine Analyse des Verhaltens des Erkenntnisgegenstands (genauer: des Modells des Gegenstands) im Zeitablauf zulassen.
A8	Umwelt	Die Theorie muss über Konstrukte zur Beschreibung und Analyse der Umwelteinflüsse der Erdbaustelle (z.B. Wettereinflüsse) verfügen (s. Abschnitt 2.4.3). D.h. die während der Leistungserstellung auftretenden und das Ergebnis beeinflussenden Umwelteinflüsse müssen beschrieben, analysiert und in ihren Auswirkungen prognostiziert werden können.

3.1.1 Entscheidungstheorie

Erkenntnisgegenstand der (ökonomischen) Entscheidungstheorie ist das Entscheidungsverhalten von Individuen (Schneeweiß, 1966, S. 125) und Gruppen (Laux et al., 2012, S. 3) in wirtschaftlichen Situationen (Bamberg et al., 2008, S. 3f). Unter einer Entscheidung wird dabei die Auswahl einer Alternative aus mehreren möglichen Handlungsalternativen gemäß bestimmter

Zielvorstellungen (modelliert als Zielfunktion) verstanden. Jede Handlungsalternative führt dabei zu einem bestimmten Ergebnis, das in unterschiedlichen Umweltzuständen in einem unterschiedlichen Zielfunktionswert resultiert (Savage, 1951, S. 55f) bzw. (Savage, 1972, S. 6f). Die Basiselemente eines Entscheidungsmodells sind demnach die in Abbildung 3.2 dargestellten Elemente Zielfunktion und Entscheidungsfeld. Das Entscheidungsfeld ist wiederum unterteilt in Handlungsalternativen, Ergebnisse und Umweltzustände (Laux et al., 2012, S. 30).[2]

Die explizite Berücksichtigung der Zielvorstellungen des Entscheiders in Form einer Zielfunktion erfüllt die Anforderung „A4: Zielgrößen". Die in der Entscheidungstheorie als Basiselement vorhandenen Handlungsalternativen können z.B. alternative Produktionsprogramme mit unterschiedlichen Produktionsergebnissen sein. Die Leistungserstellung der Maschinisten und der damit verbundene Output kann somit modelliert werden. Die Zuordung von unterschiedlichen Handlungsalternativen und Ergebnissen erfolgt in der Entscheidungstheorie meist über Ergebnistableaus. Auch die Anforderung „A5: Leistungserstellung" kann somit als erfüllt gelten.

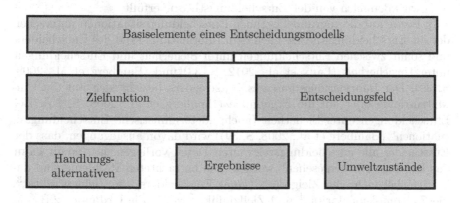

Abbildung 3.2: Basiselemente eines Entscheidungsmodells nach (Laux et al., 2012, S. 30)

---

[2]   Bamberg et al. (2008) unterteilen das Entscheidungsfeld unter Nutzung anderer Begriffe: „Aktionenraum", „Zustandsraum", „Handlungskonsequenzen und Ergebnisfunktion" (Bamberg et al., 2008, S. 15 – 26). Der Aktionenraum entspricht den Handlungsalternativen, der Zustandsraum bezeichnet die Umweltzustände und die Handlungskonsequenzen und Ergebnisfunktion entsprechen dem Basiselement „Ergebnisse" bei Laux. Neben dem Entscheidungsfeld besteht ebenfalls ein „Zielsystem" an dem sich der Entscheider orientiert (Bamberg et al., 2008, S. 26).

Die Entscheidungstheorie adressiert in zwei Ausprägungen unterschiedliche wissenschaftliche Problemstellungen. In der *deskriptiven Entscheidungstheorie* (Bamberg et al., 2008, S. 4f) und (Laux et al., 2012, S. 17) wird untersucht, wie Entscheidungen getroffen werden (Beschreibung) und warum bestimmte bereits getroffene Entscheidungen zustande gekommen sind (Erklärung). Der retrospektiv orientierten deskriptiven Ausprägung der Entscheidungstheorie wird mit der *präskriptiven (oder normativen) Entscheidungstheorie* eine prospektiv orientierte Ausprägung gegenüber gestellt. In der präskriptiven Entscheidungstheorie wird untersucht, wie Entscheidungen rational getroffen werden können (Prognose) und wie Entscheider in unterschiedlichen Entscheidungssituationen handeln sollen (Gestaltung). In diesem Zusammenhang entwickelt die Entscheidungstheorie differenzierte Entscheidungsregeln für unterschiedliche, zugrundeliegende Entscheidungssituationen (Bamberg et al., 2008, S. 3f) und (Laux et al., 2012, S. 33f). Die grundlegende Anforderung nach der Möglichkeit der Beschreibung und Analyse der Ursache-Wirkungs-Relationen, der Prognose des Modellverhaltens sowie nach der Gestaltung der Mittel-Zweck-Relationen im Rahmen der Transportlogistik im Erdbau (Anforderung „A1: Deskription & Präskription") wird demnach von der Entscheidungstheorie erfüllt.

In Bezug auf die zugrundeliegenden Entscheidungssituationen unterscheidet die Entscheidungstheorie nach dem Informationsstand des Entscheiders und somit zwischen Entscheidungen unter Sicherheit und Entscheidungen unter Unsicherheit (Laux et al., 2012, S. 33) und (Bamberg et al., 2008, S. 39). Der Informationsstand des Entscheiders bezieht sich auf die Umweltzustände oder auf die Ergebnisse (Bamberg et al., 2008, S. 25). Bei Entscheidungen unter Sicherheit (auch: „deterministische Entscheidungssituationen" (Bamberg et al., 2008, S. 39)) wird davon ausgegangen, dass der Entscheider alle entscheidungsrelevanten Daten vorliegen hat. Somit kann das Ergebnis „vorhergesehen" werden. Die betrachteten Probleme sind dabei u.a. bei mehreren Zielgrößen (*eines* Entscheiders) die Zielneutralität[3], die Zielkomplementarität[4] und Zielkonflikte[5] sowie die Ordnung (z.B. die

---

[3] Von Zielneutralität wird ausgegangen, wenn die Erreichung bzw. verbesserte Ereichung einer Zielgröße keinen Einfluss auf andere Zielgrößen hat.

[4] Eine Zielkomplementarität liegt dann vor, wenn die Erreichung bzw. verbesserte Ereichung einer Zielgröße einen positiven Einfluss auf das Erreichen einer anderen Zielgröße hat.

[5] Ein Zielkonflikt liegt vor, wenn die Erreichung bzw. verbesserte Ereichung einer Zielgröße einen negativen Einfluss auf das Erreichen einer anderen Zielgröße hat. Zu beachten ist hierbei, dass es sich bei dieser, entscheidungstheoretischen Definition des Zielkonflikts um den Konflikt zweier Ziele *eines* Entscheiders handelt. Konfligie-

lexikographische Ordnung von Alternativen) und der Vergleich von Ergebnissen der Entscheidung (Bamberg et al., 2008, S. 41ff) und (Laux et al., 2012, S. 57ff).

Bei Entscheidungen unter Unsicherheit lässt sich ferner in Entscheidungen unter Risiko (auch: „stochastische Entscheidungssituationen" (Bamberg et al., 2008, S. 39)), in Entscheidungen unter Ungewissheit und in Entscheidungen unter Unwissen unterteilen. Bei Entscheidungen unter Risiko sind Eintrittswahrscheinlichkeiten der Umweltzustände bekannt (Bamberg et al., 2008, S. 67), während dies bei den Entscheidungen unter Unwissen nicht der Fall ist (Bamberg et al., 2008, S. 111). Bei Entscheidungen unter Ungewissheit sind weder die Eintrittswahrscheinlichkeiten noch die Alternativen selbst bekannt. Die Abbildung 3.3 gibt einen Überblick über die Kategorisierung der Entscheidungssituationen und der angewendeten Entscheidungsregeln.

Die Anforderung „A8: Umwelt" wird somit von der Entscheidungstheorie erfüllt. Umwelteinflüsse die während der Leistungserstellung auftreten und das Ergebnis beeinflussen, werden in der Entscheidungstheorie im Rahmen der Entscheidungen unter Unsicherheit behandelt. Die Umwelteinflüsse gehen – z.B. im Fall der Entscheidungen unter Risiko – mit Wahrscheinlichkeitsverteilungen in die Modellierung mit ein und bestimmen über die Multiplikation der Ergebnisse mit den Eintrittswahrscheinlichkeiten die erwarteten Zielfunktionswerte in den unterschiedlichen Umweltzuständen. Die Unsicherheit über das realisierbare Ergebnis ist Teil der empirisch beobachtbaren Leistungsschwankungen von Erdbaugeräten. Über deren Verteilungen gibt es in der Forschung im Bereich Baubetriebsmanagement, in praxisorientierten Bauhandbüchern und Tabellenbüchern sowie im Rahmen der technischen Datenblättern der Hersteller von Baugeräten Aussagen, so z.B. bei Gehbauer (1974); Girmscheid (2005). Zu beachten ist allerdings, dass die empirisch beobachtbaren Leistungsschwankungen zwei Ursachen besitzen. Wie in Abschnitt 2.3 dargelegt, können sich Leistungsschwankungen sowohl auf Umwelteinflüsse, als auch auf Verhaltensweisen zurückführen lassen.

Entscheidungsmodelle lassen sich in Bezug auf die zeitliche Interdependenz in statische und dynamische Modelle unterscheiden (Bamberg et al., 2008, S. 40 und 240). Ausgangspunkt der Entscheidungstheorie sind statische Entscheidungssituationen. Ein Entscheider wählt zu *einem* Entscheidungszeitpunkt zwischen zukünftigen Weltzuständen (Alternativen) aus. In

---

rende Ziele mehrerer Entscheider, wie dies in der später dargelegten Prinzipal-Agent-Theorie der Fall ist, werden im Rahmen der Entscheidungstheorie nicht untersucht.

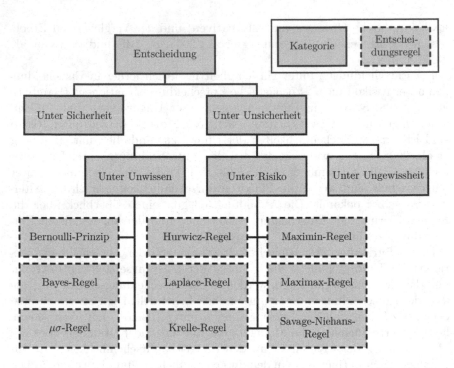

Abbildung 3.3: Kategorisierung von Entscheidungssituationen und Entscheidungsregeln nach (Laux et al., 2012, S. 33)

der Zukunft werden – bei Bedarf – neue, von vorangegangenen Entscheidungen unabhängige Entscheidungen getroffen. Diese Entkopplung der Entscheidungsprozesse kann jedoch vor dem Hintergrund der empirischen Entscheidungsrealität nicht aufrecht erhalten werden. So bestehen Interdependenzen zwischen Entscheidungsprozessen zu verschiedenen Zeitpunkten.[6] Solche Interdependenzen sind die Beeinflussung des späteren Handlungsspielraums (Alternativenmenge) durch vorangegangene Entscheidungen, die Beeinflussung der erreichbaren Werte der Zielgrößen durch vorangegangene Entscheidungen oder die Bewertung von Risiken in Abhängigkeit von zuvor getroffenen Entscheidungen (Laux et al., 2012, S. 263). Da die Entscheidungstheorie somit explizit – wenn auch auf Ebene eines Entscheiders – die Betrachtung

---

[6]   Es handelt sich in der Entscheidungstheorie um Interdependenzen zwischen Entscheidungen *eines* Entscheiders zu unterschiedlichen Zeitpunkten; somit liegen „intertemporale Interdependenzen" (Laux et al., 2012, S. 263) und keine interpersonale Interdependenzen vor.

von Entscheidungsverhalten im Zeitablauf erlaubt, kann auch die Anforderung „A7: Dynamisierung" als erfüllt gelten.

Neben der Ausdehnung des Entscheidungsprozesses auf mehrere Perioden erfährt die Entscheidungstheorie mit der Erweiterung der Betrachtung auf mehrere Entscheider eine Weiterentwicklung. War zunächst der Entscheidungsprozess eines einzelnen Entscheiders Gegenstand der Betrachtung, so wird diese Betrachtung um den Entscheidungsprozess in einer Gruppe erweitert. „Der Entscheidungsprozeß in einer Gruppe ist vor allem dadurch gekennzeichnet, daß nach einer Phase des gegenseitigen Informationsaustausches sich jedes Mitglied eine individuelle Präferenzordnung über die erwogenen Alternativen bildet" (Laux et al., 2012, S. 474). Bei Entscheidungen in Gruppen stellen sich Fragen nach der wechselseitigen Beeinflussung der Präferenzordnungen, nach Abstimmungsregeln und strategischem Verhalten in Abstimmungen sowie nach einem fairen Interessenausgleich.

Im Rahmen des Entscheidungsprozesses in Gruppen wird in der Entscheidungstheorie somit eine Gruppe gleichrangiger Entscheider betrachtet (Laux et al., 2012, S. 487). Die Entscheidung in der Gruppe erfolgt dann anhand individueller Präferenzordnungen unter Zugrundelegung definierter (von „außen" vorgegebenen oder durch die Gruppe selbst bestimmten) Abstimmungsregeln. Als Abstimmungsregeln dienen der paarweise Vergleich (Mehrheitsregel)[7], die Borda-Regel[8] oder die Hare-Regel[9].

Die Analyse lediglich eines einzelnen Entscheiders greift für die Beschreibung und Analyse des transportlogistischen Systems der Erdbaustelle zu kurz. Als grundlegende Anforderung wurde die Beschreibbarkeit und Analysierbarkeit der interdependenten Entscheidungen mehrerer Personen (Bauleiter und Maschinisten) gestellt. Die Entscheidungstheorie kann somit im

---

[7] Beim paarweisen Vergleich werden von einem Abstimmungsleiter zufällig zwei Alternativen aus der Alternativenmenge ausgewählt und paarweise zur Abstimmung gegeben. Jedes Gruppenmitglied besitzt dabei eine Stimme (Laux et al., 2012, S. 488).

[8] Bei diesem Verfahren gibt jedes Mitglied der höchst präferierten Alternative die höchste Punktzahl. Diese Punktzahl entspricht der Anzahl an Alternativen. Der zweit-präferierten Alternative wird eine Stimme weniger gegeben usw. Bei bspw. 10 Alternativen bekommt die Alternative mit der höchsten Präferenz 10 Stimmen, die zweit-präferierte Alternative 9 Stimmen usw. Die Stimmen aller Mitglieder werden für alle Alternativen summiert. Die Gruppe entscheidet sich für die Alternative mit den meisten Stimmen (Laux et al., 2012, S. 491).

[9] Bei der Hare-Regel besitzt jedes Mitglied eine Stimme. Bekommt in einer ersten Abstimmungsrunde eine Alternative eine absolute Stimmmehrheit, so wird die Abstimmung beendet. Andernfalls wird die Alternative mit der geringsten Stimmzahl aus der Alternativenmenge entfernt. Anschließend wird die Abstimmung wiederholt (Laux et al., 2012, S. 492).

Hinblick auf die Anforderungen A2, A3 und A6 nur in ihrer speziellen Ausprägung der Gruppenentscheidungen einer weiteren Analyse unterzogen werden. Gruppenentscheidungen werden in der Entscheidungstheorie jedoch lediglich in Form von Gruppenabstimmungsprozessen betrachtet. Hierarchische Strukturen im Sinne einer Weisungsgeber-Weisungsempfänger-Beziehung und die Interdependenzen zwischen Entscheidern auf den Hierarchiestufen und zwischen den Hierarchiestufen sind nicht Gegenstand der Betrachtungen. Gruppen entscheiden im Rahmen eines gemeinsamen Entscheidungsmodells über gemeinsame Handlungsalternativen. Divergente Zielfunktionen, die zu unterschiedlichen Handlungen führen, werden nicht betrachtet. Gleiches gilt für die Teamtheorie nach Marschak (1955); Marschak und Radner (1972). Hier werden zwar die Entscheidungen einer bzw. Entscheidungsregeln für eine Personenmehrheit (Team) betrachtet, jedoch wird von einer vollkommenen Konsistenz der Interessen aller Teammitglieder ausgegangen. Untersucht wird hierbei, wie komplexe Entscheidungsprobleme auf mehrere Entscheider im Team verteilt werden können und wie der Prozess der Beschaffung entscheidungsrelevanter Informationen gestaltet sein soll, um die dafür notwendigen Kosten (u.a. Kommunikationskosten) gering zu halten. Explizit ausgeklammert werden hierarchische Strukturen. Somit sind die Anforderungen „A2: Interdependente Entscheidungen" und „A3: Aufbauorganisation" weder durch die Entscheidungstheorie im Allgemeinen noch durch die speziellere Teamtheorie erfüllt.

Die Modellierung der Auswirkungen der Aktionen eines Maschinisten auf die Leistungserstellung mindestens eines anderen Maschinisten kann auf Umwegen erreicht werden. Jeder Maschinist kann die Aktionen der anderen Maschinisten in Form von unterschiedlichen Umweltzuständen berücksichtigen. Die Kombination der Elemente der Mengen aller Handlungsalternativen (kartesisches Produkt aller Mengen an Handlungsalternativen) stellt somit die Menge der Umweltzustände dar, die ein Maschinist bei seiner Entscheidung zu berücksichtigen hat. Die Anforderung „A6: Prozessuale Interdependenz" kann somit als teilweise[10] erfüllt angesehen werden.

Wie zuvor beschrieben, hat die Entscheidungstheorie vielfältige Schnittpunkte und Schnittmengen mit den anderen zu analysierenden Theorien. Der getroffenen Feststellung, dass die Entscheidungstheorie die hierarchische Aufbauorganisation der Erdbaustelle nicht berücksichtigt, kann entgegnet werden, dass z.B. Bamberg et al. (2008) in Kapitel 6.6 die „Informations-Asymmetrie und Prinzipal-Agent-Ansätze" betrachten. Ebenso findet bei Laux et al. (2012) in Kapitel 12 die Betrachtung einer „[a]nreizkompatiblen

---

[10]　Im Sinne von mit erhöhtem Modellierungsaufwand erfüllbar.

Risikoteilung" statt.[11] In beiden Fällen werden Ausschnitte aus dem Gegenstandsbereich der Entscheidungstheorie betrachtet, die durch die Prinzipal-Agent-Theorie untersucht und in dieser Arbeit daher auch dieser Theorie zugeordnet werden.

Der Feststellung, dass in der Entscheidungstheorie die Interdependenz zwischen Entscheidern nicht betrachtet wird, lässt sich entgegenhalten, dass Bamberg et al. (2008) in Kapitel 7 die „Entscheidung bei bewusst handelnden Gegenspielern" betrachten und dort Entscheidungssituationen als Spielsituationen sehen. Obwohl bei Laux et al. (2012) spieltheoretische Aspekte unberücksichtigt bleiben, wird auch dort die Spieltheorie angesprochen und definiert als „[...] Entscheidungssituationen, bei denen die Folgen der Handlungsalternativen eines Entscheiders (auch) von den Aktionen eines oder mehrerer rationaler 'Gegenspieler' [...] abhängen" (Laux et al., 2012, S. 20). Damit wird die Nähe zwischen Entscheidungstheorie und der Spieltheorie betont. In dieser Arbeit wird diese Trennung ebenfalls gezogen. Interdependente Entscheidungen mehrerer Entscheider werden dem Gegenstandsbereich der Spieltheorie zugeordnet.

3.1.2 Spieltheorie

Wie Laux et al. (2012) benennen auch Holler und Illing (2006) strategische Entscheidungssituationen als den Gegenstand der (ökonomischen) Spieltheorie[12]. Es handelt sich dabei um „[...] Situationen, in denen (a) das Ergebnis von den Entscheidungen mehrerer Entscheidungsträger abhängt, so daß ein einzelner das Ergebnis nicht unabhängig von der Wahl der anderen bestimmen kann; (b) jeder Entscheidungsträger sich dieser Interdependenz bewußt ist; (c) jeder Entscheidungsträger davon ausgeht, daß alle anderen sich ebenfalls der Interdependenz bewußt sind; (d) jeder bei seinen Entscheidungen (a), (b) und (c) berücksichtigt" (Holler und Illing, 2006, S. 1).

---

[11] In der „Gegenrichtung" werden von Kleine (1995) die entscheidungstheoretischen Aspekte der Prinzipal-Agent-Theorie untersucht. Prinzipal und Agent treten hier jeweils als Entscheidungsträger in kooperativen und nicht-kooperativen Entscheidungssituationen auf. Damit betont Kleine (1995) auch gleichzeitig die Nähe der Prinzipal-Agent-Theorie zur Spieltheorie und stellt fest, „daß bei fehlenden verifizierbaren Informationen über die Anspruchsniveaus der Entscheidungsträger das Spiel zwischen Principal und Agent bei einer asymmetrischen Verteilung der Informationen aufgrund der dynamischen Struktur sowohl der kooperativen als auch der nichtkooperativen Spieltheorie zugeordnet werden" kann (Kleine, 1995, S. 197).

[12] Die ökonomische Spieltheorie ist von Von Neumann und Morgenstern (1953) aus einer allgemeinen mathematischen Theorie der Strategiespiele in eine „Theory of Games and Economic Behavior" überführt worden.

Die zentralen Problemstellungen der Spieltheorie ergeben sich aus der wechselseitigen Abhängigkeit der Entscheider, also daraus, dass „[...] das Schicksal eines jeden Spielers außer von seinen eigenen Handlungen auch noch von denen seiner Mitspieler [...]" (Von Neumann, 1928, S. 295) abhängt. Die Spieltheorie betrachtet somit „Interessenskonflikte und/oder Koordinationsprobleme" (Holler und Illing, 2006, S. 1). Bereits an dieser Stelle kann somit die Anforderung „A2: Interdependente Entscheidungen" als erfüllt gelten.

„Die Spieltheorie ist deskriptiv" (Morgenstern, 1968, S. 149). Sie stellt eine formale Sprache für die Beschreibung und Erklärung von Spielsituationen bereit und ermöglicht die Prognose des Ausgangs eines Spiels unter unverletzbaren Regeln (Morgenstern, 1968, S. 149). Gleichzeitig ist „[d]ie Spieltheorie aber auch normativ" (Morgenstern, 1968, S. 149). Die Theorie gibt einem Spieler Vorschläge für die Wahl seiner Strategien und somit für sein Verhalten (Morgenstern, 1968, S. 149). Darüber hinaus gibt die Spieltheorie auch Vorschläge zur Gestaltung von Spielmechanismen und geht – u.a. in der Mechanism Design Theory nach Hurwicz (1973) – der Frage nach der Gestaltung von Spielregeln (Mittel) zur Erreichung eines bestimmten, als wünschenswert qualifizierten Spielergebnisses (Zweck) nach. Die Anforderung „A1: Deskription & Präskription" ist demnach erfüllt.

Ein Spiel ist beschrieben durch die Menge der Spieler, den Strategieraum, die Erwartungsnutzenfunktionen und den Auszahlungsraum (Holler und Illing, 2006, S. 31). Jeder Spieler einer endlichen Anzahl an Spielern wählt zwischen verschiedenen, alternativen Strategien aus seiner (endlich und diskreten oder stetigen) Strategiemenge. Dabei hat er eine Präferenzordnung über alle möglichen Ergebnisse (Auszahlungen in einem Auszahlungsraum), die der Spieler unter Anwendung seiner Strategie erreichen kann. Da Spiele meist unter Unsicherheit gespielt werden (Holler und Illing, 2006, S. 36) drückt sich die Präferenzordnung in Form einer Erwartungsnutzenfunktion aus.

Die Spieltheorie verfügt damit über Konstrukte, welche die Beschreibung und Analyse der Zielgrößen von Bauleiter und Maschinisten zulassen; Anforderung „A4: Zielgrößen" ist damit erfüllt. Die Leistungserstellung der Maschinisten, also die Überführung von Handlungen bzw. Aktionen in Ergebnisse, erfolgt in der Spieltheorie mittels der Überführung des Strategieraums in den Auszahlungsraum und wird meist mit Auszahlungsmatrizen[13],

---

[13]   Ein einfaches Beispiel für eine Auszahlungsmatrix ist das Gefangenendilemma in dem die Auszahlungen den auferlegten Gefängnisjahren entspricht. In der Auszahlungsmatrix wird jeder Strategie aus dem Strategienraum {(Reden/Reden), (Re-

Merkmal	Ausprägung	
Art der Kooperation	Kooperativ	Nicht-kooperativ
Art der Auszahlung	Nullsummenspiel	Nicht-Nullsummenspiel
Art der Strategien	Reine Strategien	Gemischte Strategien
Anzahl an Spielern	2-Personen-Spiel	n-Personen-Spiel (n>2)
Anzahl an Wiederholungen	Statische Spiele (keine Wiederholung)	Dynamische (iterierte) Spiele
		Zeithorizont
		Endlich | Unendlich

Abbildung 3.4: Strukturierungsmerkmale der Spieltheorie

Spielbäumen oder Funktionsvorschriften beschrieben. Die Anforderung „A5: Leistungserstellung" ist somit ebenfalls erfüllt.

Spielsituationen lassen sich im Rahmen der Spieltheorie nach der Art der Kooperation, der Art der verwendeten Strategien, nach der Anzahl an Spielern, nach der Anzahl an Wiederholungen und nach dem Zeithorizont kategorisieren. Die Abbildung 3.4 stellt diese Kategorisierung in Form eines morphologischen Kastens grafisch dar.

Die Spieltheorie unterscheidet in kooperative und nicht-kooperative Spiele (Nash, 1950, 1951; Binmore et al., 1992; Thomson, 1994). Ein kooperatives Spiel liegt vor, wenn „exogene Mechanismen existieren, die die Einhaltung von Verträgen bindend durchsetzen können" (Holler und Illing, 2006, S. 23). In einem solchen Spiel sind die Individuen zu einem kooperativen Verhalten „gezwungen", sie werden ihre Strategien gemäß den Vorgaben des Mechanismus wählen, auch dann, wenn die Strategie von der dominanten Strategie innerhalb der individuellen Strategiemenge abweicht. Die Bindung an den Mechanismus muss jedoch hinreichend stark sein. Die Nichtexistenz von bindenden Mechanismen und die daraus resultierende Entscheidung rein nach der Dominanz einer Strategie innerhalb der individuellen Strategiemenge beschreibt die Form eines nicht-kooperativen Spiels (Holler und Illing, 2006, S. 23). Bei Nullsummenspielen handelt es sich um Spiele, bei denen die Summe der Gewinne und Verluste aller Spieler den Wert Null ergibt (Von Neumann und Morgenstern, 1953, S. 84). Durch das Spiel entstehen also weder „Werte"[14], noch gehen solche verloren. In vielen wirtschaftlichen Si-

---

den/Schweigen), (Schweigen/Reden), (Schweigen/Schweigen)} eine Auszahlung (= Gefängnisjahre) zugeordnet.

[14] In Begriffen der ökonomischen Spieltheorie: Nutzen.

tuationen entstehen jedoch durch das gemeinsame Spiel Werte, die ohne das Spiel von jedem einzelnen Spieler allein so nicht erreichbar wären. Entstehen solche Werte (oder gehen sie verloren) – ist also die Summe der Gewinne und Verluste aller Spieler ungleich Null – so spricht man von Nicht-Nullsummenspielen (Luce und Raiffa, 1967, Kapitel 4 & 5), (Holler und Illing, 2006, S. 56, 236).

Bezüglich der Strategien unterscheidet die Spieltheorie zwischen reinen und gemischten Strategien (Von Neumann und Morgenstern, 1953, S. 146). Eine gemischte Strategie bedeutet, dass ein Spieler eine Strategie lediglich mit einer gewissen Wahrscheinlichkeit befolgen wird, während die reinen Strategien unabhängig von solchen Wahrscheinlichkeiten sind. Allgemein besteht eine Strategie „aus der Planung einer bestimmten Folge von Spielzügen (von Handlungen)" (Holler und Illing, 2006, S. 34). Die Strategie bezieht sich dabei auf die vorausgegangenen eigenen Züge bzw. auch auf die Züge der anderen Mitspieler. Wird die Leistungserstellung der Maschinisten in Form ihrer Strategien modelliert, so ist die prozessuale Interdependenz eine Interdependenz der Strategien – und dies ist der Kern der Spieltheorie. Die Anforderung „A6: Prozessuale Interdependenz" ist erfüllt.

Des Weiteren unterscheidet die Spieltheorie zwischen einmalig gespielten Spielen und solchen, welche wiederholt (iterierte Spiele oder dynamische Spiele) durchgeführt werden. Innerhalb der letzten Kategorie lassen sich wiederum endlich und unendlich oft wiederholte Spiele unterscheiden. Je nach Spielhäufigkeit bzw. je nach dem, wie nah ein endgültiges Spielende ist (oder auch nur scheint bzw. herbeigeführt wird), müssen unterschiedliche Mechanismen angewendet werden, um die Spielsituation zu analysieren. Insbesondere wirkt sich die Wiederholung bzw. deren (nahendes) Ende auf die Konzeption von Straffunktionen aus, welche die Spieler zu kooperativem Verhalten zwingen sollen. Mit der Betrachtung wiederholter Spiele erfüllt die Spieltheorie auch die Anforderung „A7: Dynamisierung".

Im Rahmen der Analyse der Aufbauorganisation der Erdbaustelle (s. Abschnitt 2.4.2) wurde in Verbindung mit der Analyse des Koordinationsproblems (s. Abschnitt 2.5) dargelegt, dass der Bauleiter den Maschinisten zwar im Rahmen der hierarchischen Aufbauorganisation Weisungen erteilt, die Ausführung der für die Aufgabenerfüllung notwendigen Aktionen jedoch nicht beobachten kann. Dieses besondere Problem hierarchischer Organisationen wird in der Spieltheorie durch unterschiedliche Informationsannahmen aufgegriffen. Das *gemeinsame Wissen* umfasst Informationen, die jedem Spieler bekannt sind und von denen jeder Spieler weiß, dass sie auch allen bekannt sind (Aumann, 1976, S. 1236) (Geanakoplos, 1994, S. 1438f). Die Spielregeln sind Teil dieses gemeinsamen Wissens.

Für den Fall, dass allen Spielern auch die Strategiemengen und die Auszahlungsfunktionen aller anderen Spieler bekannt ist, handelt es sich um ein Spiel mit *vollständiger Information* (Von Neumann und Morgenstern, 1953, S. 30) (Harsanyi, 1995, S. 101) (Harsanyi und Selten, 2003, S. 9f) (Holler und Illing, 2006, S. 43). Sind die Strategiemengen und/oder die Auszahlungsfunktionen der anderen Spieler manchen oder allen Spielern unbekannt, so handelt es sich um ein Spiel mit *unvollständiger Information* (Harsanyi, 1967, 1968a,b) (Harsanyi und Selten, 2003, S. 9f). Verfügen die Spieler über Informationen bezüglich der vergangenen Züge aller anderen Mitspieler, so liegt *perfekte Information* vor (Mycielski, 1992, S. 42). Können manche Spieler – wie im vorliegenden Fall der Bauleiter – die Spielzüge (Handlungen) der anderen Spieler (Maschinisten) nicht beobachten, so liegt *imperfekte Information* vor.

Mit Hilfe der Spieltheorie kann demnach die Aufbauorganisation der Erdbaustelle beschrieben und analysiert werden. Für die Prognose von Spielergebnissen (transportierte Menge Erde) verfügt die Spieltheorie mit dem Konzept der unvollständigen Information über ein geeignetes Konstrukt. Auch in der Spieltheorie werden Situationen mit imperfekter Information als Hidden Action-Situationen bezeichnet (Holler und Illing, 2006, S. 44). Bezüglich der unvollständigen Informationen werden die Probleme Adverse Selektion und Moral Hazard genannt (Holler und Illing, 2006, S. 46). Sowohl Hidden Action als auch Adverse Selektion und Moral Hazard sind Konzepte der Prinzipal-Agent-Theorie und werden dort ausführlich behandelt. Festzuhalten ist demnach, dass die Spieltheorie zwar die Anforderung „A3: Aufbauorganisation" erfüllt, die Prinzipal-Agent-Theorie hierfür jedoch speziellere Beschreibungs- und Analysekonstrukte sowie Prognose-„Werkzeuge" und Gestaltungsvorschläge bereithält. Der Übergang zwischen spieltheoretischer und Prinzipal-Agent-theoretischer Konstrukte ist hier nicht immer eindeutig.

Die von den Spielern erreichbaren Ergebnisse hängen in der Spieltheorie von der gewählten eigenen Strategie und den von den anderen Spielern gewählten Strategien ab. Eine explizite Modellierung einer exogenen Störgröße mit (zusätzlichem) Einfluss auf das Ergebnis steht nicht im Fokus der Spieltheorie. Zwar können die Ergebnisse in den Modellen von stochastischen Größen abhängen, jedoch wird diese Abhängigkeit im Zuge einer Komplexitätsreduktion in den spieltheoretischen Modellen nicht untersucht. Kern ist hier die Untersuchung wechselseitiger Abhängigkeiten der Spielergebnisse und nicht die Abhängigkeit der Ergebnisse von exogenen Umwelteinflüssen. Die Anforderung „A8: Umwelt" ist daher nur mit einem erhöhten Modellierungsaufwand in die Modelle einbringbar und somit nur bedingt durch die Spieltheorie erfüllt. Auch in der Spieltheorie werden die Probleme Moral Hazard und Adverse Selection benannt (Holler und Illing, 2006, S. 44 – 50). Die Untersuchung erfolgt im Zusammenhang mit Spielen bei imperfekter Information. Auf der anderen Seite werden Prinzipal-Agent-Beziehungen mit mehr als zwei Beteiligten oder wiederholte Prinzipal-Agent-Beziehungen als Spiele modelliert und die dort analysierten Probleme mit Hilfe spieltheoretischer Konstrukte gelöst (s. Abschnitt 3.3.1). Trotz der wechselseitigen Nähe bzw. des Schnittbereichs zwischen der Prinzipal-Agent-Theorie und der Spieltheorie werden im Rahmen dieser Arbeit hierarchische Beziehungen zwischen einem Weisungsgeber und einem Weisungsnehmer der spezielleren Prinzipal-Agent-Theorie zugeordnet.

3.1.3 Neue Institutionenökonomik

Die Neue Institutionenökonomik entstand in den 1930er Jahren aus deren Vorläufern, namentlich der deutschen historischen Schule, der österreichischen Schule, dem amerikanischen Institutionalismus sowie aus der Freiburger Schule (Erlei et al., 2007, S. 26–43). Die institutionenorientierten Ansätze entstanden als Reaktion auf Theoriedefizite in den klassischen und neoklassischen Wirtschaftstheorien von Adam Smith, David Hume, David Ricardo, John Stuart Mill bzw. León Walras und Francis Edgeworth. Insbesondere die diesen Theorien zugrundeliegenden Annahmen wurden als wirklichkeitsfremd angesehen.

Hauptsächlich die Annahme eines vollkommenen Marktes[15] ohne Externalitäten, mit vollständigen Informationen bei allen Marktteilnehmern und ausschließlich privaten Gütern wird angezweifelt. Die Grundlage hierfür bilden Beobachtungen der wirtschaftlichen Realität. Diese ist geprägt von inhomogenen Gütern, Externalitäten, Informationsasymmetrien, längerfristigen Marktbeziehungen bei denen persönliche, räumliche, etc. Präferenzen aufgebaut werden und unvollkommener Konkurrenz, z.B. aufgrund von Monopolen, Monopsonen, Oligopolen usw. Wird eine vollständige Informationslage

---

[15]   Im vollkommenen Markt herrscht eine vollkommene Konkurrenz der anbietenden Unternehmen. Persönliche, räumliche, zeitliche oder sachliche Präferenzen sind auf Seiten der Nachfrager nicht existent (Cezanne, 2005, S. 156), (Heertje und Wenzel, 2001, S. 132 ff). Es herrscht eine vollkommene Markttransparenz, demnach besitzen alle Marktteilnehmer vollständige Information über alle gehandelten Güter, deren Qualität, Preis und sonstige Konditionen (Cezanne, 2005, S. 156), (Ott, 1991, S. 32 ff). Ferner wird eine Homogenität der Güter angenommen und alle Marktteilnehmer reagieren unendlich schnell mit Mengenanpassungen auf Preisänderungen.

bei allen Marktteilnehmern angenommen, so impliziert dies auch die kosten-
lose Akquisition dieser Informationen – auch dies ist in realiter nicht gegeben, da die Informationsbeschaffung durchaus Kosten verursacht (Richter
und Furubotn, 2003, S. 13–16), (Erlei et al., 2007, S. 47), (Ménard und Shirley, 2008, S. 1). Ferner lässt sich festhalten, dass die Herstellung der Markt-
gleichgewichte in den klassischen und neoklassischen Theorien „kostenlos"
geschieht. Die Nutzung des Marktes als Ort des Tausches bzw. der optimalen Allokation der Güter, Gelder, Kapitalien und Arbeit kann friktionsfrei
erfolgen. Trotz dieser Unterschiede besitzt die Neue Institutionenökonomik
auch Gemeinsamkeiten mit den klassischen und neoklassischen Theorien.
So gehen alle Forschungsprogramme von eigennützig handelnden Akteuren
aus und besitzen somit eine methodologisch-individualistische Perspektive
(Richter und Furubotn, 2003, S. 3–6), (Erlei et al., 2007, S. 50).

Während in der klassischen bzw. neoklassischen Theorie die wirtschaftenden Individuen nutzenmaximierend unter vollkommener (kostenloser) Information, also unter Sicherheit entscheiden, lässt sich dies in tatsächlichen
Entscheidungssituationen so nicht vorfinden. Um die Komplexität von Entscheidungssituationen handhabbar zu machen, werden soziale, rechtliche,
wirtschaftliche, ... Institutionen gestaltet, um einen Rahmen für die Entscheidungssituationen zu schaffen (Voigt, 2002, S. 25), (Richter und Furubotn, 2003, S. 24–26), (Erlei et al., 2007, S. 50). So werden bspw. durch
die Institutionen des Rechts bestimmte Handlungsalternativen und -folgen
ausgeschlossen bzw. sanktioniert die in der Entscheidungssituation keine
Betrachtung mehr erfahren müssen. Der wirtschaftende Mensch entscheidet
und handelt somit in einem institutionellen Rahmen. Eben diese Institutionen wurden in den klassischen bzw. neoklassischen Theorien weitgehend
ausgeklammert und bilden den Gegenstand der Neuen Institutionenökonomik. Die Forschungsfragen sind hierbei, wie Institutionen in der Ökonomie
beschrieben und in ihrer Wirkung auf die Entscheidungen der wirtschaftenden Subjekte analysiert werden können. Ferner ist zu fragen, welche
Auswirkungen Institutionen bzw. deren Änderung auf Entscheidungen der
Wirtschaftssubjekte haben (Prognose) und wie Institutionen gestaltet werden müssen, um ein gewünschtes Entscheidungsergebnis zu erzielen.

Institutionen werden dabei als explizite oder implizite Regelwerke verstanden, die das menschliche Zusammenleben regeln, indem sie Handlungsalternativen einschränken, Ergebnisse festlegen, Verfahren vorgeben etc. (Ostrom,
1986, S. 3–5). Schotter (1981, 2008) hebt zusätzlich auf Sanktionsmöglich-
keiten und die Akzeptanz des Systems von Regeln ab, indem er Institutionen definiert als „[...] eine Regelmäßigkeit in sozialem Verhalten, der
von allen Mitgliedern einer Gesellschaft zugestimmt wird, die ein spezifi-

sches Verhalten in wiederkehrenden Situationen spezifiziert und die entweder selbstdurchsetzend ist oder von einer externen Autorität durchgesetzt wird" (Schotter, 2008, S. II). Bei North (1992) wird der artifizielle Charakter sowie die Anreizwirkung betont. Institutionen sind hier definiert als „[. . .] die von Menschen erdachten Beschränkungen menschlicher Interaktion. Dementsprechend gestalten sie die Anreize im zwischenmenschlichen Tausch, sei dieser politischer, gesellschaftlicher oder wirtschaftlicher Art" (North, 1992, S. 3).[16] Zusammenfassend werden unter Institutionen von Menschen gestaltete, explizite oder implizite Konventionen, Verträge bzw. Vertragssysteme oder Regeln bzw. Regelsysteme verstanden. Institutionen umfassen dabei jeweils auch die Durchsetzungsmechanismen (selbstdurchsetzend oder von einer externen Autorität durchgesetzt), durch die das Verhalten von Individuen kanalisiert wird. Dabei sind Institutionen das Ergebnis sozialen Verhaltens (z.B. Gesetzgebung, Vertragsverhandlung) und finden unter den Mitgliedern der Gesellschaft Zustimmung.[17]

Die Neue Institutionenökonomik beschränkt sich somit nicht nur rein auf wirtschaftliche Phänomene bzw. auf Institutionen am Markt, sondern umfasst auch eine Analyse der Institutionen des Rechts oder der Institutionen im politischen Sektor.[18] Die Abbildung 3.5 gibt einen Überblick über die Teilgebiete der Neuen Institutionenökonomik.[19]

Die vorliegende Arbeit ordnet sich mit dem Gegenstand Transportlogistik im Erdbau den Institutionen im Markt zu. In Bezug auf die Institutionen am Markt unterscheidet die Neue Institutionenökonomik die Transaktionskostentheorie und die Prinzipal-Agent-Theorie. Diese beiden Theorien werden

---

[16]   Im engl. Original: „Institutions are the rules of the game in a society, or more formally, are the humanly devised constraints that shape human interaction. In consequence they structure incentives in human exchange, whether political, social, or economic" (North, 1990, S. 3).

[17]   Neben den bereits genannten Autoren bilden ferner (Voigt, 2002, S. 26–33), (Richter und Furubotn, 2003, S. 7–10) und (Erlei et al., 2007, S. 22–26) die Grundlage für diese Definition.

[18]   Einige Wissenschaftler werfen hier der Wirtschaftswissenschaft einen „ökonomischen Imperialismus" (Kirchgässner, 2008, S. 139) sowie Pies und Leschke (1998) bzw. eine „Kolonialisierung der Lebenswelt" (Habermas, 1981, S. 522) durch die ökonomische Vernunft (Ulrich, 1993, S. 153) vor, wenn diese versucht, ökonomische Theorien auf solche gesellschaftlichen Subsysteme auszudehnen, die nicht im Kerngebiet der Wirtschaftswissenschaft liegen. Insbesondere in den Werken von Gary S. Becker wird ein solcher, umfassender Erklärungsanspruch der wirtschaftswissenschaftlichen Theorie proklamiert.

[19]   Nicht enthalten sind die Teilgebiete des soziales Handeln, bspw. Partnerfindung, Eheschließungen, Familie, Kindererziehung, wie dies bei u.a. Becker und Vanberg (1982) erfolgt.

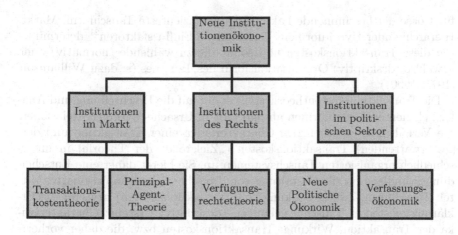

Abbildung 3.5: Teilgebiete der Neuen Institutionenökonomik nach (Erlei et al., 2007, S. 43)

im Folgenden auf ihre Eignung zur Beschreibung, Analyse, Prognose und Gestaltung der Transportlogistik im Erdbau untersucht.

Die Transaktionskostentheorie geht zurück auf Coase (1937). Mit der Theorie wird ein Erklärungsansatz für die Existenz von Unternehmen in Volkswirtschaften gegeben. Bis dato stellte in der ökonomischen Theorie der vollkommene Markt die effizienteste Form des Gütertauschs dar. Für Coase stellte sich daher die Frage, warum es dann überhaupt Unternehmen gibt. Unternehmen sind eben nicht marktlich, sondern hierarchisch organisiert und sollten gemäß der ökonomischen Theorie somit ineffizient sein. Den Grund für die Existenz von Unternehmen sieht Coase darin, dass wirtschaftliche Transaktionen nicht kostenlos sind, wie es die klassische und neoklassische Wirtschaftstheorie annahmen. In diesen Transaktionskosten[20] liegt

---

[20] Transaktionskosten im Markt: ex ante: Such- und Informationsbeschaffungskosten, Verhandlungs- und Entscheidungskosten, Vereinbarungskosten; ex post: Abwicklungskosten, Überwachungs- und Durchsetzungskosten, Änderungskosten bzw. Anpassungskosten (Richter und Furubotn, 2003, S. 58–61), (Williamson, 1990, S. 22–25). Transaktionskosten in der Unternehmung: „Kosten der Einrichtung, Erhaltung oder Änderung einer Organisationsstruktur" (Richter und Furubotn, 2003, S. 61) und Kosten des Betriebs: Informationskosten („Kosten der Überwachung des Managements durch die Eigentümer [...], Kosten der Überwachung der Ausführung von Anordnungen, Kosten der Messung von Leistung von Arbeitskräften usw.; Kosten im Zusammenhang mit der physischen Übertragung von Gütern und Dienstleistungen" (Richter und Furubotn, 2003, S. 62).

für Coase der bestimmende Faktor für die effizienteste Tauschform: Markt, Hierarchie oder Hybridformen. Verschiedene Einflussfaktoren[21] determinieren diese Transaktionskosten und somit die zu wählende (normativ) oder gewählte (deskriptiv) Organisationsform des Tausches (s. dazu Williamson (1975, 1990)).

Die Transaktionskostentheorie stellt somit auf die Beschreibung und Analyse effizienter Tauschformen ab und gibt in Ursache-Wirkungs-Relationen die Verhältnisse zwischen den Charakteristika einer Transaktion und den (zu erwartenden) Transaktionskosten („Zielgröße" der Theorie) in unterschiedlich organisierten Tauschsystemen an. Sie bietet daher eine Entscheidungsgrundlage für die Gestaltung von Tauschbeziehungen (normativ; Mittel: Tauschform, Zweck: Senkung von Transaktionskosten) bzw. für die Erklärung existenter Tauschbeziehungen (deskriptiv; Ursache: Charakteristika der Transaktion, Wirkung: Transaktionskosten bzw. die daher vorherrschende Organisation des Tauschsystems). Im Rahmen unternehmensinterner Transaktionen werden zwar hierarchische Weisungsgeber-Weisungsempfänger-Beziehungen (Aufbauorganisation) hinsichtlich der daraus resultierenden Transaktionskosten betrachtet, die Gestaltung dieser Beziehungen ist jedoch nicht Teil der Transaktionskostentheorie. Die Form der Leistungserstellung sowie die dabei vorherrschenden prozessualen Interdependenzen werden von der Transaktionskostentheorie ebensowenig betrachtet, wie eine Dynamisierung der Tauschbeziehungen. Für die Zwecke der Arbeit ist die Transaktionskostentheorie daher ungeeignet, da sie keine der in Tabelle 3.1 aufgestellten Anforderungen erfüllt.

Die Prinzipal-Agent-Theorie geht zurück auf Ross (1973), Jensen und Meckling (1976), Holmström (1979) sowie Grossman und Hart (1983). Die PAT betrachtet die Beziehung mindestens zweier Wirtschaftssubjekte, welche die Rollen Auftraggeber (die Prinzipale) und Auftragnehmer (die Agenten) ausfüllen. Ein oder mehrere Prinzipale beauftragen einen oder mehrere Agenten mit der Ausführung einer Leistung. Die Prinzipale und Agenten sind in einem hierarchischen Aufbau organisiert und stehen in einer Weisungsgeber-Weisungsempfänger-Beziehung (Erfüllung der Anforderung „A3: Aufbauorganisation"). Das vom Agenten durch seine Handlungen im Rahmen der Leistungserstellung erzeugte Ergebnis geht auf den Prinzipal über. Die PAT adressiert somit die Anforderung „A5: Leistungserstellung". Je höher das Ergebnis ausfällt, desto größer ist der Nutzen des Prinzipals aus diesem Ergebnis. Während der Leistungserstellung können – im Falle,

---

[21] Es sind dies die Spezifität (bzgl. Standort, Sachkapital, Humankapital, Widmung, Markennamen und Zeit (Erlei et al., 2007, S. 204f)), die Unsicherheit von Transaktionen und die Häufigkeit von Transaktionen (Ebers und Gotsch, 1999, S. 228).

dass mehrere Agenten beauftragt wurden – prozessuale Interdependenzen zwischen den Agenten entstehen. Dies wird in der PAT im Rahmen der Teamproduktion untersucht (s. u.a. Holmström (1982)). Auch in Bezug auf die prozessualen Interdependenzen erfüllt die PAT die Anforderung (Anforderung A6). Die Agenten besitzen einen diskretionären Entscheidungs- und Handlungsspielraum. Im Rahmen dieses Spielraums versucht der Agent die für die Ergebnisproduktion aufzuwendende Anstrengung zu minimieren. Prinzipal und Agent besitzen daher unterschiedliche Zielgrößen. Der Prinzipal versucht die Ergebnismenge zu maximieren, der Agent versucht seinen Aufwand zu minimieren. Die Anforderung „A4: Zielgrößen" ist daher durch die PAT erfüllt. Die Entscheidungen von Prinzipal und Agenten beeinflussen über die Handlungen die Zielgrößen wechselseitig. Die Entscheidungen auf beiden Ebenen sind daher interdependet; dies erfüllt die Anforderung „A2: Interdependente Entscheidungen". Die PAT dient dabei nicht nur der Beschreibung und Analyse von Weisungsgeber-Weisungsempfänger-Beziehungen (deskriptive PAT), sondern auch der Gestaltung solcher Beziehungen (normative PAT). Gestaltungsmittel sind je nach vorliegendem Modell Signalling- oder Screening-Verfahren, anreizkompatible Verträge, Informationssysteme[22] oder Überwachungssysteme. Somit ist die PAT zur Beschreibung und Analyse der Ursache-Wirkungs-Relationen sowie zur Prognose des Modellverhaltens und zur Gestaltung von Mittel-Zweck-Relationen im Rahmen der Transportlogistik im Erdbau geeignet. Die PAT erfüllt somit Anforderung „A1: Deskription & Präskription". In den dynamischen Modellen der PAT werden mehrperiodige Beziehungen zwischen Prinzipalen und Agenten untersucht.[23] Die Theorie erlaubt somit auch eine

---

[22] Die Informationssysteme der PAT sind *nicht* gleichzusetzen mit den Informationssystemen, wie sie die Wirtschaftsinformatik versteht. In der Wirtschaftsinformatik „handelt es sich um soziotechnische („Mensch-Maschinen-") Systeme, die menschliche und maschinelle Komponenten (Teilsysteme) umfassen und zum Ziel der optimalen Bereitstellung von Information und Kommunikation nach wirtschaftlichen Kriterien" (WKWI, 1994, S. 80) eingesetzt werden. In der PAT gilt als Informationssystem jedwedes System, das dazu geeignet ist, den Prinzipal über die Realsierung und Ausprägung der exogenen Störgröße zu informieren – sei es rein technischer Art, rein nicht-technischer Art, eine Mischform oder lediglich ein vom Prinzipal, wie auch immer beobachtbares oder geartetes Signal. Zu Informationssystemen in der PAT s. insb. (Holmström, 1979, S. 81ff), (Arrow, 1985, S. 45), (Blickle, 1987, S. 394 ff), (Firchau, 1987, S. 82 ff), (Kiener, 1990, S. 25ff), (Baiman und Rajan, 1994, S. 218ff).

[23] Zu mehrperiodigen PA-Modellen siehe u.a. Radner (1985), Rogerson (1985a), Radner (1986), Spear und Srivastava (1987), Holmström und Milgrom (1987), Malcomson und Spinnewyn (1988), Rao (1992), Chiappori (1994), Wang (1997), Plambeck und Zenios (2000), Bergeman und Valimaki (2003), Cochard und Willinger (2005), Fuchs (2007), Zhang und Zenios (2008) sowie Koehne (2009).

Analyse des Verhaltens von Modellen im Zeitablauf und erfüllt daher Anforderung „A7: Dynamisierung". Mit der exogenen Störgröße (s. hierzu insb. Holmström (1979)) besitzt die PAT ein Konstrukt zur Beschreibung und Analyse der Umwelteinflüsse auf die Leistungserstellung auf einer Erdbaustelle. Die Anforderung „A8: Umwelt" gilt daher ebenfalls als erfüllt.

3.1.4 Kritik an den ausgewählten Theorien

Die dargelegten Theorien gehen von kognitiv hoch entwickelten und rationalen Individuen (wirtschaftlichen Akteuren) aus[24] – diese Voraussetzungen sind in dieser Striktheit in der Realität nicht erfüllt – dies zeigen bereits die frühen Arbeiten von Simon und die darin geäußerte Kritik am Denkmodell des Homo oeconomicus (s. Simon (1957, 1959, 1978)) bzw. die darauf aufbauenden Arbeiten von Heiner (1983). In den dargelegten Theorien sind die Präferenzen dieser rationalen Akteure vollständig, vergleichbar und transitiv (Marschak, 1950, S. 116). Ihre Relation zueinander verändert sich im Zeitablauf nicht (Kontinuität, (Marschak, 1950, S. 117)). Die Individuen unterliegen allen Axiomen der Erwartungsnutzen-Theorie, so ist z.B. die Nutzenfunktion monoton wachsend (s. (Marschak, 1950, S. 117)) und besitzt einen abnehmenden Grenznutzen (s. Gossen (1854)). Diese Rationalität ist darüber hinaus noch Teil der „Common Knowledge" und somit allgemein erwartbar. Die Kritik an dieser „Common Knowledge" ist z.B. im Rahmen der Spieltheorie, dass sie zu einer Überschätzung der Gegenspieler führt und sich damit jeder Spieler der Gefahr bewusst ist, vom jeweils anderen Spieler übervorteilt zu werden.

Auch die Risikopräferenzen entsprechen dem Prinzip des Erwartungsnutzens. Zeitpräferenzen werden durch Diskontierung ausgedrückt, soziale oder weitere Präferenzen existieren nicht oder werden als bereits in der Nutzenfunktion enthalten angenommen (Croson und Gächter, 2010, S. 3f). In diesem ökonomischen Rahmenwerk zur Beschreibung und Analyse sowie zur Prognose sind Gleichgewichte (wie das Marktgleichgewicht oder ein Nash-Gleichgewicht) die mit den Lösungskonzepten zu erreichenden Zielzustände (Croson und Gächter, 2010, S. 4). Die Erkenntnisgewinnung besitzt in diesem Umfeld einen starken Fokus auf Deduktion und vernachlässigt die empirische Evidenz (Croson, 2003, S. 921). In zahlreichen (Labor-)Experimenten

---

[24] So baut die Entscheidungs- und Spieltheorie auf die Rationalitätspostulate auf, die Marschak (1950) in seiner „theory of rational behavior" entwickelt hat. Marschak selbst hat in einer Reihe von Arbeiten die stochastische Entscheidungstheorie begründet Marschak (1974).

konnte die experimentelle Wirtschaftsforschung[25],[26] die von den aufgeführten ökonomischen Theorien unter ihren einschränkenden Annahmen getroffenen Prognosen über das menschliche Verhalten in wirtschaftlichen Situationen konkretisieren und die Theorien erweitern. So konnte gezeigt werden, dass ökonomische Akteure unter Wahrscheinlichkeitsverzerrungen[27], Framing-Effekten[28], dem Problem der Referenzpunkte[29] und dem Default-Option-Effekt[30] „leiden".

---

[25] Für eine Einführung sowie einen Überblick über das Forschungsprogramm und die Methoden der „Experimental Economics" siehe u.a. Davis und Holt (1993); Kagel und Roth (1995); Camerer et al. (2004); Croson (2005); Guala (2005).

[26] Reinhard Selten selbst gilt – neben seinen Verdiensten für die Spieltheorie für die er 1994 mit dem Nobelpreis für Wirtschaftswissenschaften der schwedischen Reichsbank in Erinnerung an Alfred Nobel gewürdigt wurde – als Wegbereiter der „Experimental Economics" (so u.a. Ockenfels und Sadrieh (2010) im Preface zur Festschrift anlässlich des 80. Geburtstages von Reinhard Selten und Guala (2005)). Unter anderem gründete Selten 1984 mit dem „BonnEconLab" (www.bonneconlab.uni-bonn.de, letzter Zugriff: 22.03.2014) ein Laboratorium für experimentelle Wirtschaftsforschung.

[27] So etwa die Conjunction Fallacy bei der Menschen repräsentativ erscheinende Ereignisse für wahrscheinlicher halten auch wenn dies den Grundprinzipien der Wahrscheinlichkeitstheorie widerspricht (Tversky und Kahneman, 1971). Bei der Gambler's Fallacy unterliegen Menschen dem Trugschluss, dass die Fortsetzung einer Serie gleich lautender, jedoch stochastisch unabhängiger Ereignisse zu deren Fortsetzung führt. Nicht-Fortsetzung führt. Dies widerspricht der Wahrscheinlichkeitstheorie (Clotfelter und Cook, 1993; Sundali und Croson, 2006). Beim Problem der Base Rates (Kahneman und Tversky (1972); Tversky und Kahneman (1982); Dohmen et al. (2009)) kommt es zu einer falschen Gewichtung relevanter Informationen. Ereignisse mit einer sehr geringen Eintrittswahrscheinlichkeit werden entweder überbewertet (Pure Base Rate) oder ignoriert (Base Rate Neglect).

[28] Aufgrund der Rationalitätsannahmen der „klassischen" Entscheidungstheorie spielt die Darstellung des Entscheidungsproblems für die Entscheidung keine Rolle. In Experimenten zum Asian Disease Problem (Tversky und Kahneman, 1981, S. 453) sowie zum Labeling-Effekt (Kooreman (2000)) oder zum Mental Accounting (s. Thaler (1999)) konnte gezeigt werden, dass dies empirisch nicht haltbar ist und die Darstellung des Entscheidungsproblems einen Einfluss auf die Entscheidung hat.

[29] In Experimenten konnte gezeigt werden, dass wirtschaftliche Akteure in Entscheidungssituationen von einem Referenzpunkt aus entscheiden. So werden Veränderungen zum Status quo tendenziell negativ bewertet (Status Quo Bias, (Kahneman et al., 1991, S. 197f)), der eigene Besitz wertvoller eingestuft als er objektiv ist (Endowment-Effekt, (Knetsch (1989); Kahneman et al. (1990) und (Kahneman et al., 1991, S. 194f)) oder Verluste stärker wahrgenommen als Gewinne in gleicher Höhe (Verlustaversion, (Kahneman et al., 1991, S. 199f)).

[30] Entscheidungen werden dadurch beeinflusst, ob es „voreingestellte" Entscheidungsoptionen gibt – wie etwa bei Versicherungs-Formularen bei denen preis- oder leistungsrelevante Wahlmöglichkeiten bereits „per Default" ausgewählt sind (Hershey et al., 1990) und (Kahneman et al., 1991, S. 199). Dies gilt auch, wenn die Abweichung von dieser Voreinstellung mit wenig oder keinen Kosten verbunden ist.

Die Ergebnisse der experimentellen Ökonomik sind jedoch selbst wiederum kritisch zu hinterfragen. Laborexperimente erzeugen eine künstliche, „den Modellannahmen weitestgehend entsprechende Umwelt" (Erlei et al., 2007, S. 171). Laborexperimente sind somit eine Simplifikation der Welt und steuern die Einflussfaktoren auf das Verhalten der Probanden in einer kontrollierten Situation (Croson und Gächter, 2010, S. 5). Dies führt zum Problem der (epistemologischen) Präzision von Laborexperimenten. So ist es „unter Umständen nicht möglich, das experimentelle Design so zu gestalten, dass die Situation, die man analysieren möchte, auch tatsächlich abgebildet wird" (Erlei et al., 2007, S. 13) bzw. dass in der abgebildeten Situation keine anderen (unberücksichtigten bzw. unkontrollierten) Störeinflüsse die gefundenen Effekte verzerrt. Dies führt zu vielfältigen Problemen bezüglich der internen und externen Validität von Experimenten (Samuelson, 2005, S. 77). Zu nennen sind hier insbesondere Framing- und Labelling-Effekte, Wiederholungs- und Lerneffekte, Anonymitätseffekte bzw. demand-induced-Effekte oder verzerrende Effekte, die aus der (fiktiven oder realen) Entlohnung der Teilnehmer im Experiment entstehen.[31]

Die experimentelle Ökonomik übt, trotz aller aufgezeigten Probleme dieser Methodik, nachdrücklich Kritik am Denkmodell des Homo oeconomicus. Die Frage der experimentellen Ökonomen ist, inwieweit die Annahmen eine Realitätsnähe aufweisen. Dabei geht es nicht um ein vollständiges Verwerfen des Homo oeconomicus, sondern vielmehr um eine „problemgeleitete Integration relevanter Restriktionen" (Erlei et al., 2007, S. 11) in das Denkmodell. Das Modell des Homo oeconomicus hat nach wie vor starken Einfluss auf die ökonomische Theoriewelt und findet weithin seine Anwendung. Das Gütekriterium „Realitätsnähe der Modellannahmen" (Erlei et al., 2007, S. 11) kann

---

Zurückzuführen ist dies darauf, dass Individuen die Voreinstellung als eine implizite Empfehlung wahrnehmen. Besonders bei komplexen Entscheidungen fühlt sich das Subjekt schlecht informiert und greift daher verstärkt auf die Defaultoption zurück (Madrian und Shea, 2001, S. 1184) und (Carroll et al., 2009, S. 1670).

[31]   Zu einer kritischen Auseinandersetzung mit der experimentellen Methode in der Wirtschaftswissenschaft siehe u.a. Samuelson (2005), Levitt und List (2007b,a), Fiore (2009) sowie Croson und Gächter (2010). Zum Labelling-Effekt s. insbesondere Tversky und Kahneman (1981). Hertwig und Ortmann (2001) führten in ihrer Arbeit Literaturstudien zu Wiederholungs- und Lerneffekten sowie zum Problem der Entlohnung von Probanden durch. Bezüglich der Wiederholungs- und Lerneffekte wurden drei Experimente untersucht. Die Experimente lassen einen eindeutigen Zusammenhang zwischen Wiederholung und Experimentergebnis erkennen. Bezüglich der Entlohnungseffekte untersuchten die Autoren zehn Experimente und fanden teilweise signifikante Zusammenhänge zwischen Entlohnung und Experimentergebnis. In anderen Experimenten wurden wiederum keine Zusammenhänge identifiziert, so dass hier zu dem Schluss gelangt werden kann, dass die Stärke des Einflusses vom Experiment-Design abhängt (Hertwig und Ortmann, 2001, S. 396).

daher nicht alleine für sich stehen, da ansonsten verhaltenswissenschaftliche Modelle den Homo oeconomicus-Ansatz bereits verdängt hätten (Erlei et al., 2007, S. 11). „Theorien und Modelle [...]" haben also nicht nur die Aufgabe „[...] sich bewährende Hypothesen und Prognosen hervorzubringen [...]" (Erlei et al., 2007, S. 12) sondern strukturieren und reduzieren die Komplexität realweltlicher Phänomene, indem die Modelle unter Pragmatismus ihre Originale „unter Einschränkung auf bestimmte gedankliche oder tätliche Operationen" ersetzen (Stachowiak, 1973, S. 133). Eine komplette Übereinstimmung mit dem Original muss nicht gegeben sein (Stachowiak, 1973, S. 132). So „[s]ind die Annahmen [nicht] wahr oder falsch, sondern es muss die Geeignetheit von Annahmen angesichts des zu strukturierenden und zu lösenden Problems diskutiert werden" (Erlei et al., 2007, S. 12). Dies wird für die im Folgenden ausgewählte Theorie in Abschnitt 3.2.8 geschehen. Im Rahmen der Simulation wird die „problemgeleitete Integration relevanter Restriktionen" durch die auf empririscher Basis ermittelten Nutzenfunktionen adressiert. Der Kritik der experimentellen Ökonomik am Denkmodell des Homo oeconomicus wird somit in Teilen Rechnung getragen.

3.1.5 Wahl des Bezugsrahmens

Aus den Ausführungen der Abschnitte 3.1.1 bis 3.1.3 kann nun der Bezugsrahmen für die Arbeit ausgewählt werden. Dargelegt wurde, dass die *Entscheidungstheorie* keine Konstrukte zur Beschreibung und Analyse interdependenter Entscheidungen bereit hält. Ferner verfügt sie – aufgrund ihrer Ausrichtung auf einen Entscheider – nicht über die Möglichkeit, eine Aufbauorganisation aus mehreren Entscheidern zu modellieren. Dies gilt ebenfalls für die Beschreibung und Analyse prozessualer Interdependenzen. Hier verfügt die Entscheidungstheorie zwar über Konstrukte zeitliche Interdependenzen im Entscheidungsprozess eines Entscheiders zu berücksichtigen, die Interdependenzen mehrerer Entscheider zu einem (oder verschiedenen) Zeitpunkten deckt die Theorie jedoch nicht ab.

Die *Spieltheorie* verfügt zwar prinzipiell über die Konstrukte, eine hierarchische Aufbauorganisation zu beschreiben und zu analysieren, jedoch sind in aller Regel die Spieler nicht in einer hierarchischen Beziehung zueinander gestellt. Die Prinzipal-Agent-Theorie bietet für solche Beziehungen speziellere Beschreibungs- und Analysekonstrukte sowie Prognose-„Werkzeuge" und Gestaltungsvorschläge. Ferner können zwar im Rahmen der Auszahlungsmatrizen Umwelteinflüsse (auf das Ergebnis / die Auzahlung) modelliert werden, dies stellt aber nicht den Kern der Theorie dar; die Ergebnisse sind im Rahmen spieltheoretischer Modelle meist nur von den Entscheidungen der anderen Spieler abhängig. Die Beschreibung und Analyse dieser Abhängigkeiten bildet den Gegenstand der Theorie. Anderweitige Umwelteinflüsse spielen, wenn überhaupt, nur eine untergeordnete Rolle und können nur mit erhöhtem Modellierungsaufwand in die Modelle aufgenommen werden. Die Prinzipal-Agent-Theorie verfügt hier über ein geeigneteres Konstrukt.

Die *Transaktionskostentheorie* als ein Teilgebiet der Neuen Institutionenökonomik erfüllt, wie dargelegt, keine der aufgestellten Anforderungen an den Bezugsrahmen. Anders jedoch die *Prinzipal-Agent-Theorie* als ein weiteres Teilgebiet der Neuen Institutionenökonomik. Die Prinzipal-Agent-Theorie bietet Konstrukte zur Beschreibung und Analyse der hierarchischen Aufbauorganisation mit den unterschiedlichen Zielgrößen und interdependenten Entscheidungen, der Leistungserstellung mit allen prozessualen Interdependenzen sowie der Einflüsse der Umwelt auf die Leistungserstellung. Ferner kann mit mehrperiodigen Prinzipal-Agent-Modellen auch das dynamische Modellverhalten analysiert werden.

Die Prinzipal-Agent-Theorie wird daher als geeignet angesehen, um die Beschreibung und Analyse des Erkenntnisgegenstands „Transportlogistiksystem im Erdbau" vorzunehmen. Ferner erlaubt sie Prognosen über das Verhalten des Modells und bietet Instrumente zur zweckgerichteten Gestaltung der Erdbau-Transportlogistik. Die PAT wird somit als Bezugsrahmen für diese Arbeit ausgewählt. Im folgenden Unterabschnitt wird die Theorie näher ausgeführt und auf das Transportlogistiksystem im Erdbau angewendet. Dabei entsteht – neben dem bereits eingeführten bautechnischen Modell – das Prinzipal-Agenten-Modell[32] der Transportlogistik im Erdbau.

3.2 Die Prinzipal-Agent-Theorie

Die Prinzipal-Agent-Theorie wurde von Ross (1973), Jensen und Meckling (1976), Holmström (1979) und Grossman und Hart (1983) entwickelt.[33] Ross (1973) rekurriert in seinem Aufsatz jedoch auch auf die frühere Arbeit von Arrow (1971), in der zwar das Problem des moralischen Risikos (Moral Hazard) untersucht, Agenturbeziehungen jedoch noch nicht explizit adressiert werden (Ross, 1973, S. 134). Im Kontext allgemeiner Gleichgewichtsstudien sieht Ross die Wurzeln der PAT auch in der Teamtheorie von Marschak (1955). In eine ähnliche Richtung gehen auch Jensen und Meckling (1976)

---

[32]   Da es sich beim Transportlogistiksystem um ein Modell mit mehreren Agenten handelt wird der Begriff „Agent" im Plural verwendet.

[33]   Zur näheren Auseinandersetzung mit den geschichtlichen Wurzeln der PAT s. u.a. (Eisenhardt, 1989, S. 58f).

und sehen die Theorie der Teamproduktion nach Alchian und Demsetz (1972) als einen weiteren Ursprung der PAT (Jensen und Meckling, 1976, S. 311). Eine Agenturbeziehung wird definiert als ein Vertrag, bei dem eine oder mehrere Personen (Prinzipal(e)) eine oder mehrere andere Person(en) (Agent(en)) beauftragen, Aufgaben in ihrem Namen durchzuführen; dies beinhaltet auch die Übertragung gewisser Entscheidungsfreiheiten auf den bzw. die Agenten. Diese besitzen dadurch einen diskretionären Handlungsspielraum (Jensen und Meckling, 1976, S. 310), (Ross, 1973, S. 134).[34],[35] Der Agent wählt – im Rahmen dieses Handlungsspielraums – zur Ausführung der ihm übertragenen Aufgabe eine Aktion aus seiner Aktionsmenge und erhält eine Zahlung vom Prinzipal. Der Prinzipal ist nur am Nettoergebnis (vom Agent geliefertes Ergebnis minus der Zahlung an den Agenten) der Agenturbeziehung interessiert (Jensen und Meckling, 1976, S. 310). Andere Größen, wie bspw. das Betriebsklima etc. sind nicht Teil der Theorie. Es wird angenommen, dass das Ergebnis, das der Prinzipal aus der Agenturbeziehung erhält von den Aktionen des Agenten abhängt (Pratt und Zeckhauser, 1985, S. 2). Das vom Agenten erzeugte Ergebnis hängt jedoch nicht nur von der ausgeführten Aktion, sondern auch von einer zufälligen, das Ergebnis beeinflussenden externen Störgröße („random component" (Ross, 1973, S. 134)) ab. Daher ist es nicht möglich, aus einem gelieferten Ergebnis eindeutig auf die Aktion des Agenten rückzuschließen (Grossman und Hart, 1983, S. 10). Sowohl der Prinzipal als auch der Agent besitzen eine Nutzenfunktion und versuchen ihren Erwartungsnutzen zu maximieren (Ross, 1973, S. 134). In die Nutzenfunktion des Prinzipals geht das aus der Agenturbeziehung resultierende Nettoergebnis ein. In die Nutzenfunktion des Agenten geht die Differenz aus der erhaltenen Zahlung und der dafür notwendigen Aufwände ein. Die Prinzipal-Agent-Theorie beinhaltet daher sowohl auf Ebene des Prinzipals als auch auf Ebene des Agenten eine entscheidungstheoretische Komponente, beide Parteien treffen solche Entscheidungen, die ihre jeweilige Nutzenfunktion maximieren (Kleine, 1995, S. 2).

---

[34] Im englischen Original:"We define an agency relationship as a contract under which one or more persons (the principal(s)) engage another person (the agent) to perform some service on their behalf which involves delegating some decision making authority to the agent" Jensen und Meckling (1976), S. 5. „[T]he agent, acts for, on behalf of, or as representative for the [...] principal" (Ross, 1973, S. 134).

[35] Eine zusammenfassende Übersicht und Diskussion von Definitionsansätzen von Prinzipal-Agent-Beziehungen findet sich bei (Meinhövel, 1999, S. 7ff) und (Saam, 2002, S. 17f).

3.2.1 Grundstruktur, Merkmale und Annahmen

Die Arbeiten zur Prinzipal-Agent-Theorie explizieren stets nur eine Teilmenge der Annahmen der Theorie. Eine abschließende Aufzählung aller Annahmen konnte in den gesichteten Arbeiten zur PAT nicht gefunden werden. Die im Folgenden aufgeführten Grundannahmen sind daher aus der Menge der Literatur zusammengetragen und stehen für das Grundmodell einer Agenturbeziehung. Die Grundannahmen werden später um spezielle Annahmen ergänzt, etwa um die Aufnahme mehrerer Agenten oder um die Betrachtung dynamischer Modelle. Erste Annahmen finden sich bereits in den Definitionen der Prinzipal-Agent-Theorie. So sind Prinzipale und Agenten (Annahme 1) Eigennutzmaximierer (Ross, 1973, S. 134), (Grossman und Hart, 1983, S. 9) und (Jensen und Meckling, 1976, S. 314). Ferner wird angenommen, dass (Annahme 2) das Ergebnis des Prinzipals von den Aktionen des Agenten abhängt (Ross, 1973, S. 134) und (Grossman und Hart, 1983, S. 10). Das Ergebnis wird neben der Aktion des Agenten auch (Annahme 3) von einer stochastischen Umweltgröße beeinflusst (Ross, 1973, S. 134), (Grossman und Hart, 1983, S. 10), (Arrow, 1985, S. 37), (Rees, 1985, S. 3) und (Saam, 2002, S. 21f). Eine erste Aufzählung weiterer Annahmen unternehmen Jensen und Meckling (1976). Es sind dies: (Annahme 4) keine Steuern, (Annahme 5) keine Möglichkeit Kredite aufzunehmen, (Annahme 6) Ausblendung dynamischer Aspekte mehrperiodiger Beziehungen[36], (Annahme 7) die Entlohnung des Prinzipals ist konstant, (Annahme 8) es existiert nur ein Prinzipal[37], (Annahme 9) es existiert nur ein Agent[38], (Annahme 10) die Unternehmensgröße ist fix, (Annahme 11) die

---

[36] Diese Grundannahme wird in den Modellen mehrperiodiger Beziehungen später wieder aufgelöst, s. dazu Radner (1985); Rogerson (1985a); Allen (1985); Radner (1985, 1986); Spear und Srivastava (1987); Holmström und Milgrom (1987); Malcomson und Spinnewyn (1988); Rao (1992); Chiappori (1994); Wang (1997); Plambeck und Zenios (2000); Bergemann und Valimaki (2003); Cochard und Willinger (2005); Fuchs (2007); Zhang und Zenios (2008); Koehne (2009).

[37] Diese Annahme wird in Modellen mit mehreren Prinzipalen (Common-Agency-Modell) aufgelöst, s. dazu Bernheim und Whinston (1985); Gal-Or (1991); Mezzetti (1997); Dixit et al. (1997); Bond und Gresik (1997); Sinclair-Desgagné (2001); Peters (2001); Bergeman und Valimaki (2003); Martimort und Stole (2003); Peters (2003); Billette et al. (2003); Martimort und Moreira (2004); Calzolari und Pavan (2008); Gailmard (2009); Martimort und Stole (2009); Rose (2010); Dur und Roelfsema (2010); D'Aspremont und Dos Santos Ferreira (2010); Rose (2010).

[38] Diese Annahme wird in Modellen mit mehreren Agenten aufgelöst, s. dazu Holmström (1982); Demski und Sappington (1984); Malcomson (1986); Rasmusen (1987); Ma (1988); Karmann (1994); Sjöström (1996); Al-Najjar (1997); Gupta und Romano (1998); Meinhövel (1999); Backes-Gellner und Wolff (2001); Baldenius et al. (2002); Mookherjee (2003). Ferner gibt es Modelle mit mehreren Prinzipalen *und* mehreren

Überwachung des Agenten ist nicht möglich oder verursacht Kosten[39] und (Annahme 12) die Finanzierung von Schulden ist nicht möglich (Jensen und Meckling, 1976, S. 318f). In Kleine (1995) werden weitere Annahmen genannt. So wird angenommen, dass (Annahme 13) die Nutzenfunktionen der Parteien separabel sind (Grossman und Hart, 1983, S. 11), dass (Annahme 14) der Agent risikoneutral ist (Keeney, 1973, S. 28) und (Pollak, 1967, S. 35), dass (Annahme 15) die Nutzenfunktionen zweifach differenzierbar sind und dass (Annahme 16) trotz Vorliegens einer exogenen Störgröße ein erhöhter Arbeitseinsatz mit einer höheren Wahrscheinlichkeit zu einem höheren Ergebnis führt, als ein niedriger Arbeitseinsatz[40] (Kleine, 1995, S. 49f). Eine weitere Annahme ist, dass (Annahme 17) die PA-Beziehung einstufig ist. Ein Agent ist nicht gleichzeitig wieder Prinzipal für einen anderen Agenten auf einer zweiten Modellstufe.[41] Einem Agent wird (Annahme 18) immer nur eine Aufgabe zur Bearbeitung übergeben.[42] Die implizite Annahme aller Modelle ist, dass (Annahme 19) die Nutzenfunktionen kardinal skaliert und interpersonal vergleich- und verrechenbar sind (s. dazu Harsanyi (1953) und Bergstrom (1982)). Ferner existiert die Annahme (Annahme 20), dass der Prinzipal den Agenten bei der Durchführung der Aufgaben nicht behindert und ihm insbesondere keine für die Aufgabendurchführung notwendigen Informationen, Materialien, Hilfsmittel etc. vorenthält. Im Rahmen der Gestaltung von Lösungsansätzen werden – je nach Lösungsansatz – die Annahmen getroffen, dass im Falle der Hidden Action-Problematik (Annahme 21) der Prinzipal das vollständige Entscheidungsmodell (Alternativen- und Ergebnismenge, Umweltzustände inkl. deren Eintrittswahrscheinlichkeiten sowie die Nutzenfunktion) der Agenten sowie (Annahme 22) deren Reserva-

---

Agenten, s. dazu Cremer et al. (2000); Ichiishi und Koray (2000); Weber (2006); Attar et al. (2010).

[39] Im Grundmodell ist die Überwachung des Agenten durch den Prinzipal nicht möglich. Es existieren jedoch Modelle, in denen das Monitoring als Instrument der Reduktion der Informationsasymmetrien eingesetzt wird. Untersucht wird dabei, wie ein solches Monitoring effizient gestaltet werden soll, s. dazu u.a. Holmström (1979); Dye (1986); Baiman und Rajan (1994); Baldenius et al. (2002).

[40] Dies entspricht der monotone likelihood ratio property nach (Milgrom, 1981, S. 383) und (Rogerson, 1985b, S. 1361).

[41] In mehrstufigen PA-Modellen wird diese Annahme aufgehoben, s. dazu Diamond (1984); Itoh (1992, 1994); Melumad et al. (1995); Strausz (1997); Ichiishi und Koray (2000); Ewert und Stefani (2001); Itoh (2001).

[42] Diese Annahme wird in Mehr-Auftrags-Modellen verworfen, s. dazu Holmström und Milgrom (1991); Feltham und Xie (1994); Karmann (1994); Christensen und Demski (1995); Wagenhofer (1996); Slade (1996); Luporini und Parigi (1996); Erlei et al. (2007); Besanko et al. (2005).

tionsnutzen[43] kennt – auch die Agenten kennen beides. Daraus folgt, dass dem Prinzipal die Transformationsbeziehung zwischen Aktion des Agenten, Realisation der exogenen Störgröße und dem Ergebnis bekannt ist. Das vom Agent gelieferte Ergebnis kann (Annahme 23) vom Prinzipal kostenlos beobachtet und bewertet werden (Grossman und Hart, 1983, S. 12) und (Richter und Furubotn, 2003, S. 238).

Die Prinzipal-Agent-Theorie unterteilt sich in PA-Beziehungen *vor* einem Vertragsabschluss und *nach* einem Vertragsabschluss zwischen Prinzipal und Agent (Richter und Furubotn, 2003, S. 174f) und (Alparslan, 2006, S. 21). Je nach Betrachtungszeitpunkt ergeben sich unterschiedliche weitere Modellannahmen, Probleme und Lösungsstrategien. Zusammenfassend lässt sich der grundsätzliche zeitliche Ablauf einer PA-Beziehung wie in Abbildung 3.6 dargestellt charakterisieren.[44] Vor Vertragsabschluss stellt sich dem Prinzipal das Problem, den „richtigen" Agenten für seine zu übertragende Aufgabe zu finden. Der Prinzipal steht hier vor dem Problem, dass die Charakteristiken, welche die Agenten ausmachen, vor ihm verborgen sind. Nach dem Vertragsabschluss sind die Aktionen des Agenten durch den Prinzipal nicht beobachtbar oder zwar beobachtbar aber deren Angemessenheit nicht feststellbar. Diese unterschiedlichen Informationsasymmetrien führen zu den im nachfolgenden Unterabschnitt erläuterten Folgeproblemen.

Die Grundstruktur einer PA-Beziehung ist demnach geprägt von Informationsasymmetrien. Dies alleine stellt jedoch noch kein Problem dar. Erst die bereits genannte Divergenz in den Zielfunktionen der beiden Parteien sowie der sich eröffnende diskretionäre Handlungsspielraum führt dazu, dass der Agent – entgegen den Interessen des Prinzipals – die Informationsasymmetrien für sich ausnutzen kann. Der Prinzipal erleidet dadurch im Vergleich zur

---

[43]　In der Prinzipal-Agent-Theorie besitzt lediglich der Agent einen Reservationsnutzen. Aus diesem folgt die Teilnahmebedingung die erfüllt sein muss, damit der Agent überhaupt an der Agenturbeziehung teilnimmt. Die Bedingung ist erfüllt, wenn der aus dem Vertragsangebot zu erwartende Nutzen größer oder gleich dem Reservationsnutzen des Agenten ist. Der Agent wird als risikoneutral angenommen. Daher ist eine reine größer/kleiner-Betrachtung zwischen Erwartungsnutzen und Reservationsnutzen möglich. Gegenüber dem Risiko aus der Agenturbeziehung weniger als den Reservationsnutzen zu erhalten ist der Agent neutral eingestellt. Der Prinzipal besitzt keinen Reservationsnutzen. Die implizite Annahme ist hierbei, dass der Prinzipal kein Vertragsangebot unterbreiten würde, wenn ihm daraus kein Zusatznutzen entsteht (Meinhövel, 1999, S. 126).

[44]　Die Abbildungen 3.6, 3.7, 3.9 und 3.11 basieren auf den Abbildungen 4, 5 und 6 in Alparslan (2006). Dort entscheidet im Zeitpunkt t_2 der Agent über die Annahme des Vertragsangebots durch den Prinzipal. In der vorliegenden Arbeit wird diese Entscheidung jeweils ersetzt durch „Agent nimmt den Vertrag an". Prinzipiell kann der Agent den Vertrag in t_2 auch ablehnen. Allerdings gestaltet sich der zeitliche Ablauf in t_{3-6} dann anders. Dies ist bei Alparslan (2006) nicht berücksichtigt.

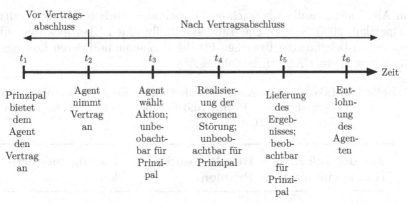

Abbildung 3.6: Zeitlicher Ablauf einer Prinzipal-Agent-Beziehung nach Ross (1973). Ähnliche Darstellungen in (Wolff, 1995, S. 51 u. 61), (Jost, 2001, S. 24) (Meyer, 2004, S. 81), (Alparslan, 2006, S. 53) und (Erlei et al., 2007, S. 109f)

Situation ohne Informationsasymmetrien (First Best-Situation) eine Minderung seines Nutzenniveaus (Spremann, 1987b, S. 8). Die Gestaltungsaufgabe ist es, die Informationsasymmetrie selbst oder deren Auswirkungen für den Prinzipal abzumildern. Die PAT ist demnach eine Theorie zur Beschreibung und Analyse der Probleme des Prinzipals[45]. Der Prinzipal steht im Zentrum der Betrachtungen und ist Profiteur der im Rahmen der PAT gestalteten Lösungen.

3.2.2 Informationsasymmetrien als Problemursache

Das grundlegende Problem einer Agenturbeziehung ist das Vorhandensein einer Informationsasymmetrie zwischen Prinzipal und Agent (Arrow, 1985, S. 37) und das opportunistische Ausnutzen dieser Asymmetrie zum Vorteil des Agenten und damit gleichzeitig zum Nachteil des Prinzipals (Williamson, 1990, S. 54). Die Asymmetrie kann bezüglich der Eigenschaften des Agenten, bezüglich der Aktionen des Agenten oder bezüglich der Ausprägung der exogenen Störung auftreten. Je nach Art der Informationsasymmetrie entstehen für den Prinzipal unterschiedliche Probleme. Die Probleme werden

---

[45] Die erste Arbeit zur „Theory of Agency" von Ross (1973) trägt im Titel den Zusatz „The Principal's Problem". Dies zeigt bereits früh den Anspruch der Theorie zur Unterstützung des Prinzipals.

im Allgemeinen isoliert betrachtet, können aber auch gemeinsam auftreten (Alparslan, 2006, S. 19f). Die Tabelle 3.2 gibt einen Überblick über die im Folgenden behandelten Ursachen für die Probleme und deren Lösungsmöglichkeiten in einer Agenturbeziehung.[46]

Tabelle 3.2: Informationsasymmetrien als Ursache für Agenturprobleme auf Grundlage von (Richter und Furubotn, 2003, S. 174f) und (Alparslan, 2006, S. 21–34)

Art der Informationsasymmetrie	Resultierendes Problem	Lösungsmöglichkeit
Verborgene Eigenschaften (Hidden Characteristics)	Adverse Selection	Signalling und Screening
Unbeobachtbares Verhalten (Hidden Action)	Moral Hazard	Anreizsysteme und Kontrollsysteme
Unbeobachtbare Informationen (Hidden Information)	Moral Hazard	Informationssysteme

Obwohl Informationsasymmetrien die grundlegende Ursache für die Probleme in Agenturbeziehungen darstellen setzt sich die Literatur zur Prinzipal-Agent-Theorie nur wenig mit dem Begriff der Information auseinander. Eine solche Auseinandersetzung findet in der wirtschaftswissenschaftlichen Teildisziplin der Informationsökonomik statt. Information wird dort definiert als ein Signal, das Auskunft über eine Zufallsvariable (z.B. deren Verteilungs- oder Dichtefunktion) darstellt. Die beobachtete Zufallsvariable muss dabei selbst keinen ökonomischen Wert aufweisen, muss jedoch in Abhängigkeit zu einer Variablen stehen die ihrerseits Kosten oder Nutzen beeinflusst (Arrow, 1996, S. 120). Der Begriff Information ist dabei aus einer entscheidungstheoretischen Sicht geprägt. Für Hirshleifer (1973) beeinflusst eine Information die subjektive Wahrscheinlichkeitseinschätzung über zukünftige

---

[46] Zur „Verwendung der Begriffspaare Hidden Action/Moral Hazard sowie Hidden Information/Adverse Selection" (Kleine, 1995, S. 44) siehe die Ausführungen ebd.

Umweltzustände eines Entscheiders (Hirshleifer, 1973, S. 31). Eine Information führt somit zu einer Veränderung der vom Entscheider angenommenen Verteilungsfunktion einer Zufallsvariablen (Allen, 1990, S. 268). Hirshleifer (1973) sieht in der Informationsökonomik einen unterschiedlichen Ansatz Information zu beschreiben als dies die mathematische Informationstheorie von Shannon (1948) vornimmt. Dort wird eine Zufallsvariable mit geringer Verteilung „informativer" genannt, als eine stark verteilte Zufallsvariable. In der Informationsökonomik führt eine Information zur Revidierung von Annahmen über die Verteilungsfunktion einer Zufallsvariablen; gleich, ob diese neue Verteilung mehr oder weniger streut als die zuvor angenommene (Hirshleifer, 1973, S. 31).

Die Informationsasymmetrie bezeichnet damit eine Situation, in der ein Agent mehr Informationen über die Verteilung einer Zufallsgröße besitzt als der Prinzipal. Im Extremfall weiß der Agent, dass eine bestimmte Variable nur eine Ausprägung aufweist und überhaupt nicht streut. Die Zufallsvariable kann sich dabei auf die Eigenschaften des Agenten (im Fall der Hidden Characteristics), auf sein Verhalten (im Fall Hidden Action) oder auf die exogene Störgröße (im Fall Hidden Information) beziehen. Welche Eigenschaften, Verhaltensmerkmale oder Störgrößen betrachtet werden, hängt vom jeweiligen Modell ab, in dem die Informationsasymmetrie beschrieben und analysiert wird.

3.2.2.1 Verborgene Eigenschaften (Hidden Characteristics)

Möchte ein Prinzipal eine Aufgabe übertragen, so steht er zunächst vor dem Problem, den Agenten mit den für die Aufgabenerfüllung passensten Eigenschaften[47] zu finden. Die Eigenschaften des Agenten sind jedoch vor dem Prinzipal verborgen. Der Agent kann diesen Informationsvorsprung für sich ausnutzen (Arrow, 1985, S. 39 f) und dem Prinzipal z.B. eine Leistung oder ein Produkt minderer Qualität anbieten (zu den Auswirkungen s. bspw. Akerlof (1970)).[48] Vor einem Vertragsabschluss mit einem Agenten steht der Prinzipal somit vor dem Problem, diejenigen Agenten zu finden und zu kontrahieren, die für die gestellte Aufgabe geeignet sind. Die dafür notwendigen Informationen besitzt jedoch nur der Agent. Da dieser die Information nicht

---

[47] Unter diesen Eigenschaften sind bspw. die „Begabung, das Talent oder die Qualifikation" (Spremann, 1990, S. 566) des Agenten und ferner die Präferenzen, das Leistungsvermögen, die Menge der Alternativen oder der Reservationsnutzen des Agenten sowie dessen subjektive Wahrscheinlichkeitseinschätzung bzgl. der exogenen Störgröße zu verstehen (Kleine, 1995, S. 39f) und (Jost, 2001, S. 27).

[48] Zur Ausdehnung der Eigenschaften des Agenten auf die von ihm angebotenen Produkte s. Alparslan (2006) Fn. 98.

oder nicht glaubhaft[49] offen legt, entstehen für den Prinzipal Nutzeneinbu-
ßen – entweder dadurch, dass der Prinzipal sich die Information aufwändig
beschaffen muss oder evtl. einen ungeeigneten Agenten kontrahiert. Die Abbildung 3.7 gibt den zeitlichen Ablauf einer Agenturbeziehung unter dem
Problem der Hidden Characteristics wieder.

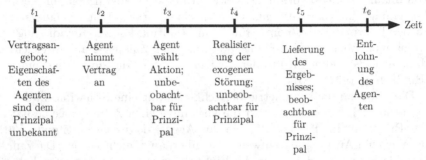

Abbildung 3.7: Zeitlicher Ablauf bei Hidden Characteristics nach (Kleine,
1995, S. 41), (Jost, 2001, S. 28) und (Alparslan, 2006, S. 22)

   In den Arbeiten zu Hidden Characteristics wird lediglich das Such- und
Vertragsproblem des Prinzipals behandelt. Nachgelagerte Probleme eines
eventuellen Fehlverhaltens des Agenten bei der Aufgabendurchführung werden nicht betrachtet. Ein solches Verhalten des Agenten wird im Umfeld
der Arbeiten zum Problem der Hidden Actions betrachtet. Die Abbildung
3.8 stellt die Situation mit verborgenen Eigenschaften des Agenten grafisch
dar. Der Prinzipal (P) kennt zum Zeitpunkt $t = 1$ die Eigenschaften der
potenziell verfügbaren Agenten (A) nicht und muss daher seinen Vertrag
an durchschnittlichen Eigenschaften ausrichten. Der Agent entscheidet zum
Zeitpunkt $t = 2$ über die Annahme oder Ablehung des Vertrages. Der Agent
wird den Vertrag annehmen, wenn dieser ihm einen größeren Erwartungsnutzen stiftet, als er im Moment besitzt (Reservationsnutzen). Andernfalls
wird der Agent das Vertragsangebot ablehnen.

---

[49]   Ein Agent kann dem Prinzipal zwar versuchen Auskunft über seine Eigenschaften zu
       geben, nur kann der Prinzipal diesen Ausführungen keinen Glauben schenken. Der
       Agent kann unwahre Eigenschaften behaupten, ohne dass der Prinzipal dies merkt.
       Dazu bedarf es zusätzlicher, nicht kostenfreier Konstrukte wie sie im Rahmen der
       Lösungsstrategien zur Hidden Characteristics-Problematik diskutiert werden.

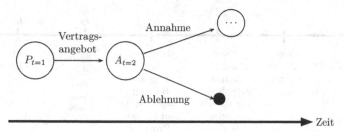

Abbildung 3.8: Entscheidungssituationen des Agenten bei Hidden Characteristics nach (Erlei et al., 2007, S. 110)

3.2.2.2 Unbeobachtbares Verhalten (Hidden Action)

Die Informationsasymmetrie bezüglich der vom Agenten ausgeführten Aktionen tritt nach Vertragsabschluss auf und bezeichnet Situationen, in denen der Prinzipal die Handlungen des Agenten nicht beobachten kann (Ross, 1973, S. 138), (Holmström, 1979, S. 74), (Pratt und Zeckhauser, 1985, S. 2), (Jost, 2001, S. 25f) (Alparslan, 2006, S. 22f) und (Erlei et al., 2007, S. 110). Grund dafür kann bspw. sein, dass eine geographische Distanz zwischen dem Prinzipal und dem Agenten liegt oder dass der Prinzipal zwar bei der Leistungserstellung vor Ort ist, die Handlungen des Agenten jedoch nicht bewerten kann. Letzteres ist z.B. bei wissensintensiven Handlungen des Agenten, wie bspw. medizinische Behandlungen eines Patienten (Prinzipal) durch einen Arzt (Agent), der Fall. Im Fall der Hidden Action ist, wie im obigen Unterabschnitt im Rahmen der Annahmen bereits erwähnt, dem Prinzipal das vollständige Entscheidungsmodell (Alternativen- und Ergebnismenge, Umweltzustände inkl. deren Eintrittswahrscheinlichkeiten sowie die Nutzenfunktion) des Agenten sowie dessen Reservationsnutzen bekannt. Dies führt dazu, dass dem Prinzipal die Transformationsbeziehung zwischen Aktion, Störgröße und Ergebnis bekannt ist (Grossman und Hart, 1983, S. 12) und (Richter und Furubotn, 2003, S. 238). Allerdings bleibt ihm die Ausprägung der exogenen Störgröße verborgen. Dies führt dazu, dass er aus dem gelieferten Ergebnis nicht auf die ausgeführte Aktion des Agenten rückschließen kann (Alparslan, 2006, S. 22f) und (Spremann, 1990, S. 571). Der zeitliche Ablauf der Prinzipal-Agent-Beziehung beim Vorliegen von unbeobachtbarem Verhalten ist in Abbildung 3.9 dargestellt.

Die Wahl der Aktion des Agenten hängt von dem für ihn erwartbaren Nutzen ab. Dieser wird beeinflusst vom Aufwand, der für eine Aktion notwendig ist, von der Entlohnung sowie von der Ausprägung der exogenen Störung. Da sich die exogene Störung per Annahme nur auf das Ergebnis

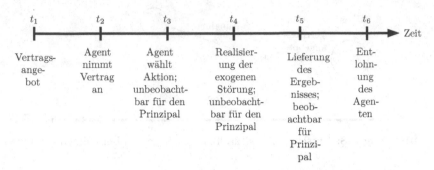

Abbildung 3.9: Zeitlicher Ablauf der bei Hidden Action nach (Jost, 2001, S. 23) und (Alparslan, 2006, S. 23)

der Agenturbeziehung auswirkt, wird die Entlohnung des Agenten nur dann von dieser Störung beeinflusst, wenn die Entlohnung vom Ergebnis abhängt – dies ist im Falle der später eingeführten Lösungsstrategie Anreizsetzung der Fall. Für den Agenten ergibt sich somit eine Entscheidungssituation, in der er aus einer Menge möglicher Alternativen (ausgeführte Aktion und deren Ergebnis im jeweiligen Umweltzustand, den die exogene Störung erzeugt) wählen muss.

Die in Abbildung 3.10 dargestellte Situation zeigt den Fall der versteckten Handlungen unter expliziter Darstellung der Entscheidung auf Seiten des Agenten. Die Abbildung ist als Erweiterung der vorherigen Abbildung 3.9 um die Entscheidungskomponente zu sehen, wobei die Ausprägungen der Variablen Anstrengungsniveau, exogene Störung und Ergebnis diskret und auf einen zweielementigen Wertebereich beschränkt sind.

Der Prinzipal (P) bietet dem Agenten (A) zum Zeitpunkt $t = 1$ einen Vertrag an. Der Agent entscheidet (in $t = 2$), ob ihm der Vertrag einen höheren oder mindestens gleich hohen erwarteten Nutzen stiftet als sein derzeitiges Nutzenniveau (Reservationsnutzen). Ist dies der Fall, so nimmt er den Vertrag des Prinzipals an. Falls nicht, lehnt er den Vertrag ab und nimmt an der Agenturbeziehung nicht teil. Nach Vertragsabschluss entscheidet sich der Agent (in $t = 3$) für eine Aktion die seinen eigenen Erwartungsnutzen maximiert und führt die Aktion aus. Anschließend realisiert der Agent die von der Umwelt (N) in $t = 4$ verursachte exogene Störung. Diese Störgröße kann entweder keinen, einen positiven oder einen negativen Einfluss auf das Ergebnis haben. Trotz einer hohen Anstrengung des Agenten kann – aufgrund des negativen Einflusses der exogenen Störgröße – ein „niedriges" Ergebnis erzielt werden. Auf der anderen Seite kann trotz einer geringen

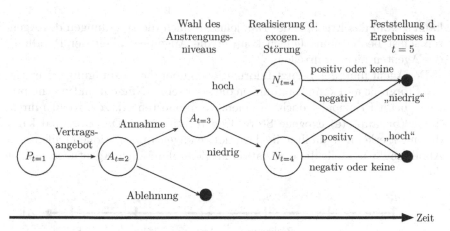

Abbildung 3.10: Entscheidungssituationen des Agenten bei Hidden Action nach (Erlei et al., 2007, S. 109)

Anstrengung des Agenten ein „hohes" Ergebnis erzielt werden, wenn positive Umweltbedingungen herrschen. Das (in $t = 5$) aus der Aktion unter dem Eintritt der exogenen Störung erzielte Ergebnis liefert der Agent an den Prinzipal ab. Der Prinzipal entlohnt den Agenten. Im Fall der Hidden Action kann der Prinzipal weder die Aktion des Agenten noch die Ausprägung der exogenen Störgröße beobachten. Einziges Signal, das er vom Agenten empfängt, ist das Ergebnis. Dieses kann der Prinzipal jedoch ohne zusätzliche Kosten bewerten (unter Zugrundelegung der eigenen Präferenzen). Eine Annahme der Prinzipal-Agent-Theorie ist, dass das Ergebnis auch von einer dritten Partei (z.B. einem Gericht) verifizierbar ist. Zwischen Prinzipal und Agent entstehen daher keine Divergenzen über die Ergebnishöhe bzw. falls diese entstehen, kann der Agent (annahmegemäß ohne Kosten) das Ergebnis durch eine dritte Partei verifizieren lassen und seine Zahlungsansprüche gegen den Prinzipal durchsetzen. Mit diesen Annahmen werden Folgestreitigkeiten (z.B. rechtliche Auseinandersetzungen aufgrund behaupteter Qualitätsmängel am Ergebnis) aus dem Modell ausgeklammert.

3.2.2.3 Unbeobachtbare Informationen (Hidden Information)

Das Problem der Hidden Information tritt in all jenen Situationen nach Vertragsabschluss auf, in denen dem Prinzipal die Aktion des Agenten zwar bekannt ist, er aber die Ausprägung der exogenen Störgröße nicht beobachten kann (Jost, 2001, S. 30f) und (Alparslan, 2006, S. 23f). Der Prinzipal kann sowohl das Ergebnis des Handelns als auch die Handlungen des Agenten selbst beobachten. Jedoch kann er die Angemessenheit der Handlung des Agenten nicht beurteilen.

Der Agent hingegen besitzt Informationen über die Ausprägung der exogenen Störgröße und kann Handlungen die zwar seiner Nutzenfunktion entsprechen, beim Prinzipal jedoch zu einem verminderten Nutzenniveau führen, durch (behauptete) exogene Störgrößen rechtfertigen. Der Prinzipal kann dies nicht erkennen, da ihm die dazu notwendigen Informationen fehlen. Die Abbildung 3.11 stellt diese Situation im Zeitablauf einer Agenturbeziehung dar.

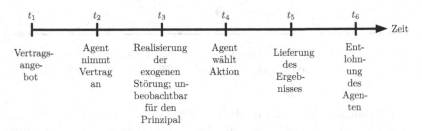

Abbildung 3.11: Zeitlicher Ablauf bei Hidden Information nach (Kleine, 1995, S. 41) und (Alparslan, 2006, S. 24)

Die Abbildung 3.12 stellt die Situation bei Hidden Information grafisch dar. Wiederum bietet der Prinzipal dem Agenten in $t = 1$ einen Vertrag an. Dieser entscheidet in $t = 2$ gemäß dem Erwartungsnutzen aus diesem Vertrag über die Annahme bzw. Ablehnung des Angebots. Im Gegensatz zum Fall der Hidden Action realisiert der Agent jedoch vor der Entscheidung über sein Anstrengungsniveau in $t = 4$ die exogene Störung, die in $t = 3$ von der Umwelt verursacht wurde.

Über die Ausprägung der exogenen Störgröße besitzt zwar der Agent Informationen, jedoch nicht der Prinzipal. Da die Störgröße vor der Wahl des Anstrengungsniveaus realisiert wurde, führen nun die Aktionen des Agenten direkt zu einem Ergebnis. Das Entscheidungsmodell des Agenten vereinfacht sich dadurch, dass er nun keine Erwartungen mehr über das Ergebnis bilden muss. An dieser Stelle greift z.B. eine ergebnisabhängige Entlohnung als Anreizmechanismus nicht.

Der Agent weiß, dass unter der Bedingung der vorliegenden Ausprägung der Störgröße nur ein gewisses Ergebnis überhaupt erreichbar ist. Trotz anreizkompatibler Entlohnung ist die Wahl eines hohen Anstrengungsniveaus für den Agenten nicht rational, da das Ergebnis bereits durch die exogene

Störung determiniert ist. Das Ergebnis wird, wie in den vorangegangenen Fällen auch, in $t = 5$ festgestellt und dem Prinzipal übergeben (Rasmusen, 1994, S. 195ff), (Alparslan, 2006, S. 23f) und (Erlei et al., 2007, S. 109).

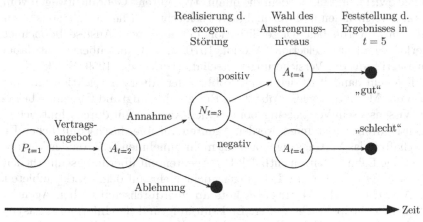

Abbildung 3.12: Entscheidungssituationen des Agenten bei Hidden Information nach (Erlei et al., 2007, S. 109)

3.2.3 Die Prinzipal-Agent-Probleme

Wie aus Tabelle 3.2 zu entnehmen, führen die drei zuvor beschriebenen Informationsasymmetrien zu den Problemen der adversen Selektion sowie zum Problem des moralischen Risikos. Zusätzlich kann in einer Agenturbeziehung auch ohne eine Informationsasymmetrie das Problem des Hold up entstehen, wenn im Rahmen der Agenturbeziehung von einer Partei Informationen über die andere Partei akquiriert werden konnten, die für Dritte außerhalb der Agenturbeziehung nicht zugänglich sind. Die Informationsasymmetrie besteht hier zwischen den Parteien und einer außenstehenden dritten Partei. Dies führt dazu, dass bspw. Vertragspartner nicht ohne Weiteres gewechselt werden können. So entsteht eine Situation, in der die eine Partei die andere zum eigenen Vorteil ausnutzen kann.

3.2.3.1 Negative Auslese (Adverse Selection)

Aus den vor dem Prinzipal verborgenen Eigenschaften des Agenten kann das Problem der adversen Selektion enstehen. So zeigt Akerlof (1970) in seinem für die adverse selection-Forschung bedeutenden Aufsatz, dass versteckte Eigenschaften bei Gebrauchtwagen (Prinzipal: Käufer eines Autos, Agent: Verkäufer eines Autos) auf einem Gebrauchtwagenmarkt zu einem Gleichgewicht führen, bei dem die qualitativ „guten" Gebrauchtwagen vom Markt verschwinden und die qualitativ „schlechten" (die sog. „lemons") auf dem Markt verbleiben. Diese Situation der negativen Auslese bezeichnet Akerlof als adverse selection (Akerlof, 1970, S. 493) und übernimmt dabei den Begriff aus der Versicherungswirtschaft (Dickerson, 1959, S. 333).[50]

Allgemein handelt es sich beim Problem der adversen Selektion um eine Form des Marktversagens. Sobald ein Prinzipal – aufgrund fehlenden besseren Wissens – sein Vertragsangebot an einen Agenten mit durchschnittlichen Eigenschaften richten muss, werden Agenten mit überdurchschnittlichen Eigenschaften das Vertragsangebot nicht mehr annehmen (z.B. da der Vertrag zu geringe Lohnzahlungen enthält). Die Agenten mit überdurchschnittlichen Eigenschaften werden ihre Leistungen nicht mehr auf dem Markt anbieten. Die Ausrichtung des Vertragsangebots an überdurchschnittlichen Agenten hilft dem Prinzipal nicht weiter. Er kann aufgrund der Informationsasymmetrie nicht unterscheiden, ob es sich bei einem Agenten, der das Vertragsangebot annehmen möchte, um einen Agenten mit über- oder unterdurchschnittlichen Eigenschaften handelt. Jede Abweichung von der Erwartung durchschnittlicher Eigenschaften ist nicht rational. Das Risiko des Prinzipals ist daher, dass er nur noch Agenten mit unterdurchschnittlichen Eigenschaften kontrahieren kann. Dies jedoch bei einem durchschnittlichen Zahlungsniveau, Lohnniveau o.ä. (Jost, 2001, S. 27ff), (Richter und Furubotn, 2003, S. 175 f), (Alparslan, 2006, S. 26) und (Erlei et al., 2007, S. 110 u. 149f).

Während die beiden nachfolgend erörterten Probleme des moralischen Risikos und des Hold up die Beziehung zwischen sich bekannten Prinzipalen und Agenten untersucht, kennen sich im Fall der negativen Auslese die beiden Parteien noch nicht. Sie treten über einen anonymen Markt erst noch in Interaktion. Typische Beispiele für die adverse Selektion sind neben dem Markt für Gebrauchtwagen auch der Versicherungsmarkt sowie der Arbeitsmarkt. Empirische Bestätigungen des Problems finden sich u.a. bei Cawley und Philipson (1999), Chiappori und Salanie (2000), Dionne et al. (2001), Cardon und Hendel (2001), Finkelstein und Poterba (2004) und Finkelstein und McGarry (2006).

---

[50]   Zum Begriff der adverse selection s. auch (Arrow, 1985, S. 40), (Kiener, 1990, S. 23f), (Wolff, 1995, S. 59ff) und (Jost, 2001, S. 27ff).

3.2.3.2 Moralisches Risiko (Moral Hazard)

Ebenso wie der Begriff der adversen Selektion wurde, auch der Begriff Moral Hazard aus der Theorie der Versicherungen entlehnt (Arrow, 1985, S. 38).[51],[52] Ursache für das Moral Hazard-Problem ist die Unbeobachtbarkeit der Aktionen des Agenten durch den Prinzipal (Holmström, 1979, S. 74), (Grossman und Hart, 1983, S. 10) und (Arnott und Stiglitz, 1988, S. 383). Dadurch entsteht eine Informationsasymmetrie bezüglich der Handlungen des Agenten.

Die zusätzliche Existenz einer exogenen Störung macht es dem Prinzipal auch nachträglich unmöglich, aus dem vom Agenten gelieferten Ergebnis auf dessen Aktionen rückzuschließen (Alparslan, 2006, S. 27). Liefert der Agent ein schlechtes Ergebnis an den Prinzipal, so wird er dies stets mit dem Eintritt einer exogenen Störung – über deren Ausprägung der Prinzipal ebenfalls keine Information besitzt – rechtfertigen. Dem Prinzipal ist es aufgrund ihm fehlender Informationen nicht möglich, die Ausrede des Agenten als eine solche zu entlarven.

Die Aktionen zur Durchführung der übertragenen Aufgabe verursachen annahmegemäß auf Seiten des Agenten Anstrengungen („Arbeitsleid", s. Kossbiel (2004) und Trost (2006)). Diese Anstrengungen gehen negativ in die individuell maximierte Nutzenfunktion des Agenten ein. Daher wird der unbeobachtete Agent nur solche Aktionen wählen, die für ihn ein geringes Anstrengungsniveau und so einen erhöhten Nutzen bedeuten. Da – wiederum annahmegemäß – das Anstrengungsniveau positiv mit dem erzeugten Ergebnis korreliert (monotone likelihood ratio property), bedeutet ein Absenken des Anstrengungsniveaus beim Agenten auch ein geringeres erwartbares Ergebnis für den Prinzipal.

Der Prinzipal ist somit nach Vertragsabschluss dem Risiko ausgesetzt, dass sich der Agent „amoralisch" verhält und entgegen den Interessen des Prinzipals eigene Interessen durchsetzt (Holmström, 1979, S. 75f) und (Grossman und Hart, 1983, S. 10f).

Ein bereits früh durch Holmström (1982) eingeführter Spezialfall des Moral Hazard ist die Situation der Teamproduktion. Mit der Ausdehnung des

---

[51] Das Problem wurde in der Theorie der Versicherungen bereits in den 1960er und frühen 1970er Jahre behandelt. Dort beschreibt es die Situation, dass ein Versicherungsnehmer (Agent) nach dem Abschluss eines Versicherungsvertrages beim Versicherungsunternehmen (Prinzipal) nicht mehr die notwendige Sorgfalt bzgl. seiner Gesundheit oder eines risikoarmen Lebensstils walten lässt. Dies führt zu Nachteilen auf Seiten des Versicherungsunternehmens. Siehe dazu u.a. Arrow (1963); Zeckhauser (1970); Ehrlich und Becker (1972); Pauly (1974); Marshall (1976); Shavell (1979a).

[52] Für eine Genealogie des Begriffs Moral Hazard siehe Baker (1996).

Problems auf ein Team von Agenten die gemeinsam an der vom Prinzipal
übertragenen Aufgabe arbeiten, ergeben sich zwei Folgeprobleme: „free riding and competition" (Holmström, 1982, S. 324). Das Problem des free
riding ergibt sich, wenn der Prinzipal die individuellen Ergebnisse einzelner
Agenten nicht beobachten kann. In einem solchen Fall sind dem Prinzipal
zusätzlich zu den Aktionen und den Ausprägungen der exogenen Störgröße
auch die Ergebnisse unbekannt.

Lediglich das durch alle Agenten gemeinsam erzeugte Ergebnis ist dem
Prinzipal bekannt. Jeder Agent kann die eigene Anstrengungsminimierung
nun nicht mehr nur mit behaupteten exogenen Störeinflüssen, sondern auch
mit behaupteten Minderleistungen anderer Agenten im Team verschleiern
(Aoki, 1994, S. 657). Dies verstärkt das Problem des moralischen Risikos
(Jeon, 1996, S. 298).

Ein Wettbewerb („competition") zwischen den Agenten kann sich positiv oder negativ für den Prinzipal auswirken. Auf der einen Seite kann ein
positiver Gruppendruck entstehen. Durch wechselseitiges Monitoring der
Agenten untereinander können free rider identifiziert und zu größerer Leistung angehalten werden (Kandel und Lazear, 1992, S. 803f) und (Che und
Yoo, 2001, S. 528). Dies jedoch nur, wenn ein solcher Druck durch die Agenten ausgeübt werden kann (Kandel und Lazear, 1992, S. 805). Allerdings
besteht auch die Gefahr eines negativen Gruppendrucks. Agenten die ein
hohes Anstrengungsniveau zeigen („rate busters", (Baron und Kreps, 1999,
S. 229)) werden von weniger produktiven Agenten dazu gezwungen, ihr Anstrengungsniveau zu verringern („Peer sanctioning", (Che und Yoo, 2001, S.
526)).

Weitere Spezialfälle des Problems des moralischen Risikos sind das „Double-sided Moral Hazard"[53], das Problem mehrstufiger Hierarchien[54], das
Problem nicht berücksichtigter Zielfunktionsparameter oder anderer Risiko-

---

[53]   Beim Problem des beidseitigen moralischen Risikos handeln sowohl der Agent als
       auch der Prinzipal wechselseitig unbeobachtbar. Dadurch entsteht auf Seiten beider
       Parteien das Risiko, dass durch das Handeln der jeweils anderen Partei eine Nut-
       zenminderung entsteht. Dazu u.a. Romano (1994); Bhattacharyya und Lafontaine
       (1995); Kim und Wang (1998); Agrawal (2002).
[54]   In der Realität betten sich Agenturbeziehungen häufig in eine mehrstufig aufgebau-
       te Unternehmenshierarchie ein. So kann ein Agent gleichzeitig auch Prinzipal eines
       in der Hierarchie nachgeordneten Agenten sein (Calvo und Wel.......isz (1979); Tirole
       (1986, 1988)). Aus dieser Aneinanderreihung ergeben sich Probleme und Wechsel-
       wirkungen. So können zwei nachrangige Agenturbeziehungen Auswirkungen auf die
       übergeordnete Beziehung haben (Erlei et al., 2007, S. 167f). Wiederum Spezialfäl-
       le dieses Problems sind das delegated monitoring (bspw. Diamond (1984); Strausz
       (1997)) oder das delegated contracting (bspw. Mookherjee (2003)).

präferenzen des Agenten[55], das „Boiling in Oil-Problem"[56], die Dynamisierung der Agenturbeziehung[57], das „Common Agency-Problem"[58], das „Combinatorial Agency-Problem"[59], das Übertragen mehrerer Aufgaben an den Agenten[60] oder „Sperrklinkeneffekte" (bzw. „Ratchet-Effekt", (Meyer,

---

[55] In den Grundmodellen der Prinzipal-Agent-Theorie gehen lediglich das Arbeitsleid sowie die monetäre Entlohnung des Agenten in dessen Nutzenfunktion ein. Weitere, nicht-monetäre Parameter bleiben außen vor. So wird bspw. in den klassischen Owner-Manager-Beziehungen die Tendenz des Managers zum „Empire Building" (Trautwein (1990); Holl und Kyriazis (1997); Schoenberg und Reeves (1999)) nicht berücksichtigt. Ferner wird der Agent als risikoneutral angenommen. Wird von dieser Annahme abgewichen, so ergibt sich aus der Annahme eines risikoscheuen Agenten bspw. das Problem, dass dieser zu vorsichtig agiert (Erlei et al., 2007, S. 168 u. 170). Risikofreudige Agenten gehen evtl. zu viel Risiko ein – dies insbesondere bei einer beschränkten Haftung des Agenten (s. dazu Brander und Spencer (1989); Sengupta (1997); Pitchford (1998); Paulson et al. (2006).

[56] Der Prinzipal kann besonders schlechte Ergebnisse durch drakonische Strafen verhindern bzw. den Agenten dadurch mit einiger Sicherheit zu einem Mindestanstrengungsniveau anhalten. Allerdings kommt dann der Teilnahmebedingung, die der Agent an die Agenturbeziehung stellt, eine wichtige Rolle zu (Rasmusen, 1994, S. 177ff).

[57] In mehrperiodigen Modellen finden mehrmals aufeinanderfolgende Agenturbeziehungen zwischen den selben Parteien statt. Mit der Aufnahme der Zeitkomponente entsteht Erkenntnisinteresse bezüglich Fragen nach intertemporalem Leistungs- und Bezahlungsausgleich sowie – aufgrund der Nähe zu iterierten Spielen – Diskontfaktoren und Rückwärtsinduktion, Möglichkeiten der Wiederverhandlung, Lernen und Bestrafen u.v.m. (Allen (1985); Rogerson (1985a); Radner (1986); Holmström und Milgrom (1987); Spear und Srivastava (1987); Malcomson und Spinnewyn (1988); Rao (1992); Chiappori (1994); Dutta und Radner (1994); Plambeck und Zenios (2000); Fuchs (2007); Koehne (2009)).

[58] Im Rahmen der Common-Agency-Modelle führt ein Agent Aufträge für mehrere (unabhängige) Prinzipale durch. Hierbei kommt es unter den Prinzipalen zu einem Wettbewerb um die „Ressource" Agent. Das daraus entstehende Problem ist, wie ein Prinzipal sicherstellen kann, dass der Agent genügend Ressourcen für die übertragene Aufgabe bereitstellt (Bernheim und Whinston (1985); Gal-Or (1991); Dixit et al. (1997); Mezzetti (1997); Peters (2001); Sinclair-Desgagné (2001); Bergeman und Valimaki (2003); Billette et al. (2003); Peters (2003); Martimort und Stole (2003); Martimort und Moreira (2004); Attar et al. (2007); Calzolari und Pavan (2008); Martimort und Stole (2009); D'Aspremont und Dos Santos Ferreira (2010); Dur und Roelfsema (2010); Rose (2010)).

[59] Bei den Combinatorial Agency-Beziehungen kommt es zu Vertragsbeziehungen zwischen mehreren Prinzipalen und mehreren Agenten. In diesem Vertragsgeflecht übergeben die Prinzipale Aufträge an mehrere Agenten die wiederum Aufträge für mehrere Prinzipale erledigen. Hierbei kommt es zur Zusammenlegung der Probleme der Teamproduktion und Common Agency-Modellen (Karmann (1994); Bardsley (2001); Babaioff et al. (2006); Attar et al. (2010); Babaioff et al. (2010)).

[60] Bei Poly-Auftrags-Modellen steht der Prinzipal dem Problem gegenüber, „den Agenten zur 'richtigen' Aufteilung des Arbeitseinsatzes zu motivieren" (Alparslan, 2006, S. 44). Poly-Auftrags-Modelle liegen beispielsweise vor, wenn der Agent die Bedie-

2004, S. 98))[61]. In der vorliegenden Untersuchung bleiben diese Spezialfälle in den Betrachtungen weitgehend außen vor, da sie für die Untersuchung des transportlogistischen Systems auf der Erdbaustelle so wie es in Abschnitt 2 dargestellt wurde keine Relevanz aufweisen. Eine Einordnung der Arbeit in bestehende Prinzipal-Agenten-Modelle erfolgt in Abschnitt 3.3.

3.2.3.3 Hold Up

Zusätzlich zu den beiden beschriebenen Problemen erwähnt Spremann (1990) das Problem des Hold Up in Agenturbeziehungen (Spremann, 1990, S. 568f).[62] Das Problem bezieht sich nicht auf Informationsasymmetrien zwischen den beiden Parteien sondern auf Informationsasymmetrien gegenüber einer dritten Partei. Kann eine Partei im Rahmen der Agenturbeziehung Informationen über die andere Partei sammeln, so kann sie diesen Informationsvorsprung gegenüber einer dritten Partei nutzen. Hat bspw. der Prinzipal Informationen über die überdurchschnittlichen Eigenschaften des Agenten und kann dieser Agent diese Eigenschaften gegenüber einem potenziellen, neuen Prinzipal nicht glaubhaft versichern, so wird der „neue" Prinzipal den Agenten nicht oder nur zu ungünstigen Konditionen kontrahieren. Der Agent muss daher im ursprünglichen Vertragsverhältnis ausharren. Dies weiß der bisherige Prinzipal und kann diese Situation ausnutzen (Klein et al., 1978, S. 298f). Dem Hold Up liegt demnach der Effekt des Informational Lock-In als eine Sonderform des allgemeinen Lock-In-Effekts zugrunde (Klein et al., 1978, S. 301), (Williamson, 1979, S. 240). Ein solcher Lock-In liegt vor, wenn in einer Wirtschaftsbeziehung (also nicht nur in Agenturbeziehungen) der Wechsel des Vertragspartners für eine Partei unwirtschaftlich ist und die andere Partei diese daraus entstehende Bindung ausnutzen kann (Dixit und Nalebuff, 1997, S. 246) und (Erlei et al., 2007, S. 219f).

---

nung und die Wartung/Reparatur einer Maschine übernehmen soll. Wird dieser Agent Output-abhängig entlohnt, so kann dies dazu führen, dass er dem Output-erzeugenden Teil-Auftrag „Maschinenbedienung" mehr Beachtung schenkt als der Wartung. Dies führt zu einem Verschleiß der Maschine und dadurch zu Kosten für den Prinzipal.

[61] Hierbei handelt es sich um das Problem, dass der Agent mit einer hohen Leistung ein Signal an den Prinzipal liefert, dass die übertragene Aufgabe wenig Schwierigkeit bereitete. Dies führt auf längere Sicht dazu, dass Leistungsvorgaben oder Lohnzahlungen an dem hohen Leistungsniveau ausgerichtet werden. Der Agent antizipiert dies und senkt sein Anstrengungsniveau (Erlei et al., 2007, S. 169f), Gibbons (1987) und Laffont und Tirole (1988).

[62] Das Problem des Hold Up geht auf die Arbeiten von Klein et al. (1978) und Williamson (1975, 1979) zurück.

Das Hold Up-Problem kann in einer Agenturbeziehung erst nach Vertragsabschluss entstehen. Hold Up-Probleme treten sowohl in Beziehungen zwischen Unternehmen als auch in Beziehungen zwischen Personen, z.B. Arbeitgeber-Arbeitnehmer-Beziehungen auf (s. dazu Williamson (1975), Klein et al. (1978), Grossman und Hart (1986), Hart und Moore (1990) und Sharpe (1990)). Im Rahmen der Untersuchungen zu Agenturbeziehungen spielt das Problem jedoch eine nur nachgeordnete Rolle (Göbel, 2002, S. 103).

3.2.4 Das Prinzipal-Agent-Problem in Transportlogistiksystemen

Das Problem der adversen Selektion tritt durch die vor dem Prinzipal verborgenen Eigenschaften der Agenten *vor Vertragsabschluss* auf. Im betrachteten transportlogistischen System im Erdbau sind jedoch alle Parteien bereits durch Verträge gebunden. Es liegt demnach eine Situation *nach Vertragsabschluss* vor. Das Problem der adversen Selektion liegt demnach nicht vor.

Das Problem des moralischen Risikos tritt *nach Vertragsabschluss* auf. Ursachen sind asymmetrische Eigenschaften bzgl. der Aktionen des Agenten sowie bzgl. der Ausprägung der exogenen Störgröße. Hinzu kommt das opportunistische Ausnutzen dieser Informationsasymmetrien durch den Agenten aufgrund der Eigennutzmaximierung. In Abschnitt 2.5 konnten als grundlegende Koordinationsprobleme der Transportlogistik im Erdbau eben diese drei Voraussetzungen für Moral Hazard identifiziert werden. Aufgrund der großen räumlichen Ausdehnung von Erdbaustellen sind asymmetrische Informationsverteilungen bzgl. der durch die Agenten ausgeführten Aktionen nicht zu vermeiden. Die Vielzahl umweltbedingter Störungen, denen die Leistungserstellung auf der Erdbaustelle ausgesetzt ist, können beim Prinzipal nicht oder nur mit prohibitiv hohem Aufwand in seine Informationsmenge einfließen. Der Prinzipal besitzt somit keine/wenig Information über die Ausprägung der vor Ort realisierten exogenen Störung. Die in Abschnitt 2.5 dargelegten Zielkonflikte zwischen dem Bauleiter und den Fahrern der Transportgeräte führen zu Interessensdivergenzen. Diese können aufgrund der Unbeobachtbarkeit der Aktionen vor Ort sowie durch die Informationsasymmetrie durch die Agenten zum Nachteil des Prinzipals ausgenutzt werden.

Als Zwischenfazit kann demnach das Vorliegen des Problems des moralischen Risikos festgehalten werden. Im Folgenden werden die Lösungsansätze für das Problem des moralischen Risikos diskutiert und auf ihre Eignung für die Transportlogistik im Erdbau hin untersucht. Dabei wird in Unterabschnitt 3.2.6 ein geeigneter Lösungsansatz ausgewählt.

3.2.5 Lösungsansätze für das Problem des moralischen Risikos

Die einführende Tabelle 3.2 zeigt bereits die Lösungsmöglichkeiten der beiden Agenturprobleme Adverse Selection und Moral Hazard. Dabei ist zu sehen, dass je nach Art der Informationsasymmetrie eine bestimmte Lösungsmöglichkeit in Betracht gezogen wird, um die Informationsasymmetrie abzuschwächen (Alparslan, 2006, S. 28). Die Lösungsansätze basieren auf einer angepassten Vertragsgestaltung des Prinzipals, durch die das opportunistische Verhalten des Agenten vermindert oder verhindert werden soll. Zur Abschwächung des Problems des moralischen Risikos werden Anreiz-, Kontroll- und Informationssysteme vorgeschlagen.[63] Diese Lösungsansätze werden im Folgenden erläutert. Abschließend wird der für das vorliegende Problem geeignete Lösungsansatz ausgewählt.

3.2.5.1 Anreizsysteme

Im Gegensatz zu den beiden anderen Lösungsansätzen Kontrollsysteme und Informationssysteme adressieren Anreizsysteme nicht die Verminderung von Informationsasymmetrien (Alparslan, 2006, S. 32). Informationsasymmetrien sind, wie bereits zuvor beschrieben, nur deshalb ein Problem des Prinzipals, da sie vom Agenten opportunistisch ausgenutzt werden, so dass dieser den Wert seiner Nutzenfunktion maximieren kann. Die Grundlage dafür bieten die Zielkonflikte zwischen dem Prinzipal und dem Agenten. An dieser Stelle setzen Anreizsysteme an, indem sie die Zielfunktion (Nutzenfunktion) des Agenten vom Parameter der Zielfunktion (Nutzenfunktion) des Prinzipals abhängig machen. In den Grundmodellen zum Moral Hazard ist der Prinzipal ausschließlich am Ergebnis der Agenturbeziehung interessiert (abzüglich der Zahlungen an den Agenten). Der Agent wiederum ist an der

---

[63] In der Literatur wird als weitere Lösungsstrategie das Vertrauen des Prinzipals in den Agenten genannt (Insa Sjurts, 1998, S. 283f), (Göbel, 2002, S. 188). Der bewusste Verzicht des Prinzipals auf eine vertragliche Absicherung kann entweder dazu führen, dass der Agent – auch ohne zusätzliche Institutionen – das in ihn gesetzte Vertrauen nicht enttäuschen möchte und sich entsprechend den Vorstellungen des Prinzipals verhält (Ripperger, 1998, S. 137f) und (Göbel, 2002, S. 188). Neuere Studien aus dem Bereich der experimentellen Ökonomik zeigen, dass der Lösungsansatz des Vertrauens insbesondere gegenüber dem Monitoring Vorteile aufweisen kann (s. hierzu Frey (1993); Guerra (2002); Dickinson und Villeval (2008)). Ähnliche Ergebnisse weisen die Arbeiten zur Stewardship-Theorie auf (s. Donaldson und Davis (1991); Davis et al. (1997)). Die Lösungsstrategie Vertrauen wird in der vorliegendne Arbeit jedoch ausgeklammert.

Differenz aus der erhaltenen Zahlung und der dafür aufgewendeten Anstrengung interessiert. Grundgedanke von Anreizsystemen ist es, die Zahlung des Agenten vom Ergebnis (Zielfunktionsparameter des Prinzipals) abhängig zu machen. Die Entlohnung des Agenten erfolgt dabei so, dass sein zu erwartender Nutzen im Falle einer hohen Anstrengung größer (oder mindestens gleich groß) ist, als im Falle einer niedrigen Anstrengung. Dies wird als *Anreizkompatibilitätsbedingung* bezeichnet (Ross, 1973, S. 135), (Holmström, 1979, S. 76), (Grossman und Hart, 1983, S. 7f), (Richter und Furubotn, 2003, S. 225f), (Erlei et al., 2007, S. 114) und (Alparslan, 2006, S. 60).

Bei Anreizsystemen kommt es somit zu einer teilweisen Überwälzung des Risikos (für niedrige Ergebnisse) vom Prinzipal auf den Agenten. Insbesondere bei der Aufgabe der Annahme eines risikoneutralen Agenten kann dies nachteilig sein. Ein risikoaverser Agent wird für die Übernahme eines Teils des Risikos eine Risikoprämie fordern (Richter und Furubotn, 2003, S. 230f), (Erlei et al., 2007, S. 107) und (Alparslan, 2006, S. 75f). Der Prinzipal steht daher vor der Herausforderung, das Anreizziel mit der Risikoallokation zu verbinden (Alparslan, 2006, S. 33). Eine Möglichkeit ist die vertragliche Vereinbarung einer Kombination aus Fixlohn und variabler, ergebnisabhängiger Entlohnung.

In den Grundmodellen der Prinzipal-Agent-Theorie zur Anreizgestaltung bei Vorliegen von Moral Hazard wird von positiven Anreizen in Form von Ergebnisbeteiligungen ausgegangen. Denkbar sind aber auch Strafen (z.B. „Negativzahlungen"), die der Prinzipal dem Agenten bei der Unterschreitung bestimmter Ergebnisniveaus auferlegt (Ebers und Gotsch, 1999, S. 266). Hier kann das Problem der Risikoallokation verstärkt auftreten.

Kann der Prinzipal mittels Anreizsystemen die Interessenskonflikte abmildern, so besteht für ihn kein weiterer Bedarf, Informationsasymmetrien abzubauen (Alparslan, 2006, S. 32). Allerdings besteht auch die Gefahr des Setzens von Fehlanreizen. Dies wird u.a. im Verhältnis von Ergebnishöhe und -qualität deutlich. Setzt der Prinzipal zu hohe Anreize auf die Höhe des Ergebnisses, kann die Ergebnisqualität leiden. Ferner besteht die Gefahr einer Verdrängung intrinsischer Motivation zu einer hohen Leistung beim Agenten. In einem solchen Fall kann der Prinzipal auch bei fixer Entlohnung auf ein hohes Anstrengungsniveau des Agenten vertrauen. Die Ergebnisse der Stewardship-Theorie legen nahe, dass intrinsisch motivierte Agenten (sog. Stewards) bei Vorlage eines Vertrags mit leistungsabhängiger Entlohnung die intrinsische Motivation aufgeben (s. dazu Donaldson und Davis (1991) sowie Davis et al. (1997)).

3.2.5.2 Kontrollsysteme

Kontrollsysteme erlauben es dem Prinzipal die Informationsasymmetrie bezüglich der vom Agenten durchgeführten Aktionen zu reduzieren. Dabei wird überprüft, ob der Agent die „vertraglich fixierten Handlungsvereinbarungen tatsächlich einhält" (Alparslan, 2006, S. 33). Dies geschieht durch eine Investition in ein (nicht notwendigerweise technisches) System zur Überwachung der Aktionen des Agenten (Holmström, 1979, S. 74). Da eine komplette Überwachung der Aktionen unmöglich oder nur unter prohibitiv hohen Kosten möglich ist, werden zur Überwachung imperfekte Schätzer eingesetzt (Holmström, 1979, S. 74).

Diese Schätzer sind Signale, welche der Agent – außerhalb des und zusätzlich zu dem vom Prinzipal beobachtbaren Ergebnis – sendet und die vom Prinzipal empfangen und hinsichtlich der Aktionsüberwachung interpretiert werden können (Singh, 1985, S. 599f). Harris und Raviv (1978) verwenden Signale, die unabhängig von exogenen Störungen sind. Die Autoren können dabei zeigen, dass jede schädliche Handlung des Agenten mit einer positiven Wahrscheinlichkeit aufgedeckt werden kann. Holmström (1979) kritisiert dieses Vorgehen aufgrund der Unabhängigkeit der verwendeten Signale von der exogenen Störung. Dies komme einer direkten Beobachtung der Aktionen und somit dem First Best-Fall gleich. Diese Anforderung kann das imperfekte Monitoring nicht erfüllen (Holmström, 1979, S. 75). Daher ist die Frage nach der optimalen Gestaltung eines Kontrollsystems mit imperfekten Signalen zu stellen.

Bei der Entwicklung eines Kontrollsystems ist demnach zu fragen, wie dieses im Hinblick auf die genutzten Signalquellen (s. u.a. Khalil und Lawarree (2001); Anger (2008)), der Überwachungsfrequenz (s. u.a. Ichino und Muehlheusser (2008)) und der Zufälligkeit (determinsitisch oder stochastisch, s. u.a Evans (1980); Kanodia (1985); Dye (1986)) der Überwachung zu gestalten ist.

Die aus der Überwachung des Agenten gewonnenen Informationen nutzt der Prinzipal für Sanktionen gegen den Agenten sobald ein Fehlverhalten bekannt wird (Alparslan, 2006, S. 33) und (Mathissen, 2009, S. 38). Die Überwachung des Agenten kann entweder durch den Prinzipal selbst durchgeführt werden oder durch eine von ihm beauftragte Person. Im zweiten Fall, dem „Delegated Monitoring" (Diamond (1984)), ergibt sich eine doppelte Agenturbeziehung. Der Prinzipal wird zusätzlich zum Prinzipal des Überwachers, der als Agent mit der Überwachung des anderen Agenten beauftragt wird.[64] Der Prinzipal ist auch in dieser Beziehung den beiden Problemen Adverse Selection und Moral Hazard ausgesetzt (Alparslan, 2006, S. 33). So kann sich bspw. der mit der Überwachung beauftragte Agent mit dem zu überwachenden Agenten verbünden und gemeinsam gegen den Prinzipal arbeiten (Alparslan, 2006, S. 34). Dem Monitoring wird in der Literatur eine nur geringe Wirkung zugesprochen (Ebers und Gotsch, 1999, S. 213). So ist der Aufbau und Betrieb eines Kontrollsystems mit Kosten verbunden und der Prinzipal muss über genügend Ressourcen verfügen, um die empfangenen Signale auch verarbeiten zu können (Alparslan, 2006, S. 33, insb. Fn. 122).

3.2.5.3 Informationssysteme

Informationssysteme[65] dienen dem Prinzipal dazu, die Informationsasymmetrie bezüglich der Ausprägung der exogenen Störung zu vermindern. Besitzt der Prinzipal Informationen über die exogene Störgröße, so kann er aus dem gelieferten Ergebnis und die ihm annahmegemäß bekannte Transformationsbeziehung auf die Aktion des Agenten rückschließen (Alparslan, 2006, S. 34). Dieses Rückschließen muss der Agent bei der Wahl seiner Aktionen antizipieren. Der Agent wird daher eher die Aktionen wählen, die im Sinne des Prinzipals sind. Die Implementierung von Informationssystemen ist deshalb nicht im Sinne des Agenten. Zur Implementierung solcher Mechanismen werden daher flankierende Kontroll- oder Anreizmechanismen vorgeschlagen (Ebers und Gotsch, 1999, S. 265).

Die Abdeckung aller möglichen exogenen Störgrößen im Rahmen des Informationssystems ist jedoch ebenso problematisch wie deren Messbarkeit. Treten bspw. exogene Störeinflüsse nur lokal am Ort der Arbeitsverrichtung auf, so müsste der Prinzipal entweder persönlich vor Ort sein oder ein technisches, z.B. auf Sensoren basierendes Informationssystem implementieren.[66] Bei einer persönlichen Anwesenheit vor Ort stellt sich die Frage, warum der

---

[64] Zu beachten ist jedoch, dass es sich hierbei nicht um ein „Mutual Monitoring" der Agenten untereinander handelt. Ein Mutal Monitoring tritt in ein und derselben Agenturbeziehung auf. Durch das Delegated Monitoring entstehen zwei Agenturbeziehungen.

[65] Zu Informationssystemen in der PAT s. insb. (Holmström, 1979, S. 81ff), (Arrow, 1985, S. 45), (Blickle, 1987, S. 394 ff), (Firchau, 1987, S. 82 ff), (Kiener, 1990, S. 25ff), (Baiman und Rajan, 1994, S. 218ff).

[66] In der Prinzipal-Agent-Theorie gilt als Informationssystem jedwedes System, das dazu geeignet ist, den Prinzipal über die Realisierung und Ausprägung der exogenen Störgröße zu informieren – sei es rein technischer Art, rein nicht-technischer Art oder eine Mischform.

Prinzipal die Ausprägung der exogenen Störgröße und nicht direkt die Aktion des Agenten beobachtet. Im Falle eines technischen Informationssystems stellt sich die Frage, ob und wie die exogene Störgröße z.B. sensorisch erfasst werden kann. Gleichzeitig bleibt die Frage nach der Manipulierbarkeit eines solchen Systems durch den Agenten offen.

3.2.6 Auswahl des geeigneten Lösungsansatzes

Jeder der drei untersuchten Lösungsansätze besitzt Vor- und Nachteile. Anreizsysteme bieten den Vorteil, dass bei optimaler Anreizgestaltung keinerlei zusätzliche Systeme zur Reduktion der Informationsasymmetrien notwendig sind. Andererseits bestehen Probleme bezüglich der Risikoallokation, des Setzens von Fehlanreizen und der Verdrängung intrinsischer Motivation. Letzteres Problem ist auch ein Nachteil von Kontrollsystemen. Bei diesen kommt jedoch noch ein hoher Aufwand für Aufbau und Betrieb der Systeme hinzu. Allgemein wird den Kontrollsystemen daher nur eine geringe Eignung zugesprochen. Informationssysteme weisen Schwächen in Bezug auf die Vollständigkeit der zu erfassenden exogenen Störgrößen, deren Messung sowie der Manipulationsgefahr auf. Zusätzlich werden Informationssystemen flankierend Kontroll- und/oder Anreizsysteme beigestellt. Daher treten sie meist nicht als Einzelmaßnahme auf.

Die Lösungsansätze können auch in Bezug auf die Eignung für die Transportlogistik im Erdbau untersucht werden. Informationssysteme scheiden hier aufgrund der Vielzahl an exogenen Störgrößen und dem Problem der Messung weitestgehend aus. Erste Ansätze für Kontrollsysteme, wie sie bspw. von den Unternehmen Trimble Navigation Limited oder Topcon Positioning Systems Inc. auf Baustellen eingesetzt werden, sind zwar im Hinblick auf die automatisierte Erhebung von Leistungsdaten vielversprechend, verursachen jedoch auf Seiten des Bauleiters einen Überwachungsaufwand. Derzeit sind diese Systeme dafür konzipiert, reale Leistungsdaten zu erfassen und diese nur als Grundlage für die Vorausschau der zukünftigen Projektentwicklung zu verwenden. Ein tatsächliches Monitoring der Aktionen ist bisher nicht angestrebt. Hier fehlen u.a. automatisierte Verfahren zur Datenauswertung. Wird eine Minderleistung festgestellt, so kann nur mit negativen Anreizen reagiert werden (z.B. Strafzahlungen). Dies zeigt, dass auch ein Kontrollsystem für sich alleine gestellt nicht die erwünschten Zwecke im Hinblick auf die Reduktion des Problems des moralischen Risikos erfüllt.

Wie in Abschnitt 2.6 ersichtlich werden finanzielle Anreize von Arbeitern auf Baustellen als wichtig eingestuft. Die ökonomische Literatur stützt diese These.[67] Anreizsysteme sind demnach wirkungsvoll und können für sich allein gestellt wirken oder flankierend zu anderen Lösungsinstrumenten eingesetzt werden. Sie nehmen daher in der ökonomischen Literatur zu Agenturbeziehungen eine dominierende Rolle ein.

Die vorliegende Arbeit folgt der Sichtweise der ökonomischen und baufachlichen Literatur zur Eignung von Anreizsystemen. Als Lösungsansatz wird daher die Gestaltung eines Anreizsystems ausgewählt. Die These der vorliegenden Arbeit ist somit:

Durch Anreizsysteme kann das Koordinationsproblem in der Transportlogistik im Erdbau vermindert werden.

3.2.7 Empirische und experimentelle Evidenzen zu Anreizsystemen

Die wirtschaftswissenschaftliche Literatur weist eine Vielzahl von empririschen und experimentellen Arbeiten zur Evidenz der Vorteilhaftigkeit anreizbasierter Entlohnungsschemen auf. So weisen die Untersuchungsergebnisse von Murphy (1985) nach, dass Aktionärsrenditen und Unternehmenswachstum stark positiv beeinflusst werden, wenn die Manager mittels Aktienoptionen vergütet werden. Murphy (1985) untersuchte dazu Daten aus den Jahren 1964 – 1981 von insgesamt 501 leitenden Angestellten in 73 großen US-Industrieunternehmen. Die Längsschnittuntersuchung von Abowd (1990) unter mehr als 16.000 Managern in insgesamt 250 Großunternehmen in den Jahren 1981 – 1986 zeigt, dass Bonuszahlungen auf Basis des Aktienkurses positiv mit der Aktionärsrendite korreliert. Kahn und Sherer (1990) verwendeten Daten von 92 Managern in hohen Gehaltsstufen. Die Studie zeigte, dass Manager, die einen hohen Bonus erwarten können, zu einer stärkeren Leistungserhöhung tendieren, als Manager, die nur einen geringen Bonus in Aussicht haben. Mit der Untersuchung von 20.000 leitenden Angestellten in 439 Unternehmen in den Jahren 1981 – 1985 kommt Leonard (1990) zu der Erkenntnis, dass Angestellte in höheren Hierarchieebenen stärker durch Bonuszahlungen (monetäre Anreize) als durch Beförderungen (nicht-monetäre Anreize) angereizt werden. Ferner konnte gezeigt werden, dass ein Langzeit-Anreizsystem positiv mit dem Wachstum der Eigenkapitalrendite korreliert. In der Feldstudie über einen Zeitraum von 19 Monaten zeigte sich bei Lazear

---

[67] Zur Leistungsfähigkeit von Anreizsystemen zur Reduktion des moralischen Risikos s. Coughlan und Schmidt (1985), Brickley et al. (1985), Murphy (1985), Abowd und Card (1989), Abowd (1990), Gaynor und Gertler (1995), Gibbons (1997), Lazear (2000) sowie Franceschelli et al. (2010).

(2000) in einem US-Industriebetrieb zur Herstellung von Autoglas bei 29.837 Einzelbeobachtungen unter 3.707 Arbeitern ein Anstieg der Produktivität um 44%.

Anhand von zwei Feldexperimenten, die Franceschelli et al. (2010) in zwei argentinischen Textilunternehmen durchführten, wurde im Zeitraum September 2004 bis Februar 2005 jeweils ein Akkordlohnsystem mit einem kombinierten Grundlohn eingeführt. Insgesamt erfolgten 10.179 tägliche Beobachtungen bei 87 Mitarbeitern in beiden Experimenten. Die Daten zeigen, dass der Akkordlohn zu einem Anstieg der Anzahl gefertigter Produkte in Höhe von 28% führte. Fehr und Schmidt (2004) führten in zehn Experimentrunden mit je zwischen 20 und 24 Studenten Prizipal-Agenten-Experimente durch. Dabei konnten die Studenten in der Rolle des Agenten zwischen unterschiedlichen Vertragsangeboten wählen. Im gewählten zwei-Aufgaben-Modell zeigte sich, dass bei Akkordlöhnen vom Agenten nur die Aufgabe durchgeführt wurde, die den höheren Lohn erwarten lies. Bei einem Bonussystem, das die Ergebnisse beider Aufgaben als Bemessungsgrundlage hatte, wurde der Arbeitseinsatz auf beide Aufgaben verteilt. Die Probanden reagierten damit stark auf die gesetzten finanziellen Anreize.

Diese Evidenzen der empririschen und experimentellen Wirtschaftsforschung stützen die zuvor formulierte These dieser Arbeit, mittels Anreizsystemen positive Einflüsse auf die Leistungserstellung einwirken zu können.

3.2.8 Kritik an der Prinzipal-Agent-Theorie

Hauptsächliche Kritik an der Prinzipal-Agent-Theorie wird in Bezug auf die zugrundeliegenden Annahmen, aber auch an den fehlenden Konkretisierungen bzw. empirischen und experimentellen Überprüfungen geübt. Im Folgenden werden einige Kritikpunkte und deren Entgegnung im Rahmen dieser Arbeit aufgeführt. Für eine detaillierte kritische Auseinandersetzung mit der Prinzipal-Agent-Theorie siehe (Waterman und Meier, 1998, S. 177f), (Meinhövel, 1999, S. 108–171) und (Meyer, 2004, S. 117–214). Weitere jedoch weniger umfangreiche Kritiken finden sich u.a. bei (Richter und Furubotn, 2003, S. 237f), (Alparslan, 2006, S. 5–8).

Unter Rückgriff auf die in Abschnitt 3.1.4 geäußerten Kritik zur Realitätsnähe der Annahmen werden in Bezug auf die Prinzipal-Agent-Theorie die in Unterabschnitt 3.2.1 aufgeführten Annahmen auf ihrer Geeignetheit hinsichtlich der Beschreibung und Analyse der Transportlogistik im Erdbau untersucht. Festzuhalten ist, dass die Annahmen 2–5, 8, 10–20 und 23 als gegeben und geeignet gelten können. Die Annahme eines nur einperiodigen Modells (Ann. 6) wird, wie dies in weiterführenden Arbeiten zu Moral Hazard-Modellen bereits erfolgte, zugunsten der Annahme einer mehrperiodigen Agenturbeziehung aufgegeben. Die Annahme der Existenz nur eines Agenten (Ann. 9) wird, wie ebenfalls in weiterführenden Arbeiten zu Moral Hazard-Modellen bereits geschehen, aufgegeben. Folglich können auch mehrere Agenten mit einer Aufgabe betraut werden. Die Annahme der Eigennutzmaximierung (Ann. 1) bleibt ebenfalls bestehen. Die Nutzenfunktion basiert jedoch auf empirischen Erkenntnissen (s. dazu Abschnitt 5.2). Die Annahme der vollständigen Kenntnis der Entscheidungsmodelle der Agenten auf Seiten beider Parteien (Ann. 21) lässt sich ebenfalls halten. Die Aktionen des Agenten im Rahmen der Leistungserstellung sind hinreichend abgrenzbar (s. Unterabschnitt 3.4). Die Transformationsbeziehungen zwischen Aktion, Störgröße und Ergebnis lassen sich aus den bautechnischen Leistungsbestimmungen (s. Unterabschnitt 2.4.2) sowie aus empirischen Verteilungen der Störgrößen (s. Unterabschnitt 2.4.3) ableiten. Die Annahme, dass der Prinzipal vollständige Kenntnis über den Reservationsnutzen des Agenten besitzt, kann ebenfalls als gegeben angenommen werden. Dies allerdings unter zwei Bedingungen: Der Agent findet nur ähnliche Vertragsangebote am Markt vor und kann sich bei Vertragsabschluss nur zwischen den beiden Alternativen Erwerbstätigkeit oder Erwerbslosigkeit entscheiden. Weitere Einkunftsquellen existieren nicht. Der Reservationsnutzen ist somit das Einkommen bei Erwerbslosigkeit, z.B. Arbeitslosengeld.

Zu konstatieren ist somit, dass der an den Annahmen der Prinzipal-Agent-Theorie geübten Kritik bezüglich der Realitätsnähe entgegengehalten werden kann, dass diese Realitätsnähe im vorliegenden Fall zu weiten Teilen trotz allem gegeben ist bzw. zumindest hergestellt werden kann. Die Eignung der Annahmen zur Beschreibung und Analyse der Transportlogistik im Erdbau mittels der Prinzipal-Agent-Theorie ist somit gegeben.

Neben der Kritik an den Annahmen wird die generelle negative Konnotation von Informationsasymmetrien im Rahmen der ökonomischen Theorie kritisiert (Meyer, 2004, S. 105). Die prinzipiell denkbare Möglichkeit sei, dass „Akteure ihre Informationsvorsprünge auch zum *Vorteil der anderen* einsetzen" (Meyer, 2004, S. 105, Hervorhebung auch im Original). Dies sei von der Prinzipal-Agent-Theorie ebenso wenig betrachtet wie die Tatsache, dass der Informationsvorsprung des Agenten ein Hauptgrund für die Übertragung der Aufgaben an ihn darstellt (Meyer, 2004, S. 105). Bei aller negativen Färbung des Begriffs der Informationsasymmetrie bliebe dies zu beachten. Meyer (2004) geht bei dieser Kritik jedoch von einer sehr breiten Definition asymmetrischer Informationen aus und betont die wirtschaftlich und gesellschaftlich wünschenswerte Funktion der Spezialisierung (inkl. der dafür notwendigen Informationen) und Arbeitsteilung. Die vorliegende Arbeit geht jedoch, wie bereits beschrieben, von einer engeren Definition asymmetrischer Informationen aus. Zwischen Prinzipal und Agent herrscht, wie den Ausführungen in Abschnitt 3.2.2 zu entnehmen ist, eine Asymmetrie bezüglich der Informationen über die Verteilung einer Zufallsvariablen die das Ergebnis für den Prinzipal (und somit seinen Nutzen) beeinflusst. Es handelt sich somit nicht um eine Asymmetrie bzgl. der Informationen *wie* eine Aufgabe durchzuführen ist. Ein solches Verständnis legen die Ausführungen von Meyer (2004) nahe. Vielmehr handelt es sich um Informationen darüber, wie eine Aufgabe tatsächlich durchgeführt wurde bzw. welche tatsächliche Ausprägung der exogenen Störgröße vorliegt. Die Kritik von Meyer (2004) läuft zumindest für die vorliegende Arbeit ins Leere.[68]

Meinhövel (1999) kritisiert die der Prinzipal-Agent-Theorie inhärente Überbetonung von Nutzenverlusten gegenüber einer First Best-Situation ohne Informationsasymmetrien. Dabei wechselt er von einer mikroökonomischen auf eine betriebswirtschaftliche Perspektive und betont die Kooperationsvorteile, die aus einer Agenturbeziehung resultieren. Als Gründe für diese Vorteile nennt er Skaleneffekte, Kostendegressionseffekte, Spezialisierungsvorteile oder besondere Talente bzw. Merkmale der beauftragten Person (Meinhövel, 1999, S. 113). Die mikroökonomische Perspektive auf die Prinzipal-Agent-Theorie geht davon aus, dass „die Nichtdurchführung der Principal-Agent-Beziehung von vornherein ausgeschlossen ist" (Meinhövel, 1999, S. 111) und lässt so die aus der Agenturbeziehung resultierenden Nutzensteiergungen gesellschaftlicher Aufgaben- und Arbeitsteilung außen vor. „Durch die unvollkommene Informationslage tritt zwar ein Nutzenverlust auf, der Nutzenzuwachs durch eine zustandegekommene Auftragsbeziehung vermag aber diesen Rückschlag zu kompensieren" (Meinhövel, 1999, S. 110). Die vorliegende Arbeit teilt die von Meinhövel (1999) vorgebrachte Kritik. Jedoch kann für die Beschreibung und Analyse der Transportlogistik im Erdbau davon ausgegangen werden, dass ein gewisser „Zwang zur Agenturbeziehung" existiert. Die Transportlogistik im Erdbau kann nicht von einer Person bewerkstelligt werden. Die Vorteile aus der Agenturbeziehung (Arbeitsteilung mit Skalen-, Spezialisierungseffekten etc.) werden als gegeben vorausgesetzt. Die Frage – und hier schließt sich die Arbeit der mikroökonomischen Sichtweise an – ist, wie die Agenturbeziehung gestaltet werden muss, um Nutzenverluste durch Hidden Action zu mindern.

---

[68]   Gleiches gilt für die im Rahmen dieser Arbeit gesichteten Hidden Action-Modelle. Hier geht es nicht um Asymmetrien bezüglich Informationen über die Aufgabendurchführung, sondern um Asymmetrien bzgl. Informationen darüber, welche Aktionen tatsächlich durchgeführt wurden – und somit letztendlich um Asymmetrien über das vom Agenten gewählte Anstrengungsniveau.

In den Modellen zum moralischen Risiko kommt es zu einer „Mischung aus Informationsbeschränkungen einerseits und vollkommener Information andererseits" (Richter und Furubotn, 2003, S. 238). Während die benannten Asymmetrien beschränkend auf die Informationsmenge des Prinzipals wirken, besitzt er gemäß den Annahmen der Theorie vollkommene Informationen bezüglich der Entscheidungsmodelle der Agenten. Dies umfasst die Präferenzen der Agenten (ausgedrückt in den Nutzenfunktionen), alle Entscheidungsalternativen (Aktionen) mit den jeweils resultierenden Ergebnissen – mithin kennt der Prinzipal die Transformationsbeziehung zwischen Aktion und Ergebnis – sowie die Verteilung der Zufallsvariablen für die exogene Störung und deren Einfluss auf das Ergebnis (Grossman und Hart, 1983, S. 12) und (Richter und Furubotn, 2003, S. 238). Dabei ist festzuhalten, dass die Modelle von einer sehr abstrakten Auffassung der Aktionen der Agenten ausgehen. Die Aktionen sind meist als reelle Zahl modelliert und stehen in einem funktionalen Zusammenhang mit dem Ergebnis (Transformationsbeziehung). Für eine konkrete Anwendung der Hidden Action-Modelle stellen sich demnach Fragen nach der Interpretation dieser abstrakten Konstrukte des Modells. So ist die Frage zu stellen, was genau eine Aktion im Kontext der Transportlogistik im Erdbau bedeutet. Umfasst die Aktion einen einzelnen Handgriff oder die Wahl der Fahrgeschwindigkeit? Ferner ist zu fragen, wie lange eine Aktion dauert, ob Aktionen sequenzialisiert werden können und welchen Einfluss eine Aktion auf die Höhe des Ergebnisses hat (Meinhövel, 1999, S. 133f).

Die vorliegende Arbeit geht konform mit den Annahmen der Prinzipal-Agent-Theorie und geht daher ebenfalls davon aus, dass der Prinzipal eine vollständige Informationslage bzgl. der Entscheidungsmodelle der Agenten hat. Für die Transportlogistik im Erdbau ist dies, wie im späteren Abschnitt 3.4 zuerst allgemein im Modell und in Abschnitt 5.2 konkret am Beispiel der Erdbau-Transportlogistik gezeigt wird, unter gewissen Einschränkungen plausibel. Die Abschätzung der Nutzenfunktionsverläufe wird in Abschnitt 5.2 vorgenommen. Die Abschätzung basiert dabei auf experimentellen und empirischen Erkenntnissen über Nutzenfunktionsverläufe. Der zumindest tendenzielle Verlauf der Nutzenfunktionen der Agenten kann demnach für die Transportlogistik im Erdbau als bekannt (und somit auch dem Prinzipal bekannt) vorausgesetzt werden.

Für viele realweltliche Agenturbeziehungen lässt sich konstatieren, dass die übertragene Aufgabe nicht immer eindeutig und erschöpfend beschrieben bzw. überhaupt beschreibbar ist. Die Prinzipal-Agent-Theorie klammert dieses Problem jedoch aus. Jensen und Meckling (1976) schreiben in ihrer Definition einer Agenturbeziehung bspw. davon, dass der Prinzipal den

Agent beauftragt, „to perform some service" (Jensen und Meckling, 1976, S. 310). Ähnlich vage Beschreibungen finden sich auch in anderen Arbeiten. Richter und Furubotn (2003) sehen in einer Agenturbeziehung eine Situation in der ein Prinzipal einen Agenten „zur Ausführung einer Leistung in seinem Namen" (Richter und Furubotn, 2003, S. 173) beauftragt. Alparslan (2006) spricht hier im Allgemeinen nur von einem „Vertragsangebot". Wie der Service, die Leistung oder der Inhalt des Vertrages konkret aussieht wird – ebenso wie in vielen weiteren Arbeiten – nicht näher spezifiziert. Dies kann insofern als problematisch gelten, als dass das Ergebnis nur in Bezug auf die Beauftragung evaluiert werden kann. Wurde der Auftrag vorab nicht spezifiziert, so kann auch das Ergebnis nicht beurteilt werden. In der vorliegenden Arbeit wurde der Transportauftrag, der an einen Agenten übergeben wird, in 2.4.1.2 definiert als die Aufgabe eine gewisse Menge des logistischen Guts Erde von einer Quelle zu einem Ziel (auf meist vorgegebener Route) innerhalb einer vorgegebenen Zeit zu laden, zu transportieren und abzuladen. Damit ist für Zwecke dieser Arbeit die an den Agenten übertragene Aufgabe konkretisiert.

Das Fehlen marktlicher Mechanismen in den Hidden Action-Modellen kritisiert Meinhövel (1999). Im Rahmen der Prinzipal-Agent-Theorie kommt es zu keinen Vertragsverhandlungen mit z.B. einem Austausch an Geboten. Der Prinzipal offeriert dem Agenten ein take-it-or-leave-it Angebot. Dabei wird die Möglichkeit des Vorliegens alternativer Vertragsangebote auf Seiten des Agenten negiert. Der Agent hat nur die Möglichkeit, die Offerte des Prinzipals anzunehmen oder auf seinem Reservationsnutzen zu verharren (Meinhövel, 1999, S. 119). Über das Konstrukt der *Teilnahmebedingung* als Nebenbedingung der Vertragsgestaltung wird der Prinzipal gehalten, dem Agenten ein Vertragsangebot zu unterbreiten, bei dem dieser in der Erwartung mindestens ein gleiches Nutzenniveau erreicht wie ohne die Vertragsbeziehung. Dies reicht bereits aus, um den Agenten zur Teilnahme zu bewegen (Meinhövel, 1999, S. 62). „[D]em Agent [wird] in der Principal-Agent-Literatur kein Einfluß auf die Preisgestaltung über die Nutzenrestriktion hinaus zugestanden" (Meinhövel, 1999, S. 121).

Die vorliegende Arbeit geht trotz der vorgebrachten Kritik an den fehlenden Marktmechanismen davon aus, dass der Prinzipal ein take-it-or-leave-it Angebot unterbreitet. Der Kritik von Meinhövel (1999) kann in Bezug auf die Transportlogistik im Erdbau entgegengehalten werden, dass Bauunternehmen im Erdbau gegenüber potenziellen zukünftigen Arbeitnehmern sehr wohl take-it-or-leave-it Angebote unterbreiten können und dies auch durchführen. An den Annahmen der Prinzipal-Agent-Theorie wird daher festgehalten.

3.3 Hidden Action-Modelle in der Prinzipal-Agent-Theorie

3.3.1 Merkmale von Hidden Action-Modellen

Die in der Literatur existierenden Hidden Action-Modelle können anhand der Merkmale Anzahl der Signale[69], Anzahl der Aufträge[70], Anzahl der beteiligten Akteure[71], Anzahl der Modellstufen[72] und Anzahl der Perioden[73]

---

[69] Alparslan (2006) unterscheidet Mono-Signal-Modelle (Demski und Sappington (1999), Grossman und Hart (1983), Holmström (1982), Holmström (1979), Holmström und Milgrom (1987), Shavell (1979b), Spremann (1987a), Spremann (1987c), Ma (1988), Malcomson (1986), Rasmusen (1987) sowie Sjöström (1996)) und Poly-Signal-Modelle (Baiman und Rajan (1994), Banker (1992), Holmström (1979) sowie Shavell (1979b)).

[70] Unterschieden werden Modelle mit einem Auftrag (Modelle wie bspw. Ross (1973), Jensen und Meckling (1976), Holmström (1979) sowie Grossman und Hart (1983)) und Modelle, bei denen der Agent mehrere Aufträge gleichzeitig übertragen bekommt (Holmström und Milgrom (1991), Feltham und Xie (1994), Karmann (1994), Christensen und Demski (1995), Wagenhofer (1996), Slade (1996), Luporini und Parigi (1996), Erlei et al. (2007) sowie Besanko et al. (2005)).

[71] Unterschieden werden Modelle mit bilateralen Beziehungen (Grundmodell), Modelle mit mehreren Prinzipalen („Common Agency-Modelle", bspw. Bernheim und Whinston (1985), Gal-Or (1991), Mezzetti (1997), Dixit et al. (1997), Bond und Gresik (1997), Sinclair-Desgagné (2001), Peters (2001), Bergeman und Valimaki (2003), Martimort und Stole (2003), Peters (2003), Billette et al. (2003), Martimort und Moreira (2004), Calzolari und Pavan (2008), Gailmard (2009), Martimort und Stole (2009), Rose (2010), Dur und Roelfsema (2010) sowie D'Aspremont und Dos Santos Ferreira (2010)), Modelle mit mehreren Agenten (Multi-Agenten-Modelle, bspw. Holmström (1982), Demski und Sappington (1984), Malcomson (1986), Rasmusen (1987), Ma (1988), Karmann (1994), Sjöström (1996), Al-Najjar (1997), Gupta und Romano (1998), Meinhövel (1999), Backes-Gellner und Wolff (2001), Baldenius et al. (2002) sowie Mookherjee (2003)) und Modelle mit mehreren Prinzipalen und mehreren Agenten („Multi-Multi-Modelle", bspw. Cremer et al. (2000), Ichiishi und Koray (2000), Weber (2006)sowie Attar et al. (2010)).

[72] Es existieren die einstufigen Modelle bei denen der oder die Prinzipal(e) auf einer Hierarchieebene und alle Agenten gemeinsam auf einer darunter liegenden Hierarchieebene situiert sind. Ferner existieren mehrstufige Modelle, bei denen mehrere Agenturbeziehungen hintereinander geschalten werden. In diesen Modellen ist ein Agent gleichzeitig wieder Prinzipal eines weiteren Agenten auf der nächst tieferen Hierarchieebene (s. bspw. Itoh (1992), Itoh (1994), Melumad et al. (1995), Strausz (1997), Ichiishi und Koray (2000) sowie Itoh (2001)).

[73] Neben den einperiodigen Modellen existieren mehrperiodige Modelle mit einem endlichen oder einem unendlichen Zeithorizont (s. bspw. Radner (1985), Rogerson (1985a), Radner (1985), Radner (1986), Holmström und Milgrom (1987), Malcomson und Spinnewyn (1988), Rao (1992), Chiappori (1994), Wang (1997), Plambeck und Zenios (2000), Bergeman und Valimaki (2003), Cochard und Willinger (2005), Fuchs (2007), Zhang und Zenios (2008) sowie Koehne (2009)).

unterschieden werden (Alparslan, 2006, S. 47). Je nach Ausprägung der Merkmale, fokussieren die Modelle bestimmte Aspekte einer Agenturbeziehung und bilden somit unterschiedliche Modellvarianten oder Modelltypen bzw. Modellklassen (Alparslan, 2006, S. 42, Fn. 164). So werden bspw. bei Modellen mit mehreren Signalen neben dem Ergebnis als in der ursprünglichen Modellierung einzigem Signal, weitere Signale hinzugefügt. Im Folgenden werden die Strukturierungsmerkmale kurz erläutert und dabei das Erkenntnisinteresse der untersuchten Arbeiten skizziert.

Im Hinblick auf die Modellierung der Transportlogistik im Erdbau sind zwei Modellverfeinerungen bzw. -erweiterungen von Interesse. So sind im Erdbau nur bilaterale Agenturbeziehungen mit lediglich einem Prinzipal und einem Agenten kaum anzutreffen. Es ist somit eine Erweiterung des Grundmodells hin zu (i.) Multi-Agenten-Modellen erforderlich. Vor dem Hintergrund der angestrebten Erhöhung der Flexibilität der Koordinationsinstrumente ist eine Dynamisierung der Modelle notwendig, um die Anpassung auf die sich mit der Zeit ändernden Umweltbedingungen erreichen zu können. Das Grundmodell ist somit (ii.) auf ein Modell mit mehreren Perioden zu erweitern. Im Folgenden wird kurz auf die Problemfoki der beiden Verfeinerungen jeweils für sich stehend eingegangen. Das zu entwickelnde Prinzipal-Agenten-Modell der Transportlogistik im Erdbau bedarf jedoch der Kombination beider Verfeinerungen. Daher beschränkt sich die Analyse des Stands der Forschung auf Hidden Action-Modelle mit mehreren Agenten *und* mehreren Perioden.

3.3.2 Modelle mit mehreren Agenten

Mit der Erweiterung von Hidden Action-Modellen auf mehrere Agenten entstehen neue Probleme, die im Grundmodell mit nur einem Agenten so noch nicht auftreten. Erzeugen mehrere Agenten ein Ergebnis gemeinsam („Teamproduktion"), so kann der Beitrag eines Agenten zu diesem Ergebnis möglicherweise nicht bestimmt werden. Für den Prinzipal verstärkt sich dadurch das Rückschlussproblem. Ein Agent kann ein schlechtes Ergebnis nicht mehr nur auf negative exogene Störungen sondern auch auf andere Teammitglieder zurückführen, ohne dass der Prinzipal dies überprüfen kann (Aoki, 1994, S. 657). Für die Agenten dehnt sich damit ihr diskretionärer Handlungsspielraum aus. Anstrengungen können so noch weiter minimiert werden. Ferner können Agenten darauf hoffen, dass positive Ergebnisse anderer Agenten das Gesamtergebnis erhöhen. Dadurch entsteht ein Free rider-Problem (Holmström, 1982, S. 324).

Wird eine Gruppenentlohnung eingeführt, so kann diese auf einer relativen Leistungsmessung basieren, falls Teile der Anstrengungsniveaus noch individuell messbar sind. Bei solchen Entlohnungen besteht die Gefahr eines negativen Gruppendrucks („Peer Pressure", (Kandel und Lazear, 1992, S. 805)). Sehr produktive Agenten („Rate Busters" (Baron und Kreps, 1999, S. 229)) werden von weniger produktiven Agenten möglicherweise dazu gezwungen, ihr Anstrengungsniveau zu verringern („Peer Sanctioning", (Che und Yoo, 2001, S. 526)). Bei einer gemeinsamen Leistungsmessung und einer darauf basierenden Entlohnung, entstehen das zuvor benannte Free rider-Problem. Auf der anderen Seite kann, bei entsprechender Vertragsgestaltung und der wechselseitigen Beobachtbarkeit der Agenten untereinander („Mutual Monitoring"), ein Gruppendruck entstehen, der zu einem erhöhten Leistungsniveau der Agenten führt. Können Agenten ihre Aktionen untereinander überwachen, so können Free rider identifiziert und zu höherer Leistung gezwungen werden – dies jedoch nur, wenn die Agenten entsprechend Druck auf den Free rider ausüben können. Das „Mutual Monitoring" (Varian, 1990) führt zu impliziten Anreizen, die das Risiko für Moral Hazard reduzieren, ohne dass der Prinzipal durch ein Setzen expliziter Anreize tätig werden muss (Kandel und Lazear, 1992, S. 805).

3.3.3 Modelle mit mehreren Perioden

Auch mit der Erweiterung von Hidden Action-Modellen auf mehrere Perioden entstehen Probleme, die im Grundmodell einer nur einperiodigen Beziehung so noch nicht auftreten. Diese Probleme können sich positiv, wie auch negativ auf Seiten beider Parteien auswirken (Alparslan, 2006, S. 46). Mehrperiodige Modelle bieten bspw. die Möglichkeit aus gesendeten Signalen einen Informationsstand über die jeweils andere Partei aufzubauen. Dies hilft, die Informationsasymmetrie abzubauen. Die Beteiligten können jedoch auch intertemporale Ausgleiche (z.B. geringe Anfangsentlohnung und spätere Beförderungen) nutzen. So können auf beiden Seiten spätere Lock-In-Effekte erzeugt und ausgenutzt werden. Diese Effekte können antizipierbar sein und sich so bereits bei Vertragsschluss auswirken.

Der in der Literatur beschriebene „Sperrklinkeneffekt" bzw. „Ratchet-Effekt" kommt ebenfalls erst in mehrperiodigen Modellen zum Tragen. Hier verändert der Prinzipal die Leistungsstandards für die Entlohnung auf der Grundlage vergangenheitsbezogener Erfahrungen. Der Agent antizipiert dies und hält sein Leistungsniveau konstant niedrig (s. dazu (Erlei et al., 2007, S. 169f), Gibbons (1987) sowie Laffont und Tirole (1988)).

Bei der Beschreibung und Analyse mehrperiodiger Agenturbeziehungen kommen u.a. auch Instrumente der Spieltheorie wie bspw. die Diskontierung zukünftiger Gewinne (s. Radner (1985), Spear und Srivastava (1987) sowie Malcomson und Spinnewyn (1988)) oder Lernen (s. Rao (1992) und Chiappori (1994)) zur Anwendung. Dies zeigt die bereits erwähnte Nähe der zur Wahl des Bezugsrahmens untersuchten Theorien.

3.3.4 Modelle mit mehreren Agenten und mehreren Perioden

3.3.4.1 Das Modell von Malcomson (1984)

Ein-Agenten-Modelle schlagen zur Lösung des Moral Hazard-Problems Verträge vor, die eine Bezahlung des Agenten auf Basis des Ergebnisses vorsehen. Dadurch soll der Zielkonflikt zwischen Prinzipal und Agent abgemildert werden. In Mehr-Agenten-Modellen ist dies so nicht möglich, da der Ergebnisbeitrag einzelner Agenten nicht ohne Weiteres individuell zurechenbar ist (Malcomson, 1984, 487). Das Modell von Malcomson (1984) beschreibt und erklärt solche Mehr-Agenten-Situationen ohne die Möglichkeit der individuellen Leistungszuordnung. Angenommen wird jedoch: „some level of effort [. . .] is objectively verifiable at low costs [. . .] " (Malcomson, 1984, 492).

Es existiert daher ein kontrahierbares Signal der Agenten bezüglich ihrer Leistung. Die Prognose der Autoren ist, dass die Einführung einer auf diesem Signal basierenden Rangfolge („rank-order tournament") unter den Agenten und einer von dieser Rangfolge abhängigen Bezahlung zur Reduktion von Moral Hazard führt. Die Empfehlung ist daher, einen Vertrag zu gestalten, der die Agenten gemäß des verifizierbaren Anteils ihrer Anstrengung in eine Rangfolge bringt und über zwei Perioden mit unterschiedlichen Bezahlungen entlohnt.

Zentrale Annahmen
Annahmen des Modells von Malcomson (1984) sind, dass alle Agenten in Bezug auf ihr Verhalten und ihre Produktionstechnik identisch sind und dass das von den Agenten gelieferte Ergebnis proportional zu ihrer Anstrengung ist. Der Prinzipal kann einen Teil der Anstrengung der Agenten beobachten und subjektiv messen.

-Diese Messung ist durch den Agenten nicht verifizierbar. Der Prinzipal kann ein Mindestanstrengungsniveau durchsetzen. Der Anteil, der nach der ersten Periode höher entlohnten Agenten, ist durch alle Agenten verifizierbar. Der Prinzipal hat unbeschränkten Zugang zum kompetitiven Arbeitsmarkt und kann so viele Agenten wie benötigt kontrahieren.

Modellkern

Kern des Modells ist ein Vertrag, der die Entlohnung der Agenten in der ersten Periode vorschreibt ($Lohn_0$). Diese Entlohnung ist für alle Agenten gleich. Am Ende der ersten Periode findet die subjektive Bewertung der Anstrengungen durch den Prinzipal statt. Der Prinzipal bildet eine für alle Agenten nicht verifizierbare Rangfolge unter den Agenten. Alle Agenten, die über einem Referenz-Leistungsniveau liegen, werden in der Folgeperiode höher entlohnt ($Lohn_2$). Die Höhe dieses Lohns ist im Vertrag festgeschrieben. Alle Agenten, deren Leistungen unterhalb des Referenz-Leistungsniveaus liegen, erhalten einen geringeren Lohn als $Lohn_2$ ($Lohn_1$). Das Referenz-Leistungsniveau wird vom Prinzipal so gewählt, dass ein bestimmter Anteil der Agenten über diesem Niveau liegt. Dieser Anteil wird ebenfalls im Vertrag festgeschrieben.

Der Vertrag schreibt demnach alle Lohnniveaus und den Anteil der in der zweiten Periode höher zu entlohnenden Agenten vor: ($Lohn_0$, $Lohn_1$, $Lohn_2$, $Anteil$). Am Ende der zweiten Periode endet die Interaktion. Die Abbildung 3.13 skizziert das Modell.

Würdigung

Malcomson baut sein Modell auf etablierten Vorarbeiten (u.a. Grossman und Hart (1983)) auf. Unter Offenlegung aller Annahmen legt er mit einer nachvollziehbaren und überprüfbaren mathematisch-deduktiven Methode seine Erkenntnisse dar. Die getroffenen Aussagen werden durch mathematische Beweise belegt. Malcomson leitet den optimalen Vertrag ab und zeigt, dass dieser umsetzbar („enforceable") ist. Ein Vergleich zum First Best-Vertrag unterbleibt jedoch. Das Modell wird in der Arbeit nicht instanziiert. Empirische Überprüfungen des Modells wurden in der Literatur nicht gefunden.

Schlussfolgerung

Das Modell beinhaltet im Hinblick auf ihr Verhalten und ihre Produktionstechnik identische Agenten. Es findet keine Modellierung der Abhängigkeiten zwischen Agenten während der Leistungserstellung statt. Die Agenten produzieren zwar ein gemeinsames Ergebnis, wie dies jedoch genau geschieht

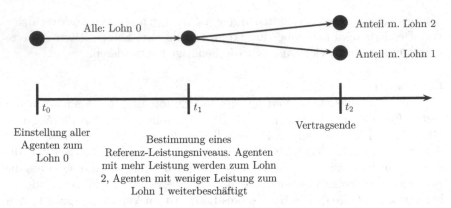

Abbildung 3.13: Das Modell von Malcomson (1984)

bleibt im Modell außen vor. Die im Modell enthaltene Abhängigkeit beschränkt sich auf das relative Ranking, das der Prinzipal durchführt. Da die Entlohnung vom Ranking abhängt und das Ranking auf dem Ergebnis der anderen Agenten basiert, ist die Abhängigkeit der Agenten untereinander im Modell enthalten.

Die Beschreibung und Analyse wird exemplarisch an nur einem Agenten geführt. Leistungsabhängigkeiten (wie beschrieben) und eine strategische Interaktion der Agenten bei der Aktionswahl finden nicht statt. Beim Modell von Malcomson (1984) handelt es sich somit um kein „echtes" Multi-Agenten-Modell. Der Vorschlag von Malcomson das Modell durch die Einführung von Indizes bei den Nutzenfunktionen auf mehrere Agenten zu erweitern (Malcomson, 1984, 502) greift zu kurz, da auf diesem Wege keinerlei Abhängigkeiten modelliert werden. Für die Beschreibung, Erklärung und Prognose der Hidden Action-Situation auf Erdbaustellen ist das Modell somit nur bedingt geeignet.

Malcomson legt sein Modell auf zwei Perioden aus. Eine Erweiterung auf mehrere Perioden bedeutet eine weitgehende Reformulierung des Modells. Die – sogar im Grundmodell – vorhandene exogene Störung ist im Modell von Malcomson nicht enthalten. In diesen Punkten zeigt sich, dass das Modell für die Beschreibung, Erklärung und Prognose in der bestehenden Form nicht geeignet ist und Anpassungen bedarf.

Mehrere Agenten wurden bei Malcomson nur eingeführt, um das Referenz-Leistungsniveau berechnen zu können. Hierfür muss die Anzahl der Agenten ausreichend hoch sein, so dass der einzelne Agent das Referenz-

Leistungsniveau nicht „mitbestimmen" kann. Dieses Problem basiert auf der Empfindlichkeit gegenüber Ausreißern des in der Arbeit gewählten statistischen Mittelmaßes. Das von Malcomson mehrfach zitierte „Gesetz der großen Zahl" hilft in seinem Modell, die strategische Beeinflussung des Referenz-Leistungsniveaus durch einen einzelnen Agenten (oder, mit Absprache durch mehrere Agenten) zu verhinden (Malcomson, 1984, 493, 495). Wie hoch diese Anzahl an Agenten sein muss wird jedoch nicht erwähnt. Eine Erdbaustelle beschäftigt jedoch nur relativ wenig Baugeräteführer. Einzelne Baugeräteführer können ein Referenz-Leistungsniveau beeinflussen. Absprachen über Leistungsniveaus sind zwischen mehreren Baugeräteführern möglich. Da das Referenz-Leistungsniveau aber der zentrale Bestandteil des Lösungsansatzes von Malcomson dastellt, ist seine Arbeit für die Gestaltung in der dargelegten Form nicht geeignet. Hier kann bspw. eine Veränderung des Mittelmaßes für die Bestimmung des Referenz-Leistungsniveaus Abhilfe schaffen. Je kleiner die Zahl der Agenten wird, desto ungeeigneter ist das Modell auch mit einem veränderten Mittelmaß.

3.3.4.2 Das Modell von Radner et al. (1986)

Radner et al. (1986) beschreiben und analysieren mit ihrem Modell Situationen, in denen der Nutzen eines Agenten von den Aktionen anderer Agenten in der Form abhängt, als dass die Aktionen der Agenten ein allgemein beobachtbares gemeinsames Ergebnis hervorbringen. Das Ergebnis ist neben den Aktionen ebenfalls von einer exogenen Störung abhängig. Das Modell wird als wiederholtes Super-Spiel (Spiel mit unendlicher Iteration) formuliert, wobei jede Iteration die Wiederholung eines einperiodigen Spiels ist (Radner et al., 1986, 43). Das gemeinsam erzeugte Ergebnis ist am Ende jeder Wiederholung (perfekt) beobachtbar und geht für den Spieler in die Wahl der Strategie für die nächste Periode ein (Radner et al., 1986, 44). Die Agenten sind anteilig am Gesamtergebnis beteiligt (Radner et al., 1986, 45). Dies erzeugt den Anreiz zu einem Free rider-Verhalten (Radner et al., 1986, 46). Die Ausgangssituation der Betrachtung ist ein nicht Pareto-optimales Spielgleichgewicht mit mehreren Agenten und einem Prinzipal (Radner et al., 1986, 45). Die Prognose ist, dass der Prinzipal in einer solchen Situation die Strategienwahl der Agenten so beeinflussen kann, dass ein Pareto-superiores Gleichgewicht entsteht. Radner et al. (1986) schlagen die Gestaltung eines Spiel-Mechanismus („Mechanism Design") vor, in dem die Agenten Paretooptimale Strategien wählen (Radner et al., 1986, 45).

Zentrale Annahmen

Annahmen des Modells von Radner et al. (1986) sind, dass kein Spieler die Aktionen der anderen Spieler beobachten kann, dass das Periodenergebnis nach jeder Wiederholung allgemein (perfekt) beobachtbar ist, dass die Interaktion unendlich oft wiederholt wird und dass keine Diskontierung zukünftiger Auszahlungen stattfindet. Mit der ersten Annahme schließen Radner et al. (1986) die positiven Effekte eines „Mutual Monitoring" aus. Implizite Anreize existieren somit nicht. Da die Interaktion unendlich oft wiederholt wird, müssen die Agenten nicht davon ausgehen, dass sie ihre Vorteile aus der Interaktion zu irgendeinem Zeitpunkt verlieren. Die Agenten müssen dies auch nicht antizipieren. Das Problem der Rückwärtsinduktion entfällt (Gibbons, 1992, S. 57f) und (Holler und Illing, 2006, S. 21). Ohne Diskontierung zukünftiger Auszahlungen berücksichtigt der Agent lediglich sein Nutzenniveau der aktuellen Periode. Das kurzfristige Verzichten auf Nutzen zugunsten eines später erzielbaren Nutzens wird somit ausgeblendet.

Modellkern

Zu Beginn einer jeden Periode beobachten die Agenten (jeder für sich) die Ausprägung der exogenen Störung. Danach wählen die Agenten gemäß dieser Beobachtung und ihrer Historie die durchzuführende Aktion. Nachdem die Aktionen ausgeführt und das Ergebnis dadurch produziert wurde, wird dieses vom Prinzipal festgestellt. Anschließend findet die Entlohnung der Agenten in Form eines Anteils am realisierten Gesamtergebnis statt. Die Abbildung 3.14 verdeutlicht die Funktionsweise des Modells.

Würdigung

Radner et al. (1986) bauen ihr Modell auf vorausgehende Arbeiten der wiederholten Agenturbeziehungen auf (u.a. Rubinstein (1979); Holmström (1982)) und gelangen zu analogen Erkenntnissen (Radner et al., 1986, 53). Unter Offenlegung aller Annahmen legen Radner et al. (1986) mit einer nachvollziehbaren und überprüfbaren mathematisch-deduktiven Methode ihre Erkenntnisse dar. Die getroffenen Aussagen werden durch mathematische Beweise belegt. Radner et al. (1986) zeigen, dass ein Spielmechanismus durchgesetzt werden kann, der Pareto-superior gegenüber der Ausgangssituation (Situation mit Free rider-Problem) ist. Ein Vergleich zur First Best-Situation unterbleibt. Das Modell wird in der Arbeit nicht instanziiert. Empirische Bestätigungen konnten nicht gefunden werden.

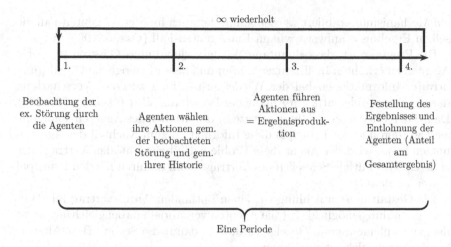

Abbildung 3.14: Das Modell von Radner et al. (1986)

Schlussfolgerung

Das Modell beinhaltet im Hinblick auf ihr Verhalten und ihre Produktionstechnik identische Agenten. Es findet keine Modellierung der Abhängigkeiten zwischen Agenten während der Leistungserstellung statt. Die Agenten produzieren zwar ein gemeinsames Ergebnis, wie dies jedoch genau geschieht bleibt im Modell außen vor. Das Modell ist daher für die Beschreibung, Erklärung und Prognose von Moral Hazard auf Erdbaustellen nur bedingt geeignet. Das Modell beschreibt ein unendlich oft iteriertes Spiel. Der Erdbau ist jedoch eine zeitlich beschränkte Interaktion mit fest vorgegebenem Ende. Da die unendliche Wiederholung ein essentieller Bestandteil des Lösungsvorschlags ist, folgt, dass der Lösungsvorschlag von Radner et al. (1986) für die Gestaltung der Prinzipal-Agenten-Beziehung zwischen Bauleiter und Maschinist nur eingesetzt werden kann, wenn das Problem der Rückwärtsinduktion erfolgreich vermieden werden kann.

3.3.4.3 Das Modell von Osano (1998)

Osano (1998) beschreibt und analysiert Mehr-Agenten-Situationen, in denen der Agent Wiederverhandlungs-Offerten machen kann (Osano, 1998, 207). Die leitenden Forschungsfragen sind dabei, ob die Erkenntnisse über Wiederverhandlungen im Ein-Agenten-Fall (u.a. Ma (1994); Fudenberg und Tirole (1990)) auch auf Mehr-Agenten-Situationen übertragbar sind und ob ein Mechanismus etabliert werden kann, der auch im Mehr-Agenten-Fall die selben Ergebnisse aufweist wie im Ein-Agenten-Fall (Osano, 1998, 208).

Die Prognose ist, dass simultane Wiederverhandlungs-Offerten mehrerer Agenten zu erhöhten Ineffizienzen führen und dass die mögliche Offenlegung privater Informationen bei der Wiederverhandlung zu einer Verschärfung der Vertragsproblematik am Anfang der Beziehung führt (Osano, 1998, 208). Da bei der Wiederverhandlung private Informationen des Agenten kommuniziert werden und der Prinzipal diese Information zum Nachteil des Agenten nutzen kann, wird der Agent diese Problematik beim initialen Vertrag antizipieren. Das initiale Schließen des Vertrags kann dadurch für den Prinzipal teurer werden.

Die Gestaltungsempfehlung ist, einen optimalen Anreizvertrag mit Wiederverhandlungsmöglichkeit (alle Agenten verhandeln dabei gleichzeitig wieder) zu implementieren. Gezeigt wird, dass damit die Second Best-Alternative immer erreicht werden kann.

Zentrale Annahmen

Annahmen im Modell sind, dass die Aktionen eines Agenten für andere Agenten unbeobachtbar sind, dass die Agenten mit ihren Aktionen ein gemeinsames Ergebnis erzeugen und dass die Wiederverhandlungs-Offerten von allen beobachtet werden können, ebenso wie die Auszahlungen der Agenten. Der Reservationsnutzen beträgt Null. Mit der ersten Annahme schließt Osano (1998) die positiven Effekte eines „Mutual Monitoring" aus. Implizite Anreize existieren somit nicht. Die Annahme der Beobachtbarkeit der Wiederverhandlungs-Offerten und der Auszahlungen ist eine Grundvoraussetzung für den vorgeschlagenen Lösungsansatz.

Modellkern

Zu Beginn der Interaktion offeriert der Prinzipal allen Agenten einen initialen Vertrag, der die Zahlungen in Abhängigkeit des von den Agenten gelieferten Ergebnissen spezifiziert. Die Agenten akzeptieren diesen Vertrag oder lehnen ihn ab. Bei einer Ablehnung wird der betreffende Agent nicht mit der auszuführenden Aufgabe betraut. Akzeptiert ein Agent, so wählt er im Folgenden seine unbeobachtbare Aktion. Kein Agent kennt die Wahl der Aktion anderer Agenten. Bevor die Agenten ihre Aktion ausführen, unterbreiten sie – jeder für sich, jedoch alle gleichzeitig – dem Prinzipal ein Wiederverhandlungsangebot in Form eines neuen Vertrags. Auch der neue Vertrag spezifiziert die Auszahlungen des Agenten in Abhängigkeit des Ergebnisses. Der Prinzipal kann diese Offerten annehmen oder ablehnen. Lehnt der Prinzipal keine Offerte ab, so kommen die neuen Verträge zustande. Lehnt der Prinzipal auch nur eine der Offerten ab, so verbleiben alle auf dem Initialvertrag.

Nach der Wiederverhandlung wählen die Agenten erneut und wieder unbeobachtet ihre Aktionen die daraufhin ausgeführt werden. Das entstehende Ergebnis wird realisiert und die Agenten werden in Abhängigkeit der Ergebnisse bezahlt. Die Abbildung 3.15 verdeutlicht die Funktionsweise des Modells.

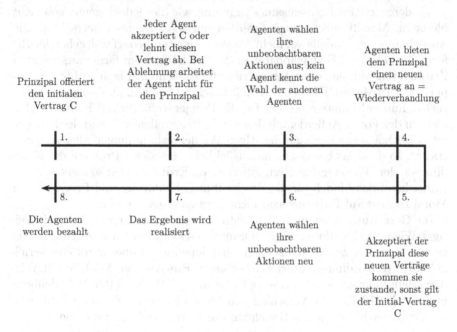

Abbildung 3.15: Das Modell von Osano (1998)

Würdigung

Osano baut sein Mehr-Agenten-Modell auf die Ein-Agenten-Modelle mit Wiederverhandlungsoption von Ma (1994) und Fudenberg und Tirole (1990) auf. Unter Offenlegung aller Annahmen legt Osano (1998) mit einer nachvollziehbaren und überprüfbaren mathematisch-deduktiven Methode seine Erkenntnisse dar. Die getroffenen Aussagen werden durch mathematische

Beweise belegt. Osano zeigt, dass ein optimaler Anreizvertrag durchgesetzt werden kann, der die Second Best-Situation implementiert. Ein Vergleich zur First Best-Situation unterbleibt jedoch. Das Modell wird in der Arbeit nicht instanziiert. Empirische Belege konnten in der Literatur nicht gefunden werden.

Schlussfolgerung

Das Modell beinhaltet im Hinblick auf ihr Verhalten und ihre Produktionstechnik identische Agenten. Es findet keine Modellierung der Abhängigkeiten zwischen Agenten während der Leistungserstellung statt. Die Agenten produzieren zwar ein gemeinsames Ergebnis, wie dies jedoch genau geschieht bleibt im Modell außen vor. Es werden nur zwei Agenten betrachtet. Die Ausdehnung des Modells auf mehr als zwei Agenten bedarf weitgehender Reformulierungen des Formelapparates. Das Modell besteht ferner aus nur zwei Zeitpunkten während einer Interaktion. Es ist demnach kein „echtes" mehrperiodisches Modell. Die in der Arbeit beschriebene und analysierte Wiederverhandlungsalternative besteht für die Baugeräteführer auf Erdbaustellen nicht in der Form. Außerdem finden auf Erdbaustellen während des betrachteten Zeithorizonts keine gleichzeitigen Wiederverhandlungen aller Agenten statt[74], so dass das bei Osano hauptsächlich adressierte Problem der Koordination der Wiederverhandlungsofferten auf Erdbaustellen so nicht auftritt. Daher kann das Modell für die Beschreibung, Erklärung und Prognose von Moral Hazard auf Erdbaustellen nicht herangezogen werden.

Die Gestaltung eines optimalen anreizkompatiblen Vertrags bei gleichzeitiger Wiederverhandlung, wie sie Osano vorschlägt, ist für die Erdbaustelle zu weit gegriffen. Für Erdbaustellen – bei denen wenn überhaupt eher serielle Wiederverhandlungen auftreten – können Ein-Agenten-Modelle mit Wiederverhandlungsoption herangezogen werden, z.B. Ma (1994); Fudenberg und Tirole (1990). Der Vorschlag von Osano ist daher für die Gestaltung der Bauleiter-Maschinisten-Beziehung auf Erdbaustellen ungeeignet.

3.3.4.4 Das Modell von Che und Yoo (2001)

Che und Yoo (2001) beschreiben eine Langzeit-Interaktion mehrerer Agenten in einer Gruppe und erklären dabei, wie explizite Anreize gesetzt werden

---

[74] Ein Beispiel gleichzeitiger Wiederverhandlungen aller Agenten wären Tarifverhandlungen. Diese werden aber durch das Modell nicht abgedeckt, da hierbei ein zentraler, neuer Vertrag ausgehandelt wird und nicht jeder Agent einzeln mit dem Prinzipal verhandelt.

müssen. Bisherige Arbeiten in diesem Bereich fokussieren bei der Entlohnung mehrerer Agenten ein relatives Entlohnungsschema („Relative Performance Evaluation"), obwohl dessen negativer Effekt auf die Kooperationsbereitschaft der Agenten bekannt ist (z.B. Bestrafung von „rate busters"). Ferner sind diese bestehenden Modelle statischer Natur. Die Prognose von Che und Yoo ist, dass ein wechselseitiges Monitoring der Agenten untereinander und das Vorhandensein von Gruppendruck (zusätzlich) implizite Anreize setzt und Moral Hazard „von selbst" reduziert. Durch die Gestaltung einer Team-orientierten Entlohnung („Joint Performance Evaluation") in wiederholten Interaktionen können Che und Yoo zeigen, dass implizite Anreize zur Kooperation entstehen (z.B. durch „Peer Sanction"). Wichtige Voraussetzung dafür ist jedoch eine wechselseitige Abhängigkeit der durch die Agenten zu bearbeitenden Aufgaben. In solchen Situationen kann jeder Agent den anderen sanktionieren, indem er ihn bei der Aufgabendurchführung sabotiert („Peer Pressure"). Die zentrale Erkenntnis von Che und Yoo ist, dass je länger ein Team Bestand hat, desto größer ist der Peer-Effekt und desto vorteilhafter ist auch die Joint Performance Evaluation.

Zentrale Annahmen

Annahmen im Modell von Che und Yoo (2001) sind die wechselseitige Abhängigkeit der durch die Agenten zu bearbeitenden Aufgaben, die Möglichkeit der Bestrafung von Agenten durch andere Agenten und die wechselseitige Unabhängigkeit der Produktionstechniken der Agenten. Ferner wird eine unendliche Wiederholung mit einer Abbruchwahrscheinlichkeit von größer Null angenommen. Das Entlohnungsschema wird zu Beginn der Interaktion festgelegt und bleibt über die Zeit unverändert bestehen. Die Agenten können wechselseitig ihre Aktionen beobachten („mutual monitoring"). Eine Kommunikation zwischen dem Prinzipal und den Agenten ist prohibitiv teuer. Agenten können untereinander keine Verträge schließen.

Mit den Annahmen stellen Che und Yoo (2001) sicher, dass eine Atmosphäre des Gruppendrucks entstehen kann. Mit der (prinzipiell) unendlichen Wiederholung und einem nicht vorhersehbaren Abbruch der Interaktion schließen Che und Yoo (2001) das Problem der Rückwärtsinduktion aus. Mit dem annahmegemäßen Unterbinden jedweder Kommunikation zwischen Prinzipal und Agent wird sichergestellt, dass der Prinzipal als einziges Signal die individuellen Leistungen (betrachteter Fall 1) bzw. die gemeinsamen Leistungen (betrachteter Fall 2) empfängt. Agenten können so andere Agenten nicht „anschwärzen" und der Prinzipal muss sich im Modell keine Gedanken über die Werthaltigkeit des vom Agenten zusätzlich empfangenen Signals machen.

Mit der Annahme, dass Agenten untereinander keine Verträge schließen können werden weitere Seiteneffekte ausgeschlossen. So könnten Agenten untereinander bspw. Ausgleichszahlungen leisten oder sich wechselseitig anreizen.

Modellkern

Zu Beginn einer Periode wählen die Agenten ihre Aktionen. Dies geschieht unter der Berücksichtigung abdiskontierter zukünftiger Erträge. Die Agenten beziehen damit explizit die in zukünftigen Perioden erreichbaren Nutzenniveaus aus der Interaktion mit ein. Ist der Nutzen der Zusammenarbeit höher als der Disnutzen der hohen Anstrengung, so wird der Agent das hohe Anstrengungsniveau wählen. Wählt ein Agent ein geringes Anstrengungsniveau, so werden alle anderen Agenten in allen weiteren Perioden ebenfalls ein geringes Anstrengungsniveau wählen („grim strategy", (Rasmusen, 1994, S. 109)). Nachdem die Agenten ihre Aktionen gewählt haben, realisieren sie die exogene Störung und führen die gewählte Aktion aus. Danach wird das Ergebnis festgestellt und die Entlohnung entweder nach der „relative performance evaluation" (betrachteter Fall 1) oder der „joint performance evaluation" (betrachteter Fall 2) durchgeführt. Am Ende der Periode kann ein Abbruch der Interaktion mit einer Wahrscheinlichkeit größer Null realisiert werden. Falls es nicht zum Abbruch kommt, so beginnen die Agenten wieder mit der Wahl der Aktion. Die Interaktion setzt sich prinzipiell unendlich fort. Die Abbildung 3.16 zeigt die Funktionsweise des Modells.

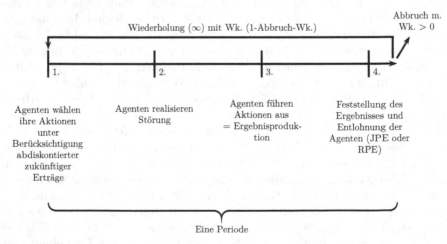

Abbildung 3.16: Das Modell von Che und Yoo (2001)

Würdigung

Che und Yoo (2001) rezipieren nicht die zeitlich vorgelagerten – und hier zuvor dargelegten – Arbeiten von Malcomson (1984), Osano (1998) und Radner et al. (1986), obwohl diese Arbeiten ebenfalls wiederholte Hidden Action-Modelle mit mehreren Agenten beinhalten. Stattdessen werden nicht-iterierte Mehr-Agenten-Modelle (z.B. Holmström und Milgrom (1990)) und iterierte Ein-Agenten-Modelle (z.B. Holmström (1999)) im Stand der Forschung analysiert. Unter Offenlegung aller Annahmen legen Che und Yoo (2001) mit einer nachvollziehbaren und überprüfbaren mathematisch-deduktiven Methode ihre Erkenntnisse dar. Die getroffenen Aussagen werden durch mathematische Beweise belegt. Che und Yoo gestalten einen optimalen Anreizvertrag mit Team-Entlohnung und zeigen, dass Peer-Sanktionierung weitere implizite Anreize liefert. Ein Vergleich zur First Best-Situation unterbleibt. Das Modell wird in der Arbeit nicht instanziiert. In der Literatur finden sich keine empirischen Belege zu den Ergebnissen des Modells.

Schlussfolgerung

Das Modell beinhaltet im Hinblick auf das Verhalten und die Produktionstechnik identische Agenten. Es findet keine Modellierung der Abhängigkeiten zwischen Agenten während der Leistungserstellung statt. Die Agenten produzieren zwar ein gemeinsames Ergebnis, jedoch mit unabhängigen Produktionstechniken. Wie die gemeinsame Ergebnisproduktion genau geschieht bleibt im Modell außen vor.

Beschrieben wird eine Interaktion mit offenem Ende und einer Abbruchwahrscheinlichkeit größer Null. Der Lösungsansatz baut essentiell auf diesen Annahmen auf. Beim Erdbau handelt es sich jedoch um eine zeitlich beschränkte Interaktion mit fest vorgegebenem Ende. Bei Trigger-Strategien mit festem Ende besteht das Problem der Rückwärtsinduktion. Dieses Problem wurde bei Che und Yoo (2001) per Annahme ausgeschlossen. Schlussfolgernd lässt sich festhalten, dass das Modell für die Beschreibung, Analyse und Prognose von Hidden Action auf Erdbaustellen nur dann geeignet ist, wenn das Problem der Backward Induction ausgeschlossen werden kann. Die Lösung basiert auf dem Spielen einer „grim strategy". Diese Trigger-Strategie gilt in der Spieltheorie als wenig leistungsfähig und kommt auf Baustellen so nicht vor. Der vorgeschlagene Lösungsansatz kommt für die Gestaltung der Bauleiter-Maschinisten-Beziehung auf Erdbaustellen nicht in Frage.

3.3.5 Zusammenfassende Beurteilung

Als Fazit aus den in der vorangegangenen Analyse diskutierten Modelle lässt sich festhalten, dass die Modelle nicht bzw. nur bedingt für die Beschreibung, Analyse und Prognose von Hidden Actions auf einer Erdbaustelle geeignet sind. Der hauptsächliche Grund ist, dass die auf Erdbaustellen vorhandenen, und maßgeblich prägenden Abhängigkeiten der Baugeräteführer (Agenten) bei der Leistungserstellung in sämtlichen der vorliegenden Arbeiten nicht oder nur unzureichend berücksichtigt werden.

Wiederholte Modelle sind entweder auf einen unendlichen Zeithorizont ausgelegt oder besitzen einen zufälligen Abbruch der unabhängig vom Leistungsniveau des Agenten ist. Erdbaustellen haben jedoch ein fest vorgegebenes zeitliches Ende – und dieses Ende ist allen bekannt. Die daraus resultierenden Probleme werden in den Modellen nicht berücksichtigt. In den betrachteten Modellen wird entweder mit einer großen Zahl von Agenten (Malcomson (1984)) oder mit lediglich zwei Agenten operiert. Eine Anpassung auf wenige Agenten (aber mehr als zwei) ist nicht (Malcomson (1984)) oder nur mit weitgehenden Reformulierungen möglich.

Die Vorschläge sind deshalb nur bedingt für die Gestaltung der Bauleiter-Baugeräteführer-Beziehung im Transportlogistiksystem einer Erdbaustelle geeignet. Die Lösungsansätze bedingen entweder eine zu große Anzahl von Agenten (Malcomson (1984)) oder einen unendlichen Zeithorizont (Radner et al. (1986)). Osano (1998) betrachtet mit der zeitgleichen Wiederverhandlung einen für die Erdbaustelle irrelevanten Fall.

Einzig Che und Yoo (2001) liefern einen nutzbaren Gestaltungsansatz. Allerdings muss geprüft werden, ob die für eine „grim strategy" geltenden Erkenntnisse auch für eine auf Erdbaustellen realistischere „Tit-for-Tat strategy" gelten. Trotzdem verbleibt auch hier das Problem der Rückwärtsinduktion, so dass das Modell nur abgewandelt zur Gestaltung der Bauleiter-Baugeräteführer-Beziehung herangezogen werden kann.

Die Arbeit zielt nicht auf die Erweiterung der Prinzipal-Agent-Theorie mit dem Entwurf eines neuen Modells. Im Folgenden wird daher angenommen, dass das Problem der Rückwärtsinduktion ausgeschlossen ist. Damit kommen als Modellierungsbasis der Bauleiter-Baugeräteführer-Beziehung die Modelle von Radner et al. (1986) und Che und Yoo (2001) in Betracht. Ungelöst bleibt jedoch die Berücksichtigung der wechselseitigen Abhängigkeiten der Baugeräteführer (Agenten) bei der Leistungserstellung.[75] Eine ex-

---

[75] Solche sog. „Production Externalities" werden bspw. bei Itoh (1991); Varian (1994); Lockwood (1999); Hughes et al. (2005) betrachtet. Itoh (1991) untersucht dabei den Fall, in dem die Agenten „the amount of 'help' to extend to other agents" (Itoh,

plizite Modellerweiterung soll jedoch auch in diesem Punkt im Rahmen der vorliegenden Arbeit nicht erfolgen. Die wechselseitigen Abhängigkeiten werden implizit über die exogenen Störgrößen modelliert und sind bereits durch die bautechnischen Wirkzusammenhänge im Modell in Unterabschnitt 2.4.2 berücksichtigt. Für jeden Baugeräteführer stellen die Auswirkungen der Aktionen der jeweils anderen Baugeräteführer eine exogene Störgröße dar. Im folgenden Unterabschnitt wird auf Grundlage der identifizierten Vorarbeiten ein Prinzipal-Agenten-Modell der Bauleiter-Baugeräteführer-Beziehung in der Transportlogistik im Erdbau erstellt. Dies geschieht unter der Anwendung der Modelle von Radner et al. (1986) und Che und Yoo (2001), die ihrerseits wieder auf den klassischen Hidden Action-Modellen von Ross (1973); Jensen und Meckling (1976); Holmström (1979); Grossman und Hart (1983) basieren. Die Notation des Modells baut teilweise auf die Notation in Alparslan (2006) auf.

3.4 Ein Prinzipal-Agenten-Modell der Transportlogistik im Erdbau

Bei der Modellierung der Transportlogistik im Erdbau aus der Perspektive der Prinzipal-Agent-Theorie übernimmt der Bauleiter die Rolle des Prinzipals, die Fahrer der Transportgeräte die Rolle der Agenten. Die Abbildung

---

1991, S. 611) wählen. Der Fall wechselseitiger Hilfestellungen der Agenten untereinander wird in der vorliegenden Arbeit jedoch ausgeklammert. Dies trägt der Tatsache Rechnung, dass die Menge an Baugeräten bei der Einrichtung der Baustelle so gewählt wurde, dass diese ausgelastet sind. Die Hilfestellung eines Baugeräteführers für einen anderen erhöht daher nicht die Gesamtleistung, da der Hilfe stellende Baugeräteführer die eigene Leistungserstellung vernachlässigt. Varian (1994) untersucht den Fall negativer Externalitäten. Dabei kann es zu Kompensationszahlungen der Agenten untereinander kommen. Dies sei für die Transportlogistik der Erdbaustelle per Annahme ausgeschlossen, da sie keine Realitätsnähe aufweist. Lockwood (1999) betrachtet den Fall, in dem gilt: „the output of any agent depends positively on the effort expended by other agents" (Lockwood, 1999, S. 142). Im Modell von Lockwood wird dies durch die Multiplikation des Ergebnisses eines Agenten mit einem positiven Funktionswert der Beeinflussungen durch die Ergebnisse der anderen Agenten erreicht. Wie diese Beeinflussung genau geschieht und wie die Funktionsvorschrift zur Berechnung des Beeinflussungsfaktors im Detail aussieht ist nicht beschrieben. Es wurden lediglich Bedingungen für den Funktionsverlauf angegeben. Auf der Erdbaustelle kommen nicht nur positive Beeinflussungen vor – von besonderem Interesse sind die negativen Wechselbeziehungen. Hughes et al. (2005) fokussieren auf das Problem der Aufgabenzuteilung bei der Existenz von Wechselwirkungen zwischen den zugeteilten Aufgaben. Diese können positiv oder negativ sein und werden über eine Produktionsfunktion, deren Parameter die einzelnen Aufgaben darstellen, modelliert. Die Funktionsvorschrift bleibt, ebenso wie bei Lockwood (1999), ungenannt.

2.4 lässt sich unter der Anwendung der Konstrukte der Prinzipal-Agent-Theorie reformulieren. Die Abbildung 3.17 stellt diese Reformulierung dar und berücksichtigt die prozessualen Interdependenzen bei der Ergebnisproduktion die im Mehr-Agenten-Fall auftreten. Die Abbildung 3.17 gilt für jeden Agenten $i \in N$.

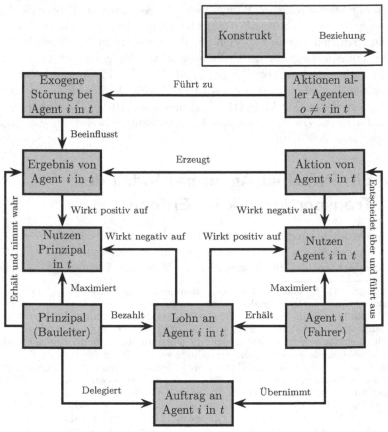

Abbildung 3.17: Agenturbeziehungen in der Transportlogistik im Mehr-Agenten-Fall

Die Abbildung 3.17 enthält die Annahme, dass intertemporale Wechselwirkungen nicht stattfinden. Die Aktionen der Agenten wirken sich demnach nicht auf zukünftige Ergebnisse aus. Die Erzeugung des Ergebnisses zum Zeitpunkt t hängt somit nur von der zum Zeitpunkt t ausgeführten

Aktion und der im Zeitpunkt t realisierten exogenen Störung ab. Dies geht konform mit der Modellierung der bautechnischen Wirkbeziehungen in Unterabschnitt 2.4.2. Auch dort wurde jede Leistungsgröße auf den Zeitpunkt t bezogen.

Zu beachten ist, dass die wechselseitigen Abhängigkeiten die sich während der Leistungserstellung (=Ausführung der Aktionen) zwischen den Agenten ergeben über das Konstrukt der exogenen Störung modelliert sind. Die Aktionen anderer Agenten ($ak_{o,t}$ mit $o \neq i$) führen bei Agent i zu einer exogenen Störung und beeinflussen das Ergebnis des Agenten i ($erg_{i,t}$). Diese, für den Agenten i als exogen angesehene Störung ist somit im transportlogistischen System der Erdbaustelle begründet. Sie umfasst Wartezeiten an den Be- und Entladegeräten durch entstandene Warteschlangen, s. Abschnitt 2.4.2.3, Bestimmung der Wartezeiten auf Seite 73.

3.4.1 Die Fahrer der Transportgeräte als Agenten

3.4.1.1 Beauftragung, Aktionen und Entlohnung der Agenten

Jeder Fahrer $i \in N$ eines Transportgeräts erhält vom Bauleiter einen Transportauftrag der den Fahrer anweist, eine gewisse Menge Erde von einem Ausbauort zu einem Einbauort auf einer vorgegebenen Route durch das Transportwegenetz innerhalb einer vorgegebenen Zeit zu laden, zu transportieren und abzuladen. Nach dem Übertrag der Aufgabe entscheidet der Fahrer während der Ausführungzeit über die von ihm zur Aufgabenerfüllung ausgeführten Aktionen. Die Aktion, die ein Fahrer i zum Zeitpunkt t ausführt, wird mit $ak_{i,t} \in AK$ notiert, wobei AK die Menge aller Aktionen der Fahrer und mithin deren Handlungsspielraum beschreibt.[76]

Die für die Aktionen aufgewendete Arbeitsanstrengung geht negativ in die Nutzenfunktion des Fahrers ein. Die Anstrengung sei eine bijektive Funktion $eff_{i,t} : AK \to \mathbb{R}^{\geq 0}, ak_{i,t} \mapsto eff_{i,t}(ak_{i,t})$, welche die ausgeführte Aktion auf eine reelle Zahl abbildet. Per Annahme sind negative Anstrengungen ausgeschlossen. Der Funktionswert von $eff_{i,t}(ak_{i,t})$ gibt demnach das vom Agenten durch die Ausführung der Aktion erfahrene „Arbeitsleid" wieder.

Die erhaltene Lohnzahlung $za_{i,t} \in \mathbb{R}^{\geq 0}$ besitzt einen positiven Einfluss auf die Nutzenfunktion des Fahrers.[77] Im Rahmen der gewählten Lösungsalternative Anreizsystem wird die Lohnzahlung zur gestalterischen Größe.

---

[76]   Angenommen sei, dass sich die Aktionsmenge der Agenten (der Fahrer) über die Zeit hinweg nicht verändert.

[77]   Die mit $za_{i,t} \in \mathbb{R}^{\geq 0}$ aufgestellte Annahme ist, dass es keine negativen Lohnzahlungen (=Strafzahlungen) geben kann.

Die Lohnzahlung wird daher – in Vorbereitung auf deren Gestaltung in Abschnitt 4 – als Funktionsvorschrift modelliert, die unterschiedliche Parameter $param_{1,2,3,...} \in PARAM$ berücksichtigt. Die konkrete Gestaltung der Entlohnungsfunktion, ihres Verlaufs und der berücksichtigten Parameter erfolgt in Abschnitt 4. Im Modell wird die Entlohnungsfunktion zunächst abstrakt formuliert als

$$za_{i,t} : PARAM \times PARAM \times \ldots \rightarrow \mathbb{R}^{\geq 0} \quad (3.1)$$

$$(param_1, param_2, param_3, \ldots) \mapsto za_{i,t}(param_1, param_2, param_3, \ldots) \quad (3.2)$$

3.4.1.2 Nutzenfunktionen der Agenten

Die Nutzenfunktion des Fahrers sei eine für jeden Funktionsparameter partiell differenzierbare, separable sowie streng monotone Funktion

$$u_{i,t} : \mathbb{R}^{\geq 0} \times \mathbb{R}^{\geq 0} \rightarrow \mathbb{R}^2 \quad (3.3)$$

$$(za_{i,t}(\cdot), \mathit{eff}_{i,t}(ak_{i,t})) \mapsto u_{i,t}(za_{i,t}(\cdot), \mathit{eff}_{i,t}(ak_{i,t})) \quad (3.4)$$

$$u_{i,t}\left(za_{i,t}(\cdot), \mathit{eff}_{i,t}(ak_{i,t})\right) = u_{i,t}(za_{i,t}(\cdot)) + u_{i,t}(\mathit{eff}_{i,t}(ak_{i,t})) \quad (3.5)$$

Die Nutzenfunktion ist additiv separierbar, daher gilt Formel 3.5.[78] Ferner gilt:

$$u_{i,t}^{za_{i,t}(\cdot)} > 0 \text{ und } u_{i,t}^{\mathit{eff}_{i,t}(ak_{i,t})} < 0$$

Ist die zweite Ableitung nach $za_{i,t}(\cdot)$ größer Null, so handelt es sich um einen risikofreudigen Agenten; beträgt sie kleiner Null, so ist der Agent risikoavers. Ist die zweite Ableitung gleich Null, so ist der Agent risikoneutral. Ist die zweite Ableitung nach $\mathit{eff}_{i,t}(ak_{i,t})$ größer Null, so handelt es sich um einen arbeitsfreudigen Agenten; beträgt sie kleiner Null, so ist der Agent anstrengungsavers. Ist die zweite Ableitung nach $\mathit{eff}_{i,t}(ak_{i,t})$ gleich Null, so ist der Agent neutral bezüglich seiner aufgewendeten Anstrengungen.

Das Subskript t bezieht sich lediglich darauf, die im Zeitverlauf realisierten unterschiedlichen Nutzenniveaus qualifizieren zu können. Der Verlauf der Nutzenfunktion ändere sich per Annahme im Zeitverlauf nicht. Dies entspricht der in der Nutzentheorie allgemein hin angenommenen Zeitkonsistenz der Präferenzen. Das Subskript i stellt sicher, dass die im Zeitverlauf

---

[78] Zur Separabilität von Nutzenfunktionen von Agenten im Rahmen der Prinzipal-Agent-Theorie s. u.a. (Holmström, 1979, S. 76), (Grossman und Hart, 1983, S. 10) und (Alparslan, 2006, S. 56ff).

realisierten unterschiedlichen Nutzenniveaus unterschiedlicher Agenten getrennt betrachtet werden können. Es wird – per Annahme und in Übereinstimmung mit der Literatur – von Agenten mit gleichartigen Nutzenfunktionen ausgegangen.

3.4.1.3 Ergebnisproduktion der Agenten

Mit der Aktionsausführung bzw. der dafür aufgewendeten Anstrengung erzeugt der Fahrer ein Ergebnis $erg_{i,t} \in \mathbb{R}^{\geq 0}$. Die Annahme dabei ist, dass es zu keinen negativen Ergebnissen kommt (z.B. ein verursachter Schaden durch das Abladen der Erde an einem für die geladene Bodenklasse ungeeigneten Einbauort mit anschließendem notwendigen Rückbau und erneutem Ladevorgang). Bei der Ergebnisproduktion wird auf die Transportleistung $t^*_{i,j,t}(\cdot)$ aus Unterabschnitt 2.4.2, Formel 2.7 zurückgegriffen. Diese hängt jedoch nun nicht mehr nur von den bautechnischen Wirkzusammenhängen ab sondern zusätzlich von der vom Agenten gewählten Anstrengung.

Die Abhängigkeit des Ergebnisses von der exogenen Störgröße wird in den Hidden Action-Modellen in der Literatur durch bedingte Dichte- und Verteilungsfunktionen modelliert (s. hierzu u.a. (Alparslan, 2006, S. 53)). Im vorliegenden Fall wurden die exogenen Störungen bereits im Modell der bautechnischen Wirkungszusammenhänge bei der Modellierung der Transportleistung durch die dortigen Verteilungsfunktionen (Formeln 2.5, 2.6 und 2.10 sowie Unterabschnitt 2.4.2.3) berücksichtigt. Die Funktion $erg_{i,t}$, welche die Produktion des Ergebnisses eines Agenten i zum Zeitpunkt t beschreibt, stellt damit eine Dichtefunktion mit der zugehörigen Verteilungsfunktion $ERG_{i,t}$ dar. Es wird angenommen, dass es keine weiteren exogenen Störungen außer den bautechnisch im Rahmen der Ablauforganisation zu berücksichtigenden Störungen gibt.[79] Die Funktion $erg_{i,t}$ des Agenten i zum Zeitpunkt t hängt demnach von den beiden Parametern Transportleistung $(t^*_{i,j,t}(\cdot))$ und Anstrengungsniveau $(eff_{i,t}(ak_{i,t}))$ ab. Für die Funktion zur Erzielung eines Ergebnisses gelte daher

$$erg_{i,t} : \mathbb{R}^{\geq 0} \times \mathbb{R}^{\geq 0} \to \mathbb{R}^2 \qquad (3.6)$$

$$\left(t^*_{i,j,t}(\cdot), eff_{i,t}(ak_{i,t})\right) \mapsto erg_{i,t}\left(t^*_{i,j,t}(\cdot) | eff_{i,t}(ak_{i,t})\right) \qquad (3.7)$$

---

[79] Mit dieser Annahme werden exogene Störungen die aus dem Sozialsystem heraus entstehen ausgeschlossen. Eine solche Störung kann bspw. aus Mobbing etc. heraus entstehen.

Mit

$$\forall \mathit{eff}_{i,t}(\cdot) \in \mathbb{R}^{\geq 0} : \int_0^\infty \mathit{erg}_{i,t}\left(\mathsf{t}^*_{i,j,t}(\cdot) | \mathit{eff}_{i,t}(ak_{i,t})\right) \, dt = 1$$
(3.8)

$$\forall \mathit{eff}_{i,t}(\cdot) \in \mathbb{R}^{\geq 0} : ERG_{i,t}(\mathsf{t}^*_{i,j,t}(\cdot) | \mathit{eff}_{i,t}(\cdot)) = \int_0^\infty \mathit{erg}_{i,t}\left(\mathsf{t}^*_{i,j,t}(\cdot) | \mathit{eff}_{i,t}(\cdot)\right) \, dt$$
(3.9)

Es gilt die monotone likelihood ratio property: Seien $\mathit{eff}_{i,t}^{1,2,3,\dots,\infty}(\cdot)$ unterschiedliche Anstrengungsniveaus die aus unterschiedlichen Aktionen des Agenten resultieren und gelte $\mathit{eff}_{i,t}^1(\cdot) < \mathit{eff}_{i,t}^2(\cdot) < \mathit{eff}_{i,t}^3(\cdot) < \dots < \mathit{eff}_{i,t}^\infty(\cdot)$, so gilt (stochastische Dominanz erster Ordnung):

$$ERG_{i,t}(\mathsf{t}^*_{i,j,t}(\cdot) | \mathit{eff}_{i,t}^1(\cdot))$$
$$\geq ERG_{i,t}(\mathsf{t}^*_{i,j,t}(\cdot) | \mathit{eff}_{i,t}^2(\cdot))$$
$$\geq \dots \geq ERG_{i,t}(\mathsf{t}^*_{i,j,t}(\cdot) | \mathit{eff}_{i,t}^\infty(\cdot))$$
(3.10)

Ferner gelte die Annahme strikt positiver Wahrscheinlichkeiten:

$$\forall \mathit{eff}_{i,t}(\cdot) \in \mathbb{R}^{\geq 0}, \mathsf{t}^*_{i,j,t}(\cdot) \in \mathbb{R}^{\geq 0} : \mathit{erg}_{i,t}\left(\mathsf{t}^*_{i,j,t}(\cdot) | \mathit{eff}_{i,t}(ak_{i,t})\right) > 0 \qquad (3.11)$$

Jedes Ergebnis ist daher durch jedes Anstrengungsniveau mit einer gewissen, positiven Wahrscheinlichkeit zu erzielen. Dies stellt im Modell die Existenz des in der Realität bestehenden Rückschlussproblems des Prinzipals sicher, da für kein erreichtes Ergebnis ein Anstrengungsniveau ausgeschlossen werden kann.

3.4.1.4 Entscheidungsfeld der Agenten

Jeder Agent besitze einen Reservationsnutzen $\widehat{u}_i \geq 0$, den er unabhängig von der Agenturbeziehung erhält. Der Agent nimmt an der Agenturbeziehung nur teil, wenn der für ihn aus der Beziehung resultierende Nutzen mindestens gleich groß ist, wie sein Reservationsnutzen. Die Bedingung für eine Entscheidung des Agenten bezüglich der Teilnahme ist demnach (Teilnahmebedingung, (Grossman und Hart, 1983, S. 8)):

$$u_{i,t}(za_{i,t}(\cdot), \mathit{eff}_{i,t}(ak_{i,t})) \geq \widehat{u}_i$$
(3.12)

Für Formel 3.12 ist anzumerken, dass der Agent hier noch kein Erwartungsnutzenkalkül bildet. Ist in der Entlohnungsfunktion das vom Agenten erzeugte Ergebnis (Transportleistung) als ein Parameter berücksichtigt, so erweitert sich die Teilnahmebedingung auf

$$\int_0^\infty u_{i,t}(za_{i,t}(\ldots, \mathbf{t}_{i,j,t}^*(\cdot), \ldots), \mathit{eff}_{i,t}(ak_{i,t}))$$
$$\cdot \, erg_{i,t}\left(\mathbf{t}_{i,j,t}^*(\cdot)|\mathit{eff}_{i,t}(\cdot)\right) \, dt \geq \widehat{u}_i \qquad (3.13)$$

Die Annahme ist; dass der Reservationsnutzen über die Zeit hinweg konstant bleibt.

Zum Zeitpunkt der Entscheidung über die Wahl der Aktion liegt dem Agenten ein Entscheidungsmodell (s. dazu Abbildung 3.2) vor, dessen Alternativenmenge aus der Menge ihm zur Verfügung stehenden Aktionen besteht, dessen Zielfunktion die Nutzenfunktion des Agenten darstellt und dessen Nutzenfunktionswerte in den möglichen Umweltzuständen von der Entlohnung abhängig sein können. Für den Agenten ergibt sich daraus das folgende Maximierungsproblem bezüglich der Wahl seiner Aktion im Zeitpunkt t:

$$ak_{i,t} \in \arg \max_{ak_{i,t} \in AK} u_{i,t}(za_{i,t}(\cdot), \mathit{eff}_{i,t}(ak_{i,t})) \qquad (3.14)$$

Besitzt die Entlohnungsfunktion einen konstanten Wert, was einer fixierten Lohnzahlung entspricht, so beschränkt sich der Entscheidungsspielraum des Agenten auf den zweiten Parameter der Nutzenfunktion – mithin auf das Anstrengungsniveau. Das in Formel 3.14 dargelegte Maximierungsproblem wird dann zu einem Minimierungsproblem bezüglich der Anstrengung: $ak_{i,t} \in \arg\min_{ak_{i,t} \in A} \mathit{eff}_{i,t}(ak_{i,t})$. Das vom Agenten so angestrebte minimale Anstrengungsniveau läuft jedoch aufgrund der monotone likelihood ratio property konträr zur Nutzenfunktion des Prinzipals der versucht, das erzeugte Ergebnis zu maximieren. Hierin spiegelt sich das Moral Hazard-Problem wider. Wird in der Entlohnungsfunktion das vom Agenten erzeugte Ergebnis als ein Parameter berücksichtigt, so erweitert sich das Maximierungsproblem auf ein Problem der Maximierung des Erwartungsnutzens (Anreizkompatibilitätsbedingung (Grossman und Hart, 1983, S. 8)).

$$ak_{i,t} \in \arg \max_{ak_{i,t} \in AK} \int_0^\infty u_{i,t}\left(za_{i,t}(\ldots, \mathbf{t}_{i,j,t}^*(\cdot), \ldots), \mathit{eff}_{i,t}(ak_{i,t})\right)$$
$$\cdot \, erg_{i,t}\left(\mathbf{t}_{i,j,t}^*(\cdot)|\mathit{eff}_{i,t}(\cdot)\right) \, dt \qquad (3.15)$$

Das Entscheidungsproblem unter Sicherheit aus Formel 3.14 geht somit über in ein Entscheidungsproblem unter Risiko. Die Moral Hazard-Modelle in der Literatur wenden hierbei üblicherweise die Bayes-Regel (μ-Regel, s. auch Abbildung 3.3) zur Maximierung des Erwartungsnutzens an. Dies entspricht der Entscheidungsregel für einen risikoneutralen Agenten. Das Risiko, bspw. in einer einfachen Form durch die Varianz modelliert, geht nicht in die Entscheidungsregel ein. In Unterabschnitt 3.4.1.2 wurden risikoneutrale oder risikoaverse Agenten angenommen, so dass eine allgemeine Entscheidungsregel φ formuliert wird. Angenommen wird, dass diese Entscheidungsregel unabhängig von der Zeit und vom einzelnen Agenten ist. Für die Entscheidungsregel gilt

$$\varphi : \mathbb{R}^{\geq 0} \times \mathbb{R}^{\geq 0} \to \mathbb{R}^2 \qquad (3.16)$$

$$(u_{i,t}(\cdot), erg_{i,t}(\cdot)) \mapsto \varphi(u_{i,t}(\cdot), erg_{i,t}(\cdot)) \qquad (3.17)$$

Die Abbildung 3.18 auf der nächsten Seite stellt das Entscheidungsproblem des Fahrers eines Transportgeräts exemplarisch im diskreten Fall dar.[80] Der Fahrer wählt nach jedem Umlauf (Fahrt (entladen) $\Rightarrow$ Beladung $\Rightarrow$ Fahrt (beladen) $\Rightarrow$ Entladung) welches Beladegerät er im nächsten Umlauf anfährt (Entscheidungsalternativen). Die Nutzenwerte, die eine Entscheidungsalternative dem Fahrer stiftet sind – wie beschrieben – abhängig von der Bezahlung und dem dafür aufzuwendenden Anstrengungsniveau. Dieses Anstrengungsniveau drückt sich in der Arbeitszeit aus, die der Fahrer für ein bestimmtes Ergebnis aufwenden muss (= Umlaufzeit). Da im Beispiel weitere LKW auf der Baustelle tätig sind, kann es zu Wartezeiten vor den Beladegeräten kommen. Somit ist der Nutzenwert des Fahrers abhängig von den gewählten Fahrzielen der anderen Fahrer. So kann bspw. die Fahrt zu Beladegerät 1 nur wenig Fahrzeit in Anspruch nehmen, die dortige Wartezeit jedoch sehr hoch sein. Die Nutzenwerte, zu denen die wählbaren Aktionen des Fahrers (z.B. „Fahre zu Beladegerät 1") führen, sind demnach vor dem Hintergrund der gegebenen Fahrziele der jeweils anderen Fahrer bestimmt.[81] Ferner muss der Fahrer auch die stochastischen Schwankungen der Leistungen der Beladegeräte in sein Kalkül mit einbeziehen. Diese bedeuten für ihn Schwankungen in der Beladezeit. Als Entscheidungsregel kommt

---

[80]   Die ausführliche Darstellung der Entscheidungen im Simulationsmodell erfolgt in Abschnitt 5.3.3.

[81]   Dies setzt sowohl auf der realen Baustelle als auch in der später durchgeführten Simulation voraus, dass die Fahrer wechselseitig ihre Fahrziele kennen. Eine solche Annahme kann getroffen werden, da am Markt angebotene Baustellenmanagementsysteme über eine entsprechende Telematik verfügen und die daraus gewonnenen Informationen allen Fahrern verfügbar machen können.

die μ-Regel (maximiere den Erwartungsnutzen) zur Anwendung. Die Fahrt zum Beladegerät 4 stiftet dem Fahrer den höchsten Erwartungsnutzen und wird folglich gewählt.[82]

Umweltzustand	Normale Ladeleistung	Verringerte Ladeleistung	Stark verringerte Ladeleistung	
Wahrscheinlichkeit	0,8	0,15	0,05	Erwartungsnutzen
Fahre zu Beladegerät 1	18	15	8	17,05
Fahre zu Beladegerät 2	19	18	1	17,95
Fahre zu Beladegerät 3	12	3	7	10,40
Fahre zu Beladegerät 4	20	19	14	**19,55**

Abbildung 3.18: Beispiel für ein Entscheidungsmodell eines Fahrers

3.4.2 Der Bauleiter als Prinzipal

3.4.2.1 Nutzenfunktion des Prinzipals

Der Bauleiter ist lediglich an der von den Fahrern der Transportgeräte erbrachten Transportleistung interessiert. Diese Größe geht positiv in die Berechnung des Nutzenniveaus ein. Die für die Agenten aufgewendeten Lohnzahlungen gehen negativ in die Berechnung ein. In der Prinzipal-Agent-Theorie ist die Annahme gleich lautend, so dass die Nutzenfunktion des Prinzipals zwei Funktionsparameter besitzt, das von den Agenten erbrachte Ergebnis und die an die Agenten ausgezahlten Löhne. Das erwartbare Ergebnis des Prinzipals zum Zeitpunkt t ist

$$erg_t^{prin} = \sum_{i=1}^{n} \int_0^\infty erg_{i,t}\left(t_{i,j,t}^*(\cdot)|\mathit{eff}_{i,t}(ak_{i,t})\right) \, dt \qquad (3.18)$$

---

[82]   Anmerkung: Die Nutzenwerte des Fahrers können sich auf die eigene erbrachte Leistung oder die Teamleistung beziehen. Dies hängt ab von dem in Kapitel 4.5 spezifizierten Anreizsystem, genauer von der dort gewählten Bemessungsgrundlage.

Die insgesamte vom Prinzipal aufzuwendende Lohnzahlung an alle Agenten
zum Zeitpunkt t ist beschrieben durch:

$$za_t^{prin} = \sum_{i=1}^{n} za_{i,t}(\cdot) \qquad (3.19)$$

Die Nutzenfunktion p des Prinzipals sei eine für jeden Funktionsparameter
jeweils zweifach partiell differenzierbare, separable sowie streng monotone
Funktion

$$p_t : \mathbb{R}^{\geq 0} \times \mathbb{R}^{\geq 0} \to \mathbb{R}^2 \qquad (3.20)$$

$$(erg_t^{prin}, za_t^{prin}) \mapsto p_t(erg_t^{prin}, za_t^{prin}) \qquad (3.21)$$

$$p_t(erg_t^{prin} - za_t^{prin}) = p_t(erg_t^{prin}) - p_t(za_t^{prin}) \qquad (3.22)$$

Der Prinzipal sei risikoavers. Es gilt daher:

$$p_t'(erg_t^{prin} - za_t^{prin}) > 0 \text{ und } p_t''(erg_t^{prin} - za_t^{prin}) < 0$$

Das Subskript t in der Nutzenfunktion des Prinzipals bezieht sich lediglich darauf, die im Zeitverlauf realisierten unterschiedlichen Nutzenniveaus
qualifizieren zu können. Der Verlauf der Nutzenfunktion ändere sich, ebenso
wie bei den Agenten, im Zeitverlauf nicht. Auch der Prinzipal besitzt somit
eine Zeitkonsistenz der Präferenzen wie sie in der Nutzentheorie allgemein
hin angenommenen wird.

3.4.2.2 Informationsmenge des Prinzipals und Zahlungsregeln

Im Rahmen von Anreizsystemen als Lösungsmechanismus zur Verminderung der Hidden Action-Problematik gestaltet der Prinzipal die Art der
Zahlungsregeln. Im vorliegenden Modell geschieht dies über die Art und
Menge der in der Zahlungsregel zu berücksichtigenden Parameter sowie deren funktionalen Zusammenhänge. In seinem Gestaltungsspielraum ist der
Prinzipal jedoch durch seine Informationsmenge IM^{prin} eingeschränkt. Eine Größe, über die der Prinzipal keine Information besitzt kann auch nicht
als Parameter in die Entlohnungsfunktion für die Agenten einfließen. Die
Menge der Parameter der Entlohnungsfunktion ist damit eine Teilmenge
der Informationsmenge des Prinzipals:

$$PARAM \subseteq IM^{prin}$$

Dabei wird angenommen, dass sich die Informationsmenge, also die Menge der durch den Prinzipal beobachtbaren Signale im Zeitverlauf nicht ändert. Dies bedeutet jedoch nicht, dass er mögliche Wahrscheinlichkeitseinschätzungen über den tatsächlichen Wert eines Parameters im Zeitverlauf nicht verfeinern kann.[83]

Die dem Prinzipal zur Verfügung stehende Informationsmenge wird durch die Diskurswelt beschränkt. In der Analyse des Gegenstands in Abschnitt 2 wurde dargelegt, dass die individuellen Leistungsmengen der einzelnen Fahrer nicht oder nur sehr ungenau gemessen werden können. Zwar wird teilweise die Anzahl der durchgeführten Fuhren mittels manueller Klickzähler durch den Baugeräteführer des Beladegeräts und – als Gegenprobe – durch den Fahrer des Transportgeräts erhoben jedoch sagt dies wenig über die Transportleistung (in m^3) aus. Wagen zur Bestimmung des Transportgewichts werden innerhalb der Baustelle nicht eingesetzt, so dass eine Leistungsbestimmung über das Gewicht der Ladung nicht möglich ist – ferner müsste die Dichte des in diesem Moment geladenen Transportguts bekannt sein; dies ist ebenfalls nur bedingt möglich. Derzeit befinden sich technische Systeme zur Bestimmung von Ausbauleistungen der Beladegeräte in der prototypischen Testphase. Die Ergebnisse des Projektes AutoBauLog zeigen hier jedoch, dass eine Leistungsbestimmung einzelner Fuhren nur sehr vage durchgeführt werden kann (s. dazu Seizer und Müller (2013), Jacob (2013) sowie Eisele und Merkert (2013).

Die Gestaltungsdimensionen des Anreizsystems werden in Unterabschnitt 4.2 dargelegt und in Unterabschnitt 4.5 spezifiziert.

3.4.2.3 Entscheidungsfeld des Prinzipals

Das Entscheidungsproblem des Prinzipals konkretisiert sich an der Gestaltung des anreizkompatiblen Vertrages. Als Nebenbedingungen hat der Prinzipal dabei die Teilnahmebedingung (s. Formel 3.12) und die Anreizkompatibilitätsbedingung (s. Formel 3.15) des Agenten zu berücksichtigen. Der Prinzipal muss sich für den Vertrag entscheiden, der ihm unter den gegebe-

---

[83] Die Modellierung hält die Möglichkeit offen, Parameter als Zufallsvariablen zu verstehen und deren Verteilungs- und Dichtefunktionen durch Beobachtungen im Zeitverlauf zu verändern, z.B. über Bayes'sches Updating oder (Hidden) Markov Chains. Im vorliegenden Modell ist ein lernender Prinzipal nicht ausgeschlossen, wenn auch das Lernen im Rahmen der Arbeit außer Betracht bleibt.

nen Restriktionen im Erwartungswert den höchsten Nutzen verspricht. Das
Entscheidungsproblem des Prinzipals lautet somit

$$\max p_t \left(erg_t^{prin} - za_t^{prin} \right) \tag{3.23}$$

Die Maximierung über $za_t^{prin} \in \mathbb{R}^{\geq 0}$ erfolgt über die Wahl geeigneter Zahlungsregeln – also geeigneter Parameter der Entlohnungsfunktion sowie deren funktionale Zusammenhänge.

Die Annahme des vorliegenden Modells ist, dass der Prinzipal keinen Reservationsnutzen besitzt. Dies geht konform mit den Annahmen der Prinzipal-Agent-Theorie (Meinhövel, 1999, S. 126f). Möglich ist bspw. die Begrenzung der Entlohnung auf die in der Angebotskalkulation zugrundegelegten Lohnsumme (sofern diese nicht bereits auf Basis eines Anreizschemas kalkuliert wurde). Die Begrenzung der Entlohnung bringt jedoch vielfälte Probleme mit sich, die in der vorliegenden Arbeit nicht betrachtet werden sollen. So stellen sich etwa Fragen nach der intertemporalen Allokation solcher Budgetrestriktionen.

4 Gestaltung des Anreizsystems

4.1 Anreizsysteme – Begriff und Einordnung

Anreizsysteme dienen dazu das Leistungsverhalten von Mitarbeitern zu beeinflussen (Steinle, 1978, S. 44), so dass es konform mit den Zielen der Unternehmung geht (Laux, 2006a, S. 20). Ein Anreizsystem umfasst dabei oft nicht nur ein singuläres Stimuli zur Verhaltensbeeinflussung. Vielmehr handelt es sich um „[...] die Summe aller im Wirkungsverbund bewusst gestalteten und aufeinander abgestimmten Stimuli, die bestimmte, gewünschte Verhaltensweisen durch positive Anreize (= Belohnungen) auslösen und verstärken und das Auftreten unerwünschter Verhaltensweisen durch negative Anreize (= Bestrafungen) unterdrücken, sowie die damit verbundene Administration" (Berthel und Becker, 2013, S. 218).[1] Die Untersuchung und Gestaltung von Anreizsystemen ist Gegenstand unterschiedlicher Wissenschaften[2] und somit Gegenstand zahlreicher Veröffentlichungen.[3]

Aufgrund dieser Vielfalt existieren in der Literatur unterschiedliche Kategorisierungsschemata für Anreizsysteme. So unterscheidet Becker (1990) in Anreizsysteme im weitesten, im weiteren und im engeren Sinne (Becker,

---

[1] Diese Definition weist große Ähnlichkeiten im Wortlaut mit der umfassenderen Definition von Wild (1973) auf. Wild (1973) definiert Anreizsysteme als die „[...] Summe aller bewußt gestalteten Arbeitsbedingungen, die bestimmte Verhaltensweisen (durch positive Anreize, Belohnungen etc.) verstärken, die Wahrscheinlichkeit des Auftretens anderer dagegen minimieren (negative Anreize, Sanktionen) [...] " (Wild, 1973, S. 47). Diese Definition greift jedoch – vor allem für die Zwecke dieser Arbeit – zu weit, da sie sämtliche Arbeitsbedingungen und nicht nur bewusst gestaltete Stimuli umfasst.

[2] Es sind dies die Volkswirtschaft und die Betriebswirtschaft (insb. die Personalwirtschaft), die Psychologie und die Soziologie sowie die Arbeitswissenschaft (Riedel, 2005, S. 3, Fn. 3).

[3] Manche Autoren sprechen aufgrund der Fülle an Arbeiten zu Anreizsystemen von einer „Begriffs- und Konzeptflut" (Freimuth, 1993, S. 507) und (Homburg und Jensen, 2007, S. 58). Für eine umfassende Literaturübersicht hierzu s. bspw. (Lomberg, 2008, S. 49–51).

1990, S. 8ff).[4] Der Typisierungsansatz von Ackermann (1974) gliedert die
Anreizsysteme nach Anreizquelle[5] und Anreizobjekt[6] (Ackermann, 1974, S.
156ff). Zusätzlich zu diesen Kategorien unterscheidet Schanz (1991) nach der
Anzahl der Anreizempfänger und nach dem Ziel, das mit der Setzung des Anreizes verfolgt werden soll. So wird in Bezug auf die Empfänger zwischen In-
dividualanreizen, Gruppenanreizen oder unternehmensweiten Anreizen unterschieden (Schanz, 1991, S. 14f). Hinsichtlich des Ziels des Anreizsystems
wird unterschieden in Eintrittsziel, Ziel des Verbleibs im Unternehmen, Leis-
tungsziel und Innovationsziel (Schanz, 1991, S. 8f).

Die vorliegende Arbeit gestaltet ein Anreizsystem im engeren Sinne für
die extrinsische Motivation der Baugeräteführer. Dabei werden finanzielle
Gruppenanreize (= Gruppe der Fahrer der Transportgeräte) mit dem Ziel
der Leistungssteigerung gesetzt.

4.2 Gestaltungselemente von Anreizsystemen

Die Gestaltung des Anreizsystems zielt darauf ab, die im vorangegangenen
Unterabschnitt 3.4.1.1 modellierte Entlohnungsfunktion (s. Gleichung 3.2)
zu formulieren. Dazu sind die Parameter $param_{1,2,3,...} \in PARAM$ und deren funktionaler Zusammenhang zu bestimmen. Diese Parameter sowie deren funktioneller Zusammenhang werden als Gestaltungselemente des Anreizsystems gesehen. Im Folgenden werden die Gestaltungsoptionen unter
Rückgriff auf betriebswirtschaftliche Literatur zu Anreizsystemen bestimmt.
In Abschnitt 4.5 wird das Anreizsystem für das transportlogistische System
einer Erdbaustelle spezifiziert.

---

[4]   Anreizsysteme im *weitesten Sinne* umfassen alle Bedingungen im Unternehmen, d.h.
       alle Entscheidungen sowie deren Umsetzung. Unter Anreizsystemen im *weiteren Sin-
       ne* wird das gesamte Führungssystem (Planungs-, Organisations-, Kontroll- und Per-
       sonalsystem) verstanden. Die Anreizsysteme im *engeren Sinn* umfassen die zweck-
       gerichtete Gestaltung eines organisationalen Subsystems.
[5]   Die Anreizquelle beschreibt den Ursprung der Motivation für ein bestimmtes Verhal-
       ten. Dieser Ursprung kann von außen gegeben sein (extrinsische Motivation) oder
       intrinsisch vorliegen.
[6]   Hierbei wird unterschieden in finanzielle Anreize, soziale Anreize, in Anreize der Ar-
       beit selbst und in Anreize des organisatorischen Umfeldes (Rosenstiel, 1975, S. 231).
       Andere Autoren unterscheiden nach materiellen/nicht-materiellen Anreizen (Weber
       und Schäffer, 2011, S. 7) oder monetären/nicht-monetären Anreizen (Bau, 2003, S.
       29f).

In der Literatur existieren mehrere Ansätze, die Gestaltungselemente von Anreizsystemen systematisieren.[7] Des Weiteren wird eine Unterteilung der Gestaltungselemente in die Kategorien *Anreizart und Empfänger, Anreizbasis* sowie *Anreizsystemstruktur* vorgenommen. Dabei wird auf die Ansätze von Bleicher (1992), Grewe (2012) und Laux (2006b) bzw. Langer (2007) zurückgegriffen.

4.2.1 Anreizart und Empfänger

Bei der Gestaltung der Art des Anreizes stellen sich zwei Fragen (Laux, 2006b, S 24f): Welche materiellen oder immateriellen Anreize sollen gesetzt werden und wie hoch ist der Anteil der fixen und der variablen Entlohnung an der Gesamtvergütung? Unter materiellen Anreizen werden finanzielle und monetär bewertbare Anreize verstanden (Winter, 1996, S. 15). Finanzielle Anreize werden in Geldeinheiten gesetzt, monetär bewertbare Anreize sind keine Geldbeträge, ihr Wert kann jedoch in Geldeinheiten ausgedrückt werden, so bspw. Urlaubstage oder Reisen. In der Literatur wird den materiellen Anreizen eine höhere Wirksamkeit gegenüber den immateriellen Anreizen zugesprochen, so u.a. bei (Evers, 1992, S. 448), (Wälchli, 1995, S. 127), (Winter, 1997, S. 618) und (Laux, 2006b, S 25). Nähere Ausführungen dazu in (Langer, 2007, S. 98f) und (Grewe, 2012, S. 16ff).

Eine fixe Vergütung (z.B. Grundgehalt oder Fixlohn) kann um eine variable Vergütung (z.B. einen Bonus, eine Prämie oder eine Erfolgsbeteiligung) ergänzt oder ersetzt werden. Bei dem Bezug eines relativ hohen Fixgehalts kann die Anreizwirkung eines zusätzlichen, variablen Anteils niedrig sein (Laux, 2006b, S 25). Auf der anderen Seite kann ein zu geringer Fixanteil

---

[7] So unterscheidet Bleicher (1992) in „Reichweite des Anreizsystems", „Objekte des Anreizsystems", „Vergütung im Anreizsystem" und „Art der Vergütung im Anreizsystem". Laux (1995) unterteilt die Elemente in „Art der Belohnung", „Bemessungsgrundlage(n)" und „Gestalt der Belohnungsfunktion" (s. auch Laux (2006a)). Winter (1996) unterscheidet in „Höhe, Zusammensetzung und Art der Entlohnung", „Beteiligungsbasen", „Länge der Beteiligungsperiode", „Vorgehen beim Ausscheiden", „organisationale Bezugsebene" und „Finanzierung". Grewe (2000) (später in Grewe (2012)) systematisiert die Elemente nach „Instrumentaldimension", „Bemessungsgrundlage" und „Zeitdimension" und rekurriert dabei u.a. auf Bleicher (1992) und Winter (1996). Wolf (2007) baut auf dem Ansatz von Grewe (2000) auf und entwickelt eine Einteilung der Gestaltungselemente in „Instrumentaldimension", „Subjektdimension", „Zeitdimension" und „Objektdimension". Der Ansatz von Grewe (2000) wird damit um die, bereits bei Bleicher (1992) vorhandene, Objektdimension erweitert. Langer (2007) baut auf dem Schema von Laux (1995) auf, erweitert den Ansatz jedoch um vier Prüfkategorien zur Definition der Bemessungsgrundlage.

an der Entlohnung dem Agenten zu viel Risiko aufbürden, so dass er möglicherweise nicht mehr an der Agenturbeziehung teilnehmen wird. Der Erwartungsnutzen des Agenten ist dann zu gering, um die Teilnahmebedingung zu erfüllen.

Die Frage nach den Empfängern ist eng verknüpft mit dem im folgenden Unterabschnitt beschriebenen Gestaltungselement der Anreizbasis. Empfänger des Anreizes können einzelne Personen oder Personengruppen (z.B. Teams oder Abteilungen) sein – je nachdem kann die Bemessungsgrundlage variieren (z.B. Messung individuellen Erfolges als Grundlage für individuelle Anreize oder Messung eines Gruppenerfolges als Grundlage für gruppenbezogene Anreize). Es stellt sich demnach die Frage nach der Gestaltung der Beteiligungsfelder.[8] Solche Beteiligungsfelder können auf Unternehmensebene, auf der Ebene einzelner organisatorischer Teileinheiten (z.B. Geschäftsbereiche, Abteilungen, Arbeitsgruppen, Teams) oder auf der Individualebene liegen ((Becker, 1990, S. 259f) bzw. in leicht anderer Einteilung der Beteiligungsfelder auch (Hahn und Willers, 1990, S. 497), (Evers, 1992, S. 445) und (Schanz, 1991, S. 14)). Die Beteiligungsfelder besitzen jeweils Vor- und Nachteile (s. u.a. (Wolf, 2007, S. 182)) und können kombiniert werden (Hahn und Willers, 1990, S. 497). So kann gleichzeitig eine Beteiligung an individuellen Erfolgen, an Erfolgen organisatorischer Teileinheiten und Unternehmenserfolgen gewährt werden. Solche Kombinationen finden sich regelmäßig in der betrieblichen Praxis.

Es ist demnach die Anzahl der Beteiligungsfelder sowie deren Gewichtung zu bestimmen. Ferner ist zu bestimmen, wer die Empfänger des Anreizes sind. Sollen es bspw. nur Mitarbeiter in Leitungsfunktionen sein, sollen Anreize auf der Ebene einzelner organisatorischer Teileinheiten oder auf Unternehmensebene zu gleichen Teilen an alle Mitarbeiter ausgeschüttet werden bzw. welche Gewichtungen sind einzuführen und nach welchem Schlüssel bestimmt sich das Gewicht?

4.2.2 Anreizbasis

Die Gestaltung der Anreizbasis (= Bemessungsgrundlage) für das Anreizsystem ist ein „wesentlicher inhaltlicher Bestandteil" (Wolf, 2007, S. 179)

---

[8]   Beteiligungsfelder sind Organisationsbestandteile auf deren Leistungen das Anreizsystem basiert (Wolf, 2007, S. 182).

sowie das entscheidende Gestaltungselement (Winter, 1997, S. 616). Die Bemessungsgrundlage wird daher in der Literatur umfänglich diskutiert.[9] An dieser Stelle erfolgt keine Reflexion der Literatur zu Bemessungsgrundlagen für Anreizsysteme. Vielmehr werden Anforderungen an die später zu spezifizierende Bemessungsgrundlage abgeleitet.

Als Anforderungen werden die Nicht-Manipulierbarkeit, die Beeinflussbarkeit, die Relevanz und die Messbarkeit genannt (Becker, 1990, S. 125f) und (Bleicher, 1992, S. 379). Neben diesen Anforderungen nennt Langer (2007) drei Prüfkriterien für Bemessungsgrundlagen. Es sind dies die Beeinflussbarkeit durch Umwelteinflüsse, strukturelle Effekte und die Reagibilität. Die ersten beiden Prüfkriterien sind dabei unter die Anforderung der Beeinflussbarkeit, das letzte Prüfkriterium ist unter die Anforderung der Nicht-Manipulierbarkeit subsummierbar.

Eine Bemessungsgrundlage ist dann nicht manipulierbar, wenn sie nicht ohne die vom Prinzipal erwünschte Leistung seitens des Agenten verändert werden kann. Das Prüfkriterium der Reagibilität stellt dabei sicher, dass die Bemessungsgrundlage nicht kurzfristig durch – zwar erwünschte – Leistung verändert wird, sich langfristig jedoch negative Auswirkungen ergeben (Langer, 2007, S. 116f). So kann bspw. kurzfristig eine Kostenreduktion erzielt werden, wenn Mitarbeiter entlassen werden. Dies kann langfristig jedoch zu Problemen führen. Das Prüfkriterium der Reagibilität soll verhindern, dass die Bemessungsgrundlage nicht kurzfristig vor dem Messzeitpunkt durch den Agenten „geschönt" werden kann. Die Nicht-Manipulierbarkeit wirkt u.a. Fehlanreizen entgegen, da bei einer Manipulationsmöglichkeit Anreize bestehen, die Bemessungsgrundlage durch Aktionen zu erhöhen die für den Prinzipal schädlich sind.

Ferner soll die Bemessungsgrundlage durch den Agenten und seine Leistungen auch beeinflussbar sein. Dies stellt die Grundvoraussetzung für ein funktionsfähiges Anreizsystem dar. Vor allem in Situationen, in denen die Struktur des Arbeitsprozesses so gestaltet ist, dass ein Agent auf Vorarbeiten aus anderen Unternehmensbereichen angewiesen ist oder Ressourcen benötigt, über die er jedoch keine Verfügungsgewalt besitzt ist die Beeinflussbarkeit nicht gegeben. Gleiches gilt bspw., wenn der Agent zur Beeinflussung der Bemessungsgrundlage Entscheidungen treffen muss, zu denen er aber nicht befugt ist. Auch in Situationen, in denen Umwelteinflüsse

---

[9] Wird z.B. der „Erfolg" als Bemessungsgrundlage gewählt, so schließt sich daran der gesamte Themenkomplex der Erfolgsmessung, Erfolgsrechnung und Erfolgsabgrenzung (zeitlich und organisatorisch) an. Dieser Themenkomplex wird im Zusammenhang mit Anreizsystemen ausführlich erörtert in Laux (2006a). Zahlreiche Beispiele für Bemessungsgrundlagen werden u.a. bei (Grewe, 2000, S. 18f) genannt.

einen weitaus größeren Einfluss auf die Bemessungsgrundlage haben als die eigenen Leistungen des Agenten, ist die Beeinflussbarkeit als gering einzustufen. Als weitere Anforderung wird die Relevanz der Bemessungsgrundlage für den Agenten genannt. Die Bemessungsgrundlage soll für den Aufgabenbereich des Agenten wichtig und nicht kontraproduktiv sein (Wolf, 2007, S. 179). Dies stellt sicher, dass der Agent die ihm übertragenen Aufgaben erfüllt und seine Arbeitsleistung nicht anderweitig einsetzt, nur um die Bemessungsgrundlage positiv zu verändern. Die Erfüllung dieser Anforderung wirkt u.a. Fehlanreizen entgegen.

Neben der Beeinflussbarkeit ist die Anforderung der Messbarkeit als sehr wichtig einzustufen. Die Messbarkeit schließt die Anforderungen an die Objektivität der Messung, deren Verlässlichkeit, Validität und Verfügbarkeit mit ein (Winter, 1996, S. 108). Wird die Messung wiederholt ausgeführt, so muss sie zum gleichen Ergebnis kommen (Verlässlichkeit, (Guthof, 1995, S. 50)). Wird sie von unterschiedlichen Personen ausgeführt, so müssen diese zum gleichen Ergebnis kommen (Objektivität, (Wolf, 2007, S. 180)). Das Ergebnis der Messung muss in einem vertretbaren Zeitrahmen zu vertretbaren Kosten vorliegen (Verfügbarkeit, (Wolf, 2007, S. 180)). Kann eine Bemessungsgrundlage nur auf indirektem Wege mittels eines Indikators gemessen werden, so muss die Messung valide sein, d.h. es muss eine hohe Korrelation zwischen Indikatorwert und dem Wert der Bemessungsgrundlage vorliegen (Validität, (Guthof, 1995, S. 50)). Ferner stellt sich die Frage nach dem Messzeitpunkt und dem Messintervall ebenso wie die Frage, ob die Messung zu fest vereinbarten Zeiten stattfindet oder zufällig erfolgen soll. Im Rahmen der Literatur zu Anreizsystemen sind diese Fragen bislang eher nachrangig behandelt worden. Eine Analyse dieser Fragestellungen erfolgt jedoch in der Literatur zu Monitoring-Systemen im Rahmen von Prinzipal-Agent-Beziehungen, so z.B. Holmström (1979); Singh (1985); Kanodia (1985); Baiman und Rajan (1994); Ichino und Muehlheusser (2008).

Die Bemessungsgrundlage kann jedoch nicht nur aus einer Leistungsvariablen (z.B. EBITDA[10], Output pro Zeiteinheit, Anzahl fakturierbarer Arbeitsstunden, ...), sondern auch aus einer Mehrzahl an Variablen bestehen. Dies können unterschiedliche individuelle Leistungsvariablen der Agenten sein, aber auch Variablen aus anderen Beteiligungsfeldern, z.B. Abteilungs- oder Unternehmensleistungen. Dabei stellt sich die Frage nach deren Gewichtung. So kann bspw. die Übergewichtung von individuellen Leistungsvariablen einen negativen Einfluss auf die Teamleistung haben.

---

[10]   Earnings before interest, taxes, depreciation and amortization.

Bei der Betrachtung von Variablen im Rahmen eines Anreizsystems handelt es sich letzlich um die Betrachtung einer Zeitreihe bzw. deren Analyse, so dass auch hier Fragen nach Aggregation, Korrelationen, Zeitpunkt- oder Zeitraumbetrachtung (z.B. durch Mittelwertbildung mit/ohne Glättungsfilter), Streuungsanalyse usw. zum Tragen kommen.

4.2.3 Anreizsystemstruktur

Im Rahmen der Anreizsystemstruktur werden die Entlohnungsfunktion

$$za_{i,t}(param_1, param_2, param_3, \ldots)$$

sowie das Entlohnungsintervall gestaltet. Die Entlohnungsfunktion drückt dabei den Zusammenhang zwischen Bemessungsgrundlage und Entlohnung aus (Laux, 2006a, S. 27). Dabei ist die Ergebnis-Entlohnungs-Relation in einer mathematischen Notation so festzulegen, dass „jeder Ausprägung der Messgröße in der Bemessungsgrundlage ein in artmäßiger, mengenmäßiger und zeitlicher Hinsicht genau fixiertes Anreizangebot gegenübergestellt wird" (Laux, 2006a, S. 138). Mathematisch stellt die Gestaltung der Entlohnungfunktion die Bestimmung der analytischen Eigenschaften der Funktion dar. Daher stellt bspw. die Festlegung eines fixen und variablen Anteils an der Gesamtvergütung eine Verschiebung der Funktion in Y-Richtung dar. Ferner können „Mindesthürden" für die Leistung definiert werden. Eine Erfolgsbeteiligung wird dann erst ab Erreichen einer solchen Mindesthürde gewährt. Dies erlaubt dem Prinzipal mehr Planungssicherheit bzgl. der Ergebnisse und den Kosten des Anreizsystems und stellt mathematisch eine nicht-stetige Funktion mit (mindestens) einer Sprungstelle dar. In einem einfachen Beispiel einer Entlohnungsfunktion kann $param_1 \in \mathbb{R}^{\geq 0}$ für einen fixen Betrag in Euro, $param_2 \in [0,1] \subset \mathbb{R}^+$ für die Ergebnisbeteiligung an der Messgröße $param_3 \in \mathbb{R}^{\geq 0}$ stehen. Die Entlohnungsfunktion hat dann bspw. die Form

$$za_{i,t}(param_1, param_2, param_3) = param_1 + param_2 \cdot param_3$$

und definiert damit einen positiven und linearen sowie positiv um $param_1$ verschobenen Zusammenhang zwischen der Ergebnisgröße und Entlohnung.

Zu bestimmen ist ebenfalls die Steigung der Entlohnungsfunktion. Im Beispiel ist die Steigung gleich $param_2$. Mit zunehmendem Wert der Messgröße in der Bemessungsgrundlage kann die Steigung der Entlohnungsfunktion gleich bleiben ($za'_{i,t} > 0$, $za''_{i,t} = 0$, lineare Zunahme, s. Beispiel), zunehmen $(za'_{i,t} > 0, za''_{i,t} > 0,$ exponentielles Wachstum) oder abnehmen $(za'_{i,t} > 0, za''_{i,t} < 0,$ exponentielle Annäherung).[11] Ebenfalls kann die Steigung abschnittsweise definiert werden und z.B. in einem ersten Abschnitt eine höhere Steigung aufweisen als in den folgenden Abschnitten (mathematisch: Verkettung von einzelnen Funktionen). Ferner können obere und untere Schranken für die Entlohnungsfunktion festgelegt werden (mathematische Eigenschaft: Beschränktheit der Funktion).

Bei der Gestaltung der Zeitdimension der Anreizsystemstruktur wird bestimmt, „wie hoch der Anteil kurzfristig-operativer und langfristig-strategischer Anreize ist, für welche Bemessungsperiode ein bestimmtes Leistungsergebnis und -verhalten festgestellt wird und in welchen 'Ausschüttungsrythmus' die Anreize gewährt werden sollen" (Grewe, 2012, S. 20). Bei der Bestimmung des Ausschüttungsrythmus zeigen empirische Studien, dass ein enger zeitlicher Zusammenhang zwischen der erbrachten Leistung und der Entlohnung erfolgen soll, um die positive Wirkung des Anreizsystems auf die Leistung der Agenten sicherzustellen.[12] Im Rahmen der zeitlichen Aufteilung der variablen Entlohnung können unterschiedliche Modelle zur Anwendung kommen. So kann die variable Entlohnung voll ausgeschüttet werden oder im Rahmen eines „Deferred Compensation Systems" (u.a. Huck et al. (2011)) teils sofort und teils periodisch (evtl. in Abhängigkeit zukünftiger Entwicklungen). Mit der Einführung sog. Bonusbanken kann es dem Agenten ermöglicht werden, die zu erwartende variable Entlohnung auf einem „Bonusbankkonto" anzusparen und intertemporal zu verschieben (Plaschke, 2006, S. 56ff).

Ferner ist der Berechnungs- sowie Auszahlungszeitpunkt und die Berechnungs- sowie Auszahlungsfrequenz zu wählen. Hierbei ist auf die bereits genannte Reagibilität der Bemessungsgrundlage zu achten. Weist die Bemessungsgrundlage eine hohe Reagibilität in Bezug auf die Leistung des Agenten auf, so kann der Agent seine Leistung kurz vor dem Berechnungssowie Auszahlungszeitpunkt so verändern, dass die Bemessungsgrundlage positiv beeinflusst wird, sich langfristig aber zu Ungunsten des Prinzipals entwickelt.

---

[11] Dabei stellt $za'_{i,t}$ die erste und $za''_{i,t}$ die zweite Ableitung der Entlohnungsfunktion nach dem Parameter „Bemessungsgrundlage" (im Beispiel $param_3$) dar.

[12] Im Rahmen der Literatur zu Anreizsystemen wird diese Forderung u.a. bei (Becker, 1998, S. 201) und (Grewe, 2012, S. 20f) benannt. Die Forderung wurde jedoch bereits früh bei Taylor aufgestellt der eine tagesweise Auszahlung vorschlägt (Taylor und Roesler, 2011, S. 99). In allgemeiner Form wird der abnehmende Einfluss des Anreizes auf die Leistung eines Agenten mit zunehmender zeitlicher Distanz zwischen der Leistung und der Entlohnung von der Erwartungs-Valenz-Theorie beschrieben, so u.a. (Imberger, 2003, S. 110).

Im Rahmen der Gestaltung der Anreizsystemstruktur ist ebenfalls festzu-legen, ob sich die Parameter bzw. die Funktionsvorschrift der Entlohnungs-funktion über die Zeit hinweg verändern. So können sich zu unterschiedli-chen Zeiten unterschiedliche Anteile oder Höhen der variablen Entlohnung ergeben (steigende Prämienlöhne, bei Vertragsbeginn hoher Fixlohnanteil und später hoher Anteil der variablen Vergütungen, ...). Ebenfalls können intertemporale Glättungen bei der Bemessungsgrundlage vereinbart werden. So kann bspw. die Anreizsystemstruktur in der Art gestaltet sein, dass es dem Agenten möglich wird, negative Abweichungen von der Zielgröße vor-zutragen und mit positiven Abweichungen in der Zukunft zu verrechnen (Laux, 2006a, S. 31). Dies ist für den Agenten dann von Vorteil, wenn die Entlohnungsfunktion einen Verlauf aufweist, bei dem der Grenzbetrag des Anreizes mit steigender Bemessungsgrundlage abnimmt (exponentielle An-näherung).

4.3 Anforderungen an Anreizsysteme

Die Ausführungen zu den Gestaltungselementen zeigen die Vielzahl an Mög-lichkeiten zur Spezifikation eines Anreizsystems. Die betriebliche Praxis so-wie die betriebswirtschaftliche Literatur zu Anreizsystemen haben für deren Entwicklung daher Anforderungen und Gestaltungsprinzipien definiert, an denen sich die jeweiligen konkreten Anreizsysteme ausrichten können. Diese Anforderungen und Prinzipien werden im Folgenden erläutert.

4.3.1 Theorieinduzierte Anforderungen an Anreizsysteme

Aus Sicht der Prinzipal-Agent-Theorie existieren zwei Anforderungen: Die Anreizkompatibilität und die Teilnahmebedingung (Grossman und Hart, 1983, S. 8). Die Anreizkompatibilitätsbedingung (s. auch Formel 3.23 auf Seite 172) stellt eine mathematisch formulierte Bedingung auf die erfüllt sein muss, damit der Prinzipal seinen Erwartungsnutzen maximiert. Dazu muss der Prinzipal die Entlohnungsfunktion (die Anreizsystemstruktur) so wählen, dass bei gegebener Verteilungsfunktion für das zu erwartende Ergeb-nis der Erwartungsnutzen des Agenten genau dann maximal wird, wenn er die Aktion wählt die mit höchster Wahrscheinlichkeit zu einem maximalen Ergebnis für den Prinzipal führt.

Die Entlohnungsfunktion (die Anreizsystemstruktur) ist dabei jedoch auch so zu wählen, dass der Agent im Erwartungswert bei Teilnahme an der Agen-turbeziehung einen Vorteil sieht. In der Prinzipal-Agent-Theorie wird davon

ausgegangen, dass der Agent einen Reservationsnutzen besitzt, den er auch
dann hat, wenn er nicht an der Agenturbeziehung teilnimmt. Der Agent entscheidet sich nur dann für eine Teilnahme an der Agenturbeziehung, wenn
er erwarten kann, dass er durch die Agenturbeziehung einen Mehrnutzen
(mehr als seinen Reservationsnutzen) erhält. Die Anforderung an die Anreizsystemstruktur ist daher, die Entlohungsfunktion so zu wählen, dass der
Agent sich für die Teilnahme an der Beziehung entscheidet.

4.3.2 Domänenbezogene Anforderungen an Anreizsysteme

Im Abschnitt 2.2.2 wurde der Leistungsdurchsatz als wichtigstes Ziel im Zielsystem des transportlogistischen Systems im Erdbau identifiziert. Daher ist
der Leistungsdurchsatz als maßgebliche Variable in der Bemessungsgrundlage zu wählen. In Bezug auf die bereits formulierten Anforderungen an
die Bemessungegrundlage (Nicht-Manipulierbarkeit, Beeinflussbarkeit, Relevanz und Messbarkeit) lässt sich festhalten, dass diese Anforderungen erfüllt sind. Der Leistungsdurchsatz ist nicht manipulierbar, so dass er ohne
entsprechende Aktionen nicht erhöht werden kann. Nur durch Ausbau- und
Transportleistungen kann der Leistungsdurchsatz erhöht werden. Für die
Fahrer (Agenten) besitzt die Kenngröße auch die entsprechende Relevanz,
da sie zum originären Aufgabenbereich gehört. Ferner kann der Leistungsdurchsatz auch gemessen werden. Entsprechende technische Lösungen bieten u.a. die Hersteller Topcon Positioning Systems Inc. und Trimble Navigation Ltd. – mit diesen Systemen können auf Basis von Geopositions-
und Maschinensensordaten sowie auf Grundlage von digitalen Geländemo-
dellen die Aus- und Einbaumengen gemessen und so der Leistungsdurchsatz
bestimmt werden.

Aus der Anforderung der Beeinflussbarkeit des Leistungsdurchsatzes ergeben sich die Empfänger. Weder die Baugeräteführer der Ausbau- noch der
Einbaugeräte können den Leistungsdurchsatz ohne verfügbare Transportgeräte beeinflussen. Dies bleibt den Fahrern der Transportgeräte vorbehalten.
Auf der anderen Seite jedoch können auch die Fahrer der Transportgeräte
den Leistungsdurchsatz nicht beeinflussen, wenn die Baugeräteführer der
Ausbau- und Einbaugeräte ihre Leistung nicht erbringen (s. interprozessuale Abhängigkeiten in den Abschnitten 2.4.2.1 und 2.4.2.2). Die Leistungen
der Baugeräteführer der Ausbau- und Einbaugeräte werden in dieser Arbeit
jedoch als gegeben betrachtet und sind per Annahme rein von den technischen und umweltbezogenen Rahmenbedingungen abhängig. Sie unterliegen
nicht der Beeinflussung der Geräteführer. Als Anreizempfänger sind daher
die Fahrer der Transportgeräte zu wählen. Da sie die Transportleistung im

Team erbringen und der Leistungsdurchsatz des einzelnen Fahrers nicht bestimmt werden kann, ist als Beteiligungsfeld die Teamebene und mithin die Team-Transportleistung zu wählen. Können die Fahrer die Transportlinien wechseln, so ist die baustellenweite Transportleistung als Bemessungsgrundlage festzulegen.

Immaterielle Anreize sind für Erdbaustellen weniger geeignet. So handelt es sich bei Transportleistungen um homogene Tätigkeiten, die wenig Spielraum lassen für Anreize, die aus der Arbeit (z.B. Karriere, Verantwortung, Autonomie, (Lomberg, 2008, S. 51)) selbst stammen. Anreize bspw. aus einer flexiblen Arbeitszeitregelung laufen der üblichen schichtweisen Arbeitseinteilung mit gemeinsamem Arbeitsbeginn und -ende entgegen. Titel, Urkunden, Belobigungen (z.B. „Mitarbeiter des Monats"-Programme) werden als Anreizinstrumente ebenfalls als wenig wirksam angesehen. Ziel des in dieser Arbeit entwickelten Anreizsystems ist die kurzfristige Steuerung der Erdbaustelle. Die bereits beschriebene Forderung nach einem engen Zusammenhang zwischen Leistung und Entlohnung kommt daher besonders zum Tragen. Den materiell bewertbaren Anreizen, wie bspw. zusätzliche Urlaubstage, zusätzliche Altersversorgung etc., kommen im Rahmen der Zielstellung eine nur geringe Bedeutung zu. Zu wählen sind daher finanzielle Anreize.

Hinsichtlich der Anreizsystemstruktur muss jeder Ausprägung der Variablen „Leistungsdurchsatz" (Bemessungsgrundlage) ein finanzielles Anreizangebot gegenübergestellt werden. Aus Sicht der Domäne Erdbau muss die Anreizsystemstruktur so gewählt werden, dass die Gesamtpersonalkosten (fixe und variable Anteile der Entlohnung) die in der Planung kalkulierten Personalkosten nicht übersteigen. Das in Abschnitt 2.2.2 genannte Ziel der Erfüllung der Terminanforderungen beeinflusst die Anreizsystemstruktur. So kann bspw. die Bemessungsgrundlage in Leistungsdurchsatz pro Tag, pro Woche und pro Monat aufgeteilt und den Variablen jeweils ein entsprechendes Anreizangebot gegenübergestellt werden. Wie jedoch bereits ausgeführt, werden in der Planungsphase die Maschinenkapazitäten genau so vorgeplant, dass sie mit den kalkulatorisch zugrundegelegten (statistischen) Leistungsdaten die Termine erfüllen können. In der operativen Phase der Bauausführung geht es – dies ist ebenfalls in Abschnitt 2.2.2 ausgeführt – um die Maximierung des Leistungsdurchsatzes. Eine zeitliche Aufteilung ist daher nicht notwendig.

In dem in Abschnitt 2.4 dargelegten Modell des transportlogistischen Systems der Erdbaustelle bezieht sich die Leistungsberechnung jeweils auf den Zeitpunkt t. Die Berechnungs- und Auszahlungsfrequenz soll daher ebenfalls zu jedem Zeitpunkt t erfolgen.

4.3.3 Weitere Anforderungen an Anreizsysteme

In der betriebswirtschaftlichen Literatur zu Anreizsystemen werden weitere Anforderungen an ein Anreizsystem genannt. Es sind dies Wirtschaftlichkeit, Transparenz, Gerechtigkeit, Leistungsorientierung, Flexibilität, Dualität, Planungsgenauigkeit, Akzeptanz, Anreizkompatibilität und Risikoreduktion (Winter, 1996, S. 71).[13] Die Tabelle 4.1 gibt einen Überblick über die von Winter (1996) aufgestellten Anforderungen.

Neben den von Winter (1996) genannten Anforderungen werden ferner die Anforderungen intersubjektive Überprüfbarkeit, Pareto-effiziente Risikoteilung, Pareto-effiziente zeitliche Teilung, Angemessenheit der Vergütung, Stabilität, Einfachheit und Effizienz aufgestellt (Laux, 2006a, S. 27f). Diese Anforderungen werden in späteren Veröffentlichungen aufgegriffen und dienen dort als Basis für die Entwicklung der Anreizsysteme, so u.a. bei (Wolf, 2007, S. 204f), (Langer, 2007, S. 56f) und (Grewe, 2012, S. 14f).

Die Anforderung der *intersubjektiven Überprüfbarkeit* bezieht sich auf die Elemente des Anreizsystems. Diese müssen sowohl vom Prinzipal, als auch vom Agenten („und im Streitfall auch von Dritten, insbesondere Gerichten" (Laux, 2006a, S. 27)) überprüfbar sein. Dies gilt v.a. für die Bemessungsgrundlage. Im Erdbau kann diese Anforderung als erfüllt gelten, da der Fahrer des Transportsystems zwar in der Regel keinen Einblick in die telematischen Systeme der Bauleitung hat, jedoch aufgrund des ihm bekannten Nenn-Ladevolumens und der Anzahl seiner Fahrten die von ihm erbrachte Transportleistung abschätzen kann. Eine *Pareto-effiziente Risikoteilung* „liegt dann vor, wenn durch Umverteilung der möglichen Erfolge keine Partei einen Vorteil erzielen kann, ohne daß sich die andere schlechter stellt" (Laux, 2006a, S. 29). Eine *Pareto-effiziente zeitliche Teilung* liegt dann vor, „wenn durch sichere Umverteilung der Belohnungen für verschiedene Zeitpunkte [...] keine der Parteien einen Vorteil erzielen kann, ohne daß für mindestens eine Partei ein Nachteil entsteht" (Laux, 2006a, S. 30). Die *Angemessenheit der Vergütung* ist dann erreicht, wenn die Belohnung in angemessenem Verhältnis zur erbrachten Leistung steht (Laux, 2006a, S. 31). Die Erfüllung dieser Anforderung ist jedoch abhängig von den individuellen Einschätzungen des Prinzipals und des Agenten.

---

[13]   Winter (1996) fasst bei seiner Ableitung der Anforderungen an ein Anreizsystem die Anforderungen von Becker (1990), Hahn und Willers (1990) und Bleicher (1992) zusammen. So ist bspw. die Anforderung „Transparenz" bei allen drei Autoren zu finden.

Tabelle 4.1: Anforderungen an Anreizsysteme nach Winter (1996)

Anforderung	Beschreibung
Wirtschaftlichkeit	Die Wirtschaftlichkeit bestimmt sich aus der Effizienz (Input-Output-Relation) des Anreizsystems. Als „Input" werden die Kosten der Leistungsbewertung, als „Output" die Leistungserhöhung gesehen (Winter, 1996, S. 72).
Transparenz	„[I]ndividuelle Durchschaubarkeit und Verständlichkeit des Anreizsystems" (Winter, 1996, S. 73).
Gerechtigkeit	Entlohnung soll der Leistung entsprechen (Winter, 1996, S. 75).
Leistungs-orientierung	Leistungsunterschiede sollen durch angemessene Lohnunterschiede sanktioniert werden (Winter, 1996, S. 76).
Flexibilität	Das Anreizsystem soll „die Fähigkeit [haben ...], unterschiedliche unternehmerische Zielstellungen durch adäquate Berücksichtigung der Rahmenbedingungen zu unterstützen" (Winter, 1996, S. 78).[14]
Dualität	Das Anreizsystem soll ein ausgewogenes Verhältnis zwischen strategischen und operativen Zielen aufweisen (Winter, 1996, S. 80).

---

[14] Die Flexibilität des Anreizsystems wirkt direkt auf die (Entwicklungs- & Bestands-)Flexibilität des transportlogistischen Systems wie sie in Abschnitt 2.2.3 dieser Arbeit ausgeführt wurde. Die Entwicklungsflexibilität ergibt sich daraus, dass sich das Anreizsystem in zukünftigen Perioden an veränderte Umweltbedingungen anpassen lassen kann. Die Bestandsflexibilität ergibt sich daraus, dass die Wahl des Anreizsystems in der Vorperiode versucht Umweltveränderungen der aktuellen Periode zu antizipieren. Das in der aktuellen Periode bestehende Anreizsystem kann damit auf Umweltveränderungen reagieren, z.B. durch Abmilderung von Ausreissern bei der Bemessungsgrundlage.

Anforderung	Beschreibung
Planungsgenauigkeit	Das Anreizsystem muss realistische Planungen für die zu erreichenden Ziele befördern (Winter, 1996, S. 82).[15]
Akzeptanz	Das Anreizsystem soll von den Agenten akzeptiert werden; die Agenten sollen mit dem Anreizsystem einverstanden sein (Winter, 1996, S. 89).
Anreizkompatibilität	S. Abschnitt 4.3.1 in dieser Arbeit.
Risikoreduktion	Das Anreizsystem soll das persönliche Einkommensrisiko des Agenten reduzieren (Winter, 1996, S. 91).

Ein Anreizsystem weist dann *Stabilität* auf, „wenn ein einmal gewähltes Belohnungssystem nicht geändert wird" (Laux, 2006a, S. 32). Dies betrifft allerdings das gesamte Anreizsystem. Ein Anreizsystem ist auch dann stabil, wenn einzelne Elemente des Anreizsystems mit der Zeit variieren, diese Variation jedoch von Anfang an bei der Gestaltung des Systems festgelegt wurde. Insbesondere bei stark veränderten Umweltbedingungen kann jedoch die Veränderung des Anreizsystems sinnvoll sein. *Einfachheit* des Anreizsystems liegt vor, wenn die Verhaltensimplikationen des Anreizsystems prognostizierbar sind (Laux, 2006a, S. 32). Ist das Anreizsystem so komplex, dass seine Auswirkungen auf das Verhalten (insbesondere in Bezug auf Fehlanreize) nicht mehr prognostizierbar sind, so ist die Anforderung der Einfachheit nicht mehr erfüllt. Die *Effizienz* bezieht sich auf die Kosten der Berechnung der Belohnung („Input"), um die gewünschten Verhaltensimplikationen („Output") zu erzielen. „Je größer die Anzahl der Bemessungsgrundlagen und je komplexer die Belohnungsfunktion, desto höher sind die Kosten der Information [...]" und „[j]e komplexer das Belohnungssystem [...] ist, desto mehr Zeit benötigt der [Agent], es zu verstehen und zu erkennen, was er tun muß, um (höhere) Belohnungen zu erzielen" (Laux, 2006a, S. 32).

---

[15] Winter (1996) weist darauf hin, dass Agenten bei der Wahl ihrer Ziele für das Anreizsystem möglicherweise zu niedrige Ziele wählen, da sie später am Zielerreichungsgrad gemessen werden. Die Planungsgenauigkeit bezieht sich auf die Übereinstimmung mit dem vom Agenten gewählten Ziel und dem realistisch erreichbaren Ziel. Da im transportlogistischen System der Erdbaustelle die Agenten die Leistungsziele nicht selbst wählen, ist die Erfüllung dieser Anforderung für die vorliegende Arbeit nicht notwendig.

Die von Laux (2006a) aufgestellten Anforderungen überschneiden sich somit in Teilen mit den Anforderungen von Winter (1996). Die Tabelle 4.2 zeigt diese Überschneidungen und gibt Auskunft über die Gemeinsamkeiten bzw. Unterschiede der bei beiden Autoren gleich lautenden Anforderungen.

Tabelle 4.2: Gegenüberstellung der Anforderungen an Anreizsysteme bei Winter (1996) und Laux (2006a)

Winter (1996)	Laux (2006a)	Gemeinsamkeit/Unterschied
Wirtschaftlichkeit	Effizienz	Anforderungen entsprechen einander.
Transparenz	Intersubjektive Überprüfbarkeit	Anforderungen entsprechen einander.
Gerechtigkeit	Angemessenheit der Vergütung	Die Vergütung ist angemessen, wenn sie gerecht und leistungsorientiert erfolgt. Die Anforderungen entsprechen somit einander.
Leistungsorientierung	Angemessenheit der Vergütung	
Flexibilität	Stabilität	Wird im Anschluss ausgeführt.
Dualität	–	Von Laux (2006a) nicht genannt. Langfristige, strategische Zielstellungen haben jedoch in Bezug auf die in dieser Arbeit angestrebte operative Steuerung keine Relevanz, so dass die Anforderung der Dualität nicht zum Tragen kommt.
Planungsgenauigkeit	–	Die Planungsgenauigkeit wird von Laux (2006a) nicht genannt. Wie ausgeführt hat die Planungsgenauigkeit als Anforderung für diese Arbeit keine Relevanz.

Winter (1996)	Laux (2006a)	Gemeinsamkeit/Unterschied
Akzeptanz	–	Von Laux (2006a) nicht genannt. Allerdings kann vermutet werden, dass die Erfüllung der bei Laux (2006a) genannten Anforderungen letztendlich zu einer Akzeptanz führen kann.
Anreizkompatibilität	–	Von Laux (2006a) nicht genannt. Jedoch wird in der Einleitung postuliert, dass die „Erfolgsbeteiligung [...] so gestaltet werden [soll], daß 'Anreizkompatibilität' besteht" (Laux, 2006a, S. 3).
Risikoreduktion	Pareto-effiziente Risikoteilung	Winter (1996) zielt lediglich auf die Verminderung des Einkommensrisikos des Agenten ab. Laux (2006a) fordert hingegen eine Pareto-effiziente Teilung des Risikos zwischen Prinzipal *und* Agent.[16]
–	Pareto-effiziente zeitliche Teilung	Die Pareto-effiziente zeitliche Teilung wird von Winter (1996) nicht genannt.
–	Einfachheit	Die Einfachheit im Sinne der Prognostizierbarkeit von Verhaltensimplikationen wird von Winter (1996) nicht genannt.

---

[16] Allerdings ist auch die Risikoteilung „Agent übernimmt gesamtes Risiko; Prinzipal übernimmt kein Risiko" (und umgekehrt) ebenfalls Pareto-effizient. Die Pareto-Effizienz sagt daher nichts über eine faire Risikoteilung aus.

Während Winter (1996) die Flexibilität als Anforderung für Anreizsysteme nennt, fordert Laux (2006a) die Stabilität von Anreizsystemen. Der zunächst vermutbare Widerspruch der beiden Begriffe löst sich durch eine nähere Betrachtung der beiden Anforderungen auf. Die von Winter (1996) genannte Flexibilität bezieht sich darauf, dass das Anreizsystem die Fähigkeit haben muss, „unterschiedliche unternehmerische Zielstellungen durch adäquate Berücksichtigung der Rahmenbedingungen zu unterstützen" (Winter, 1996, S. 78). Dies kann durch eine adäquate Gestaltung des Anreizsystems erreicht werden. Ein so gestaltetes Anreizsystem kann zeitlich überdauern und so die von Laux (2006a) geforderte Stabilität aufweisen. Die beiden Anforderungen beziehen sich daher auf unterschiedliche Phasen im Lebenszyklus eines Anreizsystems. Das Anreizsystem soll flexibel gestaltet werden, so dass es – nach Einführung – über längere Zeit stabil bleiben kann auch wenn sich Umweltbedingungen ändern.

Die hier formulierten Anforderungen aus der Prinzipal-Agent-Theorie, aus der Domäne Transportlogistik im Erdbau sowie aus der betriebswirtschaftlichen Literatur zu Anreizsystemen werden in Tabelle 4.3 zusammengefasst und finden in der in Abschnitt 4.5 dargelegten Spezifikation des Anreizsystems Berücksichtigung.

Tabelle 4.3: Zusammenfassung der Anforderungen für Anreizsysteme

Anforderung	Herkunft	Beschreibung
Anreiz-A 1	Prinzipal-Agent-Theorie & BWL-Literatur	Die Entlohnungsfunktion muss so gestaltet sein, dass der Agent zu leistungsmaximalem Verhalten bewegt wird.
Anreiz-A 2	Prinzipal-Agent-Theorie	Das Anreizsystem muss so gestaltet sein, dass der Agent an der Agenturbeziehung teilnimmt.
Anreiz-A 3	Domäne	Als Bemessungsgrundlage ist der Leistungsdurchsatz zu wählen.
Anreiz-A 4	Domäne	Anreizempfänger sind die Fahrer der Transportgeräte.
Anreiz-A 5	Domäne	Als Bemessungsgrundlage ist die baustellenweite Transportleistung festzulegen.
Anreiz-A 6	Domäne	Zu wählen sind finanzielle Anreize.

Anforderung	Herkunft	Beschreibung
Anreiz-A 7	Domäne	Die Gesamtpersonalkosten (fixe und variable Anteile der Entlohung) dürfen die in der Planung kalkulierten Personalkosten nicht übersteigen.
Anreiz-A 8	Domäne	Die Berechnung der Belohnung soll zu jedem Zeitpunkt t erfolgen.
Anreiz-A 9	Domäne	Auszahlung erfolgt zu jedem Zeitpunkt t.
Anreiz-A 10	BWL-Literatur	Die Elemente des Anreizsystems sollen von Prinzipal und Agent (sowie von Dritten, z.B. Gerichten) überprüfbar sein.
Anreiz-A 11	BWL-Literatur	Durch Umverteilung der möglichen Erfolge soll keine Partei einen Vorteil erzielen können, ohne dass sich die andere schlechter stellt. Die Risikoreduktion nur auf Seiten des Agenten (Winter, 1996, S. 91) greift zu kurz.
Anreiz-A 12	BWL-Literatur	Durch sichere Umverteilung der Belohnungen für verschiedene Zeitpunkte darf keine der Parteien einen Vorteil erzielen, ohne dass für mindestens eine Partei ein Nachteil entsteht.
Anreiz-A 13	BWL-Literatur	Die Belohnung muss in angemessenem Verhältnis zur erbrachten Leistung (Leistungsorientierung) stehen und sie muss gerecht sein.
Anreiz-A 14	BWL-Literatur	Das Anreizsystem soll sich veränderten Rahmenbedingungen anpassen können.

Anforderung	Herkunft	Beschreibung
Anreiz-A 15	BWL-Literatur	Ein einmal gewähltes Belohnungssystem soll nicht geändert werden.
Anreiz-A 16	BWL-Literatur	Verhaltensimplikationen des Anreizsystems müssen prognostizierbar sein.
Anreiz-A 17	BWL-Literatur	Die Anzahl der Bemessungsgrundlagen muss gering und die Belohnungsfunktion darf nicht komplex sein.
Anreiz-A 18	BWL-Literatur	Das Anreizsystem soll von den Agenten akzeptiert werden; die Agenten sollen mit dem Anreizsystem einverstanden sein.

4.4 Gestaltungsprinzipien von Anreizsystemen

Aus den Anforderungen leitet die betriebswirtschaftliche Literatur zu Anreizsystemen Gestaltungsprinzipien für diese Systeme ab. Die Prinzipien wurden von Winter (1996) zusammengefasst und werden in späteren Arbeiten zur Gestaltung von Anreizsystemen aufgegriffen, u.a. von Plaschke (2003), Weissenberger (2003) sowie Schreyer (2007).

Winter (1996) unterscheidet in vier Kategorien von Gestaltungsprinzipien. Die *Gestaltungsprinzipien zur Unterstützung der Motivation* umfassen das Relativitätsprinzip, das Ausreißeranalyseprinzip und das Überdauerprinzip. Das Marktzentrierungsprinzip und das Übervarianzprinzip ordnen sich den *Gestaltungsprinzipien zur Unterstützung der Selektion*[17] zu. Als *Gestaltungsprinzipien zur Unterstützung der Koordination* werden das Gruppenanreizprinzip und das Selbstverteilungsprinzip genannt. Die *übergreifenden Gestaltungsprinzipien* schließlich sind das Öffentlichkeitsprinzip, das Cafeteriaprinzip und das Tournamentprinzip (Winter, 1996, Kapitel 1.6 ab S. 150). Die folgende Tabelle 4.4 stellt diese einzelnen Prinzipien in einer

---

[17] Für Winter (1996) hat ein Anreizsystem die Aufgabe, „positive Selektionseffekte" zu erzeugen und so leistungsfähige Agenten an die Organisation zu binden bzw. solche zu gewinnen (Winter, 1996, S. 167). So sollen leistungsfähige Agenten von nicht-leistungsfähigen selektiert werden.

Übersicht dar. Die jeweiligen Begründungen und formalen Herleitungen der Prinzipien finden sich bei Winter (1996) in den Kapiteln 1.6.1 bis 1.6.4. Die Gestaltungsprinzipien werden bei der Spezifikation des Anreizsystems für transportlogistische Systeme im Erdbau berücksichtigt.

Tabelle 4.4: Gestaltungsprinzipien für Anreizsysteme nach (Winter, 1996, S. 150f)

Kategorie	Prinzip	Beschreibung
Motivation	Relativitäts-prinzip	„Die Höhe von ergebnisorientierten, variablen Entlohnungsanteilen sollte sich nach der relativen Entwicklung der Ergebnisse im Vergleich zu einem korrelierten Vergleichsmaßstab richten" (Winter, 1996, S. 151).[18]
	Ausreißer-analyse-prinzip	„Richtet sich die Leistungsbewertung nach dem Relativitätsprinzip, dann sollte bei einer extremen Abweichung der Ergebnisse von demjenigen des Vergleichsportfolios eine genaue Ursachenanalyse stattfinden" (Winter, 1996, S. 158).
	Überdauer-prinzip	„Variable Entlohnungen anhand ökonomischer Ergebnisgrößen sollen über den Zeitpunkt der aktiven Mitarbeit eines [Agenten] hinaus gewährt werden" (Winter, 1996, S. 162).
Selektion	Markt-zentrierungs-prinzip	„Die Entlohnung bei durchschnittlicher Leistung soll der Durchschnittsentlohnung des Arbeitsmarktes für [Agenten] entsprechen" (Winter, 1996, S. 158).[19]

---

[18] Ein solcher „korrelierter Vergleichsmaßstab" kann bspw. ein Vergleichsportfolio sein. Wird z.B. der Aktienwert als Leistungskriterium gewählt, so kann ein Indexwert – der eine Korrelation zum Aktienwert der Unternehmung aufweist – als Vergleichsmaßstab herangezogen werden. Für das transportlogistische System einer Erdbaustelle können Leistungswerte vergleichbarer Baustellen der Vergangenheit als Maßstab dienen.

[19] Diese Durchschnittsentlohnung bzw. marktübliche Entlohnung kann ebenfalls die Basis sein, auf die die Agenten ihren Reservationsnutzen bestimmen. Mit der Erfüllung

Kategorie	Prinzip	Beschreibung
	Übervarianz-prinzip	„Die Spannweite der im Unternehmen möglichen Entlohnungen sollte die Spannweite der Entlohnungen im Arbeitsmarkt übersteigen" (Winter, 1996, S. 169).[20]
Koordination	Gruppen-anreizprinzip	„Zur Unterstützung kooperativen Verhaltens sollten Teile der variablen Entlohnung an gruppenorientierten Erfolgsmaßen ausgerichtet werden" (Winter, 1996, S. 182).
	Selbst-verteilungs-prinzip	„Werden gruppenorientierte Beteiligungsbasen eingesetzt, so sollten die Gruppenmitglieder die Aufteilung des zur Verfügung stehenden Betrages zumindest teilweise selbst vornehmen" (Winter, 1996, S. 185).
Übergreifend	Öffentlich-keitsprinzip	„Die zur Beurteilung der Entlohnungsgerechtigkeit notwendigen Informationen sollten unternehmensintern offengelegt werden" (Winter, 1996, S. 191).
	Cafeteria-prinzip	„[Agenten] sollten die Möglichkeit erhalten, die Aufteilung ihrer Gesamtentlohnung auf einzelne Entlohnungskomponenten selbst vorzunehmen" (Winter, 1996, S. 194).[21]

---

der Teilnahmebedingung im Prinzipal-Agenten-Modell ist das Marktzentrierungsprinzip insofern erfüllt, als dass der Reservationsnutzen der marktüblichen Durchschnittsentlohnung entspricht.

[20] Die Bestimmung der „Spannweite" kann z.B. durch statistische Streuungsmaße erfolgen.

[21] Das Cafeteriaprinzip ist verbreitet bei der Gestaltung von Anreizsystemen. Der Agent kann sich – ähnlich einem Regal in einer Cafeteria – das Anreizmittel wählen, das seinen Präferenzen entspricht. Die anreizkompatible Entlohnung kann dann z.B. in Form einer unternehmenseigenen Währung erfolgen mit welcher der Agent in der „Cafeteria einkaufen" kann (Langemeyer, 1999, S. 15).

Kategorie Prinzip	Beschreibung
Tournament-prinzip	„Die Entlohnungshöhe der ersten Führungsebene sollte deutlich höher sein, als diejenige der zweiten Führungsebene, wobei Quereinstiege von externen Bewerbern in die Geschäftsführung zu unterbinden sind" (Winter, 1996, S. 182). [22]

4.5 Spezifikation des Anreizsystems

Die Spezifikation des Anreizsystems erfolgt durch die Gestaltung der in Abschnitt 4.2 beschriebenen Elemente *Anreizart und Empfänger*, *Anreizbasis* sowie *Anreizsystemstruktur*. Dabei werden die in Abschnitt 4.3 aus der Literatur abgeleiteten Gestaltungsprinzipien angewendet und die analysierten Anforderungen adressiert.

4.5.1 Anreizart und Empfänger

Die Anreizempfänger sind die Fahrer der Transportgeräte (s. Anreiz-A 4). Es werden ausschließlich finanzielle Anreize gewährt (s. Anreiz-A 6). Eine Gewichtungsfunktion für materielle und immaterielle Bestandteile des Anreizes enfällt somit. Das Anreizsystem besteht aus einem fixen und einem variablen Anteil. Es sei $param_1 \in [0,1] \subset \mathbb{R}^{\geq 0}$ der Anteil der fixen Vergütung und $(1 - param_1)$ der Anteil der variablen Vergütung an der Gesamtvergütung. Ferner sei $param_2 \in \mathbb{R}^{\geq 0}$ ein, dem Agenten pro t gewährtes Fixum. Dem Agenten wird demnach ein Betrag in Höhe von $param_1 \cdot param_2$ unabhängig von seiner Leistung bezahlt.

Wie ausgeführt, sind individuelle Leistungen im transportlogistischen System der Erdbaustelle nicht messbar. Die Messung des Erfolgs kann demnach nur auf der Grundlage eines Gruppenerfolges geschehen. Das gewählte Beteiligungsfeld ist demnach das Team aller Fahrer der Transportgeräte (s.

---

[22] Solche „Tournaments" sind Gegenstand zahlreicher Veröffentlichungen im Bereich der Mehragenten-Modelle, so u.a. bei Lazear und Rosen (1981); Green und Stokey (1983); Mookherjee (1984); Itoh (1991); Kandel und Lazear (1992); Kräkel (1996); Rayo (2007).

Anreiz-A 5). Eine Berücksichtigung und Gewichtung unterschiedlicher Beteiligungsfelder kann demnach entfallen. Die auf die Gruppenleistung entfallenden Anreize werden zu gleichen Teilen an alle Fahrer ausgeschüttet – eine Schlüsselung entfällt. Dies folgt dem Gruppenanreizprinzip.

Da finanzielle Anreize als Anreizmittel gewählt werden ist eine Auswahl des Anreizmittels durch den Agenten, wie es im Cafeteriaprinzip vorgeschlagen wird, nicht anwendbar. Ebenfalls bleibt das Tournamentprinzip bei der Entwicklung außen vor. Die Anreizempfänger stehen zueinander in keiner hierarchischen Beziehung, so dass Unterschiede in der Entlohnungshöhe aufgrund der Zugehörigkeit zu unterschiedlichen Hierarchiestufen hier nicht zum Tragen kommen.

4.5.2 Bemessungsgrundlage

Als Bemessungsgrundlage ist der Leistungsdurchsatz aller Transportgeräte (s. Anreiz-A 3) und somit die baustellenweite Transportleistung (s. Anreiz-A 5) zu wählen. Die Bemessungsgrundlage für die Entlohnung *eines Fahrers* ist der auf ihn entfallende Anteil an der gesamten Transportleistung und mithin (vgl. Gleichung 3.18 auf Seite 169)[23]

$$BGL_{i,t} = \frac{1}{n} \sum_{i=1}^{n} t^{*}_{i,j,t}(\cdot) \,. \tag{4.1}$$

Die Bemessungsgrundlage für die erfolgsabhängige Entlohnung eines Fahrers i in t ist demnach beschrieben durch das arithmetische Mittel der erbrachten Transportleistungen aller Fahrer. Eine einzelne Zuordnung der Transportleistungen kann aus den bereits beschriebenen Gründen nicht vorgenommen werden. Der Bauleiter rechnet daher die erbrachte Gesamtleistung allen Fahrern zu gleichen Anteilen zu. Er verfügt über keine beobachtbaren Signale, die ein Abweichen von einer solchen Gleichverteilung begründen.

Die Bemessungsgrundlage besteht somit aus einer Leistungsvariablen die zu jedem Zeitpunkt t erhoben wird. Eine Kombination mehrerer Leistungsvariablen sowie deren Gewichtung entfällt im vorliegenden Anreizsystem.

---

[23] Zu beachten ist, dass es sich in Gleichung 3.18 um die *erwartete* Transportleistung handelt und die Gleichung mithin prospektiv auf mögliche zukünftige Ergebnisausprägungen gerichtet ist. Die Bemessungsgrundlage für das Anreizsystem bezieht sich (retrospektiv) jedoch auf die tatsächliche, bereits erbrachte und zu entlohnende Transportleistung. Die Berücksichtigung der Wahrscheinlichkeitsdichte entfällt daher in Formel 4.1.

Die Bemessungsgrundlage muss ferner die Anforderungen der Nicht-Manipulierbarkeit, der Beeinflussbarkeit, der Relevanz und der Messbarkeit erfüllen. Der Leistungsdurchsatz als die gewählte Bemessungsgrundlage ist nicht manipulierbar. Er kann nur durch die vom Bauleiter gewünschten Transportaktionen erhöht werden. Die Erhöhung des Leistungsdurchsatzes kann auf keine andere Weise erfolgen. Die Bemessungsgrundlage ist durch die Fahrer der Transportgeräte beeinflussbar. Umwelteinflüsse besitzen im Vergleich zu den von den Fahrern ausgeführten Transportaktionen einen geringen Einfluss. Der Leistungsdurchsatz besitzt auch Relevanz für den Aufgabenbereich der Fahrer, so dass auch diese Anforderung erfüllt wird.

Die Messbarkeit schließt Anforderungen an die Objektivität der Messung, deren Verlässlichkeit, Validität und Verfügbarkeit mit ein. Der Leistungsdurchsatz kann mittels Geländevermessungen erhoben werden. Diese Methode gilt in der Bauwirtschaft als objektiv und verlässlich. Da der Leistungsdurchsatz so direkt ermittelt wird, entfallen die Bestimmung und Messung von Indikatorwerten. Die Anforderung der Validität – definiert als hohe Korrelation zwischen Indikatorwert und dem Wert der Bemessungsgrundlage – besitzt daher keine Relevanz. Die Verfügbarkeit der Messwerte ist ebenfalls gegeben. Stand der Bautechnik ist es, am Ende der Arbeitswoche eine Vermessung des Baufelds durchzuführen und den Baufortschritt (und damit den Leistungsdurchsatz) zu bestimmen. Diese noch relativ aufwändige und manuelle Methode wird zukünftig durch bereits im Produktstadium befindliche Innovationen abgelöst. Hierbei kommen digitale Vermessungstechniken zum Einsatz, welche die Geländeveränderungen bereits während der Bautätigkeit erfassen. Zu erwarten ist demnach, dass der Leistungsdurchsatz als Bemessungsgrundlage zukünftig hoch verfügbar sein wird.

Durch eine kurzfristige Erhöhung des Leistungsdurchsatzes ergeben sich langfristig keine negativen Auswirkungen für den Prinzipal. Das Prüfkriterium der Reagibilität ist somit erfüllt. Ferner besitzt die Bemessungsgrundlage mit dem Leistungsdurchsatz nur eine einzige Messgröße. Dies erfüllt die Anforderung der Wirtschaftlichkeit des Anreizsystems (s. Anreiz-A 17). Somit kann konstatiert werden, dass der Leistungsdurchsatz als Bemessungsgrundlage geeignet ist. Wird der Leistungsdurchsatz in jedem Zeitpunkt t erhoben, so ergibt sich eine Zeitreihe. Die in Gleichung 4.1 gewählte Zeitpunktbetrachtung kann dazu führen, dass die Bemessungsgrundlage durch Ausreißerwerte beeinflusst wird und die Entlohnung der Fahrer stark schwankt. Das Anreizsystem soll daher eine Zeitraumbetrachtung erlauben und Ausreißerwerte glätten. Dies adressiert das von Winter (1996) geforderte Ausreißeranalyseprinzip. Die Glättung von Zeitreihen geschieht über statistische Glättungsfilter. Die Literatur hält eine große Zahl von Glättungsfiltern vor

(Stier, 2001, S. 19). Bei der Gestaltung des Anreizsystems kommt der exponentiell geglättete Mittelwert mit der Ordnung $param_3$ als Glättungsfilter zur Anwendung. Die Entlohnungsfunktion berücksichtigt somit das gewichtete arithmetische Mittel der jeweils letzten $param_3 + 1$ aufeinanderfolgenden Leistungsdurchsätze ($BGL_{i,t}^*$):

$$BGL_{i,t}^* = param_4 \cdot BGL_t + (1 - param_4) \cdot \frac{1}{param_3} \sum_{z=1}^{param_3} BGL_{i,t-z} \quad (4.2)$$

Der aktuellste Wert der Zeitreihe besitzt das Gewicht $param_4$, das arithmetische Mittel der älteren $param_3$ Werte besitzt das Gewicht $(1 - param_4)$. Falls $param_4 = 1$ gesetzt wird, so fließt in die Bemessungsgrundlage nur der aktuelle gemessene Wert ein. Eine Glättung entfällt und es findet wieder eine Zeitpunktbetrachtung statt. Neben dem gewählten Filter sind eine Vielzahl von Glättungsfiltern gestaltbar. Die vorliegende Arbeit legt ihren Fokus jedoch nicht auf die Methoden der Zeitreihenanalyse. Daher wurde mit dem exponentiell geglätteten Mittelwert ein möglicher Glättungsfilter gewählt. Exemplarisch lassen sich an diesem Filter die Wirkung längerer Gruppenlaufzeiten[24] sowie der Einfluss historischer Leistungswerte ermitteln.

4.5.3 Anreizsystemstruktur

Über die Anreizsystemstruktur erfolgt die Gestaltung der Entlohnungfunktion $za_{i,t}$ als funktionaler Zusammenhang der Parameter. Die Berechnung der Belohnung erfolgt dabei in jedem Zeitpunkt t (s. Anreiz-A 8) und für jeden Fahrer einzeln. Die Auszahlung der Belohnung erfolgt ebenfalls zu jedem Zeitpunkt t. Dies berücksichtigt den vermuteten und empririsch beobachtbaren Umstand, dass die Anreizeffekte einer Belohnung dann am höchsten sind, wenn Leistung und Belohnung in engem zeitlichem Bezug stehen. Ebenfalls unterstreicht die sofortige Überführung der Leistungswerte in eine Entlohnung die adressierte kurzfristig-operative Zielstellung des Anreizsystems. Langfristig-strategische Anreize spielen demnach keine Rolle. Intertemporale Verschiebungen der Bonuszahlungen („Bonusbankkonto") sind nicht vorgesehen. Die in der Literatur aufgestellte Anforderung nach einer Pareto-effizienten zeitlichen Teilung (s. Anreiz-A 12) besitzt daher für diese Arbeit keine Relevanz.

---

[24] Die Gruppenlaufzeit ist die Verzögerung des gemittelten Wertes. Im vorliegenden Fall beträgt die Gruppenlaufzeit $(param_3 - 1)/2$.

Die Maßeinheit der Bemessungsgrundlage sind Kubikmeter, die Maßeinheit der Entlohnung sind Geldeinheiten. Daher wird eine Vorschrift zur Überführung der Bemessungsgrundlage in Geldeinheiten definiert. Hierzu dienen die kalkulierten Personalkosten. Die Anforderung Anreiz-A 7 gibt vor, dass die Anreizsystemstruktur so gestaltet sein muss, dass die Gesamtpersonalkosten (fixe und variable Anteile der Entlohung) die in der Planung kalkulierten Personalkosten nicht übersteigen dürfen. Daher bilden diese kalkulierten Personalkosten die Basis für die Überführungsvorschrift. Es seien $pk_{gesamt}^{kalk} \in \mathbb{R}^+$ die in der Planung kalkulierten Personalkosten. Die für die fixen Anteile an der Entlohnung kalkulierte Summe bestimmt sich somit nach $param_1 \cdot pk_{gesamt}^{kalk}$. Die für die variablen Anteile am Gesamtlohn verfügbare Summe ($pk_{var}^{kalk} \in \mathbb{R}^+$) beträgt:

$$pk_{var}^{kalk} = (1 - param_1) \cdot pk_{gesamt}^{kalk} = pk_{gesamt}^{kalk} - param_1 \cdot pk_{gesamt}^{kalk} \quad (4.3)$$

Beschreibt $em^{kalk} \in \mathbb{R}^+$ die gesamte auszubauende und zu transportierende Erdmenge (diese kann aus den Ausschreibungsunterlagen bzw. dem darauf aufbauenden Leistungsverzeichnis entnommen werden), so stehen pro Kubikmeter

$$pkm = \frac{pk_{var}^{kalk}}{em^{kalk}} \text{ Geldeinheiten} \quad (4.4)$$

für die variable Entlohnung (= Erfolgsbeteiligung) zur Verfügung.[25]

Die Erfolgsbeteiligung wird über den Faktor $param_5 \in [0, 1] \subset \mathbb{R}^+$ festgelegt (Steigung der Entlohnungsfunktion). Die Veränderung der Steigung der Entlohnungsfunktion mit zunehmendem Wert der Bemessungsgrundlage wird durch den Parameter $param_6 \in \mathbb{R}^+$ festgelegt. Ist $param_6 = 1$ so handelt es sich um eine lineare Abhängigkeit zwischen Belohnung und Bemessungsgrundlage; ist $param_6 > 1$, so liegt ein exponentieller Zusammenhang vor; ist $param_6 < 1$, so liegt eine exponentielle Annäherung vor.

Für $param_6$ ist ein Wert $= 0$ per Definition ausgeschlossen. Wäre $param_6 = 0$, so würde der variable Anteil der Entlohnung unabhängig von der Ausprägung der Bemessungsgrundlage konstant den Wert $param_5$ betragen; eine er-

---

[25] Die Kalkulation ist mit den, in der Bauplanung existierenden Unschärfen über die tatsächlich auszubauende und zu transportierende Erdmenge behaftet. Die Abrechnung mit dem Auftraggeber der Baumaßnahme findet jedoch auf Basis der tatsächlichen Erdmenge statt. Der Prinzipal und die Agenten haben daher aufgrund der Ausrichtung der Entlohnung an kalkulierten Werten keine Nachteile zu befürchten.

gebnisabhängige Entlohnung würde dann nicht mehr stattfinden. Für einen Wert $param_6 < 0$ würde die Belohnung mit steigendem Wert der Bemessungsgrundlage abnehmen. In beiden Fällen ($param_6 = 0$ und $param_6 < 0$) wäre die Anforderung nach Leistungsorientierung verletzt. Da jedoch gilt $param_6 \in \mathbb{R}^+$ und die Belohnung somit (positiv) von der Bemessungsgrundlage abhängt, ist die Anforderung nach Leistungsorientierung erfüllt (s. Anreiz-A 13).

Die von der Bemessungsgrundlage abhängige Entlohnung *eines Fahrers* eines Transportgeräts wird durch die Hilfsfunktion $ent(\cdot)_{i,t}$ beschrieben:

$$ent(param_5, param_6, BGL^*_{i,t})_{i,t} = param_5 \cdot (pkm \cdot BGL^*_{i,t})^{param_6} \quad (4.5)$$

Das Anreizsystem wird ferner so gestaltet, dass eine Mindesthürde für eine Erfolgsbeteiligung definiert werden kann. Dies wird mit der Einführung des Parameters $param_7 \in \mathbb{R}^{\geq 0}$ erreicht. Nur wenn der Wert der Bemessungsgrundlage (echt) größer dieser Mindesthürde ist wird den Fahrern eine ergebnisabhängige Entlohnung gezahlt. Die vom Prinzipal an einen Agenten i in t zu entrichtende Zahlung ist beschrieben durch

$$za_{i,t}(\cdot) = \begin{cases} param_1 \cdot param_2 + (1 - param_1) \cdot ent(\cdot)_{i,t} & \text{f. } BGL^*_{i,t} > param_7 \\ param_1 \cdot param_2 & \text{f. } BGL^*_{i,t} \leq param_7 \end{cases}$$
$$(4.6)$$

Wird die Mindesthürde $param_7$ so hoch gewählt, dass sie mit höchster Wahrscheinlichkeit nicht erreichbar ist, kommt dies einem reinen Fixlohn ($param_1 = 1$) nahe. Eine variable Entlohnung findet dann nur noch sehr unwahrscheinlich statt. Der Bezug der Zahlungsfunktion $za_{i,t}(\cdot)$ auf die zum Zeitpunkt t erbrachten Transportleistungen (s. Gleichung 4.1) definiert eine periodig nachschüssige Auszahlung.

Die Parameter $param_{1-7}$ der Zahlungsfunktion sind nicht auf t bezogen. Das bedeutet, sie sind über die Zeit hinweg konstant. Eine Veränderung der Parameter über die Zeit kann zwar als ein zusätzliches Steuerungsinstrument genutzt werden (z.B. Erhöhung von $param_6$ und somit Erhöhung der Steigung der Grenzentlohnung kurz vor Fertigstellungszeitpunkten zum Zweck einer verstärkter Leistungserhöhung), kann jedoch bei den Fahrern auch zur Bildung von Erwartungen führen. Nutzenmaximierende Fahrer könnten für sie günstige Parameterwerte abwarten und z.B. ihren Arbeitseinsatz bis dahin vermindern.

Die in dieser Arbeit adressierte Forschungsfrage bezieht sich auf die Gestaltung eines Anreizsystems zur Maximierung der transportierten Menge Erde (s. Forschungsfrage 3). Eine anreizbasierte zeitliche Bauprojektsteuerung liegt nicht im Fokus der Arbeit. Eine Veränderung der Parameterwerte über die Zeit wird daher ausgeschlossen.

4.5.4 Umsetzung der Anforderungen und Gestaltungsprinzipien

Bereits bei der Gestaltung der Anreizsystemstruktur in den vorangegangenen Unterabschnitten wurde die Erfüllung bzw. Nichtanwendbarkeit der Anforderungen Anreiz-A 3, Anreiz-A 4, Anreiz-A 5, Anreiz-A 6, Anreiz-A 8, Anreiz-A 9, Anreiz-A 12, Anreiz-A 13 und Anreiz-A 17 aufgezeigt. Ebenso wurde gezeigt, dass die Prinzipien Ausreißeranalyseprinzip, Überdauerprinzip, Gruppenanreizprinzip, Öffentlichkeitsprinzip, Cafeteriaprinzip und Tournamentprinzip eingehalten wurden bzw. nicht zur Anwendung kommen.

Die Gestaltungselemente des Anreizsystems können vertraglich fixiert und somit dokumentiert werden. Die für die Ermittlung der Bemessungsgrundlage gemessenen Leistungswerte werden in Form eines Bautagebuchs dokumentiert und für Zwecke der Nachkalkulation bzw. für die Abrechnung der Leistung auch gerichtsverwertbar vorgehalten. Die Anforderung Anreiz-A 10 ist daher erfüllt. Die vertragliche Festschreibung des Anreizsystems sollte in der Art geschehen, dass das gewählte Anreizsystem nicht geändert werden kann und so auch die Anforderung nach Stabilität (s. Anreiz-A 15) erfüllt wird. Prinzipiell ist aber die Anpassung der Parameter des Anreizsystems an veränderte Rahmenbedingungen möglich – auch wenn dies bezogen auf den Fokus dieser Arbeit hier ausgeschlossen wird. Das Anreizsystem weist somit eine Flexibilität auf, um an Umweltveränderungen angepasst zu werden. Dies erfüllt Anforderung Anreiz-A 14.

Das gestaltete Anreizsystem besitzt eine einelementige Bemessungsgrundlage und die funktionale Beziehung zwischen Höhe der Bemessungsgrundlage und der Höhe der Entlohnung ist durch lediglich sieben Parameter beschrieben. Zeitliche verzögerte Effekte des Anreizsystems wurden ausgeschlossen. Die Prognostizierbarkeit der Verhaltensimplikationen kann daher als hoch angesehen werden. Die Anforderung Anreiz-A 16 wird daher als ebenfalls erfüllt angesehen. Die Vorschrift der Belohnungsfunktion wird als nicht komplex angesehen – dies erfüllt die Anforderung Anreiz-A 17.

Die Erfüllung der Anforderungen Anreiz-A 1 (s. auch Gleichung 3.15), Anreiz-A 2 (s. auch Gleichung 3.12) und Anreiz-A 11 hängt von den konkreten Werten der Parameter $param_{1-7}$ ab, die erst später im Rahmen der Simulation festgelegt werden. Bei der Auswertung der Ergebnisse des Simulationsexperiments wird demnach die Erfüllung dieser drei Anforderungen geprüft. Werden die Anforderungen erfüllt, so kann bei der bereits gezeigten Erfüllung der Anforderung nach angemessener Leistungsorientierung (s. Anreiz-A 13) und Wirtschaftlichkeit (s. Anreiz-A 17) auch davon ausgegangen werden, dass das Anreizsystem auch von den Agenten akzeptiert wird und so die Anforderung nach Akzeptanz (s. Anreiz-A 18) ebenfalls erfüllt ist.

Zur Erfüllung des Relativitätsprinzips ist die Höhe der ergebnisorientierten Entlohnung an einem korrelierten Vergleichsmaßstab auszurichten. Erdbaustellen zeichnen sich jedoch sehr durch ihre Individualität bezüglich der Gelände- und Bodenbeschaffenheit aus. Allerdings können statistische Leistungswerte auf der Basis von Leistungsmessungen bei einer Vielzahl von Bauprojekten der Vergangenheit als Vergleichsmaßstab dienen. Solche statistischen Kennziffern liegen in Baukalkulationshandbüchern für unterschiedliche Boden- und Maschinenklassen vor. Die Planung der Personal- und Gerätekosten im Vorfeld zur Bauausführung basieren ebenfalls auf diesen Kennziffern. Da der variable Anteil der Entlohnung auf den in der Planung kalkulierten Personalkosten basiert und somit einen Bezug zu den statistischen Leistungswerten aufweist, wird das Relativitätsprinzip eingehalten. Bei der Definition der Szenarien für die Simulation sind das Marktzentrierungs- sowie das Übervarianzprinzip einzuhalten.

4.6 Hypothesen

Zur Beantwortung der in dieser Arbeit gestellten Forschungsfrage, wie ein Anreizmechanismus gestaltet sein muss, um auf Erdbaustellen die Menge an transportierter Erde zu maximieren (s. dritte Forschungsfrage) werden im Folgenden Hypothesen aufgestellt, die den Zusammenhang der Gestaltungsparameter des Anreizsystems mit der Menge an transportierter Erde beschreiben. Die Hypothesen, werden mit den im Rahmen des Simulationsexperiments gewonnenen Daten auf ihre Gültigkeit hin untersucht. Für jeden Gestaltungsparameter wird eine Hypothese aufgestellt. Das in Abbildung 4.1 auf der nächsten Seite dargestellte Strukturgleichungsdiagramm

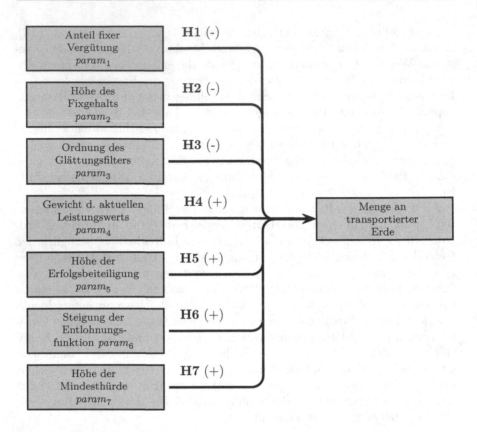

Abbildung 4.1: Strukturgleichungsdiagramm mit den zu prüfenden Zusammenhängen zwischen den Parametern des Anreizsystems und der Menge an transportierter Erde

gibt zunächst einen Überblick über die in den Hypothesen unterstellten Zusammenhänge zwischen den Gestaltungsparametern des Anreizsystems und den Leistungen der Agenten.

Die Prinzipal-Agent-Theorie stellt einen Zusammenhang zwischen der Höhe des Anteils an variabler Entlohnung $(1 - param_1)$ bzw. der Höhe des Fixlohns $(param_2)$ und der von den Agenten erzielten Leistungen her. Da jedoch auch der Fixlohn eine Vergütung und mithin eine Entschädigung für den Aufwand des Agenten darstellt, wird ein positiver Zusammenhang zwischen der Höhe des Fixlohns und der erbrachten Leistung vermutet. Aufgrund dieser Vermutungen werden die folgenden Hypothesen aufgestellt:

Hypothese H1 Je höher der Anteil der fixen Vergütung an der Gesamtvergütung eines Fahrers ist, desto geringer die Menge an transportierter Erde.

Hypothese H2 Je höher das einem Fahrer gewährte Fixgehalt ist, desto höher die Menge an transportierter Erde.

Empirische Studien zeigen wie ausgeführt, dass eine zeitliche Nähe zwischen erbrachter Leistung und der dafür empfangenen Entlohnung einen positiven Anreizeffekt aufweisen. Vermutet wird daher ein Zusammenhang zwischen der Ordnung des Glättungsfilters ($param_3$ = „zeitliche Verzögerung" mit der ein Leistungswert Einfluss auf die Bemessungsgrundlage nimmt) bzw. dem Gewicht mit dem der aktuellste Leistungswert in die Bemessungsgrundlage einfließt ($param_3$) und den Leistungswerten der Agenten. Vermutet werden daher die folgenden Zusammenhänge:

Hypothese H3 Je höher die Ordnung des Glättungsfilters ist, desto geringer die Menge an transportierter Erde.

Hypothese H4 Je höher das Gewicht des aktuellsten Leistungswerts ist, desto höher die Menge an transportierter Erde.

Zu vermuten ist auf Basis der Prinzipal-Agent-Theorie ebenfalls, dass die von den Agenten erbrachte Leistung größer wird, wenn diese stärker am Erfolg beteiligt werden und wenn diese Beteiligung mit höherem Erfolg steigt. Vermutet wird daher:

Hypothese H5 Je größer die Erfolgsbeteiligung ist, desto höher die Menge an transportierter Erde.

Hypothese H6 Je stärker die Entlohnungsfunktion mit der Bemessungsgrundlage steigt, desto höher die Menge an transportierter Erde.

Die Prinzipal-Agent-Theorie unterstellt, dass Agenten versuchen, ihre Entlohnung zu maximieren. Dies gelingt ihnen für den Fall, dass sie neben einem möglichen Fixlohn auch nach variablen Entlohnungsteilen streben.

Ist diese variable Entlohnung an das Erreichen von „Leistungshürden" ge-knüpft die zunächst überschritten werden müssen, so ist zu vermuten, dass Agenten ihre Leistung erhöhen, um über diese Hürden zu kommen.

Sind diese Hürden allerdings so hoch gelegt, dass Agenten – gleich welcher Anstrengung – diese nicht erreichen, so kommt dies einer fixen Entlohnung gleich. Dies ist gemäß der Prinzipal-Agent-Theorie jedoch wiederum nicht anreizkompatibel. Daher wird mit der folgenden Hypothese ein negativer Zusammenhang zwischen der Höhe der Mindesthürde und der Leistung der Agenten unterstellt. Die Hypothese wird vermutlich nur in einem bestimmten Wertebereich für die Mindesthürde gelten.

Hypothese **H7**   Je höher die Mindesthürde für eine Erfolgsbeteiligung
                   ist, desto geringer die Menge an transportierter Erde.

5 Simulation des Anreizsystems

5.1 Simulationsplan

Das Strukturgleichungsdiagramm aus Abbildung 4.1 auf Seite 202 dient als Grundlage für den Simulationsplan (Tabelle 5.1). Die Gestaltungsparameter $param_{1,\dots,7}$ der Anreizsystemstruktur stellen die Explanantia dar, die Menge an transportierter Erde das Explanandum. Für jedes Simulationsexperiment wird für alle Gestaltungsparameter je ein Wert aus dem jeweiligen Experimentierbereich bestimmt. Die Eigenschaft „Stufe" gibt dabei vor, wie der Experimentierbereich diskretisiert wurde.

Die Obergrenze für den Experimentierbereich des Gestaltungsparameters $param_2$ (Höhe des Fixgehalts) orientiert sich an der in der Praxis üblichen Höhe von Lohnzahlungen für Fahrer von Transportgeräten auf Erdbaustellen.[1] Das angegebene Maximum von 0,25 €/Min. entspricht einem Stundenlohn in Höhe von 15,00 €. Der Wert des Parameters erhöht sich in 0,01-Stufen. Dies entspricht einer Erhöhung in Schritten von 0,60 €.

Für die Ordnung des Glättungsfilters ($param_3$) wurde als Obergrenze des Experimentierbereichs 480 gewählt. Dies hat zur Folge, dass im Maximum die Leistungswerte der letzten 480 Simulations-Ticks zur Berechnung der Bemessungsgrundlage herangezogen werden (s. Formel (4.2) auf Seite 197). Jeder Simulations-Tick entspricht einer Minute in Realzeit. Im Maximum erfolgt daher eine Glättung der Leistungswerte über die letzten 480 Minuten bzw. 8 Arbeitsstunden.

Die Obergrenze für den Experimentierbereich des Gestaltungsparameters $param_7$ (Höhe der Mindesthürde) ist abhängig von dem in der Baustellenplanung ermittelten Leistungssoll für alle Beladegeräte. Damit wird der Experimentierbereich für diesen Parameter nur anhand der in Abschnitt 5.2.2 beschriebenen konkreten Baustellenszenarien bestimmbar. In der Simulation wird ein Arbeitstag mit 8 Stunden untersucht. Dies entspricht 480 Minuten. Da pro Simulations-Tick eine Minute in Realzeit simuliert wird,

---

[1] Die Höhe des Fixgehalts wurde anhand von Stellenausschreibungen für Berufskraftfahrer/innen im März 2014 erhoben. Dazu wurden 25 Stellenausschreibungen mit Angaben zur Vergütung und Arbeitszeit ausgewertet. Die Ausschreibungen wurden der „Jobbörse" der Arbeitsagentur entnommen.

Tabelle 5.1: Simulationsplan

Eigenschaft	Wert
Explanandum	Menge an transportierter Erde [m^3]
Explanantia	$param_{1,...,7}$
Experimentierbereich	$param_1 \in [0;1]$; $param_2 \in [0;0{,}25]$ €/Min.; $param_3 \in [1;480]$; $param_4 \in [0{,}1;1]$; $param_5 \in [0{,}1;1]$; $param_6 \in [0{,}1;2]$; $param_7 \in [0;\text{Plan-Soll}]$
Stufen	$param_1 : 0{,}1$; $param_2 : 0{,}01$; $param_3 : 60$; $param_4 : 0{,}1$; $param_5 : 0{,}1$; $param_6 : 0{,}1$; $param_7 : 0{,}1$
Simulationszeit:Realzeit	Ein Simulations-Tick $\hat{=}$ 60 Sekunden
Simulationsdauer	Realzeit: 480 Minuten $\hat{=}$ 1 Arbeitstag mit 8 Stunden $\Rightarrow$ Simulationsdauer: 480 Ticks pro Lauf
Anzahl Simulationsläufe	100
Messzeitpunkt	Am Ende jedes Simulationslaufs

werden pro Simulationslauf 480 Ticks ausgeführt. Am Ende jedes Simulationslaufs wird die insgesamte Menge an Erde gemessen, die durch alle LKW transportiert wurde (Teamleistung). Jedes Experiment (Stufenkombination) wird 100 mal durchlaufen. Für die Auswertung stehen so insgesamt $100 \cdot$ Anzahl der Stufenkombinationen Datensätze für jedes simulierte Baustellenszenario zur Verfügung. Die Anzahl der in der Simulation verwendeten Stufenkombinationen wird in Abschnitt 5.2.1 bestimmt.

Die Anzahl der Simulationsläufe wurde auf Grundlage der statistischen Stichprobentheorie bestimmt. Pro Simulations-Tick werden von jedem Transportgerät Zufallsvariablen für die Bestimmung der Beladezeit, die beiden Fahrzeiten, die Abladezeit und die Rangierzeiten gezogen. Zur Sicherstellung der Repräsentanz der gezogenen Werte sind in Simulationen Zufallszahlen

stets ausreichend oft zu ziehen. Für die Bestimmung der Anzahl der notwendigen Ziehungen erfolgt zunächst eine Vorerhebung. Für diese wird die
Standardabweichung und der Mittelwert berechnet. Ferner sind der relative Zufallsfehler[2] und die Sicherheitswahrscheinlichkeit (Signifikanzniveau)[3]
festzulegen. Die Bestimmung der Anzahl der Ziehungen erfolgt mit der Formel (Hartung et al., 2009, S. 275)

$$anz = \left(\frac{quant \cdot stdev(Vorerhebung)}{relz \cdot mean(Vorerhebung)} \right)^2 \tag{5.1}$$

Wobei
anz Anzahl der notwendigen Ziehungen für eine statistisch reprä-
          sentative Stichprobe
          Quantil der Standardnormalverteilung
$quant$
$relz$ Relativer Zufallsfehler

Für die Vorerhebung wurden für jede Zufallsvariable eine Million Realisa-
tionen bestimmt. Anschließend wurde die für diese Zufallsvariable notwendige Anzahl an Ziehungen gemäß der Formel 5.1 berechnet. Dabei wurde
eine Sicherheitswahrscheinlichkeit von 0,9999 und ein relativer Zufallsfehler
von 0,01 zugrunde gelegt. Die Anzahl der notwendigen Ziehungen beträgt
für jede Zufallsvariable 46.103.

Da pro Simulations-Tick eine Zufallsvariable für jedes Transportgerät mindestens einmal gezogen wird, entspricht die berechnete Anzahl der notwendigen Ziehungen der Anzahl an notwendigen Simulations-Ticks, um eine statistisch repräsentative Aussage über die Leistung eines Transportgeräts treffen
zu können. Es sind demnach 46.103 Simulations-Ticks notwendig. Da pro
Simulationslauf 480 Ticks ausgeführt werden, sind $(46.103/480 = 96,07 \approx)$
100 Simulationsläufe notwendig, um statistische Aussagen mit einem Signifikanzniveau von 0,9999 und unter Berücksichtigung eines relativen Zufalls-
fehlers von 0,01 treffen zu können.

---

[2] Der relative Zufallsfehler stellt eine Fehlergrenze dar. Er gibt an, wie hoch die Dif-
     ferenz zwischen dem arithmetischen Mittel der gezogenen Zufallszahlen und dem
     arithmetischen Mittel aller möglichen Ziehungen sein kann (Hartung et al., 2009, S.
     271f).

[3] Bei statistischen Aussagen ist „immer ein Irrtum möglich [...], wenn eine 'ungüns-
     tige' Stichprobe gezogen wurde". Die Sicherheitswahrscheinlichkeit gibt an, dass „in
     durchschnittlich" (1 − $Sicherheitswahrscheinlichkeit \cdot 100$) „von 100 Fällen eine
     solche 'ungünstige' Stichprobe möglich ist" (Hartung et al., 2009, S. 271f).

5.2 Bestimmung der Simulationsparameter

Die Erhebung valider Daten aus Simulationsexperimenten zur Gewinnung
von Erkenntnissen über den simulierten Gegenstand setzt voraus, dass die
verwendeten Simulationsparameter mit Daten und Fakten der Realwelt kor-
respondieren (Rand und Rust, 2011, S. 189). Die Validierung der Input-
Parameter erfolgt durch einen Vergleich mit bereits existierenden – und wissenschaftlich gesicherten – Erkenntnissen über den Gegenstand. Dabei können diese Erkenntnisse mittels qualitativen oder quantitativen Methoden
erhoben werden. Der vorliegende Gegenstand ist als ein sozio-technisches
System beschrieben (s. Seite 6). Das Simulationsmodell besitzt daher zwei
Arten von Input-Parametern: Die bautechnischen Parameter und die Parameter für das Sozialsystem.

Die Parameter des bautechnischen Modells werden auf Basis empirischer
Daten aus der Baufachliteratur bestimmt. Grundlegend sind dabei Baugerätelisten (z.B. Hauptverband der Deutschen Bauindustrie e.V. (2007)) sowie
in Feldstudien erhobene Leistungsdaten inklusive deren statistischer Verteilung. Die Parameter für das Teilmodell des Sozialsystems werden zum einen
auf Grundlage der wirtschaftswissenschaftlichen Literatur bestimmt. Zum
anderen wurde ein Experiment mit Baugeräteführern zur Bestimmung der
Verläufe der Nutzenfunktionen durchgeführt.

Vor der Bestimmung der Parameter für beide Teilmodelle werden aus dem
im vorangestellten Abschnitt aufgestellten Simulationsplan die Stufenkombinationen für die Explanantia gewählt.

5.2.1 Wahl der Stufenkombinationen

Aus dem in Tabelle 5.1 auf Seite 206 dargestellten Simulationsplan ergeben
sich für jeden Gestaltungsparameter der Anreizsystemstruktur eine Anzahl
von Stufen (s. Tabelle 5.2).[4]

Tabelle 5.2: Anzahl der Stufen für alle Gestaltungsparameter

Parameter	1	2	3	4	5	6	7
Anzahl	11	26	9	10	10	20	38, 66, 71, 81

---

[4]   Beispiel: Die Werte für Parameter $param_1$ liegen im Intervall [0; 1] und werden in
0,1er Stufen verändert. Daraus ergeben sich 11 mögliche Stufen: 0,0; 0,1; 0,2; ... 1,0.

Aus der Multiplikation der Anzahl an Stufen lassen sich die möglichen Stufenkombinationen bestimmen. Für die Parameter $param_{1,...,6}$ ergeben sich insgesamt

$$11 \cdot 26 \cdot 9 \cdot 10 \cdot 10 \cdot 20 = 5.148.000$$

Stufenkombinationen. Hinzu kommen die Stufen des Gestaltungsparameters $param_7$. Je nach simuliertem Baustellenszenario wird diese Anzahl an Stufenkombinationen daher multipliziert mit 38, 6, 71 bzw. 81.[5] Somit ergeben sich für alle sieben Parameter zwischen (5.148.000 · 38=) 195.624.000 und (5.148.000 · 81=) 416.988.000 Stufenkombinationen.

Jede Stufenkombination wird 100 Mal ausgeführt. Für alle Stufenkombinationen würde die Simulation somit insgesamt zwischen (195.624.000 · 100 ≈) 19.562 Mio. und (416.988.000 · 100 ≈) 41.699 Mio. mal durchlaufen. Je nach Szenario ergaben Zeitmessungen bei der testweisen Ausführung eines Experiments Laufzeiten zwischen 2,17 Sekunden für Szenario 1 und 110,02 Sekunden für Szenario 4.[6] Somit ergäbe sich eine gesamte Simulationszeit zwischen (19.562 Mio. · 2,17 ≈) 42.450 Mio. Sekunden und (41.699 Mio. · 110,02 ≈) 4.587.702 Mio. Sekunden. Dies entspricht einer Laufzeit zwischen rd. 1.346 und rd. 145.475 Jahren pro Baustellenszenario. Selbst bei mehrfacher paralleler Ausführung der Simulation sind nicht alle Stufenkombinationen in vertretbarer Zeit simulierbar.

Für die Simulation wurde daher eine Auswahl von Stufenkombinationen getroffen. Dazu wurden automatisiert Zufallswerte für die Gestaltungsparameter erzeugt, so dass die einzelnen Parameterwerte über die Stufenkombinationen hinweg breit streuen und so möglichst viele unterschiedliche Ausprägungen der einzelnen Gestaltungsparameter simuliert werden. Aus den beschriebenen Stufenkombinationen wurden so 2.000 Fälle ausgewählt und simuliert. Das Vorgehen bei der Generierung der Auswahl an Stufenkombinationen ist in Form eines UML-Aktivitätsdiagramms in Abbildung 5.1

---

[5] Aus den Tabellen 5.3 bis 5.6 auf den Seiten 213, 214, 215 bzw. 216 ergeben sich für die vier simulierten Baustellenszenarien summierte Ausbauleistungen von 220; 390; 420 und 475 m^3/h. Pro Minute (bzw. pro Simulations-Tick) ergeben sich daher summierte Ausbauleistungen in Höhe von $3,\overline{6}$; 6,5; 7 und $7,91\overline{6}$. Aufgerundet auf eine Nachkommastelle ergibt sich 3,7; 6,5; 7 und 8. Wird $param_7$ in 0,1er Stufen hochgezählt, so ergeben sich als Anzahl der Stufen die Werte 38, 66, 71, 81.

[6] Der Test erfolgte auf einigen der später für die Ausführung verwendeten Plattformen. Für den Test wurden eine Amazon EC2-Instanz „c3.2xlarge" (15 GB Arbeitsspeicher, 8vCPUs, 28 EC2-Recheneinheiten), eine virtuelle Maschine (8vCPUs, 15 GB Arbeitsspeicher), zwei Arbeitsplatzrechner (Intel® Core™ i3 2100 3,1 GHz, 4 GB Arbeitsspeicher) und zwei Notebooks (Lenovo T520, Intel® Core™ i5 2410M 2,3 GHz CPU, 4 GB Arbeitsspeicher) verwendet. Die angegebenen Zeiten sind die über diese Plattformen gemittelten Werte.

Abbildung 5.1: UML-Aktivitätsdiagramm des Generators für die Stufenkombinationen

dargestellt. Die über alle Stufenkombinationen hinweg erreichte Streuung
der Werte der Gestaltungsparameter ist in dem Boxplot-Diagramm in Abbildung 5.2 auf der nächsten Seite[7] dargestellt.

Bei sequenzieller Ausführung der Simulationsexperimente beträgt die Zeit-
schätzung zwischen $(2.000 \cdot 100 \cdot 2{,}17 \approx)$ 434 Tsd. Sekunden und $(2.000$
$\cdot 100 \cdot 110{,}02 \approx)$ 22 Mio. Sekunden pro Szenario. Dies entspricht einer Laufzeit der Simulation eines Szenarios zwischen 120,50 Stunden und 254,68 Tagen. Die Experimente wurden daher pro Szenario auf 20 Instanzen verteilt
und parallel zur Ausführung gebracht. Für jedes Baustellenszenario sind
somit geschätzt zwischen $(120{,}50/20 =)$ 6,03 Stunden und $(254{,}68/20 =)$
12,73 Tage notwendig. Alle vier Szenarien können so in knapp einem Monat
simuliert werden.

5.2.2 Auswahl und Beschreibung der simulierten Baustellenszenarien

Die Simulation wurde mit den Stufenkombinationen in insgesamt vier verschiedene Baustellenszenarien ausgeführt. Dazu wurden 20 Baustellenszenarien zufällig generiert. Die Szenarien unterscheiden sich nach der Anzahl
und Leistung der Baugeräte sowie nach der Gestalt des Transportwegenetzes.
Die Transportwegenetze wurden zufällig generiert. Anschließend wurden die

---

[7]   Die Werte von $param_3$ wurden durch 1.000 geteilt, um sie dem Wertebereich der an-
      deren Parameter anzupassen und so alle Parameter gemeinsam in einem Diagramm
      sinnvoll darstellen zu können. Die Verteilungen der Werte für die Gestaltungspara-
      meter für alle simulierten Baustellenszenarien finden sich in Anhang A.5.

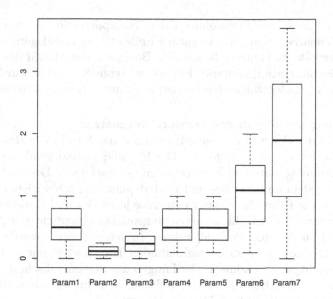

Abbildung 5.2: Darstellung der generierten Parameterwerte für Baustellenszenario 1

generierten Szenarien in vier Klassen eingeteilt, die sich in der Anzahl der
Baugeräte unterscheiden. Die erste Klasse enthält Szenarien mit zwei Be-
und Entladegeräten und vier Transportgeräte. In den Szenarien der Klassen zwei bis vier wurden jeweils je ein Be- und Entladegerät sowie zwei
Transportgeräte hinzugefügt. Für die Simulation wurde je Klasse zufällig
ein Szenario ausgewählt.

Bestimmung der Anzahl und Leistung der Baugeräte
Die Leistungswerte der Baugeräte orientieren sich an den Berechnungen
für das Demonstrationsszenario im Forschungsprojekt AutoBauLog (s. Abschnitt 5.4.2. Für alle Szenarien wurden leichte, mittelbindige Böden angenommen. Dies führt zu einem Auflockerungs- und Füllfaktor von je 1,0
(Gehbauer, 2004, S. 33). Die Leistungen der Beladegeräte im Demonstrationsszenario betrugen rd. 80 m^3/h bzw. rd. 130 m^3/h. Die in den Szenarien
angesetzten Werte im Intervall [95; 130] m^3/h liegen somit im Intervall der
Werte des Demonstrationsszenarios. Für die Transportgeräte wurden im Demonstrationsszenario ein Ladevolumen von 5,8 m^3/h angenommen (Bregenhorn, 2011, S. 9). An diesem Ladevolumen orientieren sich die im Intervall

[4,9; 6,1] m^3 liegenden Ladevolumen der Transportgeräte in den simulierten Baustellenszenarien. Das Szenario 1 umfasst zwei Beladegeräte und vier Transportgeräte und entspricht somit in Bezug auf die Anzahl der Baugeräte dem Demonstrationsszenario. Für die weiteren Szenarien wurde jeweils ein weiteres Beladegerät und zwei weitere Transportgeräte hinzugefügt.

Bestimmung der Gestalt des Transportwegenetzes

Die Anzahl der Be- und Entladegeräte ergibt die Anzahl der Be- und Entladepunkte im Transportwegenetz. Die Be- und Entladepunkte sind über Kreuzungspunkte miteinander verbunden, so dass jeder Be- und Entladepunkt von jedem anderen Be- und Entladepunkt erreichbar ist. Dies stellt sicher, dass die Fahrer der Transportgeräte jedes Be- und Entladegerät anfahren können. Die Anzahl der Kreuzungspunkte entspricht per Annahme der Anzahl an Be- und Entladepunkten. In den Szenarien wurde auf Wegpunkte verzichtet, so dass die resultierenden Transportwegenetze übersichtlich dargestellt werden können. Die Längen der Streckenabschnitte wurden durch eine gleichverteilte Zufallsvariable auf dem für die Simulation angenommenen Intervall [30; 250] Meter bestimmt.

Bestimmung der Fahrgeschwindigkeiten

Die Fahrgeschwindigkeit der Transportgeräte hängt neben technischen Gegebenheiten (z.B. Motorleistung) stark vom Fahrbahnuntergrund ab (Gehbauer, 2004, S. 34f). Girmscheid (2005) nennt für „Humusböden im Feld und Aushub" eine Durchschnittsgeschwindigkeit in Höhe von 5 km/h, „für nicht befestigten Transportpisten" 10-15 km/h und für „befestigte Transportpisten" 15-30 km/h (Girmscheid, 2005, 93). Für die Generierung der Szenarien wurden daher Geschwindigkeiten mittels einer gleichverteilten Zufallsvariablen im Intervall [5,0; 30,0] km/h bzw. [1,39; 8,33] m/s bestimmt. Die Tabellen 5.3 bis 5.6 stellen die für die Simulation ausgewählten Szenarien dar.

Tabelle 5.3: Eigenschaften des simulierten Baustellenszenarios 1

Eigenschaft	Szenario 1
Transportwegenetz	
Knoten	$Beladepunkte = \{1,4\}$, $Entladepunkte = \{3,6\}$, $Kreuzungspunkte = \{2,5\}$, $Wegpunkte = \emptyset$
Kanten, Notation: „Nummer (Länge in Metern, Geschwindigkeit in Metern pro Sekunde)"	1(178; 7,83); 2(161; 2,08); 3(55; 5,02); 4(178; 7,83); 5(36; 2,74); 6(211; 2,93); 7(183; 4,47); 8(36; 2,74); 9(55; 5,02); 10(211; 2,93); 11(64; 8,3); 12(233; 4,7); 13(183; 4,47); 14(161; 2,08); 15(64; 8,3); 16(233; 4,7)
Baugeräte	2 Bagger á 110 m³/h; LKW: 4 LKW á 5,8 m³ Ladevol.
em^{kalk}	8 h · 110 m³/h · 2 Bagger = 1.760 m³
pk^{kalk}_{gesamt}	8 h · 14 €/h · 4 Fahrer = 448 €

Tabelle 5.4: Eigenschaften des simulierten Baustellenszenarios 2

Eigenschaft	Szenario 2
Transportwegenetz	

Knoten	$Beladepunkte = \{2, 6, 9\}$,
	$Entladepunkte = \{1, 7, 8\}$,
	$Kreuzungspunkte = \{3, 4, 5\}$,
	$Wegpunkte = \emptyset$

Kanten, Notation: „Nummer (Länge in Metern, Geschwindigkeit in Metern pro Sekunde)"	1(172; 2.7); 2(172; 2.7); 3(64; 5.76); 4(64; 5.76); 5(45; 3.27); 6(45; 3.27); 7(181; 7.92); 8(181; 7.92); 9(40; 6.27); 10(40; 6.27); 11(170; 1.79); 12(170; 1.79); 13(103; 6.55); 14(103; 6.55); 15(177; 2.95); 16(177; 2.95); 17(43; 3.98); 18(43; 3.98)
Baugeräte	3 Bagger á 130 m³/h; LKW: 6 LKW á 6,1 m³ Ladevol.
em^{kalk}	8 h · 130 m³/h · 3 Bagger = 3.120 m³
pk^{kalk}_{gesamt}	8 h · 14 €/h · 6 Fahrer = 672 €

Tabelle 5.5: Eigenschaften des simulierten Baustellenszenarios 3

Eigenschaft	Szenario 3
Transportwegenetz	

Knoten	$Beladepunkte = \{1, 4, 10, 11\}$,
	$Entladepunkte = \{2, 3, 9, 12\}$,
	$Kreuzungspunkte = \{5, 6, 7, 8\}$,
	$Wegpunkte = \emptyset$

Kanten, Notation: „Nummer (Länge in Metern, Geschwindigkeit in Metern pro Sekunde)"	1(74; 3,61); 2(74; 3,61); 3(204; 4,44); 4(204; 4,44); 5(222; 4,16); 6(222; 4,16); 7(191; 6,2); 8(191; 6,2); 9(119; 7,63); 10(119; 7,63); 11(140; 5,81); 12(140; 5,81); 13(45; 3,55); 14(45; 3,55); 15(167; 5,4); 16(167; 5,4); 17(56; 3,61); 18(56; 3,61); 19(30; 2,83); 20(30; 2,83); 21(101; 2,31); 22(101; 2,31); 23(36; 2,4); 24(36; 2,4)
Baugeräte	4 Bagger á 105 m³/h; LKW: 8 LKW á 5,6 m³ Ladevol.
em^{kalk}	8 h · 105 m³/h · 4 Bagger = 3.360 m³
pk^{kalk}_{gesamt}	8 h · 14 €/h · 8 Fahrer = 896 €

Tabelle 5.6: Eigenschaften des simulierten Baustellenszenarios 4

Eigenschaft	Szenario 4

Transportwegenetz

Knoten

$Beladepunkte = \{1, 4, 7, 11, 15\}$,

$Entladepunkte = \{2, 3, 8, 12, 14\}$,

$Kreuzungspunkte = \{5, 6, 9, 10, 13\}$,

$Wegpunkte = \emptyset$

Kanten, Notation: „Nummer (Länge in Metern, Geschwindigkeit in Metern pro Sekunde)"

1(243; 4,47); 2(243; 4,47); 3(41; 3,65); 4(41; 3,65); 5(161; 5,15); 6(161; 5,15); 7(63; 2,33); 8(63; 2,33); 9(215; 3,28); 10(215; 3,28); 11(160; 8,13); 12(160; 8,13); 13(237; 7,9); 14(237; 7,9); 15(125; 7,09); 16(125; 7,09); 17(45; 4,97); 18(45; 4,97); 19(146; 3,0); 20(146; 3,0); 21(109; 7,06); 22(109; 7,06); 23(213; 6,22); 24(213; 6,22); 25(168; 2,36); 26(168; 2,36); 27(115; 4,55); 28(115; 4,55); 29(43; 5,92); 30(43; 5,92)

Baugeräte

5 Bagger á 95 m³/h; LKW: 10 LKW á 4,9 m³ Ladevol.

em^{kalk}

8 h · 95 m³/h · 5 Bagger = 3.800 m³

pk^{kalk}_{gesamt}

8 h · 14 €/h · 10 Fahrer = 1.120 €

5.2.3 Bestimmung der Parameter für das bautechnische Teilmodell

Für das bautechnische Teilmodell müssen zum einen Parameterwerte für die Verteilungen in Abschnitt 2.4.3 und zum anderen das für die Simulation konkret verwendete Verfahren zur Berechnung des kürzesten Weges im Transportwegenetz bestimmt werden.

Als Verfahren für die Berechnung des kürzesten Weges im Transportwegenetz wurde der Dijkstra-Algorithmus gewählt. Dieses Verfahren kann für kantengewichtete Graphen mit nicht-negativen Gewichten angewendet werden. Dies ist im vorliegenden Transportwegenetz der Fall, da die Kantengewichte (Länge des Streckenabschnitts (positiv) geteilt durch mittlere Fahrgeschwindigkeit (positiv)) positive Werte aufweisen. Der Algorithmus weist die Zeitkomplexität $O(|V| + |E|)$ auf. Der alternative Algorithmus zur Berechnung des kürzesten Weges von Bellman (1958) und Ford (1956) weist die Zeitkomplexität von $O(|V| \cdot |E|)$ auf, berücksichtigt jedoch auch negative Kantengewichte. Ebenso wie der Algorithmus von Floyd (1962). Dieser weist jedoch eine kubische Zeitkomplexität von $O(|V|^3)$ auf. Negative Kantengewichte liegen im Transportwegenetz nicht vor. Es kann daher der schnellere Dijkstra-Algorithmus verwendet werden.

In Abschnitt 2.4.3 wurden die theoretischen Grundlagen für die Bestimmung der Verteilungsfunktionen der stochastischen Größen aus dem bautechnischen Teilmodell dargelegt. Für die Bestimmung der Parameterwerte für diese Verteilungen wird auf die Untersuchung von Chahrour (2007) zurückgegriffen, bei der Daten zu Lade-, Entlade-, Fahr- und Rangierzeiten auf der Erdbaustelle der ICE-Neubaustrecke zwischen Ebersfeld und Erfurt im Bauabschnitt „Ilmenau" erhoben wurden (Chahrour, 2007, S. 136). Hierfür wurden 80 Videoaufnahmen angefertigt (Stichproben). Pro Stichprobe konnten durchschnittlich 130 Beobachtungen für die Zeiten entnommen werden (Chahrour, 2007, S. 141). Auf dieser Datenbasis wurden die in Tabelle 5.7 dargestellten Parameterwerte für die Verteilungsfunktionen bestimmt.[8,9]

---

[8] Bei Chahrour (2007) wurden die im Intervall $[0, 1]$ verteilten Zufallszahlen für die Lade-, Entlade-, Fahr- und Rangierzeiten auf ihr empirisch bestimmtes Intervall $[min, max]$ durch die Berechnung $min + (max - min) \cdot x$ umgerechnet. Diese Umrechnung entfällt in Tabelle 5.7, da im vorliegenden bautechnischen Modell die Zufallszahlen mit berechneten Werten multipliziert werden, s. bspw. Formel (2.5) auf Seite 66).

[9] Die Daten von Chahrour (2007) werden in der Tabelle 5.7 in der letzten Zeile ergänzt um die Parameterwerte der Verteilungsfunktion für die Zufallsvariable w.

Tabelle 5.7: Parameterwerte für die Verteilungsfunktionen nach (Chahrour, 2007, S. 145f)

Zufallsvariable	Gerät bzw. Gerätetyp	Verteilung und Parameter
$\mathfrak{l}^{*}_{j,t}$	Bagger CAT375, 4,8 m^3 Löffelinhalt	Beta-Verteilung $B(4{,}69; 17{,}55)$
	Bagger CAT345, 3,5 m^3 Löffelinhalt	Beta-Verteilung $B(6{,}77; 14{,}41)$
	Bagger CAT325, 1,5 m^3 Löffelinhalt	Beta-Verteilung $B(3{,}62; 17{,}07)$
$\mathfrak{z}^{\mathfrak{v}*}_{i,t}$ und $\mathfrak{z}^{\mathfrak{l}*}_{i,t}$	Mercedes 4146 & 2043, Volvo A25D, A30D, A35D & A40D	Beta-Verteilung $B(2{,}58; 6{,}60)$
$\mathfrak{z}^{\mathfrak{e}*}_{i,r,t}$	s. Fahrzeiten	Beta-Verteilung $B(1{,}16; 2{,}52)$
$\mathfrak{z}^{\mathfrak{r}*}_{i,t}$	s. Fahrzeiten	Normalverteilung $mean(0{,}49), stdev(0{,}23)$
w	Mittlere Geschwindigkeit auf einem Streckenabschnitt	$w \sim \mathcal{D}$, Gleichverteilung im Intervall $[1{,}39; 8{,}33]\, m/s$

Für die simulierten Szenarien wurden Beladegeräte mit einer Leistung von 95, 105, 110 und 130 m$^3/h$ ausgewählt. Es handelt sich dabei um Beladegeräte mit einem Löffelinhalt zwischen 1,0 und 2,0 m^3, so dass als Verteilungsfunktion der Zufallsvariablen $\mathfrak{l}^{*}_{j,t}$ die Beta-Verteilung $B(3{,}62; 17{,}07)$ ausgewählt wurde. Die Verteilungen der Zufallsvariablen für die Lade-, Entlade-, Fahr- und Rangierzeiten sind in Abbildung 5.3 grafisch dargestellt.

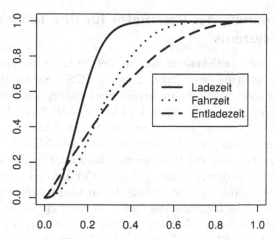

(a) Beta-Verteilungen der Lade-, Entlade- und Fahrzeiten

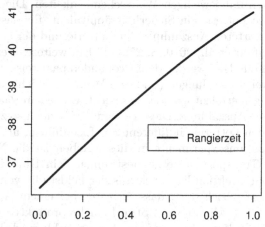

(b) Normalverteilung der Rangierzeiten

Abbildung 5.3: Verteilungsfunktionen für die Parameter des bautechnischen Teilmodells

5.2.4 Bestimmung der Parameter für das Teilmodell des Sozialsystems

Im Teilmodell des Sozialsystems kommt der Nutzenfunktion der Agenten eine zentrale Bedeutung zu (Trost, 2006, S. 378). Sie bestimmt, wie die Fahrer der Transportgeräte die monetäre Entlohnung mit dem dafür geleisteten Aufwand verrechnen (s. Formel (3.5) auf Seite 164). Die wirtschaftswissenschaftliche Literatur weist zwar eine Vielzahl von empririschen und experimentellen Arbeiten zur Evidenz der Vorteilhaftigkeit anreizbasierter Entlohnungsschemen auf, die Bestimmung konkreter Verläufe von Nutzenfunktionen werden in den Arbeiten jedoch außer Betracht gelassen.

Für eine Bestimmung von Nutzenfunktionen können unterschiedliche Verfahren zur Anwendung kommen, die meist auf einer Basis-Referenz-Lotterie aufbauen. Dabei werden Probanden Lotterien vorgelegt, deren Auszahlungen von Wahrscheinlichkeiten abhängen. Die Lotterien besitzen zwei mögliche Auszahlungen mit jeweiligen Wahrscheinlichkeiten. Die Probanden bestimmen nun pro Lotterie ein Sicherheitsäquivalent, für das sie indifferent zwischen der erwarteten Auszahlung der Lotterie und der sicheren Auszahlung sind (Eisenführ et al., 2010, S. 259f).[10] Ein weiteres Verfahren ist das Trade-off-Verfahren. Hier werden dem Probanden paarweise immer zwei Lotterien mit je zwei Auszahlungen (und den Wahrscheinlichkeiten, mit denen diese Auszahlungen erreicht werden) vorgelegt. Bei jedem Paar fehlt in einer der Lotterien eine Auszahlung. Diese ist vom Probanden so zu wählen, dass er zwischen beiden Lotterien indifferent ist (Eisenführ et al., 2010, S. 267f).

Für die Simulationsexperimente in dieser Arbeit ist die Nutzenfunktion der Fahrer der Transportgeräte zu bestimmen. Ein Hinweis für den Verlauf einer solchen Funktion lässt sich aus der Feldstudie von Lazear (2000) entnehmen. Es zeigt sich dort, dass Arbeiter bei einem Arbeitstag (acht Arbeitsstunden) 3,70 Minuten pro Stunde mehr produktive Arbeit leisten, wenn ihnen dafür $0,17 pro Stunde mehr Lohn gezahlt wird (Lazear, 2000, S. 1351ff). Die Arbeiter sind somit indifferent zwischen der Kombination von Produktivzeit und Entlohung vor Einführung des Anreizsystems und der Kombination von Produktivzeit und Entlohung nach Einführung des Anreizsystems. Aus einer Vielzahl solcher Indifferenzrelationen (Indifferenzkurven) lässt sich eine Nutzenfunktion konstruieren (Varian, 2011, S. 54). Ein Experiment zur Bestimmung einer Indifferenzkurvenschar für die Parameter

---

[10] Bei der Darstellung handelt es sich um lediglich eine mögliche Ausprägung der Basis-Referenz-Lotterie. Weitere sind die Mittelwert-Kettungs-Methode, die Fraktilmethode, die Methode variabler Wahrscheinlichkeiten und die Lotterievergleich-Methode (Eisenführ und Weber, 2003, S. 229, 231, 232 und 234).

Arbeitszeit und Entlohnung findet sich bei Kossbiel (2004). Im Experiment wurden Studenten der Universitäten Frankfurt und Magdeburg gebeten, aus 33 Kombinationen von Arbeitszeiten und Entlohnungen jeweils die Kombinationen zu bestimmen, zwischen denen sie indifferent sind (Kossbiel, 2004, S. 129). Das Ziel des Experimentes war es, den Grad der Arbeitsfreude und des Arbeitsleids anhand von Idifferenzkurven zu bestimmen. Konkrete Nutzenfunktionen wurden in der Arbeit von Kossbiel (2004) nicht bestimmt.

Für Zwecke dieser Arbeit wurde das Experiment von Kossbiel (2004) im Mai 2013 mit angehenden Baugeräteführern wiederholt.[11] Den Probanden wurden 23 Kombinationen aus Stundenlöhnen[12] und wöchentlichen Arbeitszeiten vorgelegt.[13]

Anschließend wurden die Probanden gebeten, die Kombinationen gemäß ihren Präferenzen farblich zu markieren: Erstpräferierte Kombinationen in Grün, zweitpräferierte in Gelb und drittpräferierte in Rot. Kombinationen, die unterhalb eines Reservationsnutzens lagen, sollten überhaupt nicht markiert werden. Im Rahmen dieser Arbeit wurden im Anschluss an das Experiment aus den erhobenen Daten zwei Nutzenfuktionen abgeleitet. Zum einen die Nutzenfunktion $u_{i,t}(za_{i,t})$ und zum anderen die Nutzenfunktion $u_{i,t}(\mathit{eff}_{i,t})$. Da eine additive Separabilität der Nutzenfunktion angenommen wurde (s. Formel (3.5)), kann aus den beiden empirisch bestimmten Nutzenfunktionen die Funktion $u_{i,t}\left(za_{i,t}, \mathit{eff}_{i,t}\right)$ erzeugt werden. Dabei wurde wie folgt vorgegangen:

Schritt 1: Überführe die Daten des Experiments in eine Tabelle ohne die nicht markierten Vertragsangebote.

---

[11] Das Experiment wurde im Rahmen einer vom Autor dieser Arbeit betreuten Bachelor-Abschlussarbeit durchgeführt. Probanden waren 85 angehende Baugeräteführer im Aus- und Fortbildungszentrum Walldorf/Thüringen. Die Ergebnisse von neun Probanden konnten nicht ausgewertet werden, da leere oder nicht eindeutig ausgefüllte Ergebnisblätter abgegeben wurden. Insgesamt konnten somit 76 Datensätze einer Auswertung unterzogen werden. Nähere Ausführungen zum Experiment, u.a. zum Pre-Test, zur Anpassung des Experiments von Kossbiel (2004) in Sprache und Form auf die Zielgruppe der Baugeräteführer und zu durchgeführten Konsistenzprüfungen sind in Gati (2013) dokumentiert.

[12] Die Löhne wurden aus Stellenausschreibungen für Baugeräteführer entnommen und liegen im Intervall $[8; 14]$ € pro Stunde.

[13] Da Kossbiel (2004) als Fazit seines Experiments die Vermutung äußerte, dass manche Probanden Schwierigkeiten mit den dort angegebenen Wochenlöhnen hatten, wurden im Experiment mit den Baugeräteführern sowohl Stunden- als auch Monatslöhne aufgeführt. Der von Gati (2013) durchgeführte Pre-Test zeigte zudem, dass die Probanden dazu neigen für ihre Indifferenzentscheidungen die Monatslöhne zu berechnen.

Schritt 2: Berechne pro Proband und Vertragsangebot den Wochenlohn $(za_{i,t})$ und den Stundenaufwand der pro Euro Entlohnung aufgewendet werden muss $(eff_{i,t})$.

Schritt 3: Weise den erstpräferierten Vertragsangeboten den Nutzenwert 1,0, den zweitpräferierten den Nutzenwert 0,5 und den drittpräferierten den Nutzenwert 0,1 zu.

Schritt 4: Normiere den Wochenlohn $(za_{i,t})$ und den Stundenaufwand der pro Euro Entlohnung aufgewendet werden muss $(eff_{i,t})$ auf das Intervall $[0,1]$ durch die Formel

$$NormierterWert = (wert - MIN\_WERT)/$$
$$(MAX\_WERT - MIN\_WERT)$$

Schritt 5: Aus den Schritten 1 bis 4 folgen eine Menge von Tripel der Form (normierter Wochenlohn, normierter Stundenaufwand pro Euro Entlohnung, Nutzen). Bestimme nun mittels Regression aus dem Wochenlohn und den Nutzenwerten die Funktion $u_{i,t}(za_{i,t})$, sowie aus dem Stundenaufwand pro Euro Entlohnung und den Nutzenwerten die Funktion $u_{i,t}(eff_{i,t})$.

Schritt 6: Bestimme $u_{i,t}(za_{i,t}, eff_{i,t})$ durch $u_{i,t}(za_{i,t}) + u_{i,t}(eff_{i,t})$

Mit Ausführung der sechs Schritte wurde eine für alle Probanden – näherungsweise – gültige Nutzenfunktion bestimmt. Deren Verlauf ist beschrieben durch:

$$u_{i,t}(za_{i,t}) = 0{,}2881 \cdot za_{i,t}^2 + 0{,}6179 \cdot za_{i,t} + 0{,}1489 \qquad (5.2)$$

$$u_{i,t}(eff_{i,t}) = 0{,}1905 \cdot eff_{i,t}^2 - 0{,}9123 \cdot eff_{i,t} + 0{,}7994 \qquad (5.3)$$

$$u_{i,t}(za_{i,t}, eff_{i,t}) = 0{,}2881 \cdot za_{i,t}^2 + 0{,}6179 \cdot za_{i,t} + 0{,}1489 +$$
$$0{,}1905 \cdot eff_{i,t}^2 - 0{,}9123 \cdot eff_{i,t} + 0{,}7994$$

$$u_{i,t}(za_{i,t}, eff_{i,t}) = 0{,}2881 \cdot za_{i,t}^2 + 0{,}6179 \cdot za_{i,t} +$$
$$0{,}1905 \cdot eff_{i,t}^2 - 0{,}9123 \cdot eff_{i,t} + 0{,}9483 \qquad (5.4)$$

Dabei konnte $u_{i,t}(za_{i,t})$ durch eine Regression mit dem Bestimmtheitsmaß $R^2 = 0{,}5792$ und $u_{i,t}(eff_{i,t})$ mit $R^2 = 0{,}3851$ berechnet werden. In der Abbildung 5.4 auf Seite 224 sind die Nutzenfunktionen abgebildet. In Abbildung 5.4b ist auf der Abszisse der Stundenaufwand pro Euro Entlohnung abgetragen. Zu sehen ist, dass der Funktionswert (Nutzen) mit steigendem

X-Wert fällt. Zu interpretieren ist dies bspw. mit „0,5 Stunden Arbeit für einen Euro Entlohnung bietet einen höheren Nutzen, als 1,0 Stunden Arbeit für einen Euro Entlohnung". D.h. als Funktionsparameter $eff_{i,t}$ geht der Kehrwert der Umlaufzeit in die Funktion ein. So ist bspw. ein Umlauf alle drei Minuten für den Fahrer mit einem geringeren Nutzen verbunden als ein Umlauf alle fünf Minuten. Längere Umlaufzeiten können bspw. durch Wartezeiten an Be- oder Entladestellen begründet werden. Diese Zeiten kann der Fahrer z.B. für Pausen nutzen. Je höher die Umlaufzeit, desto geringer der Wert $eff_{i,t}$, desto höher der Wert der Funktion $u_{l,t}(eff_{i,t})$. Zur Berechnung der Nutzenwerte wurden in der Simulation die Werte für $za_{i,t}$ und $eff_{i,t}$ auf den Wertebereich $[0, 1]$ normiert.

Die Annahme ist, dass die Fahrer der Transportgeräte homogen in Bezug auf ihre Nutzenfunktionen sind. Diese Annahme wurde bereits bei der Erstellung des Prinzipal-Agenten-Modells der Transportlogistik im Erdbau auf Seite 165 getroffen. Neben der Nutzenfunktion ist der zweite Parameter für das Teilmodell des Sozialsystems – die Entscheidungsregel, die bei den Fahrern der Transportgeräte zur Anwendung kommt – zu bestimmen. Hierfür wurde für die Simulation die Maximierung des Erwartungsnutzens gewählt. Ein Fahrer entscheidet nach jedem Abladevorgang zwischen welchem Ausbaugerät und welchem Einbaugerät er im nächsten Umlauf pendelt. Dazu wird die zu erwartende Teamleistung (Bemessungsgrundlage) und die zu erwartende Umlaufzeit vom Fahrer erhoben und gemäß dem Anreizschema und der Nutzenfunktion in einen Nutzenwert überführt. Das Fahrziel mit dem höchsten zu erwartenden Nutzen wird gewählt.

Mit der Nutzenfunktion und der Entscheidungsregel sind alle Parameter für das Teilmodell des Sozialsystems bestimmt. Somit stehen für die Simulationsdurchführung die Baustellenszenarien und die Parameterwerte für beide Teilmodelle zur Verfügung.

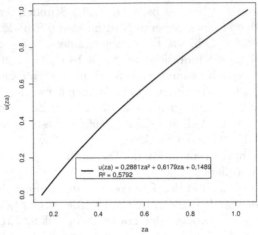

(a) $u_{i,t}(za_{i,t})$

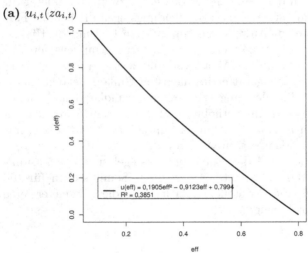

(b) $u_{i,t}(\mathit{eff}_{i,t})$

Abbildung 5.4: Die Nutzenfunktion der Fahrer der Transportgeräte

5.3 Art, Werkzeug und Architektur der Simulation

5.3.1 Die Repast Suite als Umgebung für agentenbasierte Simulationen

Neben Mikrosimulationen, System dynamics-Simulationen (Makrosimulationen) und Discrete event-Simulationen, stellt die agentenbasierte Simulation eine weitere Art von Simulationen dar. Die agentenbasierte Simulation eignet sich besonders für Anwendungsfälle mit nicht-linearen und komplexen Modellen sowie für Phänomene in denen Emergenz, beschränkte Rationalität und ein methodologischer Individualismus vorliegen (Meyer und Heine, 2009, S. 498f), (Deckert und Klein, 2010, S. 90). Für Zwecke einer Simulation der bautechnischen Gegebenheiten kann eine Discrete event-Simulation verwendet werden. Diese Simulationsmethode wird bspw. in STRAsco (Strabag Supply Chain Optimizer), dem Simulationswerkzeug des österreichischen Baukonzerns Strabag SE oder in den Simulationsstudien des Forschungsprojektes ForBAU[14] angewendet.

In der vorliegenden Arbeit besteht das Simulationsmodell neben dem bautechnischen Teilmodell jedoch auch aus einem sozio-ökonomischen Teilmodell. Den Individuen (Fahrer der Transportgeräte) werden Entscheidungsspielräume gewährt. Dies führt – neben der Betrachtung der Entscheidungen auf individueller Ebene – auch zum Phänomen der Emergenz. Die agentenbasierte Modellierung und Simulation wird daher als für den Anwendungsfall geeignet angesehen. Für die agentenbasierte Simulation stehen unterschiedliche Werkzeuge zur Verfügung. Allan (2010) stellt 44 Softwaresysteme für die agentenbasierte Simulation vor. Davon sind 31 originäre Multiagenten*simulations*systeme und 13 sind Multiagentensysteme, mit denen ebenfalls Simulationen implementiert werden können. Softwarepakete wie MatLab werden bei Allan (2010) nicht untersucht.

Unter agentenbasierten Simulationssystemen stellt die Repast Simphony Suite[15] eine ausgereifte und verbreitete Plattform dar. Zu diesem Ergebnis kommen bereits Railsback et al. (2006). Repast basiert auf der Programmiersprache Java[16] und dem Eclipse Framework[17]. Das System stellt somit den gesamten Funktionsumfang der Sprache Java bereit. Mit Eclipse steht eine integrierte Entwicklungsumgebung bereit, die auch mit CASE-Tools,

---

[14] http://www.forbau.de, letzter Zugriff: 22.03.2014
[15] North et al. (2013), http://repast.sourceforge.net, letzter Zugriff: 22.03.2014
[16] http://www.java.com, letzter Zugriff: 22.03.2014
[17] http://www.eclipse.org, letzter Zugriff: 22.03.2014

wie dem in der vorliegenden Arbeit für die UML-Modellierung und die modellgetriebene Software-Entwicklung verwendeten Werkzeug ObjectIf[18] verbunden werden kann. Java, Eclipse und Repast sind gut dokumentiert und in der Wissenschaft weit verbreitet.

Für das vorliegende Simulationsexperiment wurde daher als Simulationswerkzeug die Repast Simphony Suite ausgewählt und in der Version 2.1, vom 12 August 2013 angewendet. Das Simulationsmodell wurde in Java implementiert. Die grafischen Benutzerschnittstellen, die Repast zur Erstellung von Simulationsmodellen zur Verfügung stellt, wurden nicht verwendet. Die Architektur der Simulation wird in Bezug auf ihre Struktur und ihr Verhalten in den folgenden beiden Abschnitten in Form von UML-Modellen dargestellt.

5.3.2 Struktur der Simulation

Die statischen Eigenschaften des implementierten Simulationsmodells werden in Form des in Abbildung 5.5 auf Seite 228 dargestellten UML-Klassendiagramms aufgezeigt. Im Diagramm wurden dabei nur die selbst implementierten Klassen aufgeführt – die Klassen, die Repast oder eine verwendete Bibliothek, z.B. JUNG[19], zur Verfügung stellen werden nicht abgebildet.

Jedes Baugerät ist als Softwareagent modelliert. In Repast sind Softwareagenten Instanzen von Klassen, die eine Methode step() implementieren. Über Annotationen wird der Aufruf dieser Methode während der Simulation gesteuert (s. beispielhaft Listing 5.1). Die Methode step() wird ab dem ersten Simulations-Tick und einmal pro Tick aufgerufen.

Variablen, deren Werte für alle Softwareagenten gelten, sind in der Klasse Globals als statische Klassenvariablen öffentlich definiert. Alle Baumaschinen werden als Softwareagent modelliert und sind von der Klasse agent. ConstructionMachine abgeleitet. D.h. sie besitzen einen Identifikator und geben über getPerformance() die eigene Leistung zurück. Die Leistungsberechnung für den Softwareagenten eines Beladegeräts[20] erfolgt in der Methode agent.Excavator.step() (s. Listing 5.1). Beide Parameterwerte für

---

[18]   http://www.microtool.de, letzter Zugriff: 22.03.2014

[19]   Die Bibliothek JUNG – Java Universal Network/Graph Framework – (http://jung. sourceforge.net, letzter Zugriff: 22.03.2014) wird in Repast zur Behandlung von Graphen eingesetzt. Auch das im Simulationsmodell enthaltene Transportwegenetz wurde unter Verwendung der JUNG-Bibliothek implementiert. Die Bibliothek enthält neben Datenstrukturen für Graphen auch nutzbare Algorithmen, wie bspw. den Dijkstra-Algorithmus.

[20]   Im Folgenden wird anstatt „Softwareagent eines Belade-/Entlade-/Transportgeräts" nur noch verkürzend „Belade-/Entlade-/Transportagent" geschrieben. Gemeint ist

```
81  @ScheduledMethod ( start = 1, interval = 1)
82  public void step () {
83    BetaDistribution beta=new BetaDistribution(Globals
        .ALPHA_LOADING, Globals.BETA_LOADING);
84    double r = Math.random();
85    double b = beta.cumulativeProbability(r);
86    this.performance = b * this.
        nominalLoadingPerformance
87                    * Globals.SECONDS_PER_TICK;
88    this.sumOfPerformances += this.performance;
89    this.elapsedTicks++;
90  }
```

Listing 5.1: Die Methode step() der Klasse
            agent.Excavator

die Beta-Verteilung werden aus der Klasse global.Globals bezogen und werden dort bei der Initialisierung des Modells festgelegt (s. Unterabschnitt 5.4.3).

Die Berechnung der Wartezeiten an den Be- und Entladepositionen erfolgt in den Methoden getWaitingTime() der Klassen agent.Excavator und agent.Dozer. Dabei wird als Parameter eine Zuordnung der Transportagenten zu den Belade- bzw. Verteilagenten übergeben. Dies ist notwendig, da die Transportagenten bei ihrer Entscheidung über die nächsten Fahrziele auch Wartezeiten für unterschiedliche Zuteilungen von Transportagenten auf Belade- bzw. Verteilagenten berücksichtigen. Die Wartezeit wird daher vom Transportagent an zwei verschiedenen Stellen aufgerufen: Zunächst bei der Berechnung der eigenen Transportleistung für den aktuellen Simulations-Tick ($t^*_{i,j,t}$, s. Formel (2.7) auf Seite 68) und zweitens bei der Abschätzung der erreichbaren Leistungswerte im Rahmen der Methode agent.Truck.getPerformance() für unterschiedliche Alternativen bzgl. der nächsten Fahrziele in der Methode agent.Truck.makeDecision(). Die Berechnung der Wartezeit ist in Listing A.1 im Anhang A.1 exemplarisch für ein Beladeagent dargestellt.

Die Klasse agent.Dozer ist analog zur Klasse agent.Excavator implementiert und wird daher nicht näher erläutert. Die Klasse global.Globals wird im Rahmen der Initialisierung des Modells in Unterabschnitt 5.4.3 beschrieben. Die für die Simulation zentrale Klasse agent.Truck wird in Unterabschnitt 5.3.3 ausführlich erläutert.

---

im Rahmen der Unterabschnitte 5.3.2 bis 5.3.4 immer der Softwareagent, nicht das Baugerät oder die Baugeräteführer.

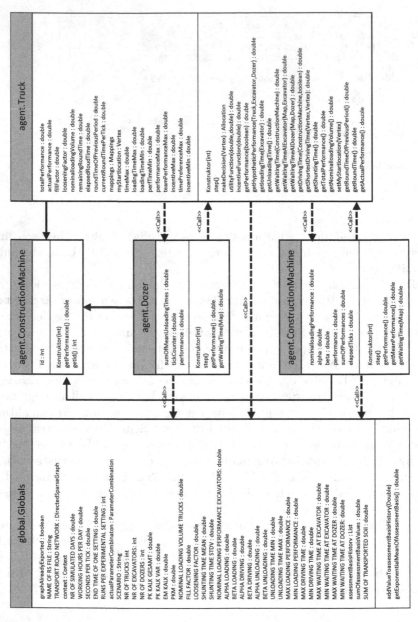

Abbildung 5.5: Struktur der Simulation als UML-Klassendiagramm

5.3.3 Die Klasse `agent.Truck`

Die Transportagenten sind die Softwareagenten im System, die gemäß ihres zugrundeliegenden Entscheidungsmodells eigene Entscheidungen treffen und diese durchführen. Die Ergebnisse der Simulation werden daher zum einen von den bautechnischen Gegebenheiten, insbesondere den stochastischen Größen beeinflusst, zum anderen jedoch auch durch die Entscheidungen der Softwareagenten, welche die Transportgeräte (inkl. deren Fahrer) repräsentieren. Die Klasse `agent.Truck` stellt damit ein wesentliches Element der Simulation dar. Die Programmschritte, die ein Transportagent bei jedem Simulations-Tick durchläuft, werden durch die Methode `agent.Truck.step()` bestimmt (s. Listing 5.2).[21]

```
139   @ScheduledMethod ( start = 1, interval = 1)
140   public void step () {
141   //Prüfe, ob eine neue Umlaufrunde anfängt
142   if(this.remainingRoundTime <= 0){
143   //Merke aktuellen Standort im Transportwegenetz
144   Dozer dozer = this.mappings.getTruckToDozer().get
          (this);
145   Vertex myLocation = this.mappings.
          getDozerToUnloadingpoint().get(dozer);
146
147   //Löse Zuteilungen aus der Vorrunde.
148   this.mappings.getTruckToExcavator().remove(this);
149   this.mappings.getTruckToDozer().remove(this);
150
151   //Treffe Entscheidung über Fahrziele für die
          nächste Runde und schreibe neue Zuteilung in
          die Mappings
152   Allocation allocation = this.makeDecision(
          myLocation);
153
154   //Schreibe neue Zuteilung
155   this.mappings.getTruckToExcavator().put(this,
156       allocation.getExcavator());
157   this.mappings.getTruckToDozer().put(this,
          allocation.getDozer());
158
159   //Setze Zeitzähler neu
160   this.elapsedRoudTime = 0; //Runde fängt von vorne
          an
161   this.remainingRoundTime = 0;
162   }
163   this.totalPerformance += this.getPerformance(
          false );
164
165   //Berechne Restzeit des aktuellen Umlaufs
```

---

[21] Anmerkung: Aus Platzgründen wurden in der Darstellung des Quellcodes in Listing 5.2 auf Prüfroutinen, z.B. Prüfung von `allocation` auf `!=null` vor Zeile 155 verzichtet. In dem zur Ausführung gebrachten Quellcode sind diese Prüfroutinen enthalten.

```
166    this.remainingRoundTime = this.
           currentRoundTimePerTick - this.elapsedRoudTime
           ;
167    this.elapsedRoudTime+=Globals.SECONDS_PER_TICK;
168    }
```

Listing 5.2: Die Methode `step()` der Klasse `agent.Truck`

Zunächst wird geprüft, ob ein neuer Umlauf startet und somit eine neue Entscheidung über die nächsten Fahrziele getroffen werden muss. Ist dies nicht der Fall, so wird die aktuelle Transportleistung ($t^*_{i,j,t}(\cdot)$) und die gesamte im Simulationslauf bisher erbrachte Leistung berechnet. Beginnt ein neuer Umlauf, so werden die Zuteilungen (Datenstruktur `Environment.Mappings`, s. Abbildung 5.6 und die surjektive Abbildung $\tau : J \to Beladepunkte$ bzw. die surjektive Abbildung $\theta : R \to Entladepunkte$ auf Seite 71) des Transportagenten zu den Lade- und Verteilagenten aufgelöst, die noch in der vorherigen Umlaufrunde Gültigkeit hatten. Anschließend wird die Entscheidung über die Fahrziele für die nächste Runde getroffen. Die gewählte Zuteilung zu den Lade- und Verteilagenten wird gespeichert. Im letzten Schritt werden die Rundenzähler auf den Wert 0 gesetzt. Damit beginnt eine neue Runde, in der wiederum die Transportleistung berechnet und der gesamten, bisher erbrachten Leistung zugeschlagen wird. Am Ende eines Simulations-Ticks wird die Restzeit für den aktuellen Umlauf gespeichert.

Für das Treffen einer Entscheidung über die Fahrziele im kommenden Umlauf wird in Zeile 168 die Methode `makeDecision()` aufgerufen. Beim Aufruf wird der Knoten des Transportwegenetz-Graphen übergeben, von dem der Transportagent in den nächsten Umlauf startet. Der Quellcode der Methode `makeDecision()` ist im Listing A.2 im Anhang A.2 dargestellt. Zunächst ermittelt der Transportagent die zu erwartenden eigenen Transportleistungen ($t^*_{i,j,t}(\cdot)$) für jede möglich Zuteilung zu Belade- und Verteilagenten. Für jede dieser Alternativen (Instanzen der Klasse `DecisionAlternative`, s. Abbildung 5.6) berechnet der Transportagent anschließend die zu erwartende Teamleistung, indem die Methode `getHypotheticPerformances()` für alle anderen Transportagenten aufgerufen wird und die Rückgabewerte summiert werden (Quellcode-Zeile 279). Anschließend ermittelt der Transportagent den Erwartungsnutzen für jede Zuteilungsalternative. Dazu wird die Hilfsmethode `utilityFunction()` aufgerufen. Diese wird in Listing 5.3 dargestellt. Aus den ausgeführten Programmschritten ergibt sich für den Transportagent eine Entscheidungsmatrix wie sie bereits exemplarisch in Abbildung 3.18 auf Seite 169 dargestellt wurde. Mit Hilfe dieser Matrix wählt der Transportagent anschließend die Alternative mit dem maxima-

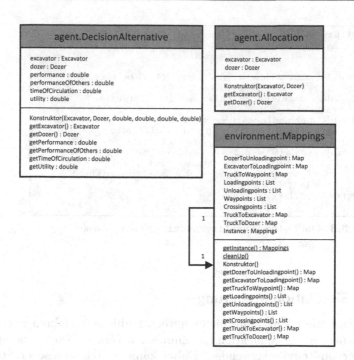

Abbildung 5.6: Die Klassen `DecisionAlternative`, `Allocation` und `Mappings`

len Erwartungsnutzen aus. Diese Zuteilungsalternative wird in Form einer Instanz der Klasse `Allocation` (s. Abbildung 5.6) zurückgegeben.

In der Methode `utilityFunction()` werden die Umlaufzeiten und die über die Hilfsmethode `incentiveFunction()` (s. Listing 5.4) berechnete Bezahlung auf das Intervall $[0, 1]$ normiert. Anschließend wird anhand der in Unterabschnitt 5.2.4 bestimmten Nutzenfunktion (s. Formel (5.4) auf Seite 222) der Nutzenwert für die an die Methode übergebene Umlaufzeit (Aufrufparameter `time`) und der übergebenen Teamleistung als Bemessungsgrundlage (Aufrufparameter `assessmentBasis`) berechnet und zurückgegeben.

Die Hilfsmethode `incentiveFunction()` implementiert in den Code-Zeilen 382 und 386 die in Formel (4.6) auf Seite 199 dargelegte Anreizsystemstruktur. Dabei werden die Gestaltungsparameter aus der Klasse `Parameter Setting` (s. Unterabschnitt 5.3.4) verwendet und in den beschriebenen funktionalen Zusammenhang gesetzt.

```
314   private double utilityFunction(double time, double
          assessmentBasis){
315   //Normierung der Umlaufzeit und der Bezahlung auf
          [0,1]
316   double normedTime = ((1/time)-(1/this.timeMax)) /
          ((1/0.01)-(1/this.timeMax));
317   double incentives = this.incentiveFunction(
          assessmentBasis);
318   double normedIncentives = (incentives-incentiveMin
          ) / (incentiveMax-this.incentiveMin);
319   //Nutzenfunktion, s. Formel (5.4) auf Seite 222
320   double utility = 0.2881*Math.pow(normedIncentives
          ,2) + 0.6179*normedIncentives + 0.1905*Math.
          pow((normedTime),2) - 0.9123*(normedTime) +
          0.9483;
321   return utility;
322   }
```

Listing 5.3: Die Methode `utilityFunction()` der Klasse
    `agent.Truck`

5.3.4 Simulationssteuerung

Die Repast Simphony Suite bietet unterschiedliche Verfahren zur Ausführungssteuerung der Simulation an. Zum einen können Nutzer die grafische Benutzerschnittstelle verwenden. Dabei kann mittels grafischer Steuerelemente die Simulation initialisiert, gestartet, pausiert und beendet werden. Während der Ausführung können Ergebnisse grafisch dargestellt werden. Neben der grafisch unterstützten Ausführungssteuerung bietet Repast zum anderen auch die Möglichkeit, die Simulation direkt über Java-Quellcode zu steuern. Dies wurde für das vorliegende Simulationsexperiment genutzt. Dazu wurde eine eigene Ausführungssteuerung der Simulation implementiert. Die dafür implementierten Klassen sind dem UML-Klassendiagramm in Abbildung 5.7 auf Seite 235 zu entnehmen.

Zur Steuerung der Simulation wurde die Klasse `DissSimulation` implementiert. Sie stellt mit der Methode `main()` (s. Listing 5.5) den Einstiegspunkt in das Simulationsprogramm dar. In der Methode `main()` wird zunächst das entsprechende Szenario aus der Klasse `Scenarios` gemäß der Initialisierung in der Klasse `Global` (s. Unterabschnutt 5.4.3) geladen. Anschließend wird über alle Stufenkombinationen iteriert. Diese sind in der Klasse `ParameterSetting` in Form der Datenstruktur `java.util.List` gespeichert. Für eine einzelne Kombination wurde die Datenstruktur `Parame terCombination` implementiert. Sind das Szenario und die Stufenkombination geladen, wird der Simulationslauf gestartet. Die Verwaltung eines Si-

```
374   public double incentiveFunction(double
          assessmentBasis){
375   double incentive = 0;
376   assessmentBasis /= Globals.NR_OF_TRUCKS; // s.
          Formel (4.1) auf S. 195
377   //Prüfe, ob die mit param_7 definierte Mindesthürde
          für die Teamleistung überschritten ist
378   if( (assessmentBasis*Globals.NR_OF_TRUCKS) >
          Globals.actualParameterCombinaton.getParam7()
          ){
379   //Formel (4.2) auf S. 197
380   double assessmentBaseStar = (Globals.
          actualParameterCombinaton.getParam4() *
          assessmentBasis) + ((1 - Globals.
          actualParameterCombinaton.getParam4()) * 1/
          Globals.actualParameterCombinaton.getParam3()
          * Globals.
          getExponentialMeanOfAssessmentBasis());
381   //In getExponentialMeanOfAssessmentBasis() wird
          das Zeitfenster gem. param_3 berücksichtigt
382
383   //Formel (4.6) auf S. 199, Fall: BGL*_{i,t} > param_7
384   incentive = (Globals.actualParameterCombinaton.
          getParam1() * Globals.
          actualParameterCombinaton.getParam2()) + ((1
          - Globals.actualParameterCombinaton.getParam1
          ()) * (Globals.actualParameterCombinaton.
          getParam5() * Math.pow( (Globals.PKM *
          assessmentBaseStar), Globals.
          actualParameterCombinaton.getParam6())));
385   }
386   else{ //Mindesthürde NICHT überschritten!
387   //Formel (4.6) auf S. 199, Fall: BGL*_{i,t} ≤ param_7
388   incentive = Globals.actualParameterCombinaton.
          getParam1() *
389   Globals.actualParameterCombinaton.getParam2();
390   }
391   }
```

Listing 5.4: Die Methode `incentiveFunction()` der Klasse
`agent.Truck`

mulationslaufs (Initialisierung des Laufs, schrittweise Ausführung, Beenden eines Laufs und „Aufräumen" nach Beendigung des Laufs) geschieht über eine Instanz der Repast-Klasse `Runner`. Bei der Initialisierung eines Laufs wird im Repast-System die Klasse `SimulationBuilder` gestartet.

```
16   public static void main(String[] args){
17   Runner runner = new Runner();
18   runner.load(new File(Globals.NAME_OF_RS_FILE));
19
20   Iterator<ParameterCombination>
          constellationIterator = ParameterSetting.
          getInstance().constellations.iterator();
```

```
21      while( constellationIterator.hasNext() ){
22        Globals.actualParameterCombinaton =
              constellationIterator.next();
23
24        //Siehe Formeln auf S. 198
25        Globals.PK_KALK_VAR = Globals.PK_KALK_GESAMT *
              Globals.actualParameterCombinaton.getParam1()
              ;
26        Globals.PKM = Globals.PK_KALK_VAR / Globals.
              EM_KALK;
27
28        for(int i=0; i<Globals.
              RUNS_PER_EXPERIMENTAL_SETTING; i++){
29          runner.runInitialize();
30
31          while (runner.getActionCount() > 0){
32            ISchedule scheduler = RunEnvironment.
                  getInstance().getCurrentSchedule();
33
34            if(scheduler.getTickCount()>=Globals.
                  END_TIME_OF_ONE_SETTING){
35              runner.setFinishing(true);
36            }
37
38            runner.step();
39          }
40
41          Scenarios.cleanUp();
42          Mappings.cleanUp();
43          Globals.cleanUp();
44
45          runner.stop();
46          runner.cleanUpRun();
47
48        }
49
50      }
51      runner.cleanUpBatch();
52    }
```

Listing 5.5: Die Methode `main()` der Klasse
               `DissSimulation`

Die Klasse `SimulationBuilder` übernimmt zwei Aufgaben. In der Methode `build()` wird der Repast-Context aufgebaut. In der Methode `step()` erfolgt pro Simulations-Tick die Berechnung und Speicherung der insgesamt transportierten Menge Erde über alle Transportagenten und Simulations-Ticks hinweg. Ein Context repräsentiert eine Menge von Softwareagenten, die an der Simulation teilnehmen und kapselt so die „Population" der Softwareagenten.[22] Innerhalb der Methode `build()` werden zunächst alle Agenten dem Context hinzugefügt. Anschließend werden die Transportagenten

---

[22]   http://repast.sourceforge.net/docs/api/repast_simphony/repast/simphony/
       context/Context.html, übersetzt durch den Autor, letzter Zugriff: 22.03.2014.

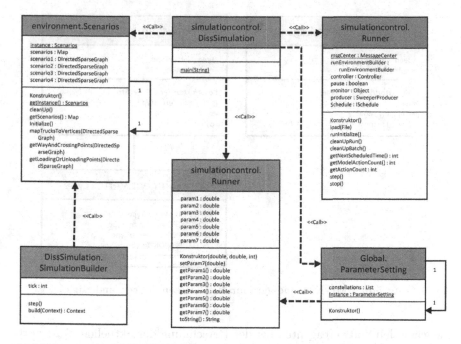

Abbildung 5.7: UML-Klassendiagramm der Simulationssteuerung

zufällig den Belade- und Verteilagenten zugeordnet. Dies stellt die Anfangs-
konfiguration für die Klassen `environment.Mappings` bzw. der Abbildungen τ und θ dar. Die Zuteilung der Transportagenten auf die Knoten des
Graphen G für die gilt $v \in Wegpunkte \bigcup Kreuzungspunkte$ erfolgt zufällig. Jeder Transportagent befindet sich somit zu Beginn der Simulation auf
einem Weg- oder Kreuzungspunkt und nicht direkt an einem Be- oder Entladepunkt. Der Graph G ist in der Klasse `Scenarios` implementiert und
bedient sich der Klassen `Vertex` und `Edge` (s. Abbildung 5.8).

5.3.5 Verhalten der Simulation

Für die Verhaltensspezifikation wird die Kommunikation von zwei ausgewählten Softwareagenten in Form von UML-Sequenzdiagrammen dargestellt.
Es ist zum einen die Kommunikation, die zwischen den Softwareagenten
abläuft, wenn ein Transportagent seine Entscheidung über die nächsten
Fahrziele trifft (s. Abbildung 5.9). Zum anderen wird die Kommunikation

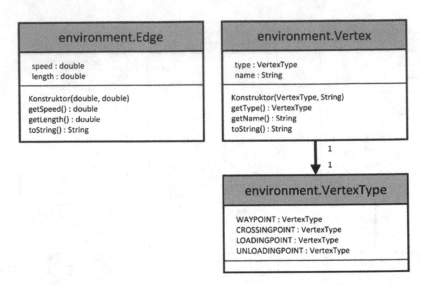

Abbildung 5.8: UML-Klassendiagramm der Klassen `Vertex` und `Edge`

zwischen den Softwareagenten bei der Berechnung der aktuellen Transportleistung durch ein Transportagent dargestellt. Mit den beiden Sequenzdiagrammen sind die zentralen Kommunikationsvorgänge in der Simulation beschrieben.

Während der Entscheidungsfindung über die nächsten Fahrziele, kommuniziert der Transportagent mit den Beladeagenten, Verteilagenten und den anderen Transportagenten. Bei den Belade- und Verteilagenten wird die Wartezeit für die Bestimmung der Umlaufzeit für jede mögliche Entscheidungsalternative abgerufen. Bei den anderen Transportagenten wird deren Leistung in jeder Entscheidungsalternative abgerufen. Mit der erwarteten Umlaufzeit und der erwarteten Teamleistung ruft der Transportagent die Methode `utilityFunction()` zur Berechnung des Erwartungsnutzens der Entscheidungsalternative auf. Die Alternative mit dem höchsten Erwartungsnutzen wird ausgewählt.

Das Sequenzdiagramm in Abbildung 5.9 stellt die Berechnung der Umlaufzeiten nur verkürzt dar. Die Methode `makeDecision()` nutzt die gleichen Interaktionen zur Bestimmung der Umlaufzeiten wie die Methode `getPerformance()` eines Transportagenten. Daher wird die Methode `getPerformance()` ausführlich im Sequenzdiagramm A.2 in Anhang A.4 dargestellt. Das Sequenzdiagramm enthält neben der Kommunikation der Soft-

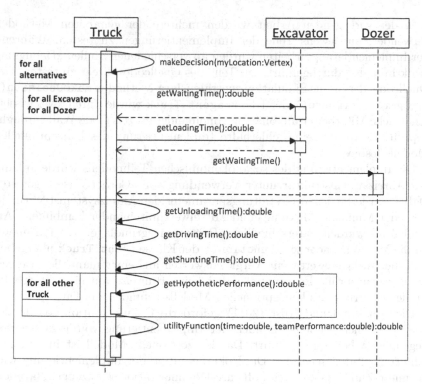

Abbildung 5.9: UML-Sequenzdiagramm für die Interaktion bei der Entscheidungsfindung

wareagenten untereinander auch die Kommunikation der Transportagenten mit der Klasse `Mappings` und der Klasse `DijkstraShortestPath`. Beide Klassen dienen zur Berechnung der Fahrzeiten in beladenem und unbeladenem Zustand.

5.4 Test und Durchführung der Simulation

5.4.1 Test der Implementierung des konzeptionellen Modells

Für das Testen der Programmierung konzeptioneller Modelle zum Zwecke der Simulation beschreiben Rand und Rust (2011) die in Abbildung 5.10 dargestellten Methoden.

In der vorliegenden Arbeit wurden mehrere der genannten Methoden verwendet, um jeweils Teile der Implementierungen zu testen. Während der Implementierungsarbeiten wurden an verschiedenen Stellen „Debugging Walkthroughs" durchgeführt, um Teile des Quellcodes direkt zu testen. Der Quellcode, der für die Simulation zentralen Java-Methoden makeDecision() und getPerformance() der Klasse agent.Truck wurde durch zwei wissenschaftliche Mitarbeiter unabhängig voneinander mittels Code Walkthroughs geprüft. Es wurde keine fehlerhafte Implementierung des konzeptionellen Modells festgestellt.

Die Implementierung des sozio-ökonomischen Teilmodells wurde anhand der Anreizsystemstruktur unter Verwendung von „Corner Cases" getestet. Dabei wurde für jeden Gestaltungsparameter der Anreizsystemstruktur jeweils der Minimal-, Maximal- und Mittelwert miteinander kombiniert. Anschließend wurden unterschiedliche Bemessungsgrundlagen als Parameter an die Methode incentiveFunction() der Klasse agent.Truck übergeben und die Rückgabewerte mit Vergleichswerten aus einer manuellen Berechnung gegengeprüft. Es konnten dabei keine Hinweise auf eine fehlerhafte Implementierung des konzeptionellen Modells gefunden werden.

Die von Rand und Rust (2011) geforderte Dokumentation sowohl des konzeptionellen Modells als auch der Implementierung wurde in der vorliegenden Arbeit durchgeführt. Das konzeptionelle Modell ist in Unterabschnitt 2.4.2 dokumentiert. Die Dokumentation der Implementierung wurde unter Zuhilfenahme des Software-Dokumentationswerkzeugs „Javadoc" durchgeführt. Dabei wurden alle Java-Methoden vor dem Methodenkopf im Hinblick auf ihre Funktionsweise, der übergebenen Parameter und der Rückgabewerte dokumentiert. Wo nötig wurden einzelne Anweisungen oder Anweisungsblöcke im Programm-Code kommentiert. Ferner wurden UML-Klassen und Sequenzdiagramme zur grafischen Dokumentation erstellt und dieser Arbeit beigefügt.

Für den im folgenden Unterabschnitt beschriebenen Test der Implementierung des konzeptionellen bautechnischen Teilmodells wurde die Methode „Specific Scenarios" gewählt. Dazu wurde ein Beispielszenario entworfen und simuliert.

5.4.2 Test der Implementierung des bautechnischen Teilmodells

Das konzeptionelle bautechnische Modell und dessen Implementierung wurde mit der Methode „Beispielfall" (Rand und Rust, 2011, S. 187f) getestet. Im Forschungsprojekt AutoBauLog (s. Kirn und Müller (2013)) wurde

1. Documentation	– Conceptual design and the implemented model should be documented.
2. Programmatic Testing	– Testing of the code of the model.
Unit Testing	– Each unit of functional code is separately tested.
Code Walkthroughs	– The code is examined in a group setting.
Debugging Walkthroughs	– Execution of the code is stepped through.
Formal Testing	– Proof of verification using formal logic.
3. Test Cases and Scenarios	– Without using data, model functions are examined to see if they operate according to the conceptual model.
Corner Cases	– Extreme values are examined to make sure the model operates as expected.
Sampled Cases	– A subset of parameter inputs are examined to discover any aberrant behavior.
Specific Scenarios	– Specific inputs for which the outputs are already known.
Relative Value Testing	– Examining the relationship between inputs and outputs.

Abbildung 5.10: Wissenschaftliches Testen der Modellimplementierung nach (Rand und Rust, 2011, S. 187f)

im Mai 2013 ein Demonstrationsszenario auf einer Versuchsbaustelle ausgeführt. Dazu wurde ein zweistündiges Logistikszenario im Erdbau detailliert geplant und zur Ausführung gebracht. Die im Vorfeld angefertigten Planungen dienen für die vorliegende Arbeit als Testfall für die Implementierung des bautechnischen Teilmodells. Die Planungen wurden von einem Team bestehend aus Baupraktikern des Unternehmens Ed. Züblin AG, aus Vertretern des Bauprojektsteuerers Drees & Sommer Infra Consult und Entwicklungsmanagement GmbH sowie einem Vertreter der Universität Karlsruhe (Lehrstuhl für Technologie und Management im Baubetrieb) durchgeführt (s. Bregenhorn (2011)).

Das Transportwegenetz besitzt die in den Abbildungen 5.11a bis 5.11c bzw. in der Tabelle 5.8 dargestellte Form.[23,24] Auf direktem Weg zwischen den Ein- und Ausbaustellen müssen die LKW 70 Meter Fahrtstrecke zurücklegen. Auf der langen Strecke um das Baufeld herum müssen 500 Meter zurückgelegt werden. Die LKW fahren auf allen Teilstrecken 10 km/h ($2,\overline{7}$ m/s). Für die Ausbaugeräte wurden die in Tabelle 5.8 dargestellten Leistungsdaten ermittelt. Darauf basieren die Leistungsdaten der LKW (s. Tabelle 5.8).

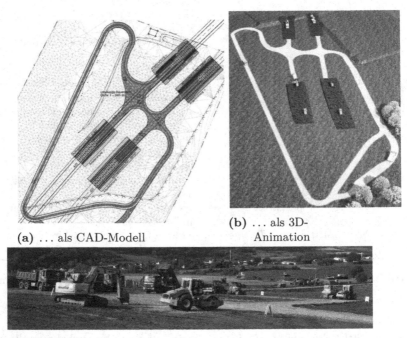

(a) ... als CAD-Modell

(b) ... als 3D-Animation

(c) ... in realiter

Abbildung 5.11: Das Transportwegenetz im Beispielszenario

Die LKW (16t Zweiachskipper) besitzen einen Muldeninhalt von 5,8 m³. Der Lösefaktor multipliziert mit dem Füllfaktor ergibt 0,72675. Das Simu-

---

[23]   In der Tabelle 5.8 wurden die Kanten die beidseitig befahrbar sind als bidirektionale Kanten modelliert. Da auf allen Straßenabschnitten die selbe Geschwindigkeit (10 km/h) gefahren werden kann, wurde die Streckenlänge direkt an den Kanten notiert.

[24]   Quelle der Abbildung 5.11a: Projekt AutoBauLog, RIB Software AG. Quelle der Abbildung 5.11b: Projekt AutoBauLog, Ed. Züblin AG.

lationsmodell wurde mit den Daten für das Beladegerät 1 und anschließend mit den Daten des Beladegeräts 2 und jeweils mit zwei Transportagenten gestartet. Die Ausführung mit nur einer Transportlinie stellt dabei sicher, dass die Ergebnisse nur von den bautechnischen Modellierungen abhängen und nicht von den Wechselentscheidungen der Transportagenten. Zunächst wurden testweise alle stochastischen Prozesse ausgeblendet, so dass das Modell nicht von zufällig ermittelten Werten abhängig ist. Mit den Leistungswerten des Beladegeräts Komatsu PC180 leisteten die Transportagenten $37,4839 \text{ m}^3/h$ bzw. mit den Leistungsdaten des Beladegeräts Liebherr L914 leisteten sie $45,0990 \text{ m}^3/h$. Dies entspricht exakt den Werten aus der Kalkulation des Demonstrationsszenarios (s. dazu (Bregenhorn, 2011, S. 8f)) und weist auf eine korrekte Implementierung des bautechnischen Teilmodells hin.

In einem weiteren Schritt wurden die stochastischen Prozesse wieder in das Modell aufgenommen. Die Simulation wurde 2.000 mal ausgeführt. Pro Lauf wurden dabei je zwei Stunden Erdarbeit simuliert (dies entspricht der Laufzeit des Demonstrationsszenarios). Die für das Demonstrationsszenario berechneten Leistungswerte für zwei Stunden Erdarbeit mit zwei LKW betragen $(37,4839 \cdot 2 \text{ LKW} \cdot 2 \text{ Stunden} =) 149,9356 \text{ m}^3$ bzw. $(45,0990 \cdot 2 \text{ LKW} \cdot 2 \text{ Stunden} =) 180,396 \text{ m}^3$. Die Ergebnisse der Simulation mit stochastischen Prozessen sind dem Boxplot in Abbildung 5.12 auf Seite 243 zu entnehmen. Im Mittel wurden $101,4059 \text{ m}^3$ bei der Verwendung der Leistungsdaten des Beladegeräts „Komatsu PC180" und $121,3961 \text{ m}^3$ bei der Verwendung der Leistungsdaten des Beladegeräts „Liebherr L914" durch die Transportagenten transportiert. Die simulierten Werte für die Transportleistung liegen unterhalb der kalkulierten Werten. Dies ist bedingt durch die Verwendung einer Beta-Verteilung für die Ausbauleistungen. Diese liegen (Beta-verteilt) stets unterhalb der kalkulierten theoretischen Maximalleistung der Beladegeräte (vgl. dazu die Verläufe der Beta-Verteilungen in Abbildung 5.3 auf Seite 219).

Die Testergebnisse für das bautechnische Teilmodell mit stochastischen Prozessen zeigen daher, dass die in der Planung des Beispielfalls zugrundegelegten Daten in der Simulation aufgrund der Beta-Verteilung nicht überschritten werden und im Mittel sowie in den extremen Ausprägungen keine unrealistischen Werte entstehen. Auch dies weist auf eine korrekte Implementierung des konzeptionellen bautechnischen Modells hin.

5.4.3 Initialisierung des Modells

Die Initialisierung des Modells erfolgt in der Klasse `global.Globals` durch die Belegung der öffentlichen Klassenvariablen (s. UML-Klassendiagramm

Tabelle 5.8: Eigenschaften und kalkulatorische Größen im Beispielszenario

Eigenschaft	Wert	
Transport-wegenetz		

Transportwegenetz (Diagramm):

WP 6 — (45) — (20) — Beladepunkt 1 — Beladepunkt 2
KP 1 — (35) — (20) — KP 2 — (35)
(210) — (50) — (50) — WP 3
Entladepunkt 1 — Entladepunkt 2 — (105)
WP 5 — (105) — WP 4

Baugeräte	Beladegerät 1: Komatsu PC180	81,3960 m³/h
	Beladegerät 2: Liebherr L914	128,5200 m³/h
	Zwei LKW m. Komatsu PC180 jew.	37,4839 m³/h
	Zwei LKW m. Liebherr L914 jew.	45,0990 m³/h
Beladezeiten	Beladegerät 1	3,1071 Min.
	Beladegerät 2	1,9679 Min.
Sonstige Zeiten	Fahrzeit	0,84 Min.
	Rangierzeit	1,8 Min.
	Entladezeit	1,0 Min.
Rundenzeiten	Beladegerät 1 ⇔ Entladegerät 1	6,7471 Min.
	Beladegerät 2 ⇔ Entladegerät 2	5,6079 Min.

in Abbildung A.1 im Anhang A.3). Die Klasse enthält zum einen Variablen, die für alle simulierten Szenarien gelten (z.B. die Parameterwerte der Beta-Verteilungen) und zum anderen Variablen, deren Werte sich je nach simuliertem Szenario ändern (z.B. die Ladeleistung der Beladegeräte). Ferner wird in der Klasse angegeben, welches Szenario simuliert werden soll. Die Klasse enthält ebenfalls noch Variablen, deren Werte erst beim Starten der

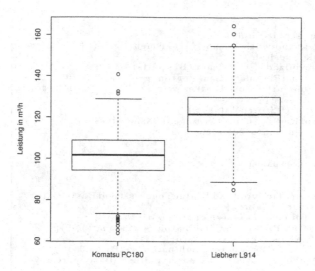

Abbildung 5.12: Auswertung der im Beispielszenario erzielten Leistungswerte

Simulation initial gesetzt werden (z.B. `Globals.PK_KALK_VAR`, s. Listing 5.5 in den Code-Zeilen 25).

Die Berechnung des exponentiell geglätteten Mittelwerts der Teamleistungen mit der Ordnung des Glättungsfilters in Höhe von $param_3$ zur Bestimmung der Bemessungsgrundlage für die leistungsabhängige Entlohnung ($BGL^*_{i,t}$, s. Formel (4.2) auf Seite 197) erfolgt für alle Transportgeräte in gleicher Weise. Bei der Implementierung des konzeptionellen Modells[25] wurde diese Berechnung und Speicherung daher in die Klasse `global.Globals` ausgelagert. Bei einem Maximalwert von 480 Ticks für den Glättungsfilter ($param_3$) und bis zu 10 Transportgeräten in Baustellenszenario 4 reduziert diese Auslagerung den Speicher- und Berechnungsbedarf. Die Berechnung und Rückgabe des exponentiell geglätteten Mittelwerts der vergangenen Teamleistungen mit einem Glättungsfilter mit dem Wert $param_3$ ist in Listing 5.6 dargestellt.

```
97  private static List<Double> assessmentBasisHistory
        = Collections.synchronizedList( new ArrayList<
        Double>() );
98  private static double sumOfassessmentBasisValues
        =0.;
```

---

[25] Das konzeptionelle Modell beschreibt in der agent based computational economics ein Modell des zu simulierenden Phänomens aus der Diskurswelt (Robinson, 2008, S. 278).

```
 99
100    public static double
           getExponentialMeanOfAssessmentBasis(){
101      double expMean=0.;
102      synchronized (assessmentBasisHistory) {
103        if(actualParameterCombinaton.getParam3()>0){
104          double nrOfStoredValues = assessmentBasisHistory
               .size();
105          if( nrOfStoredValues>0 )
106            expMean = sumOfassessmentBasisValues /
                 nrOfStoredValues;
107        }
108      }
109      return expMean;
110    }
111
112    public static void addValueToassessmentBasisHistory
           (Double value){
113      synchronized (assessmentBasisHistory) {
114        if(actualParameterCombinaton.getParam3()>0){
115          if( assessmentBasisHistory.size() >=
                 actualParameterCombinaton.getParam3() ){
116            Double removed = assessmentBasisHistory.remove
                 (0);
117            sumOfassessmentBasisValues -= removed;
118          }
119          assessmentBasisHistory.add(value);
120          sumOfassessmentBasisValues += value;
121        }
122      }
123    }
```

Listing 5.6: Berechnung des exponentiell geglätteten
                  Mittelwerts in der Klasse global.Globals

Am Ende eines Simulationslaufs ruft die Klasse simulationcontrol.
Runner die Methode cleanUp() in der Klasse Globals auf. Damit wird sowohl die gespeicherte Historie der Bemessungsgrundlagen gelöscht als auch
die Summe der Bemessungsgrundlagen und die Summe der Transportleistungen in der Variablen Globals.SUM_OF_TRANSPORTED_SOIL auf den Wert
0 gesetzt. Die Variablen sind so wieder für einen nächsten Lauf initialisiert.

5.5 Wirkweise und Bedeutung der Einflussfaktoren

5.5.1 Reliabilität und Validität der Simulationsergebnisse

Neben der Validierung der Input-Parameter ist für eine wissenschaftliche
Gewinnung von Erkenntnissen auch die Validierung der durch das Modell
erzeugten Daten notwendig (Output-Validierung) (Rand und Rust, 2011, S.

189). Hierzu nennen Rand und Rust (2011) die in Abbildung 5.13 aufgeführten Methoden.

1. Micro-Face Validation	– Elements of the implemented model correspond „on face" to the real world.
2. Macro-Face Validation	– Processes and patterns of the implemented model correspond „on face" the real world.
3. Empirical Input Validation	– The data used as inputs to the model corresponds to the real world.
4. Empirical Output Validation	– The output of the model corresponds to the real world.
Stylized Facts / Subject Matter Experts	– Generally known patterns of behavior that are important to reproduce in the model.
Real World Data	– Recreating real world results using the model.
Cross-Validation	– Comparing the new model to a previous model that has already been validated.

Abbildung 5.13: Wissenschaftliche Validierung von Simulationsergebnissen von Simulationsergebnissen nach (Rand und Rust, 2011, S. 189)

In der vorliegenden Arbeit wurden, wie in Abschnitt 5.2 beschrieben, die Methoden der Micro-Face Validation, Macro-Face Validation und Empirical Input Validation angewendet. Sowohl die im bautechnischen Modell als auch die im sozio-ökonomischen Teilmodell genutzen Daten (z.B. Maschinenleistungen), Modellelemente (z.B. Dichtefunktionen der stochastischen Parameter, Nutzenfunktionen der Fahrer) und die implementierten „Processes and patterns" (z.B. bautechnische Teilprozesse) sind (sekundär) empirisch erhoben bzw. aus der Baufachliteratur und Baugerätelisten abgeleitet. Die im folgenden Unterabschnitt dargestellten Ergebnisse der Simulation weisen auch keinen Widerspruch zu den in Abschnitt 3.2.7 dargestellten empirischen und experimentellen Befunden auf.

5.5.2 Auswertung der Simulationsdaten

Die Tabelle 5.9 zeigt die statistische Auswertung der in den simulierten
Szenarien erzeugten Daten in Form von Boxplot-Diagrammen und gibt die
Lage- und Streuungsmaße wieder. Dies stellt eine Auswertung der Szenarien
ohne eine Unterscheidung nach den Stufenkombinationen dar. In der Tabelle
ist für jedes Szenario ebenfalls ein Baseline-Fall dargestellt. Hierbei handelt
es sich um die Simulationsergebnisse, die erzielt werden, wenn keinerlei An-
reizsystemstrukturen implementiert sind. Die Fahrer der Transportgeräte
entscheiden sich in diesen Fällen ausschließlich anhand des Arbeitsaufwands.
In Tabelle 5.9 ist der jeweilige Wert der Eigenschaft für den Baseline-Fall
in Klammern angegeben.

Gezeigt werden kann, dass in allen vier Szenarien die Werte der Lage-
maße (arithmetisches Mittel und alle Quantile) im Baseline-Fall geringer
sind, als bei der Implementierung eines Anreizsystems. Gleichzeitig scheint
jedoch ein Anreizsystem auch die Varianz der erzielten Leistungswerte zu
erhöhen. Die breiteren Streuungen der Ergebnisse in den Fällen mit Anreizsystem sind allerdings der Tatsache geschuldet, dass die in Tabelle 5.9 angegebenen Streuungsmaße sich auf die transportierte Mengen Erde in allen
2.000 Stufenkombinationen beziehen. Dies bedeutet, dass die Streuungsmaße auch Schwankungen ausdrücken, die durch unterschiedliche Ausgestaltungen des Anreizsystems verursacht sind, während die Streuungsmaße der
Baseline-Fälle nur die Streuung erklären, die durch die Zufallsgrößen im
Modell entstanden sind. Zu einem Vergleich der Streuungsmaße zwischen
dem jeweiligen Baseline-Fall und den Streuungsmaßen bei implementiertem
Anreizsystem müssen die Maße jeder einzelnen Stufenkombination mit dem
Baseline-Fall verglichen werden. Da es dann jedoch pro Szenario 2.000 Maße
mit dem Baseline-Fall zu vergleichen gälte, sind in der Tabelle 5.10 lediglich
die Mittelwerte der Variationskoeffizienten pro Szenario den Variationskoeffizienten der Baseline-Fälle gegenübergestellt.

Zu sehen ist, dass gemittelt über alle Stufenkombinationen eines Szenarios die Streuung im Vergleich zum Baseline-Fall nicht größer sondern kleiner
wird. Die aus der Tabelle 5.9 zunächst vermutbare Schlussfolgerung, dass
Anreizsysteme die Streubreite von Ergebnissen erhöhen, wird durch Tabelle
5.10 widerlegt. Werden die Mittelwerte der Variationskoeffizienten mit dem
Baseline-Fall verglichen zeigt sich, dass die Implementierung eines Anreizsystems die Streuung der Transportleistungen im Mittel reduziert.

In Tabelle 5.9 zeigt sich, dass es Unterschiede hinsichtlich der zentralen
Tendenz zwischen den Baseline-Fällen ohne Anreizsystem und den Szenarien
mit implementiertem Anreizsystem gibt. Ebenfalls lässt sich erkennen, dass

Tabelle 5.9: Auswertung der Transportleistungen in den simulierten Szenarien

Eigenschaft		Szenario 1	Szenario 2
Boxplot			
Arithmetisches Mittel $[\,\mathrm{m}^3]$		773,4173 (650,5019)	899,8240 (700,8144)
Quartile $[\,\mathrm{m}^3]$	$Q_{0,25}$	761,1687 (637,6342)	861,0383 (685,5153)
	$Q_{0,50}$	781,6649 (650,5102)	924,8151 (700,3836)
	$Q_{0,75}$	792,9347 (663,7038)	943,1695 (717,0173)
Varianz $[(\,\mathrm{m}^3)^2]$		773,8140 (356,1105)	3235,4050 (515,778)
Standardabweichung $[\,\mathrm{m}^3]$		27,8174 (18,86145)	56,8805 (22,69939)
Variationskoeffizient		0,03597 (0,028995)	0,06321 (0,03239)

Eigenschaft		Szenario 3	Szenario 4
Boxplot			
Arithmetisches Mittel $[\,\mathrm{m}^3]$		742,9239 (521,2024)	678,7197 (435,4917)
Quartile $[\,\mathrm{m}^3]$	$Q_{0,25}$	720,0437 (509,0778)	663,3841 (424,4198)
	$Q_{0,50}$	758,4898 (521,2382)	693,0959 (435,2663)
	$Q_{0,75}$	768,6564 (533,4466)	699,4110 (446,2254)
Varianz $[(\,\mathrm{m}^3)^2]$		1.299,387 (317,4862)	910,9299 (274,4288)
Standardabweichung $[\,\mathrm{m}^3]$		36,04693 (17,80923)	30,18154 (16,55761)
Variationskoeffizient		0,04852 (0,03417)	0,04447 (0.03802)

es einen Unterschied des Medians zwischen den Ergebnissen in den Baseline-Fällen und den Szenarien gibt. Die Frage ist hierbei, ob dieser Unterschied eine statistische Signifikanz aufweist. Mit einem Wilcoxon-Mann-Whitney-Test lässt sich dies anhand der folgenden Hypothesen überprüfen.

Nullhypothese: Die Mittelwerte der Ergebnisse im Fall mit Anreizsystem sind gleich den Mittelwerten im Baseline-Fall" (H_0 : $mean(Anreiz)$ = $mean(Baseline)$)

Alternativhypothese: H_1 : $mean(Anreiz) \neq mean(Baseline)$

Getestet wird mit einem Signifikanzniveau von 99,99%. Die Teststatistik ergab für alle vier Szenarien die Ablehnung der Alternativhypothese und somit eine signifikante Verschiebung des arithmetischen Mittels. Somit führt die Implementierung eines Anreizsystems in allen simulierten Szenarien zu signifikant höheren mittleren Leistungen. Die in dieser Arbeit aufgestellte These, dass durch Anreizsysteme das Koordinationsproblem in der Transportlogistik vermindert werden kann (und dadurch die Transportleistungen erhöht werden), kann somit bestätigt werden. Die Simulationsexperimente zeigen, dass in allen vier Szenarien die Transportleistung durch den Einsatz eines Anreizsystems signifikant erhöht werden konnte.

5.5.3 Wirkweise der Einflussfaktoren

Im vorangestellten Unterabschnitt wurden die Daten mittels deskriptiver Statistik im Hinblick auf ihre Lage und Dispersion beschrieben. Zur Beantwortung der in dieser Arbeit gestellten Forschungsfrage, wie ein Anreizsystem gestaltet werden muss, um auf Erdbaustellen die Menge an transportierter Erde zu maximieren, muss jedoch noch die Wirkweise der Einflussfaktoren (Parameter des Anreizsystems) untersucht werden. Dabei stellt

Tabelle 5.10: Vergleich der Mittelwerte der Variationskoeffizienten mit dem Baseline-Fall

Eigenschaft	Szenario 1	Szenario 2	Szenario 3	Szenario 4
Mittelwert der Variationskoeffizienten	0,0174	0,0181	0,0165	0,0176
Variationskoeffizient im Baseline-Fall	0,0290	0,0324	0,0342	0,0380

sich das Problem einer (teilweise sehr großen) Abhängigkeit der Wirkung eines Parameters von der Wirkung anderer Parameter. Ist beispielsweise der Wert für $param_1$ (Anteil fixer Vergütung) sehr hoch, so haben die Parameter der variablen Vergütung ($param_5$ und $param_6$) kaum Wirkung. Eine „einfache", paarweise statistische Analyse der Korrelationen zwischen den einzelnen Parametern für sich genommen und dem Ergebnis führen zu keiner verwertbaren Aussage.

Das Verfahren der multiplen Korrelation erlaubt die Analyse der Korrelationen zwischen mehr als zwei Variablen. Die Berechnung der multiplen Korrelationen der Parameter $param_{1,...,7}$ mit der transportierten Menge Erde ist in Tabelle 5.11 für alle vier Szenarien dargestellt. Es zeigt sich, dass die Parameter des Anreizsystems gemeinsam eine mittlere positive Korrelation mit den erzielten Transportleistungen aufweisen. Die multiple Korrelation erfasst jedoch nur den Zusammenhang, der von $param_{1,...,7}$ gemeinsam ausgeht. Die Wirkung einzelner Gestaltungsparameter wird auf diesem Wege nicht ausgedrückt.

Tabelle 5.11: Multiple Korrelationen der Parameter $param_{1,...,7}$ mit der transportierten Menge Erde

Szenario	Szenario 1	Szenario 2	Szenario 3	Szenario 4
Multiple Korrelation	0,40636	0,69556	0,57543	0,44637

Zu Bestimmung der Wirkweise der einzelnen Parameter werden je Szenario die Werte nach den beiden Parameter $param_1$ und $param_7$ klassiert. Diese beiden Parameter weisen die höchste Wechselwirkung mit den anderen Parametern auf. Für $param_1$ wurde dies bereits beispielhaft dargelegt. In Bezug auf $param_7$ lässt sich konstatieren, dass bei der Festsetzung einer hohen Mindesthürde die Parameter der variablen Vergütung ($param_5$ und $param_6$) ebenfalls keine Wirkung mehr haben. Im Folgenden werden daher für alle Szenarien je zwei Tabellen aufgeführt – eine Tabelle beschreibt die Korrelationen der Parameter $param_{2,...,6}$ je Klasse des Parameters $param_1$, die zweite Tabelle gibt diese Korrelationen für jede Klasse des Parameters $param_7$ an. Auf der Grundlage dieser Tabellen können pro Szenario die Wirkweisen der Einflussfaktoren abgeleitet werden.

Für alle vier simulierten Szenarien kann jedoch ein sehr großer Einfluss der stochastischen Prozesse festgestellt werden. Dies drückt sich in den schwachen bis teilweise sehr schwachen Korrelationskoeffizienten aus. Da die stochastischen Einflüsse jedoch auf Grundlage der empirisch feststellbaren Verteilungen in die Simulation einfließen, bleibt festzuhalten, dass diese auch in realiter einen hohen Einfluss besitzen. Die Transportlogistik einer Erdbaustelle kann zwar mit Anreizsystemen zu einer höheren Transportleistung geführt werden, sehr große Steigerungen in den Ergebnissen sind jedoch nicht zu erwarten.

Auswertung von Szenario 1

Die Tabelle 5.12 zeigt die nach $param_1$ klassierten Werte für das Szenario 1. Die Auswertung zeigt, dass ein Anteil an fixer Vergütung von ungefähr 0,6 positiv auf das mittlere Ergebnis wirkt. Die Höhe des Fixgehalts ($param_2$) weist eine schwache Korrelation auf. Ist der Anteil an fixer Vergütung ($param_1$) gering, so ist die Korrelation zwischen der Höhe des Fixlohns und dem mittleren Ergebnis überwiegend positiv. Überwiegt der Anteil an fixer Entlohnung den Anteil an variabler Entlohnung, so weist die Korrelation zwischen der Höhe des Fixlohns und dem mittleren Ergebnis vorwiegend negative Werte auf. Dies zeigt, dass bei einem hohen Fixlohnanteil eine Erhöhung des Fixlohnbetrages kaum ausschlaggebend ist. Bei einem geringen Fixlohnanteil kann jedoch mit einem erhöhten Fixlohnbetrag das Ergebnis leicht positiv beeinflusst werden.

Tabelle 5.12: Korrelationen für die nach $param_1$ klassierten Daten des Szenarios 1

Klasse $param_1$	Korrelation zwischen Ergebnis und ...					Mittleres Ergebnis
	$param_2$	$param_3$	$param_4$	$param_5$	$param_6$	
0,0	0,0042	-0,0115	0,0066	0,0016	0,0101	723,9196
0,1	0,1562	0,3574	0,0188	-0,0405	-0,0242	778,7080
0,2	0,0069	0,2299	0,1144	-0,0492	0,0451	779,1767
0,3	0,0941	0,2156	-0,0699	0,0203	-0,0799	778,3894
0,4	-0,0313	0,3611	-0,0347	0,0327	0,0609	778,9461
0,5	0,0125	0,3328	0,0707	-0,0746	-0,0676	778,2943
0,6	-0,0608	0,1418	-0,1118	0,0328	-0,0330	780,4705
0,7	0,0026	0,3094	0,0550	-0,1532	-0,0223	778,8575
0,8	-0,0599	0,2802	-0,0970	-0,0368	0,1036	778,7323
0,9	-0,0303	0,3020	-0,0145	0,0044	-0,0252	779,6062

Die Ordnung des Glättungsfilters ($param_3$) weist fast in allen Klassen eine mittlere positive Korrelation mit dem Ergebnis auf. Hieraus kann abgeleitet werden, dass die Glättung der für die variablen Entlohnungen ausschlaggebende Bemessungsgrundlage ein wirksames Gestaltungselement für das Anreizsystem darstellt. Die Ursache hierfür wird in dem bereits beschriebenen hohen Einfluss der stochastischen Prozesse gesehen. Ausreißerwerte nach unten führen so nicht zu einer sofortigen geringen Entlohnung des Fahrers, sondern werden durch vorherige Ergebnisse abgemildert. Vor allem bei der Existenz einer Mindesthürde kann ein Fahrer so, trotz einer geringen Leistung zum Messzeitpunkt, in den Genuss einer variablen Entlohnung kommen.

Ein eindeutiger Zusammenhang zwischen dem Gewicht des aktuellen Leistungswerts ($param_4$) und dem Ergebnis kann nicht festgestellt werden. Die Höhe der variablen Entlohnung ($param_5$) und die Steigung der Entlohnungsfunktion ($param_6$) weisen einen schwachen und uneinheitlichen Zusammenhang mit dem Ergebnis auf.

Werden die aus der Simulation gewonnenen Daten nach der Höhe der Mindesthürde ($param_7$) klassiert (s. Tabelle 5.13), so lässt sich feststellen, dass die Mindesthürde einen negativen Zusammenhang mit den mittleren Ergebnissen aufweist. Es gilt demnach, je höher die Mindesthürde desto geringer das Ergebnis. Dieser Effekt ist besonders sichtbar ab einer Mindesthürde von etwa 40% der Sollleistung. Wird die Mindesthürde darunter festgelegt, so ist dieser Effekt nur schwach vorhanden.

Tabelle 5.13: Korrelationen für die nach $param_7$ klassierten Daten des Szenarios 1

Klasse $param_7$	Korrelation zwischen Ergebnis und ...					Mittleres Ergebnis
	$param_2$	$param_3$	$param_4$	$param_5$	$param_6$	
[0,0;0,3]	0,0170	0,1889	0,0006	0,0255	0,0692	781,1073
[0,4;0,7]	0,0245	0,2845	0,0058	0,0039	-0,0746	779,3985
[0,8;1,1]	-0,0939	0,2637	-0,0939	-0,0195	-0,0685	779,6712
[1,2;1,5]	0,0417	0,1938	-0,0571	-0,0701	-0,0532	780,4736
[1,6;1,9]	0,0546	0,1903	0,0580	-0,0422	-0,1173	776,1327
[2,0;2,3]	0,0284	0,2416	-0,0510	-0,0384	-0,0805	777,7954
[2,4;2,7]	0,0118	0,3202	0,1334	-0,0590	0,0217	772,7146
[2,8;3,1]	-0,1042	0,1586	-0,0070	0,0690	0,0030	770,1111
[3,2;3,5]	0,0182	0,1975	0,0059	0,0632	-0,0117	755,9543
[3,6;3,7]	-0,0648	0,0159	0,0169	0,0850	-0,0014	738,9054

Liegt die Mindesthürde im Bereich von ca. 25 bis 75% der Sollleistung weisen die Parameter der variablen Vergütung ($param_5$ und $param_6$) eine schwach negative Korrelation mit dem mittleren Ergebnis auf (s. Tabelle 5.13). Hingegen weisen in diesem Bereich die Parameter der variablen Vergütung ($param_1$ und $param_2$) eine positive Korrelation mit dem Ergebnis auf. Wird die Mindesthürde auf über 75% der Sollleistung festgelegt, so sind die Effekte der variablen sowie der fixen Entlohnung uneinheitlich. Als Gestaltungsempfehlung kann somit abgeleitet werden, dass bis zu einer Mindesthürde von 25% der Sollleistung mit einer variablen Entlohnung im Mittel hohe Ergebnisse erzielt werden können. Wird die Mindesthürde aus bestimmten Gründen auf über 25% festgelegt, so sollte eher mit einer fixen Entlohnung der Fahrer operiert werden.

Aus den Ergebnissen der Simulation von Szenario 1 lässt sich demnach für die Frage wie ein Anreizmechanismus gestaltet sein muss festhalten, dass eine ausschließlich variable Entlohnung zu vermeiden ist. Eine anteilig fixe Entlohnung (in etwa zu 50%) ist zu bevorzugen. Die Höhe der Fixgehälter sind zu Gunsten variabler Gehälter zu reduzieren. Leistungswerte sind möglichst gut zu glätten. Dazu ist ein Glättungsfilter mit einer möglichst hohen Ordnung zu wählen. Eventuell gesetzte Mindesthürden sind nach Möglichkeit unterhalb von 25% der Sollleistung zu setzen.

Auswertung von Szenario 2

Für das Szenario 2 zeigen die nach $param_1$ klassierten Werte in Tabelle 5.14, dass bei einem geringen Anteil fixer Entlohnung die Höhe des Fixlohns schwach negativ mit den mittleren Ergebnissen korreliert. Die Höhe der variablen Entlohnung sowie die Steigung der Entlohnungsfunktion korrelieren jedoch leicht positiv. Das maximale mittlere Ergebnis wird wiederum bei einer Mischung aus fixer und variabler Entlohnung erzielt. Ab einem Fixlohnanteil von 40% hat die Höhe des Fixlohns einen leicht positiven Einfluss auf das Ergebnis, während die Höhe der variablen Entlohnung und die Steigung der Entlohnungsfunktion eine sehr schwache negative Korrelation aufweisen. Es zeigt sich daher, dass bei einem variablen Entlohnungsanteil bis ca. 40% die Fixlöhne zugunsten der variablen Entlohnung verändert werden sollten.

Wie bereits in Szenario 1 zeigt die Ordnung des Glättungsfilters ($param_3$) eine eindeutige Wirkung. Je stärker die glättende Wirkung des Filters, desto eindeutiger ist das mittlere Ergebnis steigerbar. Der Zusammenhang zwischen dem Gewicht des aktuellen Leistungswerts ($param_4$) und dem mittleren Ergebnis ist auch in Szenario 2 uneinheitlich.

Bezüglich der Parameter der variablen Entlohnung ($param_5$ und $param_6$) zeigt sich, dass diese einen überwiegend positiven Zusammenhang mit dem mittleren Ergebnis aufweisen. Dies jedoch, wie bereits ausgeführt, nur bis zu

Tabelle 5.14: Korrelationen für die nach $param_1$ klassierten Daten des Szenarios 2

Klasse $param_1$	Korrelation zwischen Ergebnis und ...					Mittleres Ergebnis
	$param_2$	$param_3$	$param_4$	$param_5$	$param_6$	
0,0	-0,0026	-0,0017	0,0203	-0,0043	0,0007	854,9779
0,1	-0,0788	0,0783	0,0634	0,0403	0,0502	906,9872
0,2	-0,0894	0,1139	0,0861	0,0091	-0,0259	907,4692
0,3	0,1014	-0,0297	0,0425	-0,1393	-0,0247	900,5683
0,4	0,0848	0,0490	-0,0811	-0,0099	-0,0143	910,0279
0,5	0,0081	0,0724	-0,0348	0,0626	0,0166	904,5950
0,6	0,0092	0,0929	0,1275	-0,0259	-0,0482	901,6624
0,7	0,0524	0,1531	-0,0277	0,0478	-0,0378	906,5570
0,8	0,1051	0,1399	0,0717	-0,1377	-0,0010	900,0103
0,9	-0,0550	0,1859	0,1438	-0,0031	0,0307	908,3142

einem Anteil an fixer Entlohnung von kleiner 30%. Darüber hinaus weisen sie eine sehr schwach negative Korrelation auf.

Im Hinblick auf die Mindesthürde zeigen die nach $param_7$ klassierten Werte in der Tabelle 5.15, dass sich die Erhöhung der Mindesthürde negativ auf die erreichten mittleren Ergebnisse auswirkt. Der Effekt tritt ab einer Mindesthürde von ca. 30% der Sollleistung deutlich zum Vorschein. Liegt die Mindesthürde im Bereich zwischen 30 und 70% der Sollleistung, so weist die fixe Entlohnung einen positiven Zusammenhang und die variable Entlohnung einen negativen Zusammenhang mit den mittleren Ergebnissen auf (s. Tabelle 5.15). Ab einer Mindesthürde von ca. 70% der Sollleistung sind die Effekte von variabler und fixer Entlohnung nicht mehr eindeutig feststellbar.

Die Simulationsergebnisse für Szenario 2 lassen demnach folgende Schlüsse für die Gestaltung eines Anreizsystems zu. Auf eine rein variable Entlohnung ist zu verzichten. Die höchsten mittleren Ergebnisse werden mit einer Mischung von fixen und variablen Anteilen erreicht. Der variable Anteil sollte bei etwa 60% liegen. Bis zu diesem Anteil ist die fixe Vergütung zugunsten der variablen Vergütung zu mindern. Erst ab einem Fixlohnanteil von über 40% können die Ergebnisse auch durch die Höhe des Fixlohns beeinflusst werden. Dieser Einfluss ist jedoch nur sehr schwach festzustellen, ist aber positiv. Die Bemessungsgrundlagen sind ferner so gut wie möglich zu glätten. Dazu ist eine möglichst hohe Ordnung des Glättungsfilters zu wählen.

Tabelle 5.15: Korrelationen für die nach $param_7$ klassierten Daten des Szenarios 2

Klasse $param_7$	Korrelation zwischen Ergebnis und ...					Mittleres Ergebnis
	$param_2$	$param_3$	$param_4$	$param_5$	$param_6$	
[0,0;0,4]	0,0235	0,0752	0,0046	0,0406	-0,0982	928,6846
[0,5;0,9]	0,0451	0,1621	0,0516	-0,0873	-0,0182	931,0132
[1,0;1,4]	0,0595	0,1941	-0,1131	0,0160	0,0008	925,4252
[1,5;1,9]	-0,0866	0,1946	-0,0253	-0,1961	0,0027	932,1034
[2,0;2,4]	0,0573	0,2293	-0,0198	0,0318	0,0707	932,4364
[2,5;2,9]	0,1716	0,1771	-0,0762	-0,0532	-0,0905	926,5526
[3,0;3,4]	0,0548	0,2546	0,0588	-0,0280	-0,0012	920,1015
[3,5;3,9]	0,0694	0,1766	-0,0425	0,0794	-0,1208	926,8643
[4,0;4,4]	0,1878	0,2577	-0,0083	-0,0197	-0,1173	912,9441
[4,5;4,9]	-0,1549	0,1704	-0,0528	0,0257	0,0255	894,4449
[5,0;5,4]	0,0343	0,1116	-0,0046	-0,0101	-0,0431	872,3206
[5,5;5,9]	-0,0407	-0,0572	-0,0317	0,0458	-0,0013	839,0317
[6,0;6,4]	0,0235	-0,1825	0,0609	-0,1373	0,0101	787,8733
6,5	0,0795	0,2128	-0,3088	0,1430	-0,0130	733,9198

Die Höhe der Mindesthürde sollte unterhalb von 30% der Sollleistung liegen. Darüber hinaus festgelegte Mindesthürden haben einen negativen Einfluss auf die im Mittel erreichten Ergebnisse. Bei einer Mindesthürde von bis zu 30% der Sollleistung weist die variable Entlohnung die stärksten Effekte auf.

Auswertung von Szenario 3
Die Tabelle 5.16 zeigt die nach $param_1$ klassierten Werte für Szenario 3. Dieses Szenario weist gegenüber den anderen Szenarien eine Besonderheit auf. Wie der Tabelle zu entnehmen ist, liegt das geringste im Mittel erzielte Ergebnis in der Klasse $param_1 = 0$. D.h. es liegt in den Fällen, bei denen die Entlohnung vollständig variabel ist. Eine nähere Analyse der Klasse $param_1 = 0$ zeigt jedoch, dass in dieser Klasse die mittlere Höhe der Mindesthürde bei rund 3,5 liegt und mithin im Mittel 50% der Sollleistung beträgt. In der Hälfte der Fälle (Median der Mindesthürde in der Klasse $param_1 = 0$ beträgt 3,6) liegt der Wert sogar über 51,43% der Sollleistung. Eine im Mittel derart hohe Mindesthürde wirkt sich im Falle einer vollständig variablen Entlohnung mindernd auf die Ergebnisse aus. Zusätzlich zur hohen Mindesthürde beträgt die Höhe der variablen Entlohnung in der Hälfte der Fälle der

Klasse $param_1 = 0$ weniger als 0,6 und ist damit im Median nicht höher als in allen anderen Klassen mit einem fixen Anteil am Lohn. Die Annomalie lässt sich daher durch die gewählten Parameterkonstellationen erklären. Der Algorithmus zur Bestimmung der Parameterkonstellationen (s. Unterabschnitt 5.2.1) hat für das Szenario 3 eine „ungünstige" Konstellation der Parameterwerte erzeugt.

Tabelle 5.16: Korrelationen für die nach $param_1$ klassierten Daten des Szenarios 3

Klasse	Korrelation zwischen Ergebnis und ...					Mittleres
$param_1$	$param_2$	$param_3$	$param_4$	$param_5$	$param_6$	Ergebnis
0,0	0,0008	0,0016	-0,0039	0,0065	-0,0049	690,9198
0,1	-0,0034	0,1667	0,0492	0,0125	0,0076	748,4658
0,2	0,0665	0,1232	-0,0512	-0,0407	-0,0156	750,0605
0,3	0,1819	0,2290	-0,0288	-0,0891	-0,0386	748,2300
0,4	-0,0266	0,3157	-0,0799	-0,0369	0,0071	747,0012
0,5	-0,1343	0,1757	0,0179	0,0278	-0,0590	748,5489
0,6	0,0995	0,1372	-0,0301	-0,1312	0,1547	746,2422
0,7	-0,0451	0,3050	0,0212	0,0803	0,0982	747,7958
0,8	0,0258	0,2295	-0,0777	-0,0653	-0,0970	747,2236
0,9	0,0467	0,1408	-0,0027	-0,0815	0,0204	747,8089

Bleibt die Besonderheit der Klasse $param_1 = 0$ außer Acht, so zeigt sich auch für das Szenario 3, dass eine Mischung aus fixer und variabler Entlohnung vorteilhaft ist. Der Anteil an fixer Entlohnung, der im Mittel das höchste Ergebnis produziert, beträgt 20% und ist damit geringer als in den beiden zuvor ausgewerteten Szenarien. Bis zu diesem Anteil besitzen die fixen Lohnanteile eine schwache Auswirkung auf das Ergebnis. Die variablen Anteile in der Entlohnung haben eine schwach positive Wirkung.

Deutlich lässt sich auch in Szenario 3 die Wirkung einer langfristigen Glättung der Bemessungsgrundlagen sehen. Die Ordnung des Glättungsfilters besitzt eine mittlere positive Korrelation mit dem erzeugten Ergebnis. Das Gewicht mit der die aktuell erzeugte Leistung in die Bemessungsgrundlage einfließt weist einen schwachen negativen Zusammenhang mit dem Ergebnis auf. Dies unterstützt die Erkenntnis über die positive Wirkung einer möglichst langfristig geglätteten Bemessungsgrundlage.

Ähnlich der zuvor ausgewerteten Szenarien zeigt sich, dass die Höhe der Mindesthürde eine negative Wirkung auf das im Mittel erzielte Ergebnis aufweist (s. Tabelle 5.17). Der Effekt wird an einer Mindesthürde von 28%

Tabelle 5.17: Korrelationen für die nach $param_7$ klassierten Daten des Szenarios 3

Klasse $param_7$	Korrelation zwischen Ergebnis und ...					Mittleres Ergebnis
	$param_2$	$param_3$	$param_4$	$param_5$	$param_6$	
[0,0,0,4]	0,0077	0,2366	0,0306	0,0182	-0,1120	752,3208
[0,5,0,9]	0,0130	0,1285	0,0018	0,0424	-0,0827	755,0575
[1,0,1,4]	0,0612	0,2765	0,0880	-0,0899	-0,1146	756,4367
[1,5,1,9]	0,0013	0,1882	-0,0415	0,0628	-0,0055	758,4250
[2,0,2,4]	0,1574	0,2501	-0,0506	0,0101	0,0092	758,2631
[2,5,2,9]	0,1185	0,2476	-0,0310	-0,1151	-0,1360	757,7131
[3,0,3,4]	0,1298	0,2443	-0,0704	-0,1207	-0,0618	759,9360
[3,5,3,9]	0,0640	0,1236	-0,0340	0,0364	-0,0323	757,0231
[4,0,4,4]	0,1079	0,1994	0,0573	0,1603	-0,0271	753,3345
[4,5,4,9]	0,0308	0,3344	-0,0330	-0,0005	0,0028	751,7801
[5,0,5,4]	0,0395	0,2298	0,0213	0,0487	-0,0282	738,0776
[5,5,5,9]	0,0321	0,1771	-0,0447	0,0207	-0,0492	725,3244
[6,0,6,4]	0,0346	0,1300	0,0218	0,0063	0,0427	707,1233
[6,5,6,9]	0,0449	-0,1118	0,0431	-0,0180	0,0409	673,6812
7,0	0,0207	0,0218	-0,0371	0,0251	-0,0200	646,5614

der Sollleistung deutlicher. Bis zu dieser Mindesthürde hat die variable Entlohnung einen positiven Einfluss und die fixe Entlohnung einen sehr schwachen, wenn auch positiven Einfluss auf das Ergebnis. Bei einer Mindesthürde zwischen 28% und 70% besitzt die Erhöhung der fixen Lohnanteile einen stärkeren positiven Effekt, während die variable Entlohnung eher negative Wirkung aufweist. Ab einer Mindesthürde von 70% der Sollleistung sind die Effekte von fixer und variabler Entlohnung uneinheitlich.

Im Hinblick auf die Gestaltung von Anreizsystemen lässt sich aus der Auswertung des Szenarios 3 erneut feststellen, dass eine langfristige Glättung der Ergebnisse, eine Mischung aus fixer und variabler Entlohnung sowie das Setzen einer Mindesthürde von unter 28% der Sollleistung das Anreizsystem positiv beeinflussen.

Auswertung von Szenario 4

In Szenario 4 wurde wiederum das geringste mittlere Ergebnis in der Klasse $param_1 = 0$, d.h. bei einer vollkommen variablen Entlohnung, realisiert. Die Erklärung für diese Besonderheit findet sich in einer detaillierten Analyse der Fälle der Klasse $param_1 = 0$. Wie bereits in Szenario 3 liegt die Mindesthürde zu hoch. In der Klasse $param_1 = 0$ beträgt die Mindesthürde im Mittel und im Median 4,1 und somit 51% der Sollleistung – dies bei einer Höhe der variablen Entlohnung von im Mittel lediglich 0,57 (bzw. im Median 0,6). Das bedeutet, dass in 50% der Fälle die variable Entlohnung lediglich mit einem Faktor $\leq 0,6$ ausbezahlt wird. Die Kombination einer relativ hohen Mindesthürde und einer geringen Höhe der variablen Entlohnung lässt die mittleren Ergebnisse in der Klasse $param_1 = 0$ gering ausfallen. Auch für Szenario 4 hat der Algorithmus zur Bestimmung der Parameterkonstellationen eine „ungünstige" Auswahl der Parameterwerte erzeugt.

Tabelle 5.18: Korrelationen für die nach $param_1$ klassierten Daten des Szenarios 4

Klasse	Korrelation zwischen Ergebnis und ...					Mittleres
$param_1$	$param_2$	$param_3$	$param_4$	$param_5$	$param_6$	Ergebnis
0,0	-0,0006	-0,0180	-0,0190	-0,0089	0,0011	624,9732
0,1	-0,1167	0,1651	0,0299	0,0187	-0,0392	684,1782
0,2	-0,0430	0,2233	-0,0549	-0,1575	-0,0346	684,7248
0,3	0,0325	0,1931	-0,0071	0,1299	0,1066	686,8587
0,4	0,0756	0,1193	-0,0549	0,0432	0,1176	683,7606
0,5	-0,0454	0,2455	-0,0334	-0,0077	0,0006	684,9883
0,6	0,0262	0,2631	-0,0202	0,0282	0,1196	682,9748
0,7	-0,0581	0,1626	-0,0039	-0,0404	-0,1077	684,5774
0,8	0,0864	0,2165	-0,0260	0,0201	-0,0740	685,0237
0,9	0,0318	0,1225	0,0345	0,0149	0,0147	685,2497

Dennoch zeigt sich auch in den Daten zu Szenario 4, dass das mittlere Ergebnis ein Maximum für die Fälle annimmt, in denen die Lohnzahlung variable und fixe Anteile im Verhältnis 70 : 30 besitzt. Bis zu diesem Anteil weist die fixe Entlohnung eine negative Korrelation mit dem Ergebnis auf. Deutlich zeigen sich wiederum die Wirkungen der Glättung der Bemessungsgrundlage. Die Ordnung des Glättungsfilters weist eine mittlere positive Korrelation mit dem Ergebnis auf. Das Gewicht, mit dem der aktuelle Leistungswert in die Berechnung der Bemessungsgrundlage einfließt, weist hingegen eine überwiegend schwach negative Korrelation mit dem Ergebnis auf.

Auch in Szenario 4 gilt in der Tendenz, je höher die Mindesthürde desto geringer das erzielte mittlere Ergebnis. Der Effekt tritt ab einer Mindesthürde von ca. 17,5% der Sollleistung in Erscheinung und somit in Szenario

Tabelle 5.19: Korrelationen für die nach $param_7$ klassierten Daten des Szenarios 4

| Klasse $param_7$ | Korrelation zwischen Ergebnis und ... | | | | | Mittleres Ergebnis |
	$param_2$	$param_3$	$param_4$	$param_5$	$param_6$	
[0,0;0,4]	0,0406	0,2934	0,0021	0,0337	-0,1497	688,2341
[0,5;0,9]	-0,1229	0,0743	-0,1505	-0,0751	0,1490	687,7444
[1,0;1,4]	0,0010	0,1446	-0,0088	0,0202	0,0105	688,6571
[1,5;1,9]	-0,0692	0,0773	-0,1046	-0,1277	-0,0474	687,3035
[2,0;2,4]	-0,0100	0,1839	0,0609	0,0418	0,0280	685,0360
[2,5;2,9]	-0,0632	0,2914	0,0704	0,0573	0,0643	688,0179
[3,0;3,4]	0,0232	0,2994	-0,0262	0,0692	0,0514	684,0302
[3,5;3,9]	-0,0321	0,2070	0,1122	0,1070	0,0977	688,8319
[4,0;4,4]	0,0228	0,1948	-0,0782	-0,0111	0,0048	685,9582
[4,5;4,9]	0,0490	0,2246	-0,0503	-0,0944	0,0105	686,1209
[5,0;5,4]	0,0627	0,1206	-0,0882	0,1246	-0,1494	685,5189
[5,5;5,9]	-0,0581	0,1558	0,0720	0,0390	-0,1492	679,8373
[6,0;6,4]	0,0082	0,1648	0,1881	0,0444	-0,0277	673,1308
[6,5;6,9]	0,0344	0,0010	-0,0517	0,0359	0,0419	664,8960
[7,0;7,4]	-0,0166	0,1517	0,0494	-0,0488	-0,0188	651,0049
[7,5;7,9]	0,0205	0,1040	-0,0327	-0,0117	0,0041	646,7882
8,0	-0,0629	0,2453	-0,0435	-0,1164	-0,0742	640,6744

4 deutlich früher als in den bisher untersuchten Szenarien. Bis zu dieser Grenze weisen die Parameter der variablen Entlohnung einen weitgehend positiven, der Parameter der fixen Entlohnung einen sehr schwachen und teils negativen Zusammenhang mit dem im Mittel erzeugten Ergebnis auf. Hier zeigen sich Überdeckungen mit den anderen Szenarien.

Für die Gestaltung des Anreizsystems lassen sich aus der Auswertung der Daten von Szenario 4 die folgenden Aussagen ableiten. Wie zuvor beschrieben, sind fixe und variable Anteile am Gesamtlohn zu mischen. Bei der Bestimmung der für die variablen Entlohnung zugrundegelegten Bemessungsgrundlage ist eine möglichst gute Glättung zu erzeugen. Dazu ist die Ordnung des Glättungsfilters möglichst hoch zu wählen. Das Gewicht mit dem der aktuelle Leistungswert in die Berechnung der Bemessungsgrundlage einfließt ist gering anzusetzen. Eine Mindesthürde kann bis maximal 18% der Sollleistung gesetzt werden und hat bis zu dieser Grenze eine positive Wirkung auf die erzeugten Ergebnisse.

Szenarioübergreifende Auswertung

In der Gesamtschau über alle simulierten Szenarien lassen sich bezüglich der Wirkung der Gestaltungsparameter die in Abbildung 5.14 dargestellten Aussagen treffen. Die Höhe des Anteils fixer Entlohnung an der Gesamtentlohnung ($param_1$) weist bis zu einem jeweiligen Grenzwert (im Folgenden bezeichnet mit $param_1^*$) eine positive Wirkung auf. Diese Grenzwerte sind in Tabelle 5.20 zusammenfassend dargestellt. Wird über diese Grenze hinaus ein höherer Fixlohnanteil eingeräumt, so wirkt dies negativ auf die im Mittel erzeuten Ergebnisse. Für die Hypothese 1 konnten im Rahmen der Simulation demnach Belege gefunden werden, die auf eine positive Wirkung für den Fall $param_1 \leq param_1^*$ und auf eine ansonsten negative Wirkung hinweisen.

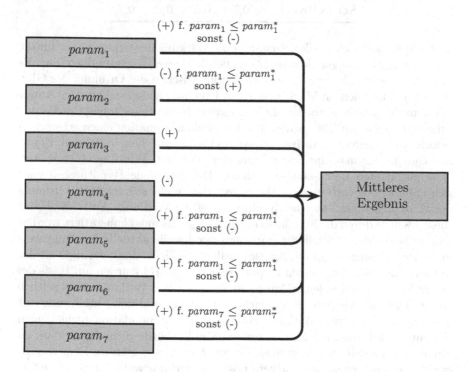

Abbildung 5.14: Strukturgleichungsdiagramm mit den Wirkweisen der Einflussfaktoren

Die Höhe des Fixgehalts ($param_2$) weist in allen Szenarien eine schwache jedoch weitgehend positive Korrelation auf. Dies allerdings erst, wenn die in Tabelle 5.20 dargelegten Grenzwerte von $param_1$ überschritten werden. Ab diesen Schwellwerten ist demnach eine Erhöhung der Fixlohnzahlung vorteilhafter gegenüber der Erhöhung der variablen Anteile der Entlohnung. Bezüglich der Hypothese 2 lässt sich aus dem erhobenen Datenmaterial eine negative Wirkung für alle Fälle, in denen gilt $param_1 \leq param_1^*$ und eine positive Wirkung für alle anderen Fälle ableiten.

Tabelle 5.20: Schwellwerte $param_1^*$ für $param_1$

Szenario	1	2	3	4
Schwellwert	0,5	0,6	0,8	0,7

Deutlich stellt sich in allen Szenarien die Wirkung der Glättung der für die variablen Entlohnungsteile ausschlaggebende Bemessungsgrundlage dar. Es lässt sich eine mittlere positive Korrelation zwischen der Ordnung des Glättungsfilters und den im Mittel erzeugten Ergebnissen feststellen. Der Anteil, mit dem der jeweils aktuellste Leistungswert in die Berechnung der Bemessungsgrundlage einfließt ($param_4$), zeigt in allen Szenarien einen schwachen jedoch überwiegend negativen Zusammenhang mit dem mittleren Ergebnis. Dies unterstützt die Feststellung der positiven Wirkung einer weitgehend geglätteten Bemessungsgrundlage. Die getroffene Hypothese 3 lässt sich anhand des vorliegenden Datenmaterials nicht stützen. Die Ordnung des Glättungsfilters hat eine durchweg positive Wirkung. Auch die Hypothese 4 wurde durch die Simulation nicht belegt. Es muss konstatiert werden, dass je höher das Gewicht ist, mit dem der jeweils aktuelle Leistungswert in die Berechnung der Bemessungsgrundlage einfließt, desto geringer ist das mittlere Ergebnis. Die beiden Hypothesen H3 und H4 wurden auf Basis der in der Literatur gefundenen Aussagen zur positiven Wirkung eines zeitlich engen Bezuges zwischen der erbrachten Leistung und der Entlohnung aufgestellt. Diese positive Wirkung lässt sich in der Simulation nicht zeigen. Vermutet wird, dass die Existenz einer Mindesthürde dazu führt, dass im Simulationsmodell eine über einen langen Zeitraum geglättete Bemessungsgrundlage tendenziell eine stärkere positive Wirkung aufweist als ein enger zeitlicher Bezug. Dies zeigt die – in der Tendenz – mit der Höhe der Mindesthürde steigende positive Wirkung der Ordnung des Glättungsfilters. Je Höher die Mindesthürde ist, desto stärker wirkt eine langfristige Glättung der Bemessungsgrundlage positiv auf das erzeugte Ergebnis.

Die Parameter der variablen Entlohnung weisen bis zu den in Tabelle 5.20 aufgeführten Grenzen einen positiven Zusammenhang mit den mittleren Ergebnissen auf. Dabei ist die Wirkung der Höhe der variablen Entlohnung ($param_5$) gegenüber der Steigung der Funktion für die variable Entlohnung ($param_6$) eindeutig feststellbar. Dies liegt in der Gestaltung des Anreizsystems begründet. Aufgrund der Multiplikation der Entlohnungsfunktion mit dem parameter $param_5$ kann die Steigung der Funktion erst dann wirksam werden, wenn auch die variable Entlohnung eine bestimmte Höhe aufweist. Die Hypothese 5 gilt für alle Fälle mit $param_1 \leq param_1^*$. In den anderen Fällen dreht sich die Wirkung. Gleiches gilt für die Hypothese 6.

Bezüglich der im Anreizsystem enthaltenen Mindesthürde ($param_7$) ist zu konstatieren, dass diese bis zu einem Schwellwert (im Folgenden bezeichnet mit $param^*$) einen positiven Einfluss auf die erzeugten mittleren Ergebnisse ausübt. Die für die einzelnen Szenarien festgestellten Schwellwerte in Prozent der Sollleistung sind in Tabelle 5.21 zusammenfassend dargestellt. Für die Hypothese 7 konnten im Rahmen der Simulation Belege gefunden werden, dass sie bis zum Schwellwert $param_7^*$ gilt. Darüber hinaus gilt die Hypothese nicht.

Tabelle 5.21: Schwellwerte $param_7^*$ für $param_7$

Szenario	1	2	3	4
Schwellwert	25%	30%	28%	18%

Zusammenfassend lässt sich aus den Ergebnissen der vier simulierten Baustellenszenarien festhalten, dass Anreizsysteme eine positive Wirkung auf die Transportleistung von Erdbaustellen haben. Der hohe Einfluss stochastischer Prozesse mildert diesen Einfluss jedoch ab, so dass die Parameter des Anreizsystems nur eine schwache Korrelation mit den im Mittel erzielten Ergebnissen aufweisen. Bezüglich der in der Tendenz positiven Wirkung des Anreizsystems auf die Leistungen der Agenten einer Prinzipal-Agent-Beziehung entsprechen die in dieser Arbeit erzielten Erkenntnisse den bereits in der Literatur vorgefundenen Erkenntnissen. So konnten empirisch (s. u.a. Murphy (1985); Abowd (1990); Kahn und Sherer (1990); Leonard (1990); Lazear (2000)) und experimentell (s. u.a. Fehr und Schmidt (2004); Franceschelli et al. (2010)) bereits positive Wirkungen von finanziellen Anreizen nachgewiesen werden. Die Ergebnisse dieser Arbeit reihen sich in die Erkenntnisse der Arbeiten zur Evidenz der Vorteilhaftigkeit anreizbasierter Entlohnungsschemen ein und widersprechen diesen nicht.

Die in den Abschnitten 4.3 und 4.4 erhobenen Anforderungen und Gestaltungsprinzipien sind eingehalten. Aufgrund der Bezugnahme der Entlohnung auf den in der Planung kalkulierten Gesamtpersonalkosten überschreiten die Personalkosten in den simulierten Szenarien die Personalkosten der Planung nicht. Im Hinblick auf die Einhaltung des Marktzentrierungsprinzips wurde für die Simulationen auf eine marktübliche Entlohnung der Fahrer der Transportgeräte rekurriert. Das Marktzentrierungsprinzip ist somit erfüllt.

6 Zusammenfassung und Implikationen

6.1 Zusammenfassung der Erkenntnisse

In Bezug auf die eingangs formulierten Forschungsfragen lassen sich aus den vorangestellten Auswertungen der über die Simulation gewonnenen Daten folgende Erkenntnisse zusammenfassen. Im Hinblick auf die erste Forschungsfrage kann konstatiert werden, dass die vorherrschenden Zielkonflikte zwischen Bauleitung und den ausführenden Maschinisten anhand der als theoretisches Fundament gewählten Prinzipal-Agent-Theorie *beschrieben* und *analysiert* werden können. Die Theorie stellt geeignete Konstrukte zur Verfügung, mit denen die Ursachen der Zielkonflikte abgebildet werden können. Zudem gibt die Theorie Auskunft über die Wirkung dieser Ursachen und erlaubt mittels konkreter Ursache-Wirkungsbeziehungen die Analyse der Zielkonflikte hinsichtlich ihrer Auswirkungen auf die Zielfunktion des Bauleiters. Dabei ermöglichen die Konstrukte der Prinzipal-Agent-Theorie die Modellierung der empirisch vorherrschenden streng hierarchischen Weisungsgeber-Weisungsempfänger-Struktur auf Erdbaustellen. Die unterschiedlichen Zielgrößen der Akteure im Modell können dabei ebenso Berücksichtigung finden wie die Leistungserstellung, die existierenden prozessualen Interdependenzen, die umweltbedingten stochastischen Störgrößen und die Dynamik im Zeitablauf.

Der Gegenstand „Transportlogistiksystem im Erdbau" wurde zur Beschreibung und Analyse in zwei Teilen modelliert. Das bautechnische Teilmodell wurde aus der Baufachliteratur abgeleitet und umfasst die rein technischen Wirkbeziehungen bei der Leistungserstellung. Die Zielkonflikte zwischen Bauleitung und den ausführenden Maschinisten wurden aus Perspektive der Prinzipal-Agent-Theorie in einem zweiten, ökonomischen Teilmodell aufgenommen. Die Verbindung der beiden Teilmodelle erfolgte über die Variable Transportleistung. Das in Abschnitt 3.4 dargelegte Prinzipal-Agent-Modell der Transportlogistik im Erdbau rekurriert im Hinblick auf die Leistungserstellung der Fahrer (Agenten) auf die Größe Transportleistung des bau-

technischen Teilmodells. Die in Prinzipal-Agent-Modellen enthaltene Verteilungsfunktion der durch die Agenten erzeugten Ergebnisse wurde über den
Rückgriff auf konkrete und empirisch fundierte Verteilungsannahmen und
-parameter der Baupraxis instanziiert.

Zur Adressierung der zweiten Forschungsfrage und damit zur Prognose
der Wirkungen eines Anreizsystems konnten sowohl in der ökonomischen als
auch in der baufachlichen Literatur empirische und experimentelle Belege
für einen positiven Einfluss gefunden werden. Dabei konnte gezeigt werden,
dass finanziellen Anreizen zwar ein großes Potenzial für die Steuerung der
Leistungserstellung auf Baustellen zugesprochen wird, hierzu derzeit jedoch
nur eine vergleichsweise geringe wissenschaftliche Basis existiert. Auf Seiten
der ökonomischen Literatur finden sich zum einen theoretische Arbeiten, die
eine Wirkung auf der Grundlage rein mathematischer Modellierung ableiten oder es finden sich empirische bzw. experimentelle Arbeiten, die bereits
existierende Anreizsysteme hinsichtlich ihrer Wirkung untersuchen. Ein umfassender Ansatz von der theoretischen Fundierung über die Gestaltung bis
zur Evaluation eines Anreizsystems liegt nicht vor.

Für die dritte Forschungsfrage nach der Gestaltung von Anreizsystemen
finden sich in der ökonomischen Literatur Anforderungen und Gestaltungsprinzipien. Diese wurden mit dem Ziel der Gestaltung eines Anreizsystems
für die Transportlogistik auf Erdbaustellen ausgewertet. Darauf aufbauend
wurde in Abschnitt 4 das Anreizsystem für die Transportlogistik im Erdbau gestaltet. Zur Sicherstellung der wissenschaftlich rigorosen Gestaltung
wurden die in den Abschnitten 2.4 und 3.4 abgeleiteten Ursache-Wirkungs-
Modelle und die in Abschnitt 4.3 bzw. in Abschnitt 4.4 analysierten Anforderungen und Gestaltungsprinzipien zielgerichtet in Mittel-Zweck-Relationen
überführt. Ergebnis ist ein funktional (im Sinne einer mathematischen Funktionsvorschrift) beschriebenes Anreizsystem. Dieses wurde anschließend im
Rahmen einer Simulationsstudie evaluiert. Mit der Simulationsstudie konnten Hinweise für die Bauwirtschaft bezüglich der Gestaltung effizienter Anreizsysteme gewonnen werden. Allerdings unterliegen diese Erkenntnisse Beschränkungen, die in der verwendeten Methode Simulation sowie in dem dafür gewählten Vorgehen begründet liegen. Zunächst sind diese Erkenntnisse
epistemologisch begrenzt, da sie – wie bereits im Abschnitt 1.3.2 dargelegt
– am Modell (am Simulationsmodell) des Gegenstands und nicht direkt am
Gegenstand erhoben wurden. Zwar wurde im Rahmen der Simulation auf
eine empirische Validierung der Parameter (u.a. Verteilungsfunktionen und
Nutzenfunktion) geachtet, jedoch handelt es sich um Aggregate bzw. Annä-
herungen an tatsächlich existierende Gegebenheiten.

Ob sich Fahrer von Transportgeräten in realiter gleich verhalten, wie ihre Modelle im Rahmen der Simulation bedarf weiterführenden empirischen oder experimentellen Belegen.

Die im Rahmen der Auswertung getroffenen Aussagen für die Gestaltung von Anreizsystemen beruhen neben den Verhaltensannahmen auch auf Annahmen bezüglich der Topologie des Transportwegenetzes sowie bezüglich der Leistungsparameter der Baugeräte. Die Leistungsparameter wurden anhand gängiger, in der Bauwirtschaft empirisch erhober Zahlenmaterialien bestimmt. Die Topologie des Transportwegenetzes ist an reale Gegebenheiten angelehnt. Die Szenarien entsprechen somit artifiziell gestalteten Erdbaustellen und repräsentieren keine real existenten bzw. in der Vergangenheit durchgeführten Erdbaustellen. Hierin liegt die Limitation der prädiktiven Kraft des Simulationsmodells im Hinblick auf die Gestaltung von Anreizsystemen. Allerdings konnten in der Simulation keine Unterschiede in den Ergebnissen gefunden werden, die auf den zugrunde gelegten unterschiedlichen Leistungswerten oder den Transportnetztopologien zurückzuführen sind. Dies kann als ein Hinweis dafür gewertet werden, dass diese beiden Größen keinen Einfluss auf die Effizienz eines Anreizsystems haben. Gestützt wird diese Aussage auf die Prinzipal-Agent-Theorie, in der die Höhe der vom Agent gelieferten Ergebnisse keinerlei Einfluss auf die Funktionsvorschrift der anreizkompatiblen Entlohnung besitzt.

6.2 Implikationen der Erkenntnisse

6.2.1 Implikationen für die Prinzipal-Agent-Theorie

Die Arbeit setzte sich als Ziel, die Modelle der Prinzipal-Agent-Theorie aus einer abstrakten Modellwelt in eine konkrete Anwendung zu überführen. Dieses Ziel konnte durch die Verbindung eines ökonomisch formulierten Prinzipal-Agent-Modells mit einem konkreten baufachlichen Modell erreicht werden. In den Prinzipal-Agent-Modellen der wirtschaftswissenschaftlichen Literatur finden sich lediglich abstrakte Aussage zur Ergebnisproduktion der Agenten auf der Ebene einer formalen Symbolik. Wie die Aktionsmenge und ihre Elemente konkret auf das Ergebnis wirken, bleibt im Formelapparat unberücksichtigt.

In der vorliegenden Arbeit wurden die Konstrukte eines Prinzipal-Agent-Modells mit den bautechnischen Instanzen belegt und empirisch fundiert. Die Aktionen der Agenten entsprechen den transportlogistischen Prozessen und resultieren in den Transportleistungen als Ergebnis. Die in der PAT

abstrakt beschriebene exogene Störgröße konnte mit konkreten Verteilungsfunktionen reformuliert und durch empirisch erhobene Verteilungsparameter
an reale Gegebenheiten angenähert werden. Die deskriptive und präskrip-
tive Kraft der Prinzipal-Agent-Theorie konnte so auf den Anwendungsfall
der Transportlogistik am Beispiel des Erdbaus ausgedehnt werden.

Ferner wurde ein Gestaltungsvorschlag der Prinzipal-Agent-Theorie zur
Lösung des Problems der Zielkonflikte im Problembereich Moral Hazard um-
fassend formuliert und im Rahmen eines Simulationsexperiments evaluiert.
Die in der Theorie belegte prinzipielle Eignung des Lösungsvorschlags konnte so im Anwendungsfall eine simulative Bestätigung erfahren. Im Rahmen
der Arbeit konnte gezeigt werden, dass Anreizsysteme eine Erhöhung der
Transportleistung bewirken können. Die aus der Theorie ableitbaren und
begründbaren Prognosen zur Wirksamkeit von Anreizsystemen konnten so
am Anwendungsfall bestätigt werden.

6.2.2 Implikationen für die Transportlogistik

Im Rahmen der praktischen Zielsetzung dieser Arbeit konnten für die Bauwirtschaft Erkenntnisse zur Gestaltung effizienter Anreizsysteme gewonnen
werden. Die Baufachliteratur weist zwar in wenigen Arbeiten auf die prinzipielle Vorteilhaftigkeit einer ergebnisabhängigen Entlohnung hin, eine systematische Gestaltung und Evaluation von Anreizsystemen unter besonde-
rer Berücksichtigung der für die Bauwirtschaft geltenden Spezifika hinsichtlich der Leistungserstellung erfolgte jedoch bislang noch nicht. Mit der Arbeit wurden erstmalig die in der ökonomischen Literatur bereits bekannten
Ursache-Wirkungs-Beziehungen für die Bauwirtschaft zielgerichtet in Mittel-
Zweck-Relationen überführt, um das aus der Praxis berichtete Problem der
Zielkonflikte zu adressieren.

Der bisher von Bauforschung und -praxis gesetzte Fokus auf die Planungsphase wird so um eine Komponente zur Steuerung der Ausführungsphase
ergänzt. Das Anreizsystem erweitert so die bislang zentrale und hierarchisch
organisierte Ausführungssteuerung um eine „Selbststeuerung". Dies folgt
dem in der stationären Industrie bereits in Anfängen beschrittenen Para-
digmenwechsel in der Steuerung komplexer Fertigungssysteme, der die zentralen Steuerungselemente durch dezentrale Steuerungsansätze ergänzt oder
ersetzt. Ziel ist dabei die Erhöhung der Flexibilität von Wertschöpfungssys-
temen. Gerade für die Bauwirtschaft mit ihren individualisierten Produkten
und Produktionsprozessen liegen hierin hohe Potenziale.

In der einleitend dargelegten Problemstellung wurde festgestellt, dass die
Lösung des Koordinationsproblems hohe Einsparpotenziale erwarten lässt.

Bauleiter sind derzeit mit bis zu einem Drittel ihrer Arbeitszeit damit beschäftigt, Weisungen auszugeben und die Ausführung der Weisungen zu überwachen (Shohet und Frydman, 2003, S. 567). Dies liegt auch an der Tatsache, dass unvorhergesehene Störungen im Bauablauf eine ständige Reorganisation des Systems bedingen. Zumindest im Hinblick auf die Reallokation von Kapazitäten im verrichtungsspezifischen Subsystem Transportlogistik kann der Bauleiter durch das in dieser Arbeit vorgeschlagene Anreizsystem entlastet werden. Neben die positiven Effekte auf die Transportleistung tritt somit ein weiterer Effekt des Anreizsystems der sich in der Entlastung der Bauleitung manifestiert.

6.3 Weiterer Forschungsbedarf

Das in der Arbeit dargelegte bautechnische Teilmodell sowie das ökonomische Teilmodell kann als Grundlage für die Untersuchung real existierender oder in Planung befindlicher Baustellen genutzt werden. Mit der Methode Simulation kann so retrospektiv für abgeschlossene und prospektiv für zukünftige Baustellen die Wirkung unterschiedlicher Parameter des Anreizsystems erhoben werden. Dabei können insbesondere in Bezug auf die modellierten Verhaltensannahmen der simulierten Fahrer der Transportgeräte weitere Erkenntnisse gewonnen werden. Die agentenbasierte Simulation erlaubt die differenzierte Betrachtung unterschiedlicher Verhaltenseigenschaften von Fahrern der Transportgeräte. Diese werden mittels der agentenbasierten Modellierung abgebildet, in Form von Softwareagenten implementiert und in Simulationsexperimenten untersucht. Während in der vorliegenden Arbeit eine Homogenitätsannahme bezüglich des Verhaltens – speziell bezüglich der Nutzenfunktion und des Entscheidungsmodells – getroffen wurde, können in weiteren Arbeiten hier differenziertere Betrachtungen erfolgen. Über entsprechende Modellierungen der Nutzenfunktion und der Entscheidungsregeln können aktuelle Erkenntnisse aus dem Umfeld der experimentellen Ökonomik zum Verhalten von Individuen in Entscheidungssituationen reflektiert werden.

Die in den Simulationsergebnissen erkennbaren starken Einflüsse der stochastischen Prozesse beschränken die prognostische Kraft der Simulationsstudie in Bezug auf die Gestaltungsempfehlungen für Anreizsysteme. Für die im Rahmen dieser Arbeit gewonnenen Gestaltungsempfehlungen empfiehlt es sich daher, sie am realen Anwendungsfall zu prüfen. Dies kann im Rahmen zukünftiger Feldstudien erfolgen für die die vorliegende Arbeit den konzeptionellen Rahmen bilden kann.

Im Modell wurde die soziale Interaktion zwischen den Fahrern der Transportgeräte außer Betracht gelassen. Effekte, die aus einem positiven oder negativen Gruppendruck heraus entstehen oder Effekte, die in einem bewussten Defektieren der Teamproduktion begründet liegen, wurden nicht berücksichtigt. Diese Effekte liegen außerhalb des Betrachtungshorizonts der als Perspektive gewählen Prinzipal-Agent-Theorie. Die Erkenntnisse dieser Arbeit sind somit stets vor dem Hintergrund des Blickwinkels dieser Theorie zu sehen. So bleiben auch Effekte der Reziprozität, der Stewardship-Effekt, Crowding out-Effekte oder Effekte wie sie z.B. aus einer Qualifikation der Arbeit als sozialen Wert („Beruf als Berufung") enstehen unberücksichtigt. Dieser Forschungsbedarf setzt jedoch weniger an den konkreten Ergebnissen dieser Arbeit als vielmehr an der Prinzipal-Agent-Forschung im Allgemeinen an.

Anhang

A.1 Die Methode
`agents.Excavator.getWaitingTime()`

Anmerkung: In der Darstellung des Quellcodes der Klasse `agent.Excavator` wurde aus Platzgründen auf einzelne Prüfroutinen (z.B. Prüfungen bei Divisionen auf Nenner $\neq 0$ durch entsprechende if-Bedingungen) verzichtet. Im ausgeführten Quellcode sind diese Prüfroutinen jedoch enthalten.

```
121  public double getWaitingTime(Map<agent.Truck, agent
       .Excavator> allocation){
122    //1. Bestimme Bedienrate μ, s. Formel (2.12) auf
         Seite 75.
123    for( Truck truck : allocation.keySet() ){
124      if( allocation.get(truck)==this ){
125          sumOfLoadingVolumes += truck.
             getNominalLoadingVolume() * Globals.
             FILL_FACTOR * Globals.LOOSENING_FACTOR
             ;
126          sumOfRoundTimesOfPreviousPeriod += truck.
             getRoundTimeOfPreviousPeriod();
127          numberOfTrucks++;
128      }
129    }
130    serviceRate = this.performance * numberOfTrucks /
         sumOfLoadingVolumes;
131
132    //2. Bestimme Ankunftsraten am Gerät λ, s. Formel
         (2.14) auf Seite 76.
133    double arrivalRate = 0.;
134    if( numberOfTrucks!=0 &&
         sumOfRoundTimesOfPreviousPeriod!=0 )
135      arrivalRate = Math.pow(numberOfTrucks, 2) /
           sumOfRoundTimesOfPreviousPeriod;
136
137    //3. Bestimme Erwartungswert der
         Zwischenankunftszeiten (E(zaz^j))
138    double interarrivalTimesMean =
         sumOfRoundTimesOfPreviousPeriod /
         numberOfTrucks;
139
140    //4. Bestimme Erwartungswert der Bedienungszeiten
         (E(bdz^j))
141    double handlingTimesMean = sumOfLoadingVolumes /
         numberOfTrucks / this.getMeanPerformance();
```

```
142
143   // 5.  Bestimme  Varianzen  der  Zwischenankunftszeiten
              (Var(zaz^j))
144   // 6.  Bestimme  Varianzen  der  Bedienungszeiten  (
              Var(bdz^j))
145   double interarrivalTimesVariance = 0.;
146   double handlingTimesVariance = 0.;
147   for( Truck truck : allocation.keySet() ){
148     if( allocation.get(truck)==this ){
149       interarrivalTimesVariance += Math.pow( (truck.
                getRoundTimeOfPreviousPeriod() -
                interarrivalTimesMean), 2);
150       handlingTimesVariance += Math.pow( ( (truck.
                getNominalLoadingVolume() * Globals.
                FILL_FACTOR * Globals.LOOSENING_FACTOR /
                this.getPerformance()) - handlingTimesMean),
                2);
151     }
152   }
153
154   // 7.  Bestimme  Variantionskoeffizienten  für  die
              Zwischenankunftszeiten  (VarK(zaz^j))
155   double interarrivalTimesVariationCoefficient =
              Math.sqrt(interarrivalTimesVariance) /
              interarrivalTimesMean;
156
157   // 8.  Bestimme  Variantionskoeffizienten  für  die
              Bedienungszeiten  (VarK(bdz^j))
158   handlingTimesVariationCoefficient = Math.sqrt(
              handlingTimesVariance) / handlingTimesMean;
159
160   // 9.  Berechnung  der  Wartezeiten
161   waitingTime =(Math.pow(rho,2)*
162     (Math.pow(interarrivalTimesVariationCoefficient
              ,2)+
163        Math.pow(handlingTimesVariationCoefficient
              ,2)))/
164        (2*arrivalRate*(1-rho)));
165
166   return Math.max(waitingTime / Globals.
              SECONDS_PER_TICK, 0);
167   }
```

Listing A.1: Die Methode `getWaitingTime()` der Klasse
`agent.Excavator`

A.2 Die Methode `agents.Truck.makeDecision()`

Anmerkung: Aus Gründen der Übersichtlichkeit wurden in der Darstellung des Quellcodes Prüfroutinen nicht aufgeführt, so z.B. Prüfungen von Objektvariablen auf ungleich `null`. Im ausgeführten Quellcode sind diese Prüfroutinen enthalten.

```
222  private Allocation makeDecision(Vertex myLocation){
223    Allocation allocation = null;
224
225    ArrayList<DecisionAlternative> payOffMatrix = new
             ArrayList<DecisionAlternative >();
226
227    IndexedIterable<Object> excavatorList = Globals.context.
             getObjects(Excavator.class);
228    Iterator<Object> iterEx = excavatorList.iterator();
229
230    //1. Ermittle die zu erwartenden Leistungen für jede
             mögliche Zuteilung
231    while( iterEx.hasNext() ){
232      Object exObj = iterEx.next();
233      Excavator tmpExcavator = null;
234      IndexedIterable<Object> dozerList = Globals.context.
             getObjects(Dozer.class);
235      Iterator<Object> iterDoz = dozerList.iterator();
236      if( exObj instanceof Excavator){
237        tmpExcavator = (Excavator)exObj;
238        while( iterDoz.hasNext() ){
239         Dozer dozObj = iterDoz.next();
240         Dozer tmpDozer = null;
241         if( dozObj instanceof Dozer ){
242          tmpDozer = (Dozer)dozObj;
243          double timeExpactation = 0.;
244          double waitingTimeExcavator = this.getWaitingTime(
                tmpExcavator);
245          double loadingTime = this.getLoadingTime(tmpExcavator
                );
246          double drivingTimeLoaded = this.getDrivingTime(
                tmpDozer, true);
247          double waitingTimeDozer = this.getWaitingTime(
                tmpDozer);
248          double unloadingTime = this.getUnloadingTime();
249          double shuntingTime = 2*this.getShuntingTime();
250          double drivingTimeUnloaded = this.getDrivingTime(
                tmpExcavator, false);
251
252          timeExpactation = waitingTimeExcavator + loadingTime
                + drivingTimeLoaded + waitingTimeDozer +
                unloadingTime + shuntingTime +
                drivingTimeUnloaded;
253
254          double performanceExpectation = (this.
                nominalLoadingVolume*this.fillFactor*this.
                looseningFactor)/timeExpactation;
255
256          //2. Ermittle die Leistungen der anderen
                Transportgeräte in allen Alternativen
```

```
257     double performanceExpectationOfOthers=0.;
258     for(Object tempTruckObj : Globals.context){
259      if(tempTruckObj instanceof Truck){
260       Truck tempTruck = (Truck)tempTruckObj;
261       if(tempTruck != this){
262        performanceExpectationOfOthers += tempTruck.
                getHypotheticPerformance(this, tmpExcavator,
                tmpDozer);
263      }
264     }
265    }
266
267    //3. Ermittle (erwarteten) Nutzen für jede mögliche
            Zuteilung bei Teamentlohnung
268    double teamPerformance =
            performanceExpectationOfOthers +
            performanceExpectation;
269    double utilityExpectation = this.utilityFunction(
            timeExpactation, teamPerformance);
270
271    //Aus 1, 2 & 3 => Entscheidungsmatrix
272    DecisionAlternative alternative = new
            DecisionAlternative(tmpExcavator, tmpDozer,
            performanceExpectation,
            performanceExpectationOfOthers, timeExpactation,
            utilityExpectation);
273    payOffMatrix.add(alternative);
274
275    //4. Wähle Zuteilung mit maximalem Nutzenwert
276    //Annahme: Wenn LKW zwischen Alternativen indifferent
            ist, dann wählt er die zuerst gefundene.
277    DecisionAlternative bestAlternative = null;
278    if(payOffMatrix.size() > 0){
279     bestAlternative = payOffMatrix.get(0);
280     for(DecisionAlternative alter : payOffMatrix){
281      //Maximiere Erwartungsnutzen
282      if( alter.getUtility() > bestAlternative.getUtility
                () )
283       bestAlternative = alter;
284     }
285    }
286
287    allocation = new Allocation(bestAlternative.
            getExcavator(), bestAlternative.getDozer());
288
289    return allocation;
290
291    }
292   }
293 }
```

Listing A.2: Die Methode makeDecision() der Klasse
        agent.Truck

A.3 UML-Klassendiagramm: `global.Globals`

global.Globals
graphAlreadyExported : boolean
NAME OF RS FILE : String
TRANSPORT ROAD NETWORK : DirectedSparseGraph
context : Context
NR OF SIMULATED DAYS : double
WORKING HOURS PER DAY : double
SECONDS PER TICK : double
END TIME OF ONE SETTING : double
RUNS PER EXPERIMENTAL SETTING : int
actualParameterCombinaton : ParameterCombination
SCENARIO : String
NR OF TRUCKS : int
NR OF EXCAVATORS: int
NR OF DOZERS : int
PK KALK GESAMT : double
PK KALK VAR : double
EM KALK : double
PKM : double
NOMINAL LOADING VOLUME TRUCKS : double
FILL FACTOR : double
LOOSENING FACTOR : double
SHUNTING TIME MEAN : double
SHUNTING TIME STDV : double
NOMINAL LOADING PERFORMANCE EXCAVATORS: double
ALPHA LOADING : double
BETA LOADING : double
ALPHA DRIVING : double
BETA DRIVING : double
ALPHA UNLOADING : double
BETA UNLOADING : double
UNLOADING TIME MIN : double
UNLOADING TIME MAX : double
MAX LOADING PERFORMANCE : double
MIN LOADING PERFORMANCE : double
MAX DRIVING TIME : double
MIN DRIVING TIME : double
MAX WAITING TIME AT EXCAVATOR : double
MIN WAITING TIME AT EXCAVATOR : double
MAX WAITING TIME AT DOZER : double
MIN WAITING TIME AT DOZER: double
assessmentBasisHistorv : List
sumOfassessmentBasisValues : double
SUM OF TRANSPORTED SOil : double
addValueToassessmentBasisHistory(Double)
getExponentialMeanOfAssessmentBasis() : double
cleanUp()

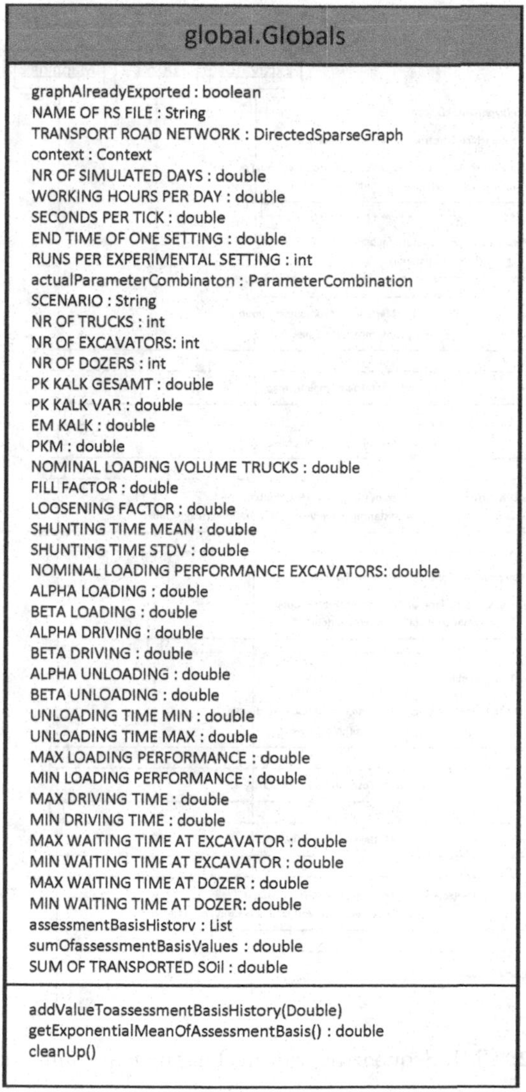

Abbildung A.1: UML-Klassendiagramm: `global.Globals`

A.4 UML-Sequenzdiagramm: Leistungsbestimmung

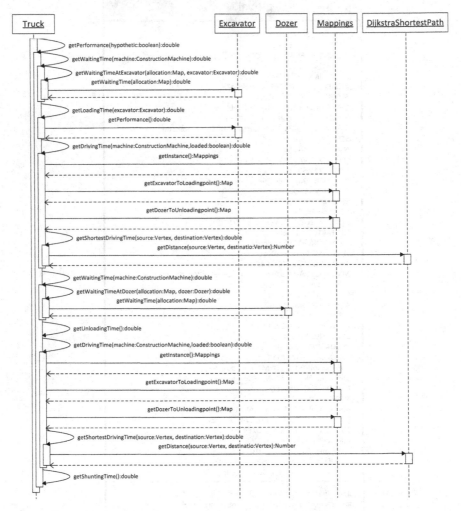

Abbildung A.2: UML-Sequenzdiagramm: Leistungsbestimmung

A.5 Verteilungen der generierten Werte für die Gestaltungsparameter

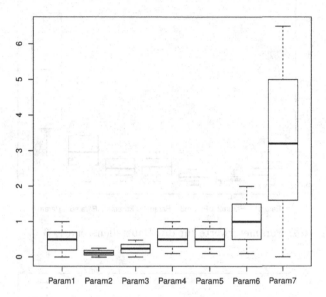

Abbildung A.3: Parameterwerte für das Baustellenszenario 2

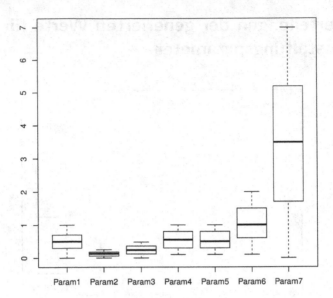

Abbildung A.4: Parameterwerte für das Baustellenszenario 3

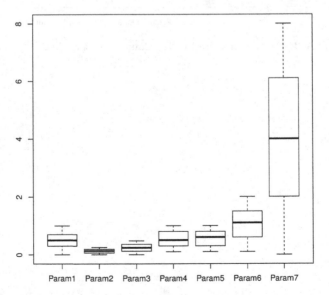

Abbildung A.5: Parameterwerte für das Baustellenszenario 4

Literaturverzeichnis

AbouRizk, S. M. und Halpin, D. W. (1992). Statistical properties of construction duration data. *Journal of Construction Engineering and Management*, 118(3):525–544.

Abowd, J. M. (1990). Does Performance-Based Managerial Compensation Affect Corporate Performance? *Industrial and Labor Relations Review*, 43(3):52–73.

Abowd, J. M. und Card, D. (1989). On the Covariance Structure of Earnings and Hour Changes. *Econometrica*, 57(2):411–445.

Ackermann, K. F. (1974). Anreizsysteme. In Grochla, E. und Wittmann, W., Edt., *Handwörterbuch der Betriebswirtschaft*, S. 156–163. Schäffer-Poeschel, Stuttgart.

Agrawal, P. (2002). Double Moral Hazard, Monitoring, and the Nature of Contracts. *Journal of Economics (Zeitschrift für Nationalökonomie)*, 75(1):33–61.

Akerlof, G. A. (1970). The market for "lemons": Quality uncertainty and the market mechanism. *The Quarterly Journal of Economics*, 84(3):488–500.

Al-Momani, A. H. (2000). Construction Delay: A Quantitative Analysis. *International Journal of Project Management*, 18:51–59.

Al-Najjar, N. I. (1997). Incentive Contracts in Two-Sided Moral Hazards with Multiple Agents. *Journal of Economic Theory*, 74(1):174–195.

Alchian, A. A. und Demsetz, H. (1972). Production, Information Costs, and Economic Organization. *American Economic Review*, 62(5):777–795.

Allan, R. J. (2010). Survey of Agent Based Modelling and Simulation Tools. Technical report, Computational Science and Engineering Department, STFC Daresbury Laboratory, Warrington (GB).

Allbeck, J. und Badler, N. (2002). Toward representing agent behaviors modified by personality and emotion. *Embodied Conversational Agents at AAMAS*, 2:15–19.

Allen, B. (1990). Information as an Economic Commodity. *American Economic Review*, 80(2):268–273.

Allen, F. (1985). Repeated Principal-Agent Relationships with Lending and Borrowing. *Economics Letters*, 17:27–31.

Alparslan, A. (2006). *Strukturalistische Prinzipal-Agent-Theorie - Eine Reformulierung der Hidden-Action-Modelle aus der Perspektive des Strukturalismus*. Springer, Berlin [u.a.].

Anger, S. (2008). Overtime Work as A Signaling Device. *Scottish Journal of Political Economy*, 55(2):167–189.

Aoki, M. (1994). The Contingent Governance of Teams: Analysis of Institutional Complementarity. *International Economic Review*, 35(3):657–676.

Arditi, D. und Khisty, C. J. (1997). Incentive/Disincentive Provisions in Highway Contracts. *Journal of Construction Engineering & Management*, 123(3):302.

Arnold, D., Isermann, H., Kuhn, A., Tempelmeier, H., und Furmans, K. (2008). *Handbuch Logistik*. VDI-Buch. Springer, Berlin [u.a.].

Arnold, E. (2010). Wissenschaftstheorie als angewandte Wissenschaft: Anwendungsszenarien, Forschungsdesigns und Qualitätssicherung von Computersimulationen. Technical report, Institut für Philosophie, Uni Stuttgart (SimTech-Cluster), Stuttgart.

Arnott, R. J. und Stiglitz, J. E. (1988). The Basic Analytics of Moral Hazard. *Scandinavian Journal of Economics*, 90(3):383–413.

Arrow, K. J. (1963). Uncertainty and the Welfare Economics of Medical Care. *American Economic Review*, 53(5):941–973.

Arrow, K. J. (1971). *Essays in the Theory of Risk-Bearing*. Markham, Chicago, 1 Auflage.

Arrow, K. J. (1985). The Economics of Agency. In Pratt, J. W. und Zeckhauser, R. J., Edt., *Principals and Agents*, S. 37–51. Harvard Business School Press, Cambridge.

Arrow, K. J. (1996). The Economics of Information: An Exposition. *Empirica*, 23(2):119–128.

Assaf, S. A. und Al-Hejji, S. (2006). Causes of Delay in Large Construction Projects. *International Journal of Project Management*, 24(4):349–357.

Attar, A., Campioni, E., Piaser, G., und Rajan, U. (2010). On Multiple-Principal Multiple-Agent Models of Moral Hazard. *Games and Economic Behavior*, 68(1):376–380.

Attar, A., Piaser, G., und Porteiro, N. (2007). A Note on Common Agency Models of Moral Hazard. *Economics Letters*, 95(2):278–284.

Atteslander, P. (2003). *Methoden der empirischen Sozialforschung*. Walter de Gruyter, Berlin, New York.

Aumann, R. J. (1976). Agreeing to Disagree. *Annals of Statistics*, 4(6):1236–1239.

Axelrod, R. (1997). *The complexity of cooperation: Agent-based models of competition and collaboration*. Princeton University Press, Princeton.

Babaioff, M., Feldman, M., und Nisan, N. (2006). Combinatorial agency. *Journal of Economic Theory*, 147(3):18–28.

Babaioff, M., Feldman, M., und Nisan, N. (2010). Mixed Strategies in Combinatorial Agency. *Artificial Intelligence*, 38:339–369.

Backes-Gellner, U. und Wolff, B. (2001). Personalmanagement. *Die Prinzipal-Agenten-Theorie in der Betriebswirtschaftslehre*, S. 395–437.

Baiman, S. und Rajan, M. V. (1994). On the Design of Unconditional Monitoring Systems in Agencies. *Accounting Review*, S. 217–229.

Baker, T. (1996). On the Genealogy of Moral Hazard. *Texas Law Review*, 75(2):237–292.

Baldenius, T., Melumad, N. D., und Ziv, A. (2002). Monitoring in Multiagent Organizations. *Contemporary Accounting Research*, 19(4):483–511.

Bamberg, G., Coenenberg, A. G., und Krapp, M. (2008). *Betriebswirtschaftliche Entscheidungslehre*. Vahlen, München, 14 Auflage.

Banker, R. D. (1992). Performance Evaluation Metrics for Information Systems Development: A Principal-Agent Model. *Information Systems Research*, 3(4 december):379–400.

Bardsley, P. (2001). Multi-Task Agency: A Combinatorial Model. *Journal of Economic Behavior & Organization*, 44(2):233–248.

Barkema, H. G. (1995). Do Top Managers Work Harder When They Are Monitored? *Kyklos*, 48(1):19–42.

Baron, J. N. und Kreps, D. M. (1999). *Strategic human resources: Frameworks for general managers*. Wiley, New York.

Barth, R., Meyer, M., und Spitzner, J. (2012). Typical Pitfalls of Simulation Modeling - Lessons Learned from Armed Forces and Business. *Journal of Artificial Societies and Social Simulation*, 15(2):5.

Bau, F. (2003). *Anreizsysteme in jungen Unternehmen. Eine empirische Untersuchung*. Eul, Köln.

Bauer, H. (2006). *Baubetrieb*. Springer, Berlin [u.a.], 3 Auflage.

Bea, F. X. und Schweitzer, M. (2009). *Allgemeine Betriebswirtschaftslehre Band 1: Grundfragen.* Lucius & Lucius, Stuttgart, 10 Auflage.

Becker, F. G. (1990). *Anreizsysteme für Führungskräfte: Möglichkeiten zur strategisch-orientierten Steuerung des Managements.* CE Poeschel, Stuttgart.

Becker, F. G. (1998). *Grundlagen betrieblicher Leistungsbeurteilungen.* Schäffer-Poeschel, Stuttgart, 3. Auflage.

Becker, G. S. und Vanberg, M. (1982). *Der ökonomische Ansatz zur Erklärung menschlichen Verhaltens.* Mohr Siebeck, Tübingen.

Behrens, G. (1993). Wissenschaftstheorie und Betriebswirtschaftslehre. *Handwörterbuch der Betriebswirtschaft (Bd. 3)*, S. 4763–4772.

Bellman, R. (1958). On a Routing Problem. *Quarterly Journal of Applied Mathematics*, 16:87–90.

Bergeman, D. und Valimaki, J. (2003). Dynamic common agency. *Journal of Economic Theory*, 111(1):23–48.

Bergstrom, L. (1982). Interpersonal Utility Comparisons. *Grazer Philosophische Studien*, 16:283–312.

Bernard, H. (2000). *Unternehmensflexibilität – Analyse und Bewertung in der betrieblichen Praxis.* Gabler, Wiesbaden.

Berner, F., Kochendörfer, B., und Schach, R. (2007). *Grundlagen der Baubetriebslehre.* B.G. Teubner, Wiesbaden.

Bernheim, B. D. und Whinston, M. D. (1985). Common Marketing Agency as a Device for Facilitating Collusion. *RAND Journal of Economics*, 16(2):269–281.

Berthel, J. und Becker, F. G. (2013). *Personalmanagement: Grundzüge für Konzeptionen betrieblicher Personalarbeit.* Schäffer-Poeschel, Stuttgart, 10 Auflage.

Besanko, D., Regibeau, P., und Rockett, K. E. (2005). A Multi-Task Principal-Agent Approach to Organizational Form. *Journal of Industrial Economics*, 53(4):437–467.

Bhattacharyya, S. und Lafontaine, F. (1995). Double-Sided Moral Hazard and the Nature of Share Contracts. *RAND Journal of Economics*, 26(4):761–781.

Billette, E., Villemeur, D., und Versaevel, B. (2003). From Private to Public Common Agency. *Journal of Economic Theory*, 111:305–309.

Binmore, K., Osborne, M. J., und Rubinstein, A. (1992). Noncooperative Models of Bargaining. In Aumann, R. und Hart, S., Edt., *Handbook of Game Theory with Economic Applications*, S. 179–225. Elsevier, Amsterdam.

Bleicher, K. (1992). *Strategische Anreizsysteme: Flexible Vergütungssysteme für Führungskräfte.* Neue Zürcher Zeitung, Stuttgart.

Blickle, M. (1987). Information Systems and the Design of Optimal Contracts. In Bamberg, G. und Spremann, K., Edt., *Agency Theory, Information, and Incentives*, S. 93–103. Springer, Berlin [u.a.].

Bonabeau, E. (2002). Agent-based Modeling: Methods and Techniques for Simulating Human Systems. *Proceedings of the National Academy of Sciences of the United States of America*, 99(3):7280–7287.

Bond, W. E. und Gresik, A. T. (1997). Competition Between Asymmetrically Informed Principals. *Economic Theory*, 10:227–240.

Bortz, J. und Döring, N. (2006). *Forschungsmethoden und Evaluation für Human- und Sozialwissenschaftler.* Springer, Berlin [u.a.].

Bossel, H. (1994). *Modellbildung und Simulation. Konzepte, Verfahren und Modelle zum Verhalten dynamischer System.* Vieweg Verlag, 2. Auflage.

Bower, D., Ashby, G., Gerald, K., und Smyk, W. (2002). Incentive Mechanisms for Project Success. *Journal of Management in Engineering*, 18(1):37.

Brander, J. A. und Spencer, B. J. (1989). Moral Hazard and Limited Liability: Implications for the Theory of the Firm. *International Economic Review*, 30(4):833–849.

Bregenhorn, T. (2011). Final Demonstrator - Walldorf: Planung der Baulogistik. Technical report, KIT - Technologie und Management im Baubetrieb, Karlsruhe.

Bresnen, M. und Marshall, N. (2000). Motivation, commitment and the use of incentives in partnerships and alliances. *Construction Management and Economics*, 18(5):587–598.

Brickley, J. A., Bhagat, S., und Lease, R. C. (1985). The Impact of Long-Range Managerial Compensation Plans on Shareholder Wealth. *Journal of Accounting and Economics*, 7(1-3):115–129.

Bungartz, H. J., Zimmer, S., Buchholz, M., und Pflüger, D. (2009). *Modellbildung und Simulation: Eine anwendungsorientierte Einführung.* Springer, Berlin [u.a.].

Burmann, C. (2002). *Strategische Flexibilität und Strategiewechsel als Determinanten des Unternehmenswertes.* Deutscher Universitäts-Verlag, Wiesbaden.

Calvo, G. A. und Wellisz, S. (1979). Hierarchy, Ability, and Income Distribution. *Journal of Political Economy,* 87(5):991.

Calzolari, G. und Pavan, A. (2008). On the use of menus in sequential common agency. *Games and Economic Behavior,* 64(1):329–334.

Camerer, C. F., Loewenstein, G., und Rabin, M. (2004). *Advances in Behavioral Economics.* The roundtable series in behavioral economics. Princeton University Press, Princeton.

Cardon, J. H. und Hendel, I. (2001). Asymmetric Information in Health Insurance: Evidence from the National Medical Expenditure Survey. *RAND Journal of Economics,* 32(3):408–427.

Carroll, G. D., Choi, J. J., Laibson, D., Madrian, B. C., und Metrick, A. (2009). Optimal Defaults and Active Decisions. *Quarterly Journal of Economics,* 124(4):1639–1674.

Cawley, J. und Philipson, T. (1999). An Empirical Examination of Information Barriers to Trade in Insurance. *American Economic Review,* 89(4):827–846.

Cezanne, W. (2005). *Allgemeine Volkswirtschaftslehre.* Oldenbourg Wissenschaftsverlag, Oldenbourg, 10. Auflage.

Chahrour, R. (2007). *Integration von CAD und Simulation auf Basis von Produktmodellen im Erdbau.* Kassel University Press GmbH, Kassel.

Che, Y.-K. und Yoo, S.-W. (2001). Optimal Incentives for Teams. *American Economic Review,* 91(3):525–541.

Cheng, M.-Y., Su, C.-W., und You, H.-Y. (2003). Optimal Project Organizational Structure for Construction Management. *Journal of Construction Engineering & Management,* 129(1):70.

Cheung, S. O., Suen, H. C. H., und Cheung, K. K. W. (2004). PPMS: a Web-based construction Project Performance Monitoring System. *Automation in Construction,* 13(3):361–376.

Chiappori, P. (1994). Repeated moral hazard: The role of memory, commitment, and the access to credit markets. *European Economic Review,* 38(8):1527–1553.

Chiappori, P. und Salanie, B. (2000). Testing for Asymmetric Information in Insurance Markets. *Journal of Political Economy,* 108(1):56–78.

Chmielewicz, K. (1994). *Forschungskonzeption der Wirtschaftswissenschaften*. Schäffer-Poeschel Verlag, Stuttgart, 3. Auflage.

Christensen, J. und Demski, J. (1995). Project selection and audited accrual measurement in a multi-task setting. *European Accounting Review*, 4(3):405–432.

Clotfelter, C. T. und Cook, P. J. (1993). The Gambler's Fallacy in Lottery Play. *Management Science*, 39(12):1521–1525.

Coase, R. H. (1937). The nature of the firm. *Economica*, 4(16):386–405.

Cochard, F. und Willinger, M. (2005). Fair Offers in a Repeated Principal-Agent Relationship with Hidden Actions. *Economica*, 72(286):225–240.

Coughlan, A. T. und Schmidt, R. M. (1985). Executive Compensation, Management Turnover, and Firm Performance: An Empirical Investigation. *Journal of Accounting and Economics*, 7(1-3):43–66.

Crane, T. G., Felder, J. P., Thompson, P. J., Thompson, M. G., und Sanders, S. R. (1999). Partnering Measures. *Journal of Management in Engineering*, 15(2):37–42.

Cremer, J., Rey, P., und Tirole, J. (2000). Connectivity in the Commercial Internet. *Journal of Industrial Economics*, 48(4):433–472.

Croson, R. (2003). Why and How to Experiment: Methodologies from Experimental Economics. *University Of Illinois Law Review*, 326(1970):921–946.

Croson, R. (2005). The Method of Experimental Economics. *International Negotiation*, 10(1):131–148.

Croson, R. und Gächter, S. (2010). The Science of Experimental Economics. *Journal of Economic Behavior & Organization*, 73(1):122–131.

D'Aspremont, C. und Dos Santos Ferreira, R. (2010). Oligopolistic competition as a common agency game. *Games and Economic Behavior*, 70(1):21–33.

Davis, D. D. und Holt, C. A. (1993). *Experimental economics*. Princeton University Press, Princeton.

Davis, J. H., Schoorman, F. D., und Donaldson, L. (1997). Toward a Stewardship Theory of Management. *Academy of Management Review*, 22(1):20–47.

Deckert, A. und Klein, R. (2010). Agentenbasierte Simulation zur Analyse und Lösung betriebswirtschaftlicher Entscheidungsprobleme. *Journal für Betriebswirtschaft*, 60(2):89–125.

Deml, A. (2008). *Entwicklung und Gestaltung der Baulogistik im Tiefbau - Dargestellt am Beispiel des Pipelinebaus.* Verlag Dr. Kovac.

Demski, J. und Sappington, D. (1984). Optimal Incentive Contracts with Multiple Agents. *Journal of Economic Theory*, 33(1):152–171.

Demski, J. und Sappington, D. (1999). Summarization with Errors: A Perspective on Empirical Investigations of Agency Relationships. *Management Accounting Research*, 10(1):21–37.

Department of the Environment (2000). KPI Report to The Minister for Construction by the KPI Working Group. Technical report.

Deutscher Bundestag (2012). Verkehrsinvestitionsbericht für das Berichtsjahr 2010. Technical report, Deutscher Bundestag, Berlin.

Deutsches Institut für Normung (1989). DIN 30781 - Teil 1.

Diamond, D. W. (1984). Financial Intermediation and Delegated Monitoring. *Review of Economic Studies*, 51(3):393–414.

Dickerson, O. D. (1959). *Health insurance.* Irwin, Homewood, Illinois.

Dickinson, D. und Villeval, M.-C. C. (2008). Does monitoring decrease work effort? The complementarity between agency and crowding-out theories. *Games and Economic Behavior*, 63(1):56–76.

Dionne, G., Gouriéroux, C., und Vanasse, C. (2001). Testing for Evidence of Adverse Selection in the Automobile Insurance Market: A Comment. *Journal of Political Economy*, 109(2):444–453.

Dixit, A., Grossman, G. M., und Helpman, E. (1997). Common Agency and Coordination: General Theory and Application to Government Policy Making. *Journal of Political Economy*, 105(4):752–769.

Dixit, A. K. und Nalebuff, B. J. (1997). *Spieltheorie für Einsteiger.* Schäffer-Poeschel, Stuttgart.

Dohmen, T., Falk, A., Huffman, D., Marklein, F., und Sunde, U. (2009). The non-use of Bayes rule: representative evidence on bounded rationality. *Research Memoranda.*

Donaldson, L. und Davis, J. H. (1991). Stewardship Theory or Agency Theory: CEO Governance and Shareholder Returns. *Australian Journal of Management*, 16(1):49–64.

Dreier, F. (2001). *Nachtragsmanagement für gestörte Bauabläufe aus baubetrieblicher Sicht.* Dissertation, TU Cottbus.

Duclos, L. K., Vokurka, R. J., und Lummus, R. R. (2003). A conceptual model of supply chain flexibility. *Industrial Management Data Systems*, 103(6):446–456.

Dur, R. und Roelfsema, H. (2010). Social Exchange and Common Agency in Organizations. *Journal of Socio-Economics*, 39(1):55–63.

Dutta, P. K. und Radner, R. (1994). Moral Hazard. In Aumann, R. und Hart, S., Edt., *Handbook of Game Theory with Economic Applications - Volume 2*, S. 869–903. Elsevier.

Dye, R. A. (1986). Optimal Monitoring Policies in Agencies. *RAND Journal of Economics*, S. 339–350.

Ebers, M. und Gotsch, W. (1999). Institutionenökonomische Theorien der Organisation. In Kieser, A., Edt., *Organisationstheorien*, S. 199–251. Kohlhammer, Stuttgart, 3 Auflage.

Ehrlich, I. und Becker, G. S. (1972). Market Insurance, Self-Insurance, and Self-Protection. *Journal of Political Economy*, 80(4):623–648.

Eisele, M. und Merkert, J. (2013). Sensorbasierte Überwachung der Transportlogistik im Erdbau. In Kirn, S. und Müller, M., Edt., *Autonome Steuerung in der Baustellenlogistik - Modelle, Methoden und Werkzeuge für den autonomen Erdbau*, chapter 12, S. 233–254. Cuvillier Verlag, Göttingen.

Eisenführ, F. und Weber, M. (2003). *Rationales Entscheiden*. Springer, Berlin [u.a.], 3. Auflage.

Eisenführ, F., Weber, M., und Langer, T. (2010). *Rational Decision Making*. Springer, Berlin [u.a.].

Eisenhardt, K. M. (1989). Agency Theory: An Assessment and Review. *Academy of Management Review*, 14(1):57–74.

Eley, M. (2012). *Simulation in der Logistik: Einführung in die Erstellung ereignisdiskreter Modelle unter Verwendung des Werkzeuges 'Plant Simulation'*. Springer, Berlin [u.a.].

Ely, J. C. und Välimäki, J. (2003). Bad Reputation. *Quarterly Journal of Economics*, 118(3):785–814.

Engel, A. und Möhring, M. (1995). Der Beitrag sozialwissenschaftlicher Informatik zur sozialwissenschaftlichen Modellbildung und Simulation. *Modellbildung und Simulation in den Sozialwissenschaften*, S. 39–60.

Erlei, M., Leschke, M., und Sauerland, D. (2007). *Neue Institutionenökonomik*. Schäffer-Poeschel, Stuttgart, 2. Auflage.

European Construction Industry Federation (2011). FIEC Annual Report 2011. Technical report, European Construction Industry Federation.

Evans, J. H. (1980). Optimal Contracts with Costly Conditional Auditing. *Journal of Accounting Research*, 18:108–128.

Evers, H. (1992). Zukunftsweisende Anreizsysteme für Führungskräfte. In Kienbaum, J., Edt., *Visionäres Personalmanagement*, S. 439–455. Schäffer-Poeschel, Stuttgart.

Ewert, R. und Stefani, U. (2001). Wirtschaftsprüfung. In Jost, P.-J., Edt., *Die Prinzipal-Agenten- Theorie in der Betriebswirtschaftslehre*, S. S. 147–182. Schäffer-Poeschel, Stuttgart.

Fahrmeir, L., Pigeot, I., Kunstler, R., und Tutz, G. (2009). *Statistik: Der Weg Zur Datenanalyse*. Springer-Lehrbuch. Springer, Berlin [u.a.], 6. Auflage.

Falk, A. und Kosfeld, M. (2006). The Hidden Costs of Control. *American Economic Review*, S. 1611–1630.

Farid, F. und Aziz, T. F. (1993). Simulating Paving Fleets with Non-Stationary Travel. In *5th Int. Conf. on Computing in Civil and Building Engineering (1993)*, S. 1198–1206, New York. ASCE, American Society of Civil Engineers.

Farid, F. und Koning, T. L. (1994). Simulation Verifies Queuing Program for Selecting Loader-Truck Fleets. *Journal of Construction Engineering and Management*, 120(2):386–404.

Fehr, E. und Schmidt, K. M. (2004). Fairness and Incentives in a Multi-Task Principal-Agent Model. *Scandinavian Journal of Economics*, 106(3):453–474.

Feitelson, E. und Salomon, I. (2000). The implications of differential network flexibility for spatial structures. *Transportation Research Part A: Policy and Practice*, 34(6):459–479.

Feltham, G. A. und Xie, J. (1994). Performance Measure Congruity and Diversity in Multi-Task Principal/Agent Relations. *Accounting Review*, 69(3):429–453.

Fente, J., Schexnayder, C., und Knutson, K. (2000). Defining a Probability Distribution Function for Construction Simulation. *Journal of Construction Engineering and Management*, 126(3):234–241.

Finkelstein, A. und McGarry, K. (2006). Multiple Dimensions of Private Information: Evidence from the Long-Term Care Insurance Market. *American Economic Review*, 96(4):938–958.

Finkelstein, A. und Poterba, J. (2004). Adverse Selection in Insurance Markets: Policyholder Evidence from the U.K. Annuity Market. *Journal of Political Economy*, 112(1):183–208.

Fiore, A. (2009). Experimental Economics: Some Methodological Notes. Technical Report 12498, LMU München, München.

Firchau, V. (1987). Information Systems for Principal-Agent Problems. In Bamberg, G., Spremann, K., und Ballwieser, W., Edt., *Agency Theory, Information, and Incentives*, S. 81––92. Springer, Berlin [u.a.].

Florian, M. (1998). Die Agentengesellschaft als sozialer Raum. In Malsch, T., Edt., *Sozionik: Soziologische Ansichten über künstliche Sozialität*, S. 297–344. Edition Sigma, Berlin.

Floyd, R. W. (1962). Algorithm 97: shortest path. *Communications of the ACM*, 5(6):345.

Flyvbjerg, B., Holm, M. K. S., und Buhl, S. L. (2003). How common and how large are cost overruns in transport infrastructure projects? *Transport Reviews*, 23(1):71–88.

Ford, L. (1956). Network Flow Theory. Technical report, Rand Corporation, Paper No. P-923, Santa Monica, California.

Franceschelli, I., Galiani, S., und Gulmez, E. (2010). Performance pay and productivity of low- and high-ability workers. *Labour Economics*, 17(2):317–322.

Frank, M. (1999). Modellierung und Simulation – Terminologische Probleme. In Biethahn, J., Hummeltenberg, W., Schmidt, B., Stähly, P., und Witte, T., Edt., *Simulation Als Betriebliche Entscheidungshilfe: State of the Art Und Neuere Entwicklungen*, S. 50–64. Physica, Heidelberg.

Frank, U. (2003). Einige Gründe für eine Wiederbelebung der Wissenschaftstheorie. *Die Betriebswirtschaft*, 63(3):278–292.

Frankfurt School of Finance & Management (2008). Grundsätze guten wissenschaftlichen Arbeitens.

Freimuth, J. (1993). Anforderungen an Anreizsysteme im Rahmen einer lernenden Organisation. *Personal*, 11:507–511.

Frey, B. S. (1993). Does Monitoring Increase Work Effort? The Rivalry with Trust and Loyalty. *Economic Inquiry*, 31(4):663–670.

Frey, B. S. und Oberholzer-Gee, F. (1997). The Cost of Price Incentives: An Empirical Analysis of Motivation Crowding-Out. *American economic review*, 87(4):746–755.

Fuchs, W. (2007). Contracting with Repeated Moral Hazard and Private Evaluations. *American Economic Review*, 97(4):1432–1448.

Fudenberg, D. und Tirole, J. (1990). Moral Hazard and Renegotiation in Agency Contracts. *Econometrica*, 58(6):1279–1319.

Fulbier, R. U. (2004). Wissenschaftstheorie und Betriebswirtschaftslehre. *Wirtschaftswissenschaftliches Studium*, 33(5):266–271.

Gailmard, S. (2009). Multiple Principals and Oversight of Bureaucratic Policy-Making. *Journal of Theoretical Politics*, 21(2):161–186.

Gaitanides, M. (2007). *Prozessorganisation: Entwicklung, Ansätze und Programme des Managements von Geschäftsprozessen*. Vahlen.

Gal-Or, E. (1991). A Common Agency with Incomplete Information. *RAND Journal of Economics*, 22(2):274–286.

Gati, C. (2013). *Wirkung finanzieller Anreize - Eine experimentelle Untersuchung*. Bachelorthesis, Universität Hohenheim.

Gaynor, M. und Gertler, P. (1995). Moral Hazard and Risk Spreading in Partnerships. *RAND Journal of Economics*, 26(4):591–613.

Geanakoplos, J. (1994). Common knowledge. In Aumann, R. und Hart, S., Edt., *Handbook of Game Theory with Economic Applications - Volume 2*, S. 1437–1496. Elsevier.

Gehbauer, F. (1974). *Stochastische Einflussgrößen für Transportsimulationen im Erdbau*. Veröffentlichungen des Instituts für Maschinenwesen im Baubetrieb der Universität Karlsruhe (TH) / F. IMB Reihe F. Heft 10, Karlsruhe.

Gehbauer, F. (2004). *Baubetriebsplanung und Grundlagen der Verfahrenstechnik im Hoch-, Tief- und Erdbau*. PhD thesis, Veröffentlichung des Instituts für Technologie und Management im Baubetrieb (TMB) der Universität Karlsruhe (TH), Reihe V / Heft 28, Karlsruhe.

Gibbons, R. (1987). Piece-rate incentive schemes. *Journal of Labor Economics*, 5(4):413–429.

Gibbons, R. (1992). *A Primer in Game Theory*. FT Prentice Hall, London u.a.

Gibbons, R. (1997). Incentives and careers in organizations. In Kreps, D. und Wallis, K., Edt., *Advances in Economic Theory and Econometric: 7th World Congress of the Econometric Society*, Cambridge. Cambridge University Press.

Gilbert, N. und Troitzsch, K. (1999). *Simulation for the Social Scientist.* Open University Press, Buckingham.

Girmscheid, G. (2005). *Leistungsermittlungshandbuch für Baumaschinen und Bauprozesse.* Springer, Berlin [u.a.].

Gleissner, H. und Femerling, J. C. (2007). *Logistik: Grundlagen-Übungen-Fallbeispiele.* Gabler.

Gmytrasiewicz, P. J. und Lisetti, C. L. (2000). Using Decision Theory to Formalize Emotions in Multi-Agent Systems. In *Fourth International Conference on Multi-Agent Systems, 2000*, S. 391–392. IEEE.

Göbel, E. (2002). *Neue Institutionenökonomik: Konzeption und betriebswirtschaftliche Anwendung.* Lucius & Lucius, Stuttgart.

Gossen, H. H. (1854). *Entwickelung der Gesetze des menschlichen Verkehrs, und der daraus fliessenden Regeln für menschliche Handeln.* F. Vieweg.

Green, J. R. und Stokey, N. L. (1983). A Comparison of Tournaments and Contracts. *Journal of Political Economy*, 91(3):349–364.

Grewe, A. (2000). *Implementierung neuer Anreizsysteme: Grundlagen, Konzept und Gestaltungsempfehlungen.* Rainer Hampp Verlag, Mering.

Grewe, A. (2012). *Implementierung neuer Anreizsysteme: Grundlagen, Konzept und Gestaltungsempfehlungen.* Rainer Hampp Verlag, Mering, 4. Auflage.

Grosskopf, B. und Sarin, R. (2010). Is Reputation Good or Bad? An Experiment. *American Economic Review*, 100(5):2187–2204.

Grossman, S. J. und Hart, O. D. (1983). An Analysis of the Principal-Agent Problem. *Econometrica*, 51(1):7–45.

Grossman, S. J. und Hart, O. D. (1986). The Costs and Benefits of Ownership: A Theory of Vertical and Lateral Integration. *Journal of Political Economy*, 94(4):691–719.

Guala, F. (2005). *The Methodology of Experimental Economics.* Cambridge University Press, Cambridge.

Gudehus, T. (2010). *Logistik: Grundlagen - Strategien - Anwendungen.* Springer, Berlin [u.a.], 4 Auflage.

Guerra, G. (2002). Crowding out Trust: The Adverse Effect of Verification: An Experiment.

Günthner, W. A. und Borrmann, A. (2011). *Digitale Baustelle - Innovativer Planen, effizienter Ausführen: Werkzeuge und Methoden für das Bauen im 21. Jahrhundert.* Springer, Berlin [u.a.].

Günthner, W. A., Kessler, S., Frenz, T., und Wimmer, J. (2009). Transportlogistikplanung im Erdbau - Entwicklung eines Simulationsverfahrens zur Optimierung der transportlogistischen Ablaufplanung im Erdbau basierend auf dem Ansatz der Berechnung von Stetigförderern im Bereich der Fördertechnik. *IGF-Vorhaben 15073 N/1 der Forschungsvereinigung Bundesvereinigung Logistik e.V. - BVL.*

Günthner, W. A. und Zimmermann, J. (2008). *Logistik in der Bauwirtschaft - Status quo, Handlungsfelder, Trends und Strategien.* Bayern Innovativ Gesellschaft für Innovation und Wissenstransfer mbH, Nürnberg.

Gupta, S. und Romano, R. E. (1998). Monitoring the Principal with Multiple Agents. *RAND Journal of Economics*, 29(2):427.

Gutenberg, E. (1951). *Grundlagen der Betriebswirtschaftslehre, Teil 1: Die Produktion.* Springer, Berlin [u.a.].

Guthof, P. (1995). *Strategische Anreizsysteme: Gestaltungsoptionen im Rahmen der Unternehmungsentwicklung.* Deutscher Universitats-Verlag, Wiesbaden.

Habermas, J. (1981). *Theorie des kommunikativen Handelns. Band 2. Zur Kritik der funktionalistischen Vernunft.* Suhrkamp Verlag, Frankfurt am Main.

Hahn, D. und Willers, H. G. (1990). Unternehmensplanung und Führungskräftevergütung. In Hahn, D. und Taylor, B., Edt., *Strategische Unternehmensplanung, strategische Unternehmensführung*, S. 494–503. Physica-Verlag, Heidelberg.

Hanneman, R. A. (1988). *Computer-assisted theory building: Modeling dynamic social systems.* Sage Publications, Inc., Newbury Park, Beverly Hills, London, New Delhi.

Harris, M. und Raviv, A. (1978). Some results on incentive contracts with applications to education and employment, health insurance, and law enforcement. *American Economic Review*, 68(1):20–30.

Harsanyi, J. C. (1953). Cardinal Utility in Welfare Economics and in the Theory of Risk-taking. *Journal of Political Economy*, 61(5):434–435.

Harsanyi, J. C. (1967). Games with Incomplete Information Played by "Bayesian"Players, I-III Part I. The Basic Model. *Management Science*, 14(3):159–182.

Harsanyi, J. C. (1968a). Games with Incomplete Information Played by "Bayesian"Players, I-III. Part II. Bayesian Equilibrium Points. *Management Science*, 14(5):320–334.

Harsanyi, J. C. (1968b). Games with Incomplete Information Played by "Bayesian"Players, I-III. Part III. The Basic Probability Distribution of the Game. *Management Science*, 14(7):486–502.

Harsanyi, J. C. (1995). A new theory of equilibrium selection for games with complete information. *Games and Economic Behavior*, 8(1):91–122.

Harsanyi, J. C. und Selten, R. (2003). A general theory of equilibrium selection in games. *The MIT Press*.

Hart, O. und Moore, J. (1990). Property Rights and the Nature of the Firm. *Journal of Political Economy*, 98(6):1119–1158.

Hartung, J., Elpelt, B., und Klösener, K.-H. (2009). *Statistik - Lehr- und Handbuch der angewandten Statistik*. Oldenbourg, München, 15. Auflage.

Hasenclever, T., Horenburg, T., Höppner, G., Klaubert, C., Krupp, M., Popp, K. H., Schneider, O., Schürkmann, W., Uhl, S., und Weidner, J. (2011). Logistikmanagement in der Bauwirtschaft. *Digitale Baustelle - Innovativer Planen, effizienter Ausführen*, S. 205–290.

Hauptverband der Deutschen Bauindustrie e.V. (2007). *BGL Baugeräteliste*. Bauverlag, Gütersloh.

Heertje, A. und Wenzel, H.-D. (2001). *Grundlagen der Volkswirtschaftslehre*. Springer, Berlin [u.a.].

Heinen, E. (1962). Die Zielfunktion der Unternehmung. In Koch, H., Edt., *Zur Theorie der Unternehmung*, S. 21–42. Gabler, Wiesbaden.

Heinen, E. (1992). Einführung in die Betriebswirtschaftslehre.

Heiner, R. A. (1983). The Origin of Predictable Behavior. *American Economic Review*, 73(4):560–595.

Heller, W.-D., Lindenberg, H., Nuske, M., und Schriever, K.-H. (1978). *Stochastische Systeme – Markoffketten, Stochastische Prozesse, Warteschlangen*. Walter de Gruyter, Berlin, New York.

Hershey, J., Johnson, E., Meszaros, J., und Robinson, M. (1990). What is the Right to Sue Worth. *Wharton School, University of Pennsylvania*.

Hertwig, R. und Ortmann, A. (2001). Experimental Practices in Economics: A Methodological Challenge for Psychologists? *Behavioral and Brain Sciences*, 24(3):383–403.

Hirshleifer, J. (1973). Where are we in the theory of information? *American Economic Review*, 63(2):31–39.

Hofstadler, C. (2007). *Bauablaufplanung und Logistik im Baubetrieb*. Springer, Berlin [u.a.].

Holl, P. und Kyriazis, D. (1997). Wealth Creation and Bid Resistance in U.K. Takeover Bids. *Strategic Management Journal*, 18(6):483–498.

Holler, M. J. und Illing, G. (2006). *Einführung in die Spieltheorie*. Springer, Berlin [u.a.], 7 Auflage.

Holmström, B. (1979). Moral Hazard and Observability. *Bell Journal of Economics*, 10(1):74–91.

Holmström, B. (1982). Moral Hazard in Teams. *Bell Journal of Economics*, 13(2):324–340.

Holmström, B. (1999). Managerial Incentive Problems: A Dynamic Perspective. *Review of Economic Studies*, 66(1):169–182.

Holmström, B. und Milgrom, P. (1987). Aggregation and Linearity in the Provision of Intertemporal Incentives. *Econometrica*, 55(2):303–328.

Holmström, B. und Milgrom, P. (1990). Regulating Trade Among Agents. *Journal of Institutional and Theoretical Economics*, 146(1):85–105.

Holmström, B. und Milgrom, P. (1991). Multitask Principal-Agent Analyses: Incentive Contracts, Asset Ownership, and Job Design. *Journal of Law, Economics, Organization*, 7(special issue):24–52.

Homburg, C. und Jensen, O. (2007). Kundenorientierte Vergütungssysteme: Voraussetzungen, Verbreitung, Determinanten. *Zeitschrift für Betriebswirtschaft*, 70(1):55—74.

Huck, S., Seltzer, A. J., und Wallace, B. (2011). Deferred Compensation in Multiperiod Labor Contracts: An Experimental Test of Lazear's Model. *American Economic Review*, 101(2):819–843.

Hughes, J. S., Zhang, L. I., und Xie, J.-Z. J. (2005). Production Externalities, Congruity of Aggregate Signals, and Optimal Task Assignments. *Contemporary Accounting Research*, 22(2):393–408.

Hughes, W., Yohannes, I., und Hillig, J. B. (2007). Incentives in Construction Contracts: Should we pay for Performance? In *CIB World Building Congress: Construction for Development*, S. 2272–2283.

Hurwicz, L. (1973). The Design of Mechanisms for Resource Allocation. *American Economic Review*, 63(2):1–30.

Ibbs, C. W. (1991). Innovative contract incentive features for construction. *Construction Management and Economics*, 9:157–169.

Ichiishi, T. und Koray, S. (2000). Job Matching: A Multi-Principal, Multi-Agent Model. *Advances in Mathematical Economics*, 2:41–66.

Ichino, A. und Muehlheusser, G. (2008). How often should you open the door?: Optimal monitoring to screen heterogeneous agents. *Journal of Economic Behavior & Organization*, 67(3):820–831.

Imberger, K. (2003). *Wertorientierte Anreizgestaltung*. Josef Eul, Lohmar.

Insa Sjurts (1998). Kontrolle ist gut, ist Vertrauen besser? Ökonomische Analysen zur Selbstorganisation als Leitidee neuer Organisationskonzepte. *Die Betriebswirtschaft*, 98(3):283–298.

Itoh, H. (1991). Incentives to Help in Multi-Agent Situations. *Econometrica*, 59(3):611–636.

Itoh, H. (1992). Cooperation in Hierarchical Organizations: An Incentive Perspective. *Journal of Law, Economics, and Organization*, 8(2):321–345.

Itoh, H. (1994). Job Design, Delegation and Cooperation: A Principal-Agent Analysis. *European Economic Review*, 38(3-4):691–700.

Itoh, H. (2001). Job Design and Incentives in Hierarchies with Team Production. *Hitotsubashi Journal of Commerce and Management*, 36(1):1–17.

Jaafari, A. (1996). Twinning time and cost in incentive-based contracts. *Journal of Management in Engineering*, 12(4):62.

Jacob, A. (2013). Interaktion von Agent und Umgebung. In Kirn, S. und Müller, M., Edt., *Autonome Steuerung in der Baustellenlogistik - Modelle, Methoden und Werkzeuge für den autonomen Erdbau*, chapter 10, S. 195–207. Cuvillier Verlag, Göttingen.

Jacob, H. (1967). Flexibilitätsüberlegungen in der Investitionsrechnung. *Zeitschrift für Betriebswirtschaft*, 37:1–34.

Jacob, H. (1974a). Unsicherheit und Flexibilität Zur Theorie der Planung bei Unsicherheit. Dritter Teil. *Zeitschrift für Betriebswirtschaft*, 44:505––526.

Jacob, H. (1974b). Unsicherheit und Flexibilität Zur Theorie der Planung bei Unsicherheit. Erster Teil. *Zeitschrift für Betriebswirtschaft*, 44:229––326.

Jacob, H. (1974c). Unsicherheit und Flexibilität Zur Theorie der Planung bei Unsicherheit. Zweiter Teil. *Zeitschrift für Betriebswirtschaft*, 44:403––448.

Jaraiedi, M., Plummer, R. W., und Aber, M. S. (1995). Incentive/Disincentive Guidelines for Highway Construction Contracts. *Journal of Construction Engineering & Management*, 121(1):112.

Jaspers, K. (1953). *Einführung in die Philosophie.* Piper & Co. Verlag, München.

Jennings, N. R. und Wooldridge, M. J. (2002). *Agent Technology: Foundations, Applications, and Markets.* Springer, Berlin [u.a.].

Jensen, M. C. und Meckling, W. H. (1976). Theory of the firm: Managerial behavior, agency costs and ownership structure. *Journal of financial economics*, 3(4):305–360.

Jeon, S. (1996). Moral hazard and reputational concerns in teams: Implications for organizational choice. *International Journal of Industrial Organization*, 14(3):297–315.

Jost, P.-J. (2001). Einführung in die Prinzipal-Agenten-Theorie. In Jost, P.-J., Edt., *Die Prinzipal-Agenten-Theorie in der Betriebswirtschaftslehre*, S. 9—-43. Schäffer-Poeschel, Stuttgart.

Kagel, J. H. und Roth, A. E. (1995). *The Handbook of Experimental Economics.* Princeton University Press, Princeton.

Kahn, L. M. und Sherer, P. D. (1990). Contingent Pay and Managerial Performance. *Industrial and Labor Relations Review*, 43(3):107–120.

Kahneman, D., Knetsch, J. L., und Thaler, R. H. (1990). Experimental Tests of the Endowment Effect and the Coase Theorem. *Journal of Political Economy*, 98(6):1325–1348.

Kahneman, D., Knetsch, J. L., und Thaler, R. H. (1991). Anomalies: The Endowment Effect , Loss Aversion , and Status Quo Bias. *Journal of Economic Perspectives*, 5(1):193–206.

Kahneman, D. und Tversky, A. (1972). On prediction and judgment. *ORI Research monograph*, 12(4):10.

Kaluza, B. (1984). Flexibilität der Produktionsvorbereitung industrieller Unternehmen. In Kortzfleisch, G. und Kaluza, B., Edt., *Internationale und nationale Problemfelder der Betriebswirtschaftslehre*, S. 287–333. Berlin.

Kaluza, B. und Blecker, T. (2004). Flexibilität - State of the Art und Entwicklungstrends. In Kaluza, B. und Blecker, T., Edt., *Erfolgsfaktor Flexibilität: Strategien und Konzepte für wandlungsfähige Unternehmen*, S. 1–25. Erich Schmidt Verlag, Berlin.

Kalveram, W. (1931). Elastizität der Betriebsführung – Einführung in das Problem der Betriebselastizität. *Zeitschrift für Betriebswirtschaft*, 8:705—-711.

Kandel, E. und Lazear, E. P. (1992). Peer Pressure and Partnerships. *Journal of Political Economy*, 100(4):801–817.

Kanodia, C. S. (1985). Stochastic Monitoring and Moral Hazard. *Journal of Accounting Research*, 23(1):175–193.

Kant, I. (1783). *Prolegomena zu einer jeden Künftigen Metaphysik: Die als Wissenschaft wird auftreten können*. Johann Friedrich Hartknoch, Riga.

Karmann, A. (1994). Multiple-task and multiple-agent models : Incentive contracts and an application to point pollution control. *Annals of Operations Research*, 54:57–78.

Kazaz, A., Manisali, E., und Ulubeyli, S. (2008). Effect of Basic Motivational Factors on Construction Workforce Productivity in Turkey. *Journal of Civil Engineering and Management*, 14(2):95–106.

Keeney, R. L. (1973). Risk Independence and Multiattributed Utility Functions. *Econometrica*, 41(1):27–34.

Khalil, F. und Lawarree, J. (2001). Catching the agent on the wrong foot: ex post choice of monitoring. *Journal of Public Economics*, 82(3):327–347.

Kiener, S. (1990). *Die Principal-Agent-Theorie aus informationsökonomischer Sicht*. Physica-Verlag, Heidelberg.

Kieser, A. und Kubicek, H. (1992). *Organisationen*. Walter de Gruyter, Berlin, New York.

Kim, S. K. und Wang, S. (1998). Linear Contracts and the Double Moral-Hazard. *Journal of Economic Theory*, 82(2):342–378.

Kirchgässner, G. (2008). *Homo oeconomicus: Das ökonomische Modell individuellen Verhaltens und seine Anwendung in den Wirtschafts- und Sozialwissenschaften*. Die Einheit der Gesellschaftswissenschaften. Mohr Siebeck, Tübingen.

Kirn, S. (2008). *Individualization Engineering*. Cuvillier Verlag, Göttingen.

Kirn, S., Herzog, O., Lockemann, P., und Spaniol, O. (2006). *Multiagent Engineering*. Springer, Berlin [u.a.].

Kirn, S. und Müller, M. (2013). *Autonome Steuerung in der Baustellenlogistik - Modelle, Methoden und Werkzeuge für den autonomen Erdbau*. Cuvillier Verlag, Göttingen.

Klein, B., Crawford, R. G., und Alchian, A. A. (1978). Vertical Integration, Appropriable Rents, and the Competitive Contracting Process. *Journal of Law and Economics*, 21(2):297–326.

Kleine, A. (1995). *Entscheidungstheoretische Aspekte der Principal-Agent-Theorie.* Physica-Verlag, Heidelberg.

Knetsch, J. L. (1989). The endowment effect and evidence of nonreversible indifference curves. *American Economic Review*, 79(5):1277–1284.

Koehne, S. (2009). Repeated moral hazard with history-dependent preferences. *Journal of Economic Theory*, 145(6):2412–2423.

Kooreman, P. (2000). The Labeling Effect of a Child Benefit System. *American Economic Review*, 90(3):571–583.

Kornmeier, M. (2007). *Wissenschaftstheorie und wissenschaftliches Arbeiten.* BA KOMPAKT. Physica-Verlag, Heidelberg.

Kossbiel, H. (2004). Die Abbildung von Arbeitsleid und Arbeitsfreude in Nutzenfunktionen – Erkenntnisse aus einem Experiment. In Gillenkirch, R. M., Schauenberg, B., Schenk-Mathes, H. Y., und Velthuis, L. J., Edt., *Wertorientierte Unternehmenssteuerung – Festschrift für Helmut Laux*, S. 99–131. Springer, Berlin [u.a.].

Kotzab, H. (2000). Zum Wesen von Supply Chain Management vor dem Hintergrund der betriebswirtschaftlichen Logistikkonzeption - erweiterte Überlegungen. In Wildemann, H., Edt., *Supply Chain Management*, S. 21–48. TCW Transfer-Centrum-Verlag, München.

Kräkel, M. (1996). Direkte versus indirekte Leistungsanreize - Eine kritische Diskussion der traditionellen ökonomischen Anreiztheorie. *Zeitschrift für Personalforschung*, 4:358–371.

Kromrey, H. (2009). *Empirische Sozialforschung: Modelle und Methoden der standardisierten Datenerhebung und Datenauswertung.* Lucius & Lucius, Stuttgart, 12. Auflage.

Krumke, S. O., Noltemeier, H., und Wirth, H. C. (2005). *Graphentheoretische Konzepte und Algorithmen.* Teubner, Wiesbaden.

Kuhn, A., Reinhardt, A., und Wiendahl, H. P. (1993). *Handbuch Simulationsanwendungen in Produktion und Logistik.* Vieweg.

Küll, R. und Stähly, P. (1999). Zur Planung und effizienten Abwicklung von Simulationsexperimenten. *Simulation als betriebliche Entscheidungshilfe. State of the Art und neuere Entwicklungen*, S. 1–21.

Laffont, J.-J. und Tirole, J. (1988). The Dynamics of Incentive Contracts. *Econometrica*, 56(5):1153–1175.

Langemeyer, H. (1999). *Das Cafeteria-Verfahren.* Rainer Hampp, München, Mering.

Langer, A. (2007). *Strategiekonforme Anreizsysteme für Führungskräfte teilautonomer Organisationseinheiten in der industriellen Produktion.* Vahlen, München.

Larson, P. D. und Halldorsson, A. (2004). Logistics versus supply chain management: an international survey. *International Journal of Logistics Research and Applications,* 7(1):17–31.

Laux, H. (1995). *Erfolgssteuerung und Organisation. 1. Anreizkompatible Erfolgsrechnung, Erfolgsbeteiligung und Erfolgskontrolle.* Springer, Berlin [u.a.].

Laux, H. (2006a). *Unternehmensrechnung, Anreiz und Kontrolle: Die Messung, Zurechnung und Steuerung des Erfolges als Grundprobleme der Betriebswirtschaftslehre.* Springer, Berlin [u.a.], 3. Auflage.

Laux, H. (2006b). *Wertorientierte Unternehmenssteuerung und Kapitalmarkt: Fundierung finanzwirtschaftlicher Entscheidungskriterien und (Anreize für) deren Umsetzung.* Springer, Berlin [u.a.], 2. Auflage.

Laux, H., Gillenkirch, R. M., und Schenk-Mathes, H. Y. (2012). *Entscheidung bei Unsicherheit: Grundlagen.* Springer, Berlin [u.a.], 8 Auflage.

Law, A. M. und Kelton, W. D. (2000). *Simulation Modeling and Analysis,* volume 2. McGraw-Hill, New York, 3. Auflage.

Lazear, E. P. (2000). Performance Pay and Productivity. *American Economic Review,* 90(5):1346–1361.

Lazear, E. P. und Rosen, S. (1981). Rank-Order Tournaments as Optimum Labor Contracts. *Journal of Political Economy,* 89(5):841–864.

Leonard, J. (1990). Executive Pay and Firm Performance. *Industrial and Labor Relations Review,* 43:13S–29S.

Levitt, S. und List, J. (2007a). What Do Laboratory Experiments Measuring Social Preferences Reveal About the Real World? *Journal of Economic Perspectives,* 21(2):153–174.

Levitt, S. und List, J. (2007b). What do Laboratory Experiments Tell us About the Real World? *Journal of Economic Perspectives,* 21(2):153–174.

Lockwood, B. (1999). Production Externalities and Two-Way Distortion in Principal-Multi-Agent Problems. *Journal of Economic Theory,* 92:142–166.

Lomberg, C. (2008). *Personalanreizstrategien junger Wachstumsunternehmen: eine empirische Untersuchung auf Basis der Anreiz-Beitrags-Theorie.* Eul Verlag, Lohmar.

Love, P. E. D., Irani, Z., und Edwards, D. J. (2004). A seamless supply chain management model for construction. *Supply Chain Management: An International Journal*, 9(1):43–56.

Lu, S. und Yan, H. (2007). An empirical study on incentives of strategic partnering in China: Views from construction companies. *International Journal of Project Management*, 25(3):241–249.

Luce, R. D. und Raiffa, H. (1967). *Games and Decisions: Introduction and Critical Survey*. Wiley, New York [u.a.], 7. Auflage.

Luporini, A. und Parigi, B. (1996). Multi-task sharecropping contracts: the Italian Mezzadria. *Economica*, 63(251):445–458.

Ma, C. T. (1988). Unique Implementation of Incentive Contracts with Many Agents. *Review of Economic Studies*, 55(4):555–571.

Ma, C. T. (1994). Renegotiation and optimality in agency contracts. *Review of Economic Studies*, 61(1):109–129.

Madrian, B. C. und Shea, D. F. (2001). The Power of Suggestion: Inertia in 401(k) Participation and Savings Behavior. *Quarterly Journal of Economics*, 116(4):1149–1187.

Maio, C., Schexnayder, C., Knutson, K., und Weber, S. (2000). Probability distribution functions for construction simulation. *Journal of Construction Engineering and Management*, 126(4):285–292.

Malcomson, J. M. (1984). Work Incentives, Hierarchy, and Internal Labor Markets. *Journal of Political Economy*, 92(3):486.

Malcomson, J. M. und Spinnewyn, F. (1988). The Multiperiod Principal-Agent Problem. *Review of Economic Studies*, 55(3):391–407.

Malcomson, M. J. (1986). Rank-Order Contracts for a Principal with Many Agents. *Review of Economic Studies*, 53:807–817.

Malsch, T. (1998). *Sozionik: soziologische Ansichten über künstliche Sozialität*. Edition Sigma, Berlin.

Marschak, J. (1950). Rational Behavior, Uncertain Prospects and Measurable Utility. *Econometrica*, 18:111–141.

Marschak, J. (1955). Elements for a Theory of Teams. *Management Science*, 1(2):127–137.

Marschak, J. (1974). *Economic information, decision and prediction: selected essays. Economics of decision*, volume 1. D. Reidel.

Marschak, J. und Radner, R. (1972). Economic Theory of Teams. *Cowles Foundation Discussion Papers*, 96(5):2377–2387.

Marshall, J. M. (1976). Moral Hazard. *American Economic Review*, 66(5):880–890.

Martimort, D. und Moreira, H. (2004). Common agency with informed principals. *Erasmus*, S. 1–40.

Martimort, D. und Stole, L. (2003). Contractual Externalities and Common Agency Equilibria. *Advances in Theoretical Economics*, 3(1):4.

Martimort, D. und Stole, L. (2009). Selecting Equilibria in Common Agency Games. *Journal of Economic Theory*, 144(2):604–634.

Mason-Jones, R., Naylor, B., und Towill, D. (2000). Lean, agile or leagile? Matching your supply chain to the marketplace. *International Journal of Production Research*, 38(17):4061–4070.

Mathissen, M. (2009). *Die Principal-Agent-Theorie: Positive und normative Aspekte für die Praxis*. Igel Verlag, Hamburg.

Mattern, F. und Mehl, H. (1989). Diskrete Simulation – Prinzipien und Probleme der Effizienzsteigerung durch Parallelisierung. *Informatik Spektrum*, 12(4):198–210.

Meffert, H. (1968). *Die Flexibilität in betriebswirtschaftlichen Entscheidungen*. München, habilitati Auflage.

Meffert, H. (1969). Zum Problem der betriebswirtschaftlichen Flexibilität. *Zeitschrift für Betriebswirtschaft*, 39:779–800.

Meinhövel, H. (1999). *Defizite der Principal-Agent-Theorie*. Josef Eul, Lohmar.

Meissner, W. (1970). Zur Methodologie der Simulation. *Journal of Institutional and Theoretical Economics*, 126(3):385–397.

Mellerowicz, K. (1952). Eine neue Richtung in der Betriebswirtschaftslehre? *Zeitschrift für Betriebswirtschaft*, 22:145—-161.

Melumad, N. D., Mookherjee, D., und Reichelstein, S. (1995). Hierarchical Decentralization of Incentive Contracts. *RAND Journal of Economics*, 26(4):654.

Ménard, C. und Shirley, M. M. (2008). *Handbook of New Institutional Economics*. Springer, Berlin [u.a.].

Meng, X. und Gallagher, B. (2012). The Impact of Incentive Mechanisms on Project Performance. *International Journal of Project Management*, 30(3):352–362.

Mentzer, J. T., Stank, T. P., und Esper, T. L. (2008). Supply Chain Management and Its Relationship To Logistics, Marketing, Production, and Operations Management. *Journal of Business Logistics*, 29(1):31–46.

Meyer, M. (2004). *Prinzipale, Agenten und ökonomische Methode: Von einseitiger Steuerung zu wechselseitiger Abstimmung*. Mohr Siebeck, Tübingen.

Meyer, M. und Heine, B.-O. (2009). Das Potenzial agentenbasierter Simulationsmodelle. *Die Betriebswirtschaft*, 59(4):495–520.

Mezzetti, C. (1997). Common Agency with Horizontally Differentiated Principals. *RAND Journal of Economics*, 28(2):323–345.

Milgrom, P. R. (1981). Good News and Bad News: Representation Theorems and Applications. *Bell Journal of Economics*, 12(2):380–391.

Mill, J. S. (1862). *System der deductiven und inductiven Logik*. Vieweg, Braunschweig.

Mookherjee, D. (1984). Optimal Incentive Schemes with Many Agents. *Review of Economic Studies*, 51(3):433–446.

Mookherjee, D. (2003). Delegation and contracting hierarchies: An overview. *Journal of Economic Literature*, 44:367–390.

Morgenstern, O. (1968). Spieltheorie: Ein neues Paradigma der Sozialwissenschaft. *Journal of Economics*, 28(2):145–164.

Murphy, K. J. (1985). Corporate Performance and Managerial Remuneration: An Empirical Analysis. *Journal of Accounting and Economics*, 7(1-3):11–42.

Mycielski, J. (1992). Games with Perfect Information. In Aumann, R. und Hart, S., Edt., *Handbook of Game Theory with Economic Applications - Volume 1*, S. 41–70. Elsevier.

Naim, M. M., Aryee, G., und Potter, A. T. (2010). Determining a logistics provider's flexibility capability. *International Journal of Production Economics*, 127(1):39–45.

Naim, M. M., Potter, A. T., Mason, R. J., und Bateman, N. A. (2006). The Role of Transport Flexibility in Logistics Provision. *International Journal of Logistics Management*, 17(3):297–311.

Nash, J. F. (1950). Equilibrium Points in n-Person Games. *Proceedings of the National Academy of Sciences of the United States of America*, 36(1):48–49.

Nash, J. F. (1951). Non-Cooperative Games. *Annals of Mathematics*, 54(2):286–295.

Navon, R. (2005). Automated project performance control of construction projects. *Automation in Construction*, 14(4):467–476.

Navon, R., Goldschmidt, E., und Shpatnisky, Y. (2004). A Concept Proving Prototype of Automated Earthmoving Control. *Automation in Construction*, 13(2):225–239.

Navon, R. und Shpatnitsky, Y. (2005). A model for automated monitoring of road construction. *Construction Management and Economics*, 23(9):941–951.

North, D. C. (1990). *Institutions, Institutional Change and Economic Performance*. Cambridge University Press, Cambridge, Massachusetts.

North, D. C. (1992). *Institutionen, institutioneller Wandel und Wirtschaftsleistung*, volume 76. Mohr Siebeck, Tübingen.

North, M., Collier, N., Ozik, J., Tatara, E., Macal, C., Bragen, M., und Sydelko, P. (2013). Complex adaptive systems modeling with Repast Simphony. *Complex Adaptive Systems Modeling*, 1(1):3.

Obermeyer, A., Evangelinos, C., und Besherz, A. (2013). Der Wert der Reisezeit deutscher Pendler. *Perspektiven der Wirtschaftspolitik*, 14(1-2):118–131.

Ockenfels, A. und Sadrieh, A. (2010). Preface. In Ockenfels, A. und Sadrieh, A., Edt., *The Selten School of Behavioral Economics - A Collection of Essays in Honor of Reinhard Selten*, S. v – vi. Springer, Berlin [u.a.].

Odeh, A. M. und Battaineh, H. T. (2002). Causes of Construction Delay: Traditional Contracts. *International Journal of Project Management*, 20(1):67–73.

Ohnari, M. (1998). *Simulation engineering*. IOS Press, Tokyo.

Osano, H. (1998). Moral Hazard and Renegotiation in Multi-Agent Incentive Contracts when Each Agent Makes a Renegotiation Offer. *Journal of Economic Behavior & Organization*, 37(2):207–230.

Ostrom, E. (1986). An Agenda for the Study of Institutions. *Public Choice*, 48(1):3–25.

Ott, A. E. (1991). *Grundzüge der Preistheorie*. Ruprecht Gmbh & Company, Göttingen, 3. Auflage.

Parsons, S., Gymtrasiewicz, P., und Wooldridge, M. (2002). *Game Theory and Decision Theory in Agent-Based Systems*. Kluwer Academic.

Parunak, H. V. D., Bisson, R., Brueckner, S., Matthews, R., und Sauter, J. (2006). A model of emotions for situated agents. In *Proceedings of the fifth international joint conference on Autonomous agents and multiagent systems*, S. 993–995. ACM.

Paulson, A. L., Townsend, R. M., und Karaivanov, A. (2006). Distinguishing Limited Liability from Moral Hazard in a Model of Entrepreneurship. *Journal of Political Economy*, 114(1):100–144.

Pauly, M. V. (1974). Overinsurance and Public Provision of Insurance: The Roles of Moral Hazard and Adverse Selection. *The Quarterly Journal of Economics*, 88(1):44–62.

Peters, M. (2001). Common agency and the revelation principle. *Econometrica*, 69(5):1349–1372.

Peters, M. (2003). Negotiation and Take It or Leave It in Common Agency. *Journal of Economic Theory*, 111(1):88–109.

Pfohl, H.-C. (2004). *Logistiksysteme*. Springer, Berlin [u.a.], 7 Auflage.

Pfohl, H.-C. (2010). *Logistiksysteme*. Springer, Berlin [u.a.], 8 Auflage.

Pibernik, R. (2001). *Flexibilitätsplanung in Wertschöpfungsnetzwerken*. Gabler, Wiesbaden.

Pies, I. und Leschke, M. (1998). *Gary Beckers ökonomischer Imperialismus*. Mohr Siebeck, Tübingen.

Pitchford, R. (1998). Moral hazard and limited liability: The real effects of contract bargaining. *Economics Letters*, 61(2):251–259.

Plambeck, E. L. und Zenios, S. A. (2000). Performance-Based Incentives in a Dynamic Principal-Agent Model. *Manufacturing & Service Operations Management*, 2(3):240–263.

Plaschke, F. J. (2003). *Wertorientierte Management-Incentivesysteme auf Basis interner Wertkennzahlen*. Deutscher Universitäts-Verlag, Wiesbaden.

Plaschke, F. J. (2006). Wertorientierte Management-Incentivesysteme auf Basis interner Wertkennzahlen und Bonusbanken. In *Wertorientiertes Management*, S. 561–583. Springer, Berlin [u.a.].

Pollak, R. A. (1967). Additive von Neumann-Morgenstern Utility Functions. *Econometrica*, 35(3/4):485–494.

Popper, K. R. (1984). *Die Logik der Forschung*. Mohr Siebeck, Tübingen, 8 Auflage.

Porsche Consulting GmbH (2010). Von höherer Effizienz im Tiefbau profitieren Auftraggeber und Auftragnehmer.

Pratt, J. und Zeckhauser, R. (1985). *Principals and Agents: An Overview.* Harvard Business School Press, Boston.

Proporowitz, A. (2008). *Baubetrieb - Bauwirtschaft.* Carl Hanser, Leipzig.

Radner, R. (1985). Repeated Principal-Agent Games with Discounting. *Econometrica*, 53(5):1173–1198.

Radner, R. (1986). Repeated Partnership Games with Imperfect Monitoring and No Discounting. *Review of Economic Studies*, 53(1):43–58.

Radner, R., Myerson, R., und Maskin, E. (1986). An Example of a Repeated Partnership Game with Discounting and with Uniformly Inefficient Equilibria. *Review of Economic Studies*, 53(1):59–69.

Railsback, S. F., Lytinen, S. L., und Jackson, S. K. (2006). Agent-based Simulation Platforms: Review and Development Recommendations. *Simulation*, 82(9):609–623.

Ramsauer, P. (2011). 2,2 Milliarden Euro für Erhalt der Autobahnen und Bundesstraßen. *Pressemitteilung des Bundesverkehrsministeriums, 10. Januar 2011.*

Rand, W. und Rust, R. T. (2011). Agent-based modeling in marketing: Guidelines for rigor. *International Journal of Research in Marketing*, 28:181–193.

Rao, R. T. V. S. (1992). Efficiency and equity in dynamic principal-agent problems. *Journal of Economics*, 55(1):17–41.

Rasmusen, E. (1987). Moral Hazard in Risk-Averse Teams. *RAND Journal of Economics*, 18(3):428–435.

Rasmusen, E. (1994). *Games and Information.* Blackwell Publishing Ltd, Oxford, 2. Auflage.

Rayo, L. (2007). Relational Incentives and Moral Hazard in Teams. *Review of Economic Studies*, 74(3):937–963.

Rees, R. (1985). The Theory of Principal and Agent Part 1. *Bulletin of Economic Research*, 37(1):3–26.

Reich, O. D. (1932). *Maintaining a Flexible Organization for Changing Conditions.* General management series. American Management Association, New York.

Reichwald, R. und Behrbohm, P. (1983). Flexibilität als Eigenschaft produktionswirtschaftlicher Systeme. *Zeitschrift Für Betriebswirtschaft*, 53:831–853.

Richter, R. und Furubotn, E. G. (2003). *Neue Institutionenökonomik: Eine Einführung und kritische Würdigung*. Mohr Siebeck, Tübingen, 3. Auflage.

Riedel, R. (2005). *Heuristik zur Gestaltung ganzheitlicher Anreizsysteme aus soziotechnischer Sicht*. Technische Universität Chemnitz, Fakultät für Maschinenbau und Verfahrenstechnik, Chemnitz.

Rieger, W. (1928). *Einführung in die Privatwirtschaftslehre*. Verlag der Hochschulbuchhandlung Krische & Co., Nürnberg.

Ripperger, T. (1998). *Ökonomik des Vertrauens: Analyse eines Organisationsprinzips*. Mohr Siebeck, Tübingen.

Robinson, S. (2008). Conceptual Modelling for Simulation Part I: Definition and Requirements. *Journal of the Operational Research Society*, 59(3):278–290.

Robling, F. H. (2007). *Redner und Rhetorik: Studie zur Begriffs-und Ideengeschichte des Rednerideals*. Felix Meiner.

Rogerson, W. P. (1985a). Repeated Moral Hazard. *Econometrica*, 53(1):69–76.

Rogerson, W. P. (1985b). The first-order approach to principal-agent problems. *Econometrica*, 53(6):1357–1367.

Romano, R. E. (1994). Double Moral Hazard and Resale Price Maintenance. *RAND Journal of Economics*, 25(3):455–466.

Rose, O. und März, L. (2011). Simulation. In März, L., Krug, W., Rose, O., und Weigert, G., Edt., *Simulation und Optimierung in Produktion und Logistik: Praxisorientierter Leitfaden mit Fallbeispielen*. Springer, Berlin [u.a.].

Rose, P. (2010). Common Agency and the Public Corporation. *Vanderbilt Law Review*, 63:1355.

Rose, T. M. (2008). *The impact of financial incentive mechanisms on motivation in Australian government large non-residential building projects*. PhD thesis, Queensland University of Technology.

Rosenschein, J. S. (1985). *Rational Interaction: Cooperation Among Intelligent Agents*. PhD thesis, Computer Science Department, Stanford University, Stanford, California, USA.

Rosenstiel, L. V. (1975). *Die motivationalen Grundlagen des Verhaltens in Organisationen: Leistung und Zufriedenheit.* Duncker& Humblot, Berlin.

Ross, S. A. (1973). The Economic Theory of Agency: The Principal's Problem. *American Economic Review*, 63(2):134–139.

Rubinstein, A. (1979). Equilibrium in supergames with the overtaking criterion. *Journal of Economic Theory*, 21(1):1–9.

Saam, N. J. (2002). *Prinzipale, Agenten und Macht: Eine machttheoretische Erweiterung der Agenturtheorie und ihre Anwendung auf Interaktionsstrukturen in der Organisationsberatung.* Mohr Siebeck, Tübingen.

Samuelson, L. (2005). Economic Theory and Experimental Economics. *Journal of Economic Literature*, 43(1):65–107.

Sanladerer, S. (2008). *EDV-gestützte Disposition mit Telematikeinsatz und mobiler Datenerfassung in der Baulogistik.*

Savage, L. J. (1951). The Theory of Statistical Decision. *Journal of the American Statistical Association*, 46(253):55–67.

Savage, L. J. (1972). *The Foundations of Statistics.* Dover Books on Mathematics Series. Dover Incorporated, New York, 2. Auflage.

Schanz, G. (1991). *Motivationale Grundlagen der Gestaltung von Anreizsystemen.* Schäffer-Poeschel, Stuttgart.

Schanz, G. (1997). Wissenschaftsprogramme - Orientierungsrahmen und Bezugspraxis wissenschaftlichen Forschens und Lehrens. *Wirtschaftswissenschaftliches Studium*, 26:554–561.

Schassberger, R. (1973). *Warteschlangen.* Springer, Berlin [u.a.].

Scheuermann, K. (2000). Menschliche und technische 'Agency': Soziologische Einschätzungen der Möglichkeiten und Grenzen künstlicher Intelligenz im Bereich der Multiagentensysteme. Technical report, Technical University Technology Studies, Working Papers, TUTS-WP-2-2000, Institute for Social Sciences, Technische Universität Berlin.

Schexnayder, C., Knutson, K., und Fente, J. (2005). Describing a Beta Probability Distribution Function for Construction Simulation. *Journal of Construction Engineering and Management*, 131(2):221–229.

Schmalenbach, E. (1911). Die Privatwirtschaftslehre als Kunstlehre. *Zeitschrift für handelswissenschaftliche Forschung*, 6(3):304–316.

Schmalenbach, E. (1928). Die Betriebswirtschaftslehre an der Schwelle der neuen Wirtschaftsverfassung. *Zeitschrift für Betriebswirtschaft*, 22:241--251.

Schmidt, F. (1926). Die Anpassung der Betriebe an die Wirtschaftslage. *Zeitschrift für Betriebswirtschaft*, 3:85—-106.

Schneeweiss, C. und Kühn, M. (1990). Zur Definition und gegenseitigen Abgrenzung der Begriffe Flexibilität, Elastizität und Robustheit. *Zeitschrift für betriebswirtschaftliche Forschung*, 43(5):378–395.

Schneeweiß, H. (1966). Das Grundmodell der Entscheidungstheorie. *Statistische Hefte*, 7(3-4):125–137.

Schneider, H. S. (2012). Agency problems and reputation in expert services: Evidence from auto repair. *Journal of Industrial Economics*.

Schnell, R. (1990). Computersimulation und Theoriebildung in den Sozialwissenschaften. *Kölner Zeitschrift für Soziologie und Sozialpsychologie*, 42(1):109–128.

Schnell, R., Hill, P. B., und Esser, E. (2011). *Methoden der empirischen Sozialforschung*. Lehrbuch. Oldenbourg, 9. Auflage.

Schoenberg, R. und Reeves, R. (1999). What determines acquisition activity within an industry? *European Management Journal*, 17(1):93–98.

Schotter, A. (1981). *The economic theory of social institutions*. Cambridge University Press, Cambridge, Massachusetts.

Schotter, A. (2008). *The Economic Theory of Social Institutions*. Cambridge Books. Cambridge University Press, Cambridge, Massachusetts.

Schreyer, M. (2007). *Entwicklung und Implementierung von Performance Measurement Systemen*. Deutscher Universitäts-Verlag, Wiesbaden.

Schulze, G. G. und Frank, B. (2003). Deterrence versus intrinsic motivation: Experimental evidence on the determinants of corruptibility. *Economics of Governance*, 4(2):143–160.

Schweitzer, M. (1978). Wissenschaftsziele und Auffassungen in der Betriebswirtschaftslehre. In Schweitzer, M., Edt., *Wissenschaftsziele und Auffassungen der Betriebswirtschaftslehre*, S. 1–14. Wissenschaftliche Buchgesellschaft, Darmstadt.

Seemann, Y. F. (2007). *Logistikkoordination als Organisationseinheit bei der Bauausführung*. Wissenschaftsverlag Mainz, Aachen.

Seiffert, H. (1997). *Einführung in die Wissenschaftstheorie 4*. Verlag C. H. Beck, München.

Seizer, B. und Müller, M. (2013). Szenarien für die autonome Baustellenlogistik. In Kirn, S. und Müller, M., Edt., *Autonome Steuerung in der*

Baustellenlogistik - Modelle, Methoden und Werkzeuge für den autonomen Erdbau, chapter 02, S. 13–27. Cuvillier Verlag, Göttingen.

Senat der Max-Planck-Gesellschaft (2009). Regeln zur Sicherung guter wissenschaftlicher Praxis.

Sengupta, K. (1997). Limited liability, moral hazard and share tenancy. *Journal of Development Economics*, 52(2):393–407.

Sethi, A. und Sethi, S. (1990). Flexibility in manufacturing: A survey. *International Journal of Flexible Manufacturing Systems*, 2(4):289–328.

Shannon, C. E. (1948). A Mathematical Theory of Communication. *Bell System Technical Journal*, 27:379–423 and 623–656.

Sharpe, S. A. (1990). Asymmetric Information, Bank Lending and Implicit Contracts: A Stylized Model of Customer Relationships. *Journal of Finance*, 45(4):1069–1087.

Shavell, S. (1979a). On Moral Hazard and Insurance. *Quarterly Journal of Economics*, 93(4):541–562.

Shavell, S. (1979b). Risk Sharing and Incentives in the Principal and Agent Relationship. *Bell Journal of Economics*, 10(1):55–73.

Shirazi, B., Langford, D. A., und Rowlinson, S. M. (1996). Organizational structures in the construction industry. *Construction Management and Economics*, 14(3):199–212.

Shohet, I. M. und Frydman, S. (2003). Communication Patterns in Construction at Construction Manager Level. *Journal of Construction Engineering and Management*, 129(5):570–577.

Shohet, I. M. und Laufer, A. (1991). What does the construction foreman do? *Construction Management and Economics*, 9(6):565–576.

Shr, J.-f. und Chen, W. T. (2004). Setting Maximum Incentive for Incentive/Disincentive Contracts for Highway Projects. *Journal of Construction Engineering & Management*, 130(1):84–93.

Simon, H. A. (1957). *Models of man: social and rational: mathematical essays on rational human behavior in a social setting*. Wiley.

Simon, H. A. (1959). Theories of Decision-Making in Economics and Behavioral Science. *American Economic Review*, 49(3):253–283.

Simon, H. A. (1978). Rationality as Process and as Product of Thought. *American Economic Review*, 68(2):1–16.

Sinclair-Desgagné, B. (2001). Incentives in Common Agency. *Economic Theory*, 1(8).

Singh, N. (1985). Monitoring and Hierarchies: The Marginal Value of Information in a Principal-Agent Model. *Journal of Political Economy*, 93(3):599–609.

Sjöström, T. (1996). Implementation and Information in Teams. *Economic Design*, 1:327–341.

Sladc, M. E. (1996). Multitask Agency and Contract Choice: An Empirical Exploration. *International Economic Review*, 37(2):465–486.

Spath, C. (2009). Simulationen - Begriffsgeschichte, Abgrenzung und Darstellung in der wissenschafts- und technikhistorischen Forschungsliteratur.

Spear, S. E. und Srivastava, S. (1987). On repeated moral hazard with discounting. *Review of Economic Studies*, 54(4):599–617.

Spremann, K. (1987a). Agency Theory and Risk Sharing. In Barnberg, G. und Spremann, K., Edt., *Agency Theory, Information and Incentives*, S. 3–37. Springer, Berlin [u.a.].

Spremann, K. (1987b). Agent and Principal. *Agency Theory, Information, and Incentives*, S. 3–37.

Spremann, K. (1987c). Zur Reduktion von Agency-Kosten. In Schneider, D., Edt., *Kapitalmarkt und Finanzierung*, S. 341–350. Duncker & Humblot, Berlin.

Spremann, K. (1990). Asymmetrische Information. *Zeitschrift für Betriebswirtschaft*, 60:561–586.

Stachowiak, H. (1973). *Allgemeine Modelltheorie*. Springer, Berlin [u.a.].

Statistisches Bundesamt (2012). Statistisches Jahrbuch - Deutschland und Internationales. Technical report, Statistisches Bundesamt, Wiesbaden.

Steinle, C. (1978). *Führung: Grundlagen, Prozesse und Modelle der Führung in der Unternehmung*. Schäffer-Poeschel, Stuttgart.

Stevenson, M. und Spring, M. (2007). Flexibility from a Supply Chain Perspective: Definition and Review. *International Journal of Operations & Production Management*, 27(7):685–713.

Stier, W. (2001). *Methoden der Zeitreihenanalyse*. Springer, Berlin [u.a.].

Stigler, G. (1939). Production and Distribution in the Short Run. *Journal of Political Economy*, 47(3):305–327.

Strausz, R. (1997). Delegation of Monitoring in a Principal-Agent Relationship. *Review of Economic Studies*, 64(3):337.

Sundali, J. und Croson, R. (2006). Biases in casino betting: The hot hand and the gambler's fallacy. *Judgment and Decision Making*, 1(1):1–12.

Taylor, F. W. und Roesler, R. (2011). *Die Grundsätze wissenschaftlicher Betriebsführung.* Salzwasser, Paderborn.

Tesfatsion, L. (2006). Agent-based Computational Economics: A Constructive Approach to Economic Theory. *Handbook of Computational Economics Volume 2*, 2:831–880.

Tesfatsion, L. und Judd, K. (2006). *Handbook of Computational Economics.* Elsevier, Amsterdam.

Thaler, R. H. (1999). Mental accounting matters. *Journal of Behavioral Decision Making*, 12(3):183–206.

Thomson, W. (1994). Cooperative Models of Bargaining. In Aumann, R. und Hart, S., Edt., *Handbook of Game Theory with Economic Applications - Volume 2*, S. 1237–1284. Elsevier.

Tirole, J. (1986). Hierarchies and Bureaucracies. *Jornal of Law, Economics, and Organization*, 2:181–214.

Tirole, J. (1988). *The Theory of Industrial Organization*, volume 56. MIT Press.

Trautwein, F. (1990). Merger Motives and Merger Prescriptions. *Strategic Management Journal*, 11(4):283–295.

Trost, R. (2006). Die Modellierung des 'Arbeitsleids' in Principal Agent-Modellen: pragmatisch oder beliebig? In Kürsten, W. und Nietert, B., Edt., *Kapitalmarkt, Unternehmensfinanzierung und rationale Entscheidungen*, S. 377–392. Springer, Berlin [u.a.].

Tversky, A. und Kahneman, D. (1971). Belief in the law of small numbers. *Psychological Bulletin*, 76(2):105–110.

Tversky, A. und Kahneman, D. (1981). The Framing of Decisions and the Psychology of Choice. *Science*, 211(4481):453–458.

Tversky, A. und Kahneman, D. (1982). Evidential Impact of Base Rates. In Kahnemann, D., Slovic, P., und Tversky, A., Edt., *Judgment Under Uncertainty: Heuristics and Biases*, S. 153–160. Cambridge University Press, Cambridge.

Ulrich, P. (1993). *Transformation der ökonomischen Vernunft: Fortschrittsperspektiven der modernen Industriegesellschaft.* Paul Haupt, Bern, 3. Auflage.

Varian, H. (1994). A Solution to the Problem of Externalities When Agents Are Well-Informed. *American Economic Review*, 84(5):1278–1293.

Varian, H. R. (1990). Monitoring Agents with Other Agents. *Journal of Institutional and Theoretical Economics*, 146(1):153–174.

Varian, H. R. (2011). *Grundzüge der Mikroökonomik*. Oldenbourg Wissenschaftsverlag, Oldenburg, 8 Auflage.

VDI (1997). VDI 3633 Blatt 3 - Simulation von Logistik-, Materialfluss- und Produktionssystemen - Experimentplanung und -auswertung. Technical report, Verein Deutscher Ingenieure, VDI-Gesellschaft Fördertechnik MaterialflußLogistik, Düsseldorf.

VDI (2000). VDI 3633 Blatt 1 – Simulation von Logistik-, Materialfluss- und Produktionssystemen – Grundlagen. Technical report, Verein Deutscher Ingenieure, VDI-Gesellschaft Fördertechnik MaterialflußLogistik, Düsseldorf.

Vickery, S. N., Calantone, R., und Droge, C. (1999). Supply Chain Flexibility: An Empirical Study. *Journal of Supply Chain Management*, 35(3):16–24.

Voigt, K.-I. (2007). Zeit und Zeitgeist in der Betriebswirtschaftslehre – dargestellt am Beispiel der betriebswirtschaftlichen Flexibilitätsdiskussion. *Zeitschrift für Betriebswirtschaft*, 77(6):595–613.

Voigt, S. (2002). *Institutionenökonomik*. Utb, 2. Auflage.

Von Neumann, J. (1928). Zur Theorie der Gesellschaftsspiele. *Mathematische Annalen*, 100(1):295–320.

Von Neumann, J. und Morgenstern, O. (1953). *Theory of Games and Economic Behavior*. Princeton University Press, Princeton, 5. Auflage.

Wagenhofer, A. (1996). Anreizsysteme in Agency-Modellen mit mehreren Aktionen. *Die Betriebswirtschaft*, 56:155–165.

Wälchli, A. (1995). Strategische Anreizgestaltung - Modell eines Anreizsystems für strategisches Denken und Handeln des Managements.

Wang, C. (1997). Incentives, CEO Compensation, and Shareholder Wealth in a Dynamic Agency Model. *Journal of Economic Theory*, 76(1):72–105.

Waterman, R. W. und Meier, K. J. (1998). Principal-Agent Models: An Expansion? *Journal of Public Administration Research & Theory*, 8(2):173.

Weber, J. und Schäffer, U. (2011). *Einführung in das Controlling*. Schäffer-Poeschel, Stuttgart, 13 Auflage.

Weber, K. (1999). *Simulation und Erklärung*. Waxmann Verlag, Münster, New York, München, Berlin.

Weber, K. (2004). Der wissenschaftstheoretische Status von Simulationen. *Wissenschaftstheorie in Ökonomie und Wirtschaftsinformatik: Theoriebildung und bewertung, Ontologien, Wissensmanagement,* S. 171–187.

Weber, K. (2007). Simulationen in den Sozialwissenschaften. *Journal for General Philosophy of Science,* 38(1):111–126.

Weber, T. A. (2006). Efficient Contract Design in Multi-Principal Multi-Agent Supply Chains. *Management Science,* (650).

Weissenberger, B. E. (2003). *Anreizkompatible Erfolgsrechnung im Konzern: Grundmuster und Gestaltungsalternativen.* Deutscher Universitats-Verlag, Wiesbaden.

Wild, J. (1973). Organisation und Hierarchie. *Zeitschrift für Organisation,* 42(1):45–54.

Williamson, O. E. (1975). *Markets and hierarchies: analysis and antitrust implications: a study in the economics of internal organization.* The Free Press, New York.

Williamson, O. E. (1979). Transaction-Cost Economics: The Governance of Contractual Relations. *Journal of Law and Economics,* 22(2):233–261.

Williamson, O. E. (1990). *Die ökonomischen Institutionen des Kapitalismus: Unternehmen, Märkte, Kooperationen.* Mohr Siebeck, Tübingen.

Winch, G. M. und Kelsey, J. (2005). What do construction project planners do? *International Journal of Project Management,* 23(2):141–149.

Winter, S. (1996). *Prinzipien der Gestaltung von Managementanreizsystemen.* Gabler, Wiesbaden.

Winter, S. (1997). Möglichkeiten der Gestaltung von Anreizsystemen für Führungskräfte. *Die Betriebswirtschaft,* 57(5):615–629.

WKWI (1994). Profil der Wirtschaftsinformatik, Ausführungen der Wissenschaftlichen Kommission der Wirtschaftsinformatik. *Wirtschaftsinformatik,* 36(1):20–81.

Wolf, E. E. (2007). *Konzeption eines CRM-Anreizsystems: Konzeption eines Anreizsystems zur Unterstützung einer erfolgreichen Implementierung von Customer Relationship Management.* Hampp, München, 2. Auflage.

Wolff, B. (1995). *Organisation durch Verträge.* Deutscher Universitäts-Verlag, Wiesbaden.

Wooldridge, M. (2009). *An Introduction to MultiAgent Systems.* Wiley, West Sussex, 2. Auflage.

Wooldridge, M., Jennings, N. R., und Kinny, D. (2000). The Gaia methodology for agent-oriented analysis and design. *Autonomous Agents and Multi-Agent Systems*, 3(3):285–312.

Zeckhauser, R. (1970). Medical insurance: A case study of the tradeoff between risk spreading and appropriate incentives. *Journal of Economic Theory*, 2(1):10–26.

Zhang, H. und Zenios, S. (2008). A Dynamic Principal-Agent Model with Hidden Information: Sequential Optimality Through Truthful State Revelation. *Operations Research*, 56(3):681–696.

Zilch, K., Diederichs, C. J., Katzenbach, R., und Beckmann, K. J. (2012). *Handbuch für Bauingenieure: Technik, Organisation und Wirtschaftlichkeit-Fachwissen in einer Hand*. Springer, Berlin [u.a.], 2 Auflage.

Printed in the United Sta
by Bookmasters

Printed in the United States
By Bookmasters